“十四五”职业教育国家规划教材
“十三五”职业教育国家规划教材
“十二五”职业教育国家规划教材

微机组装与维护实训教程

（第四版）

唐秋宇　田静静　主编

滕振芳　孙辉　阮进军　张昆　副主编

中国铁道出版社有限公司
CHINA RAILWAY PUBLISHING HOUSE CO., LTD.

内 容 简 介

本书是为了满足高职高专“微机组装与维护”课程需要而编写的实训教程。全书以实训为主，辅以相关理论知识，重在培养读者的实际职业能力。通过实训，直观化、技能化模拟训练，把职业能力渗透到每个环节、每个步骤中，使读者看得懂、学得会、用得上。

本书共分 5 个单元：单元 1 为微机硬件组装，单元 2 为软件安装，单元 3 为软件维护技术，单元 4 为日常维护与维修，单元 5 为计算机网络技术基础。每个单元由若干实训组成，每个实训重点训练一项能力。

本书适合作为高职高专计算机及相关专业课程的教材，也可作为计算机公司 IT 外包服务人员的参考书及自学训练参考书。

图书在版编目（CIP）数据

微机组装与维护实训教程 / 唐秋宇，田静静主编. — 4版. — 北京：中国铁道出版社，2017.7（2023.8重印）
“十二五”职业教育国家规划教材
ISBN 978-7-113-23337-2

Ⅰ. ①微… Ⅱ. ①唐… ②田… Ⅲ. ①微型计算机-组装-高等职业教育-教材②微型计算机-计算机维护-高等职业教育－教材 Ⅳ. ①TP36

中国版本图书馆CIP数据核字（2017）第141996号

书　　名：微机组装与维护实训教程
作　　者：唐秋宇　田静静

策　　划：翟玉峰　　**编辑部电话：**（010）83517321
责任编辑：翟玉峰　包　宁
封面设计：付　巍
封面制作：白　雪
责任校对：张玉华
责任印制：樊启鹏

出版发行：中国铁道出版社有限公司（100054，北京市西城区右安门西街 8 号）
网　　址：http://www.tdpress.com/51eds/
印　　刷：国铁印务有限公司
版　　次：2007 年 10 月第 1 版　2017 年 7 月第 4 版　2023 年 8 月第 7 次印刷
开　　本：787 mm×1 092 mm　1/16　**印张：**16.5　**字数：**405 千
印　　数：10 001 ～ 11 500 册
书　　号：ISBN 978-7-113-23337-2
定　　价：39.80 元

FOREWORD

第四版前言

《微机组装与维护实训教程》自2007年首次出版以来，得到了专家和广大读者的肯定与厚爱，先后被评为**普通高等教育“十一五”国家级规划教材**、2009年教育部高等学校高职高专计算机类专业教学指导委员会优秀教材，还被推荐为2006—2008年全国职业培训与技能鉴定用书，累计印量数万册。本书于2014年经全国职业教育教材审定委员会审定被评为**“十二五”职业教育国家规划教材，**于2020年8月被评为**“十三五”职业教育国家规划教材，**于2023年6月被评为**“十四五”职业教育国家规划教材**。

本书为《微机组装与维护实训教程》第四版，根据计算机用户在新技术背景下所面对的实际问题，在第三版教材的基础上，更新了陈旧内容，更贴近微机组装与维护课程教学需要。

为便于读者使用本书，我们开发制作了“微机组装与维护”多媒体教学课件（第三届“华信杯”全国职业教育课件大赛A类作品）、教材配套课件（按实训制作的PPT课件）等课程资源，读者如有需要，可以在www.tdpress.com/51eds/上下载。因“微机组装与维护”课程的操作性很强，教材中硬件组装等实操性很强的内容可以扫描**二维码**观看，部分视频中的设备型号与教材中的型号可能会有所不同，只是为了方便读者参考学习。

本书以实训为主，辅以相关理论知识，重在培养读者的实际职业能力。通过实训，模拟技能训练，把职业能力渗透到每个环节、每个步骤中，使读者看得懂、学得会、用得上。同时，在党的二十大精神指引下，融入劳模精神、劳动精神、工匠精神、科技创新等课程思政元素，对学生产生潜移默化的思想引领。

本书由唐秋宇、田静静任主编，由滕振芳、孙辉、阮进军、张昆任副主编。具体编写分工如下：唐秋宇承担教材的设计谋篇和统稿，田静静编写实训1～7，阮进军编写实训8，滕振芳编写实训9、10、12、13，孙辉编写实训11、14、15。此外，王丽萍、张昆、曹煦也参加了教材的编写工作。

感谢中国铁道出版社提供出版平台，感谢同事和家人的默默支持，也感谢祥裕电脑公司石志栋经理给予的大力支持。

本书适合作为高职高专计算机及相关专业课程的教材，也可作为计算机公司IT外包服务人员的参考书及自学训练参考书。

鉴于编者水平有限，疏漏和不妥之处在所难免，恳请广大读者批评指正。

编　者

2023年7月

第一版前言

FOREWORD

随着计算机应用的深入普及，计算机系统维护维修已成为计算机应用领域里的一个重要问题，而职业教育将是这一问题最主要的演绎者，通过职业教育，可以为社会各行各业输送计算机系统维护维修技术人员。我们编写这本书，一方面基于广泛的社会需求，另一方面也是我们多年来从事相关工作所积累的经验与体会的总结，愿与读者共享。

本书被评为普通高等教育“十一五”国家级规划教材，以实训为主，辅以相关理论知识，重在培养读者的实际职业能力。通过实训，直观化、技能化模拟训练，把职业能力渗透到每一个环节，体现在每一个步骤，使读者看得懂、学得会、用得上。

本书共分五部分，第一部分微机系统介绍，第二部分微机硬件组装，第三部分安装软件，第四部分软件维护技术，第五部分硬件维护技术。每部分由若干实训组成，实训由实训目标、实训内容、实训要点、知识准备和操作步骤等内容组成，每个实训重点训练一项能力，从搭建硬件平台、软件平台到微机使用过程中的备份、优化、维护等各项工作能力。本书讲解力求准确、简练，强调知识的层次性和技能培养的渐进性，对重点、难点知识以“提示”“技巧”的形式进行讲解。通过实训，读者可以快速掌握相关技术。

本书由唐秋宇主编，刘海军主审，编写分工如下：唐秋宇编写实训2、3、4、6、7、13，赵建伟编写实训5、8、9，吕树进编写实训10、11、12，崔卫杰编写实训1、14。参加编写工作的还有滕振芳、张昆、孙辉、肖鹏等老师。感谢他们在本书编写过程中所付出的辛苦工作，也感谢祥裕电脑公司石志栋经理所给予的大力支持。

本书适合作为高职高专计算机及其相关专业课程的教材，也可作为电脑公司IT外包服务人员的参考书及自学训练参考书。

鉴于编者水平有限，疏漏和不妥之处在所难免，恳请广大读者批评指正。

编 者

2007年6月

第二版前言

《微机组装与维护实训教程》自2007年首次印刷出版以来，得到了专家和广大读者的肯定与厚爱，先后被评为普通高等教育“十一五”国家级规划教材、2009年高职高专计算机优秀教材，还被推荐为2006—2008年全国职业培训与技能鉴定用书，累计印量数万册。

为进一步搞好职业教育，与时俱进，一直以来我们以成绩为动力，不断探索教育教学改革，完善教育教学资源，以本教材为蓝本先后制作完成了《计算机组装DIY》视频教学片（CCTV-7播出）、《微机组装与维护》多媒体教学课件（第三届“华信杯”全国职业教育课件大赛A类作品）。此次改版发行的《微机组装与维护实训教程（第二版）》是我们的又一工作成果。

本书以实训为主，辅以相关理论知识，重在培养读者的实际职业能力。通过实训，以直观化、技能化模拟训练的形式，把职业能力渗透到每一个环节，体现在每一个步骤，使读者看得懂、学得会、用得上。这次改版在保留原版教材特色的基础上，主要做了以下调整:

（1）对全书的篇章结构做了适当调整，将原来的五部分内容，调整为四部分，并对个别实训进行了删减合并。

（2）更新了陈旧内容，将陈旧的软硬件版本和型号，更新为能反映当今计算机技术发展和应用状况的新内容，并适当增补了知识拓展，进一步增强了教材的可读性和适用性。

（3）教材编写过程中，我们从市场的角度看教学，减少学科性知识描述，选用市场化语言描述；从岗位的角度看问题，抓核心、抓关键、抓可操作性。

本书由唐秋宇主编，刘海军主审。编写分工如下：唐秋宇编写实训1、2、4、12，田静静编写实训3、5，孙辉编写实训8、9，蔡虹编写实训10、11，陈康编写实训6、13，曹煦编写实训7。参加编写工作的还有滕振芳、张昆、肖鹏等老师。感谢他们在本书编写过程中所付出的辛苦工作，也感谢祥裕电脑公司石志栋经理所给予的大力支持。

本书可作为高职高专计算机及其相关专业课程的教材，也可作为电脑公司IT外包服务人员的参考书及自学训练参考书。

鉴于编者水平有限，疏漏和不妥之处在所难免，恳请广大读者批评指正。

编　者

2010年8月

第三版前言

FOREWORD

《微机组装与维护实训教程》自2007年首次出版以来，得到了专家和广大读者的肯定与厚爱，先后被评为普通高等教育“十一五”国家级规划教材、2009年高职高专教指委计算机优秀教材，还被推荐为2006—2008年全国职业培训与技能鉴定用书，累计印量数万册。本书于2014年被评为“十二五”职业教育国家规划教材。

本书为《微机组装与维护实训教程》第三版，总结了前两版发行以来读者的反馈与教学实践的经验，更注意到了计算机用户在新技术背景下所面对的实际问题，对全书的篇章结构做了适当调整，更新了陈旧内容，并增加了单元5——“计算机网络技术基础”，将全书分为15个实训，更贴近微机组装与维护课程教学需要。

为便于读者使用本书，我们开发制作了《微机组装与维护》多媒体教学课件（第三届“华信杯”全国职业教育课件大赛A类作品）、教材配套课件（按实训制作的PPT课件）等课程资源，读者如有需要，可与出版社联系。

本书以实训为主，辅以相关理论知识，重在培养读者的实际职业能力。通过实训，以直观化、技能化模拟训练的形式，把职业能力渗透到每一个环节，体现在每一个步骤，使读者看得懂、学得会、用得上。

本书由唐秋宇任主编，由田静静、滕振芳、孙辉、张昆任副主编。具体编写分工如下：唐秋宇承担教材的设计谋篇和统稿，田静静编写实训1～7，张昆编写实训8、9，滕振芳编写实训10、12、13，孙辉编写实训11、14、15。此外，王丽萍、曹煦也参加了教材的编写工作。

感谢中国铁道出版社提供出版平台，感谢同事和家人默默支持，也感谢祥裕电脑公司石志栋经理所给予的大力支持。

本书适合作为高职高专计算机及相关专业课程的教材，也可作为计算机公司IT外包服务人员的参考书及自学训练参考书。

鉴于编者水平有限，疏漏和不妥之处在所难免，恳请广大读者批评指正。

编　者

2014年11月

目录

CONTENTS

视频索引

CONTENTS

单元1 微机硬件组装

微机系统由硬件系统和软件系统组成，本单元讲解搭建系统硬件平台的相关内容。通过学习本单元内容，读者可了解微机系统，学习硬件功能及重要指标，掌握常用工具的使用、常用消除静电的方法，分组练习微机硬件组装，掌握组装计算机的技巧和组装注意事项，牢记拆装过程中的禁忌法则。

单元设计

学习领域：微机组装与维护
学习单元：微机硬件组装
主要内容：实训1　认识微机系统　　　　　实训2　微机组装
学习目标： 1．知识目标 ①了解计算机的产生与发展；②熟悉微机系统组成，熟悉硬件接口防接错结构；③懂得微机硬件主要性能指标；④懂得计算机组装的顺序流程，牢记组装注意事项及组装操作禁忌。 2．能力目标 ①掌握微机硬件组成，能够准确判断硬件类型、功用及硬件接口防接错结构特点；②具有根据不同用户需求，列出组装计算机配置清单的能力；③掌握常用组装工具使用方法、技巧；④能根据不同硬件结构，确定组装微机方案，并正确组装；⑤能分析处理组装中出现的问题。 3．素质目标 ①懂得怎么做，并思考怎么做能做得更好；②具有查阅资料、自我学习和举一反三的能力；③培养严谨的工作作风，团队互补合作的精神。

教学材料	教学方法	考核与评价
1．课程教材及教参 2．教学课件、计算机图片 3．示教主机、硬件实物 4．组装工具及组装用微机	1．演示示教法 2．实践操作法 3．小组讨论法 4．教学做一体，启发互动式教学	1．课堂考核为主 2．过程考核为重 3．知识目标评价 4．能力目标评价 5．素质目标评价

单元考核

<table>
<tr><td colspan="4">单元名称：</td><td colspan="2">时间：</td></tr>
<tr><td>姓名</td><td></td><td>班级</td><td></td><td>学号</td><td></td></tr>
<tr><td>序号</td><td colspan="2">评 价 内 容</td><td>分数</td><td>得分</td><td>备注</td></tr>
<tr><td>1</td><td rowspan="4">知识目标</td><td>明白本单元的学习内容和目标</td><td>9</td><td></td><td></td></tr>
<tr><td>2</td><td>学会所讲授的操作方法和手段</td><td>9</td><td></td><td></td></tr>
<tr><td>3</td><td>交流讨论、触类旁通、自我完善</td><td>9</td><td></td><td></td></tr>
<tr><td>4</td><td>应用所学知识指导、检查实践</td><td>9</td><td></td><td></td></tr>
<tr><td>5</td><td rowspan="5">能力目标</td><td>正确认知微机硬件组成</td><td>9</td><td></td><td></td></tr>
<tr><td>6</td><td>按要求正确拆、装微机</td><td>14</td><td></td><td></td></tr>
<tr><td>7</td><td>是否有危险动作、违禁行为</td><td>9</td><td></td><td></td></tr>
<tr><td>8</td><td>分析、解决操作中出现的问题</td><td>14</td><td></td><td></td></tr>
<tr><td>9</td><td>能够举一反三、灵活应用</td><td>9</td><td></td><td></td></tr>
<tr><td>10</td><td>素质目标</td><td>在学习过程中表现出的积极性、主动性、参与程度和发挥的作用</td><td>9</td><td></td><td></td></tr>
<tr><td>11</td><td>完成时间</td><td>提前完成（ ）</td><td colspan="2">按时完成（ ）</td><td>未按时完成（ ）</td></tr>
<tr><td rowspan="3">个人评价</td><td>好的方面</td><td colspan="4"></td></tr>
<tr><td>不满意的方面</td><td colspan="4"></td></tr>
<tr><td>需要完善的方面</td><td colspan="4"></td></tr>
<tr><td>同学评价</td><td colspan="5"></td></tr>
<tr><td>老师评价</td><td colspan="5"></td></tr>
</table>

实训1

认识微机系统

实训描述

通过本实训，读者应该了解微机系统组成，熟悉硬件特点及重要指标，掌握硬件接口特点和防接错结构。能够根据用户需求，给出采购建议，并列出组装配置清单。

实训分析

微机系统由硬件系统和软件系统组成，本实训概括讲解微机硬件系统的组成，重点介绍多媒体微型计算机的硬件组成及硬件识别知识。利用实物器件、图片、课程网站等资源条件，完成本实训的教学，通过走访计算机配件经销商，揭开计算机硬件的神秘面纱，并加深对多媒体微型计算机系统的认识。掌握硬件性能指标、接口特征和防接错结构，这些是硬件维护维修人员必不可少的基本能力。

实训资讯

1. 初识微机系统

微型计算机（Microcomputer，简称微机）诞生于20世纪70年代，其特点是：体积小、功耗低、结构简单、集成度高、使用方便、价格便宜，对环境无特殊要求，适合办公和一般家庭使用。其核心部件是CPU（Central Processing Unit，中央处理器）又称微处理器（Microprocessor）。图1-1所示为常见计算机的外观。

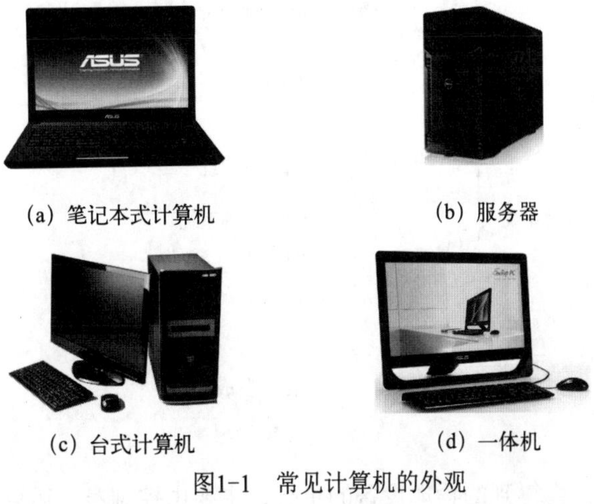

(a) 笔记本式计算机　(b) 服务器　(c) 台式计算机　(d) 一体机

图1-1　常见计算机的外观

根据微处理器的发展沿革，微机的发展历程可分为以下几个阶段：

1971—1973年为第一阶段，典型的微处理器型号为Intel公司的4004和8008，字长4～8位，每个芯片可集成2 000个晶体管，时钟频率为1 MHz。

1973—1978年为第二阶段，典型的微处理器型号为Intel公司的8080和Motorola公司的M6800微处理器，字长8位，每个芯片可集成5 000个晶体管，时钟频率为2 MHz 。

20世纪80年代初期为第三阶段，是超大规模集成电路时代，如Intel公司的8086、Zilog公司的Z8000和Motorola公司的M68000微处理器，字长16位，每个芯片集成3万个晶体管，时钟频率为5 MHz 。

20世纪80年代中期及以后为第四阶段，以Intel公司1985年推出的一种全32位的微处理器80386为标志。

20世纪90年代中期及以后，微处理器芯片发展非常迅速。可以看到，CPU向速度更快、64位结构、多核心方向前进，CPU的制作工艺更加精细，由90 nm向65 nm、32 nm、22 nm过渡，一直发展到目前最新的10 nm。核心技术和制造工艺的提高，意味着体积更小，集成度更高，综合处理能力更强，同时也意味着耗电和发热问题将得到有效控制。

微机系统包括硬件系统和软件系统两大部分，如图1-2所示。

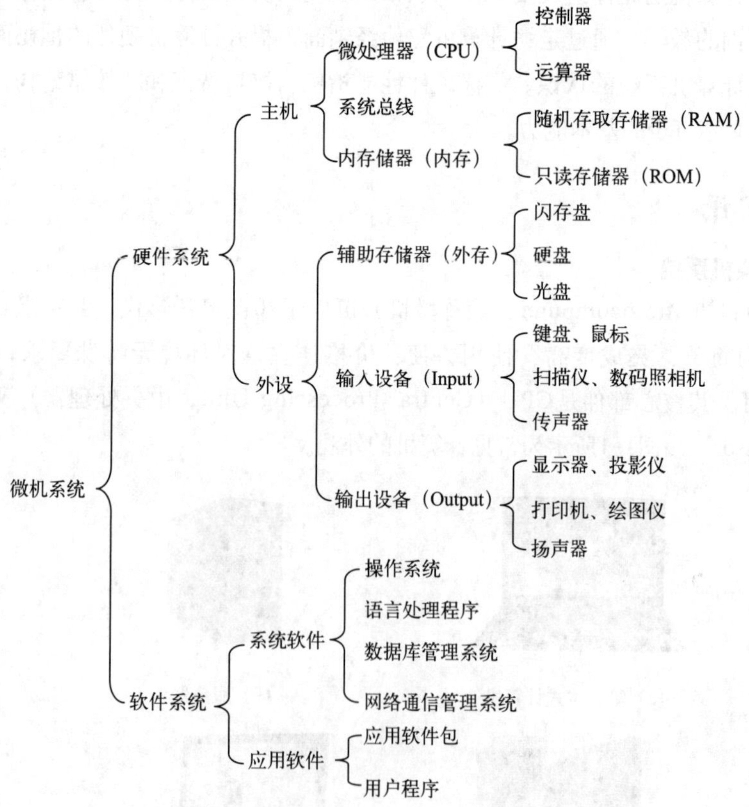

图1-2　微机系统组成

1）微机硬件系统

硬件系统是看得见、摸得到的物理设备的集合，主要由控制器、运算器、存储器、输入设备和输出设备五部分组成。下面分别介绍各部分的功能。

① 控制器：控制器是整个微机的指挥中心，主要负责对指令进行分析、判断，发出控制信号，控制微机有关设备的协调工作，确保系统正常运行。

② 运算器：运算器是对信息进行加工处理的部件，主要负责在控制器的控制下与内存交换信息，完成对数据的算术运算和逻辑运算。控制器和运算器一起组成了微机的核心，即CPU。

③ 存储器：存储器是微机的记忆装置，用来存储程序和数据，并根据指令向其他部件提供这些数据。微机的存储器可分为主存储器（简称主存；又称内存储器，简称内存）和辅助存储器（简称辅存；又称外存储器，简称外存）两种。向存储器存入信息称为“写入”，从存储器里取出信息称为“读出”。

通常把控制器、运算器和主存储器一起称为主机，而其余的输入、输出设备和辅助存储器称为外围设备。

④ 输入设备：输入设备能把程序、数字、图形、图像、声音等数据转换成微机可以接收的数字信号并输入微机中。常见的输入设备有键盘、鼠标、光笔、扫描仪、数码照相机等。

⑤ 输出设备：输出设备是用来输出结果的部件。常见的输出设备有显示器、打印机、绘图仪、扬声器等。

2）微机软件系统

没有安装任何软件的微机称为裸机，裸机是不能被用户使用的。一般用户使用的微机都安装了丰富的软件。硬件系统是微机的基础，软件系统是微机的灵魂。

软件系统的主要任务是：为用户提供计算机的操作平台，辅以应用软件，发挥计算机的功能和用途，实现用户上机的目的。软件系统可分为系统软件和应用软件两大类。

（1）系统软件

系统软件是为其他软件服务的软件，其主要功能是简化微机操作，充分发挥硬件功能，支持应用软件的运行并提供各种服务。

系统软件有两个主要特点：一是通用性，即无论哪个应用领域的微机用户都可以使用它们；二是基础性，即应用软件要在系统软件的支持下编写和运行。

系统软件包括操作系统、语言处理程序、数据库管理系统等。

① 操作系统：操作系统（Operating System，OS）是系统软件的核心，是微机硬件的第一级扩充。操作系统是一种对微机的全部软件资源和硬件资源进行控制和管理、合理组织微机工作流程以便充分发挥微机的工作效率、方便用户使用而配置的系统软件，是微机和用户之间的接口和桥梁，用户必须通过操作系统才能使用微机。常用的操作系统有Windows 7/10、Linux、UNIX、OS/2等。通常，操作系统应具有五方面的功能：处理机管理、存储管理、设备管理、文件管理和作业管理。

② 语言处理程序：程序语言是人们描述计算过程的规范书写语言。程序语言可以分为低级语言和高级语言两大类。低级语言又称面向机器的程序语言，是特定的微机系统所固有的语言，高级语言是一种接近于人们日常的自然语言和数学语言的程序设计语言，是一种直接面向过程或对象的微机语言。用高级语言编写的程序基本上可以在各种类型微机上运行，具

有通用性。但是，微机不能直接识别和运行高级语言，必须经过“翻译”。所谓“翻译”是由一种特殊程序把源程序转换为机器码，这种特殊程序就是语言处理程序。高级语言的翻译方式有两种：一种是“编译方式”，另一种是“解释方式”。编译方式是通过编译程序生成二进制目标文件（扩展名为.obj），再经过连接程序生成可执行的程序（扩展名为.exe）。解释方式是边解释程序边执行，不产生可执行程序。

③ 数据库管理系统：数据库管理系统是建立、使用和维护数据库时进行集中控制的系统软件，即DBMS（Database Management System）。它主要由以下几部分组成：语言处理部分、系统运行控制部分、系统建立和维护部分。一个实用的DBMS要根据系统功能、资源、使用环境和服务方式等确定。目前，常见的数据库管理系统有SQL Server、Sybase、Oracle等。

（2）应用软件

应用软件是解决各种实际问题的程序。通用的应用软件由软件生产厂家研制开发成应用软件包，投放市场，供用户选用；而比较专用的各种应用程序则由用户组织力量研制开发使用。

微机中常用的应用软件有：办公类，如WPS Office系列、Microsoft Office系列等；管理类，如MIS、ERP、进销存管理系统等；工程类，如CAD、CAM等；图形图像处理软件，如Photoshop、3ds Max等；工具软件，如杀毒软件、下载软件、压缩软件等；以及各种游戏类软件等。

3）计算机发展趋势

按照1989年由IEEE下属的一个委员会提出的运算速度分类法，可将计算机分为巨型机、大（中）型机、小型机、工作站和微机。纵观计算机的发展历程，现代计算机呈现了如下几个发展趋势。

① 巨型化：适应尖端科学的需要，计算机向高速度、大存储容量、功能强大的方向发展。目前，世界上已出现了每秒数千亿次、上万亿次的巨型计算机。

② 微型化：随着微电子技术的飞速发展，台式计算机和笔记本式计算机的功能越来越强，并已走入寻常百姓家。掌上计算机的出现、“智能化”产品的普及也都是微型化的具体表现。

③ 网络化：计算机网络是指按照一定的协议，将若干台计算机通过通信线路连接起来，以便实现计算机间的通信、数据传输、资源共享。计算机网络化，极大地方便了全球间的信息联络，使地球变“小”了。

④ 多媒体化：在计算机系统的控制下，将数字、文字、声音、图形、图像、动画等软硬件设备集成在一起进行处理，使得原本毫无生气的计算机能够记录、再现、仿真丰富多彩的社会生活。

⑤ 智能化：让计算机能够进行图像识别、语音识别，能够进行逻辑推理、模拟人脑思维过程，会自行学习等。

4）微机的性能指标

① 字长：字长是指微机能直接处理的二进制信息的位数。字长是由CPU内部的寄存器、加法器和数据总线的位数决定的。字长标志着微机处理信息的精度。字长越长，精度越高，

运算速度越快，可存取主存储器的容量就越大，支持的指令功能就越强。微机的字长已从8位、16位、32位发展到64位。字长一般是字节的整数倍。微机中常用单位名称、符号及换算关系如下：1字节（B）=8位（bit），1024 B=1 KB，1024 KB =1 MB，1024 MB=1 GB，1024 GB=1 TB。

② 运算速度：运算速度是指微机每秒能执行的指令条数，单位为MIPS（百万条指令每秒）。由于指令的种类很多，不同指令的执行时间是不同的，所以通常用加权平均法求出等效速度，作为衡量运算速度的标准。

③ 时钟频率（主频）：时钟频率是指CPU在单位时间（每秒）内发出的脉冲数，简称主频，单位为MHz或GHz。同类型CPU主频越高，运算速度越快。所以，主频是衡量微机性能的最重要指标之一。

④ 存取速度：存储器完成一次读/写操作所需的时间称为存储器的存取时间或访问时间。存储器连续进行读/写操作所允许的最短时间间隔，称为存取周期。存取周期越短，则存取速度越快，它是反映存储器性能的一个重要参数。通常，存取速度的快慢决定了运算速度的快慢。微机系统中通过采取多级存储体系来解决存取速度瓶颈问题。

⑤ 存储器容量：微机主存储器中能够存储数据的总字节数，称为主存容量，数值越大，可以存储的数据越多，运算速度越快；辅存容量是指辅助存储器所能容纳的总字节数，硬盘是最重要的辅助存储设备。存储器容量是衡量微机性能的一个重要指标。

⑥ 外设配置：主机所配置的外围设备（简称外设）的多少与好坏，也是衡量计算机综合性能的重要指标。一般应达到以下要求：硬盘容量大，存取周期短，读/写可靠；键盘的按键手感好，耐用，反应灵敏；鼠标的分辨率和轨迹速度高；光盘的数据传输速度快，读盘能力强；显示器的分辨率和扫描频率高；具有多媒体外设；等等。

⑦ 可靠性、可用性和可维护性：可靠性是指在给定的时间内，微机系统正常运转的概率；可用性是指微机的使用效率；可维护性是指微机的维修效率。可靠性、可用性和可维护性越高，则微机系统的性能越好。

2. 认识硬件系统

本实训重点练习硬件识别。在进行硬件识别时，除要注意观察硬件外观特征外，务必要牢记硬件接口特征及防接错结构特征。微机中的接口类型大致可分为三类：外设接口、总线及数据线接口、电源接口及机箱面板控制线接口。组装微机的一项重要工作，就是将各个接口、连线准确连接到位。

1）CPU

CPU是微机的核心部件，微机中各部分的信息流动全部在CPU的控制下进行。CPU的性能在一定程度上决定了整个微机的性能。

（1）CPU生产厂商

世界上能开发生产微处理器的厂商并不很多，各厂商生产的CPU型号不同、性能不一，如图1-3所示。CPU按同时能处理的二进制位可分为8位、16位、32位和64位等几种。目前在通用PC市场上较流行的CPU芯片主要由以下生产商生产。

① Intel 公司：Intel公司生产的微处理器芯片称为Intel系列芯片，目前主要有酷睿

（Core）系列、Pentium和Celeron系列，以及至强系列等，分别应用于中高端用户、普通低端用户和服务器。Intel公司生产的CPU不仅性能出色，而且在稳定性、功耗等方面都相当突出。

② AMD公司：AMD是目前唯一可与Intel匹敌的CPU厂商。自从Athlon XP上市以来，AMD与Intel的技术差距逐渐缩小。2003年AMD64 架构推出以后，AMD的技术已经与Intel相当，而且在某些方面已经领先于Intel。目前，AMD主要有用于服务器和工作站的Opteron（皓龙）处理器系列和用于台式机的Sempron（闪龙）、Athlon（速龙）、Phenom（羿龙）、Ryzen（锐龙），以及APU系列。AMD CPU的特点是低频高效，性价比高，缺点是发热量大。

③ 神州龙芯：早在2002年，中国科学院计算技术研究所就正式宣布我国首款可商业化、拥有自主知识产权、通用高性能的CPU——龙芯1号研制成功。到目前，先后完成龙芯1号、2号、3号三个系列的CPU处理器的研制，并且在产业化方面已经成功地应用于网络、工控、安全、移动等各种领域。龙芯CPU为提高我国信息产业的自主创新能力、改变我国信息领域核心技术受制于人的被动局面做出了杰出贡献。

此外，市场上也常见VIA、IBM等公司的产品。

（a）Intel Pentium 4 CPU

（b）Intel Core i7 CPU

（c）AMD Athlon 64 CPU

（d）龙芯1号CPU

（e）龙芯2号CPU

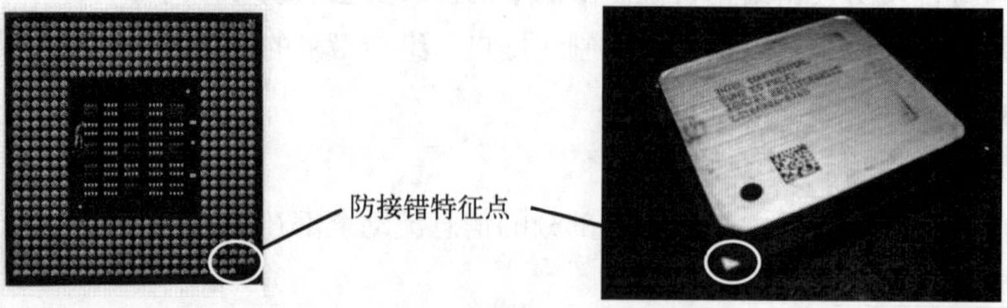

（f）防接错特征点

图1-3　CPU外形及防接错特征

（2）CPU散热器

图1-4所示为常见CPU风扇外观及导热硅脂。

(a) 风扇　　　　　　　　　　　　　　　　(b) 导热硅脂

图1-4　形状各异的风扇和导热硅脂

计算机中许多电子元器件都是高能耗的产品，发热量相当大，尤以CPU为甚（其次是显卡芯片），普通的CPU表面温度可以达到50～80℃，而CPU内部可高达上百摄氏度。如果不及时将这些热量散发出去，就易产生死机、蓝屏错误、IE错误、打开程序错误、丢失数据、自动重启等问题。所以，用户必须认真对待CPU的散热问题。

目前，对于CPU的降温方法常见的有风冷、水冷、半导制冷和氟（氮）制冷等多种方法。这些方法中，虽然有些方法的降温手段十分有效，但不是施行困难，就是成本太高，所以对于普通用户来说，风冷是最实效、最方便、最常用的方法。CPU的风冷，其实就是利用散热片和散热风扇，将CPU的热量传导出来并吹到附近的空气中去，达到散热的目的。风冷效果的好坏取决于CPU散热风扇的功率、转速、风扇口径、形状，以及散热片材质等因素。

2）主存储器

主存储器又称内部存储器，简称内存，如图1-5所示。微机运行程序时，要在主存储器中保存和读取指令及数据，因此，主存储器的存取速度和容量对微机的整体速度影响很大。

(a) 168线 SDRAM

(b) 184线 DDR SDRAM

(c) 240线 DDR2

(d) 内存防接错结构

(e) 带有辅助散热装置的DDR3内存条

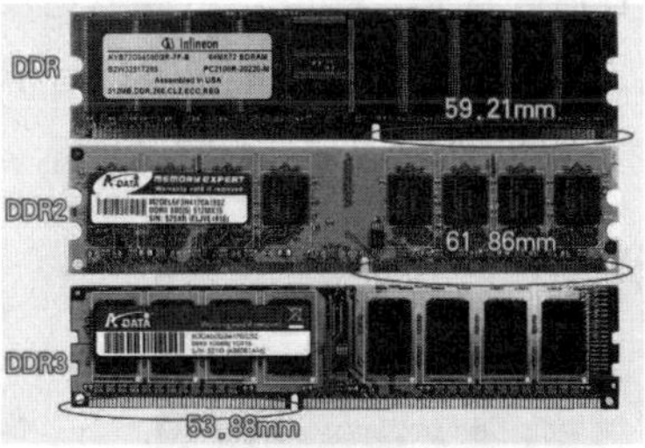

(f) DDR、DDR2、DDR3内存对比

(g) DDR4

图1-5　内存外形及防接错特征

提示：微机中使用的内存有SDRAM（同步动态内存）、DDRAM（双倍数据传输内存）、DDR2（DDR 2代内存）、DDR3（DDR 3代内存）、DDR4（DDR 4代内存）等几种类型，使用特点各不相同，既不能互相替代，也不能互相混用。

微机的主存储器从广义上来讲可分为只读存储器（ROM）和随机存取存储器（RAM）两类。

① 只读存储器（Read Only Memory，ROM）的特点是，微机运行时，其中存储的信息只能读取，不能写入，不会因其他程序出现错误而遭破坏，也不会因停电而丢失信息。因此，ROM常用来存放系统软件中的核心部分、诊断程序、常数等，如BIOS程序。它的容量一般较小。

② 随机存取存储器（Random Access Memory，RAM）又称读/写存储器。根据其工作方式的不同，分为静态RAM（SRAM）和动态RAM（DRAM）两种，不论哪一种，读/写速度都比ROM要快，但其中的信息在关掉电源时会消失。微机中主存储器容量的大小，一般是指动态RAM的容量。它的容量越大，微机处理复杂问题的能力越强、速度越快。

③ 高速缓冲存储器（Cache）：缓存属于静态RAM的范畴，但速度比系统主存要快得多。L1 Cache集成于CPU内核之中，速度与CPU内部频率相同。内核中集成一级缓存价格昂贵，技术复杂，为弥补一级缓存容量上的不足和降低生产成本，在CPU内核外部加入二级缓存甚至三级缓存，可以达到速度与价格的和谐平衡。

3）辅助存储器

辅助存储器又称外部存储器，简称外存。辅助存储器的存取速度比主存储器慢得多，但容量大，保存的信息关掉电源后不消失，适合永久保存信息。辅助存储器有固态硬盘（SSD新式硬盘）、机械硬盘（HDD 传统硬盘）、光盘、闪存盘、移动硬盘等。

（1）固态硬盘存储器

固态硬盘是一种采用固态电子存储芯片阵列而制成的硬盘，其接口规范和定义、功能及使用方法上与普通硬盘完全相同，但读取速度更快，解决了新时代传统机械硬盘的性能瓶颈问题，已经成为新装机或者主流笔记本式计算机的标配。固态硬盘在接口等标准上，根据大小尺寸不同，接口种类也不同，如图1-6所示。

（a）SATA 3.0接口　　（b）M.2接口

图1-6　固态硬盘接口

（c）msata接口

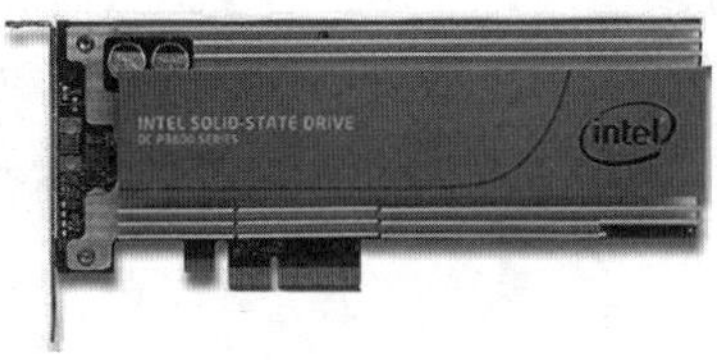

（d）PCI-E接口

图1-6　固态硬盘接口（续）

（2）机械硬盘存储器

机械硬盘存储器简称硬盘，由硬盘片和硬盘驱动器组成，如图1-7所示。

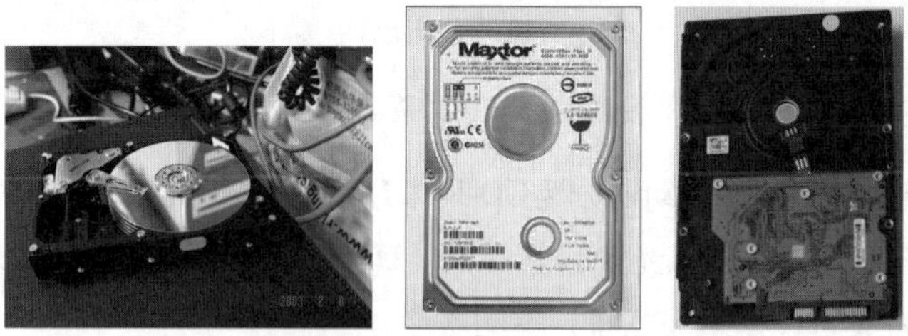

图1-7　硬盘内部结构及外观

在辅助存储器中，机械硬盘具有容量大、存取速度快等优点，是目前微机系统中不可缺少的重要设备。目前，市场上SATA接口硬盘为主流产品。图1-8所示为硬盘背部接口。

（a）IDE接口硬盘

（b）SATA接口硬盘

图1-8　硬盘背部接口

（3）闪存盘存储器

闪存盘存储器（Flash Memory）是近年常见的一种半导体存储器，因与微机USB接口相连，故又称U盘。它具有体积小、便于携带、容量大、速度快、可反复读/写、不易损坏、即插即用等优点。由于闪存盘的广泛应用，人们逐渐淘汰掉了软盘。图1-9所示为闪存盘的外观及接口。

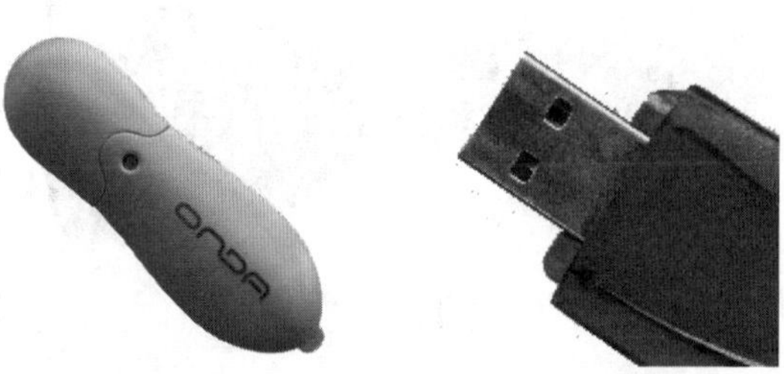
图1-9　闪存盘外观及接口

（4）光驱与光盘

光盘存储器是利用激光写入和读出信息的存储器。光盘存储器由光盘盘片、光盘驱动器组成。图1-10所示为光盘片及光驱外观、光驱前面板及背板接口。

(a) 光盘片及光驱外观

(b) 光驱的面板及背板接口

图1-10　光盘片、光驱外观、面板及背板接口

根据光盘存储技术，光盘驱动器分为CD-ROM（只读存储光盘）驱动器、CD-R（可记录光盘）驱动器、CD-RW（可重写光盘）驱动器、DVD-ROM（数字视频只读光盘）驱动器和DVD-RAM（数字视频可反复重写光盘）驱动器等。

常见的光盘规范有CD-DA（Compact Disc-Digital Audio，数字唱盘）、CD-ROM（Compact Disc - Read Only Memory，只读存储光盘）、CD-R（Compact Disc-Recordable，可记录光盘）、CD-RW（Compact Disc-Rewritable，可重写光盘）、VCD（Video Compact Disc，数字视盘）和DVD-ROM（Digital Versatile Disc-Read Only Memory，只读存储多用途数字光盘）等。

4）输入设备

输入设备是向微机内输入信息的设备，主要功能是将微机程序、文本、图形、图像、声音以及现场采集的各种数据转换成微机能处理的数据形式并输送到微机。常见的输入设备有键盘、鼠标、扫描仪、数码照相机、传声器等。

（1）键盘

键盘是微机必备的标准输入设备，现在常用的是104键的键盘，键区分布如图1-11所示。此外还有人体工学键盘、多媒体键盘等形式的键盘。

图1-11　键盘

（2）鼠标

在图形界面下，鼠标是一种重要的输入设备，主要用于菜单选择、程序操作、绘图、浏览网页等。目前，鼠标已成为微机的必备外设。鼠标根据其技术结构原理可分为机械式和光电式以及无线式（无线连接）等种类。根据按键数量可分为两键、三键等，如图1-12所示。

（3）扫描仪

扫描仪（见图1-13）是一种常见的计算机输入设备，人们用它可将各种形式的图像、文稿等信息输入到计算机中。扫描仪分为专业滚筒式、平板式和手持式等种类，广泛应用在出版印刷、办公管理、超市收费及图书借阅等方面。

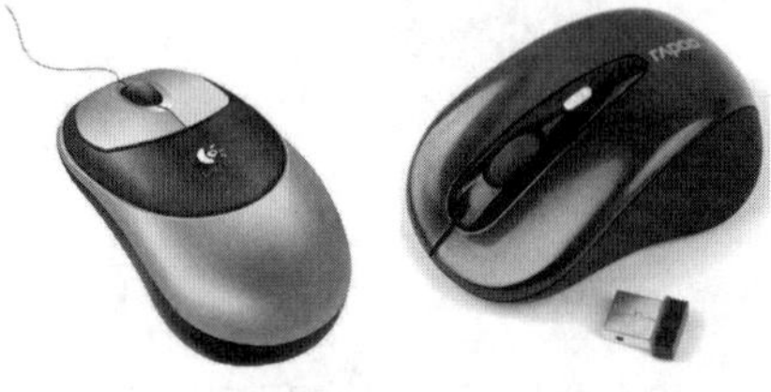

图1-12　鼠标

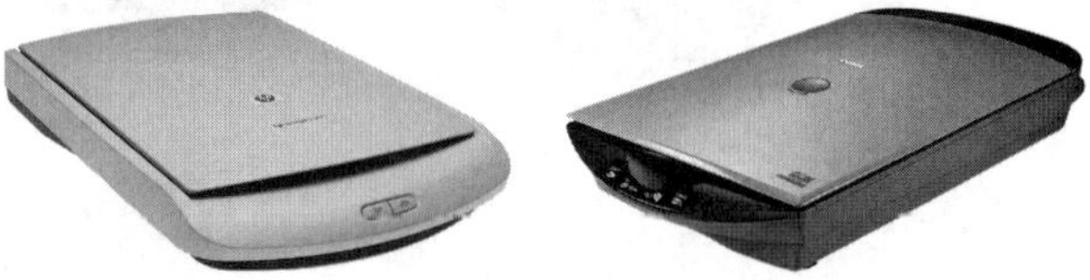

图1-13　扫描仪

（4）数码摄像机和数码照相机

与传统的摄像机和照相机不同，数码摄像机（DV）和数码照相机（DC）能够记录数字化的图像，并可直接输入微机中进行处理。一般来说，数码摄像机记录的是活动图像，而数码照相机记录的是静态图像，如图1-14所示。

（a）数码摄像机　　（b）数码照相机

图1-14　数码摄像机和数码照相机

提示：常见外设如键盘、鼠标、扫描仪、数码照相机、打印机等设备的接口发生了较大变化，越来越多的设备淘汰了过去沿用的PS/2接口、串/并行接口等接口形式，而改用传输性能好、允许带电插拔的USB接口。各种接口的外形如图1-15所示。

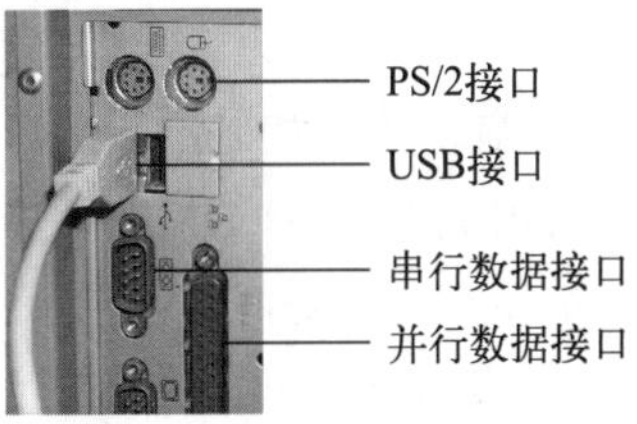

图1-15　各种接口外观

5）输出设备

输出设备是把微机处理好的结果转换为文本、图形、图像及声音等形式并输出的设备。输出设备的种类很多，目前微机系统中常用的输出设备有显示器、投影仪、打印机、绘图仪和扬声器等。

（1）显示系统

显示系统由显示器和显示适配器（简称显卡）两部分组成。

① 显示器是微机系统中不可缺少的输出设备。微机在工作时的各种状态、操作的结果、编辑的文件和程序、图形等，都要随时显示在屏幕上，通过它将信息反馈给用户。目前市场上的显示器产品主要有三类：一是CRT（阴极射线管）显示器；二是LCD（液晶显示器）；

三是LED显示器。后两者有许多优点，如占用空间小、低功耗、低辐射、无闪烁等，随着价格逐渐降低，已被广泛应用。显示器的外观如图1-16所示。

图1-16　显示器外观

② 显卡是显示器与主机通信的控制电路的接口电路板。其主要作用就是在程序运行时，根据CPU提供的指令和有关数据，将程序运行过程和结果进行相应的处理并转换成显示器能够接收的文字和图形信号后，通过屏幕显示出来。换句话说，显示器必须依靠显卡提供的显示信号才能显示出各种字符和图像。显卡按其存在形式可分为独立显卡和集成显卡，通常认为，独立显卡能够更好地满足用户个性化的需求，选购灵活，而集成显卡价格便宜，性能一般，如果只是办公或普通学习，选择集成显卡就够用了。显卡外观如图1-17所示。

图1-17　显卡外观

③ 显卡接口和显示器接口：CRT显示器采用VGA接口，LCD显示器采用DVI接口，高清设备采用标准接口HDMI，还有一些显卡上带有S-Video接口用于连接视频设备。各种接口的外观图如图1-18所示。

（a）显示器VGA接口　（b）显卡VGA接口　（c）DVI接口　（d）HDMI接口

图1-18　显示系统接口外观

提示： 定制分辨率和刷新频率，要依据显卡和显示器的档次而定，过高可能加速显示器的老化。通常17英寸（1英寸=2.54 cm）的显示器，分辨率设置为1 024像素×768像素使用效果最佳；刷新频率设置为85 Hz，即可消除屏幕的闪烁感，长时间工作眼睛也不容易疲劳；而颜色数应设置为24位或32位真彩色模式。

（2）打印机

打印机是微机系统中重要的输出设备之一，可以将微机中的运行结果打印在纸上输出，方便人们的阅读，同时也便于携带。打印机种类很多，通常按打印原理将打印机分为击打式和非击打式两大类。击打式打印机中最普遍的是针式打印机（又称点阵打印机），非击打式打印机目前最流行的是激光打印机、喷墨打印机，如图1-19所示。

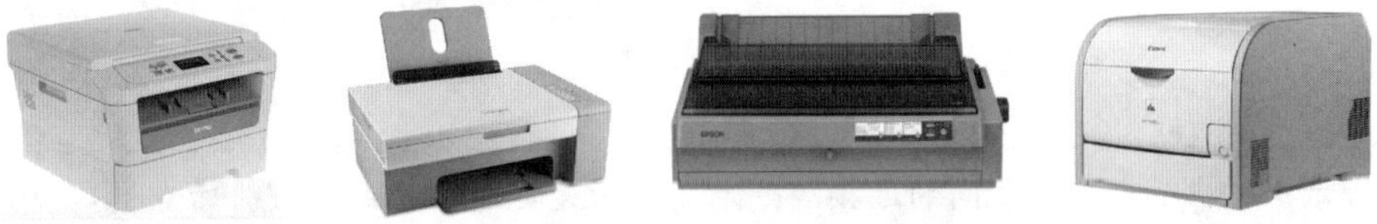

（a）多功能一体机　（b）喷墨打印机　（c）针式打印机　（d）激光打印机

图1-19　常见打印机外观

① 针式打印机：最大的特点是可以使用多层连续纸一次打印多个副本，方便打印票据，广泛用于银行、电信、医疗等公共服务部门。

② 激光打印机：是办公的主要机型，具有打印精度高、速度快、无噪声等特点。激光打印机分为单色（黑色）和彩色两种，目前以单色机型为主，彩色机型的购置费用和使用费用都较高，不适合普通办公使用。

③ 喷墨打印机：喷墨打印机的最大特点是可以打印彩色，档次差异大，低档机型是家庭和小型办公的主要机型，中高档机型是专业设计部门的必选类型。

（3）音频设备

音频设备可实现声音信息的输入与输出，是多媒体微机的必备设备。通常由声音的输入设备（传声器）和声音的输出设备（扬声器）及声音适配卡（声卡）组成。目前主板上大多集成了声卡，如图1-20所示。

（a）音箱

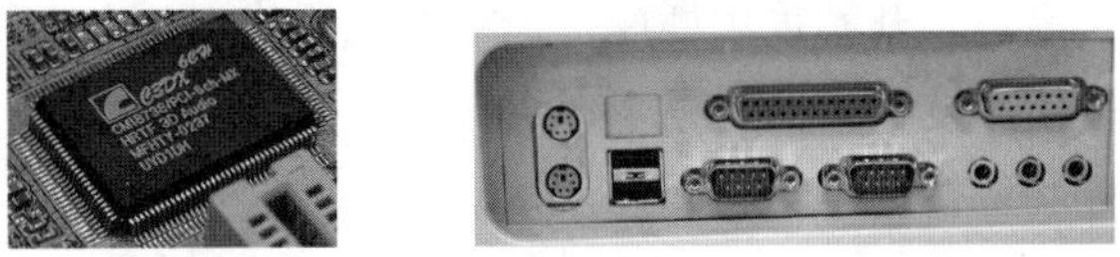

（b）声卡芯片　（c）输入/输出接口

图1-20　扬声器、声卡芯片、输入/输出接口外观

6）主板

主板是微机中的重要部件之一，是微机主机的骨架。主板上主要有CPU插座、总线扩展槽及其他扩展槽、主板芯片组及各种集成电路、I/O接口、电源接口等。随着微电子技术的进步，直接集成到主板上的接口越来越多。图1-21所示为主板外观图。下面具体讲解主板上的常见部件。

图1-21 主板外观

提示：微机基本部件之间的连接规范定义了两大类连接方式，分别称为Bus（总线）和Interface（接口），而按照这两类连接方式所设计生产的电气元件分别称为Socket/Slot（插座/插槽）和Port（端口）。总线是一组能为多个部件服务的公共信息传送线路，是计算机各部件之间传送数据、地址和控制信息的公共通路，能分时地发送与接收各部件的信息。采用总线结构，既可以大大减少信息传送线路的数目，又可以非常容易地扩充内存和添加外设，大大提高了系统的灵活性和可维护性。主板上常见的总线有系统总线、I/O总线、USB总线等。接口一般指主板和某类外设之间的适配电路，采用标准接口技术，也是为了模块化结构设计，以得到多个厂商的广泛支持，便于生产与之兼容的外部设备和软件，解决主板和外设之间在电压等级、信号形式和速度上的匹配问题。

（1）印制电路板（PCB）

主板可形象地被称为“数字时代的动力平台”，如图1-21所示，图中承载着总线、接口、芯片等器件的大板块，就是PCB。PCB是由几层树脂材料粘合在一起的，内部采用铜箔走线。一般的PCB分为四层，即最上和最下是信号层，中间两层是接地层和电源层。设计主板时应尽量避免由于其他接线的干扰，造成信号失真，应该在相邻的两条接线之间留出足够大的间距。有些接线必须限制其最大长度，以确保信号的最小衰减等。

（2）CPU插座

主板上的白色方形插座就是CPU插座，如图1-22所示。它的重要作用是把CPU固定在主板上。随着CPU的发展变化，CPU插座也一直处在发展变化之中。早期的CPU都是直接焊接在主板上的，发展到486以后，开始采用插座，但初期需要使用一个专用工具才能拆卸，接着出现了ZIF（零插拔力）插座及插槽。目前主要采用插座设计，但有多种规格形式，选购时应注意主板与CPU的配套。

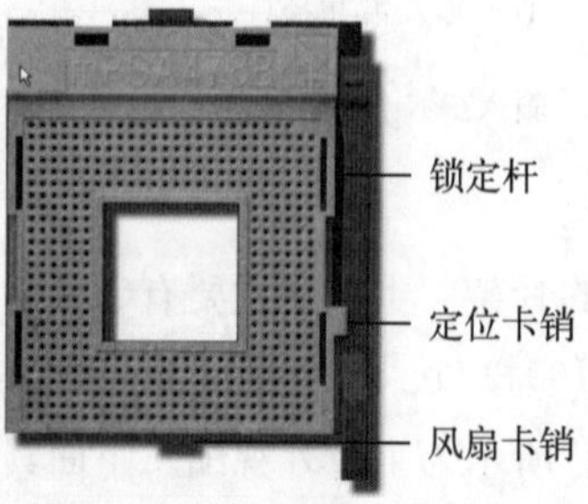

图1-22 CPU插座

（3）内存插槽

主板上一组相互距离较紧密的插槽即为内存插槽，两边带有卡销，便于安装固定内存，如图1-23所示。目前主要有三种内存插槽形式：SDRAM内存插槽，用来安装SDRAM内存，有168只引脚（又称金手指），两个防呆隔断；DDR内存插槽，用于安装DDRAM内存，有184只引脚，一个防呆隔断；DDR2/DDR3内存插槽，用于安装DDR2/DDR3内存，有240只引脚，一个防呆隔断。

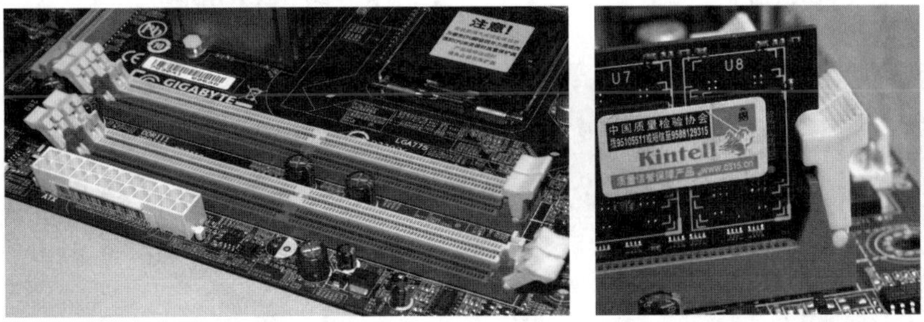

图1-23　内存插槽

（4）AGP插槽

AGP插槽通常在CPU插座旁边，颜色为褐色，只有一个，用来安装AGP接口显卡，有些集成显卡的主板则没有此插槽。AGP插槽有AGP 1X、AGP Pro、AGP 2X、AGP 4X、AGP 8X等规格，其工作电压不完全相同，为防止错接，插槽中的防呆隔断设计各不相同，安装时应配套使用。AGP插槽外观如图1-24所示。当今主流机型中，AGP显卡接口插槽已被PCI-E插槽所取代。

图1-24　AGP插槽

（5）PCI插槽

AGP插槽另一侧的白色插槽就是PCI插槽，如图1-25所示，有2～6个，是一种扩展卡接口，用来安装各种扩展卡，如声卡、网卡、SCSI卡、USB卡等，只要符合PCI接口规范，均可安装到PCI插槽。

（6）PCI Express（简称PCI-E）插槽

PCI Express接口根据总线接口按照对位宽的要求不同而有所差异，分为PCI Express 1X、2X、4X、8X、16X等。由此PCI Express的接口长短也不同。1X最小，往上则越大。PCI Express接口可以向下兼容，即PCI Express 4X的设备可以插在PCI Express 8X或16X上进行工作。它良好的向下兼容性被不少业界人士看好，同时PCI Express接口还具有支持热插拔及热交换的特性。图1-26所示为1X、16X PCI-E插槽，图1-27所示为PCI-E总线扩展卡。

图1-25　PCI插槽

图1-26　PCI-E插槽

（a）PCI-E 1X HDTV多媒体卡

（b）PCI-E 16X显卡

图1-27　PCI-E总线扩展卡

提示：PCI Express总线是一种完全不同于过去PCI总线的全新总线规范，与PCI总线共享并行架构相比，PCI Express总线是一种点对点串行连接的设备连接方式，点对点意味着每个PCI Express设备都拥有自己独立的数据连接，各个设备之间并发的数据传输互不影响，而过去PCI那种共享总线方式，PCI总线上只能有一个设备进行通信，一旦PCI总线上挂接的设备增多，每个设备的实际传输速率就会下降，性能得不到保证。而PCI Express以点对点的方式处理通信，每个设备在要求传输数据的时候各自建立自己的传输通道，对于其他设备这个通道是封闭的，这样的操作保证了通道的专有性，避免其他设备的干扰。PCI Express已替代传统的PCI和AGP成为新一代PC总线统一规范。

（7）IDE端口

在主板上靠近边缘的地方，可以找到带有防护围框的长条形接口，它们就是IDE端口，用于连接硬盘和光驱，如图1-28所示。每个IDE端口有40根针脚，为防止错接，防护围框上有一个缺口，对应IDE信号线上的凸起部分。IDE端口有主从之分，通常主端口颜色鲜艳醒目，标记为IDE-1，从端口多为黑色或白色，标记为IDE-2。

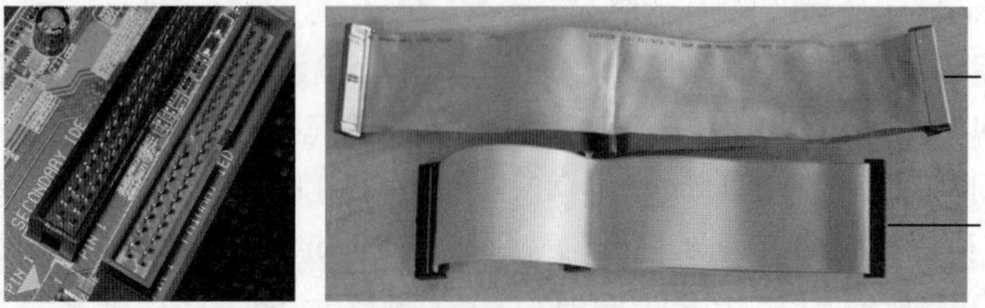

图1-28　IDE端口和数据线

（8）串行ATA（Serial ATA，SATA）接口

图1-29所示为SATA接口和数据线。

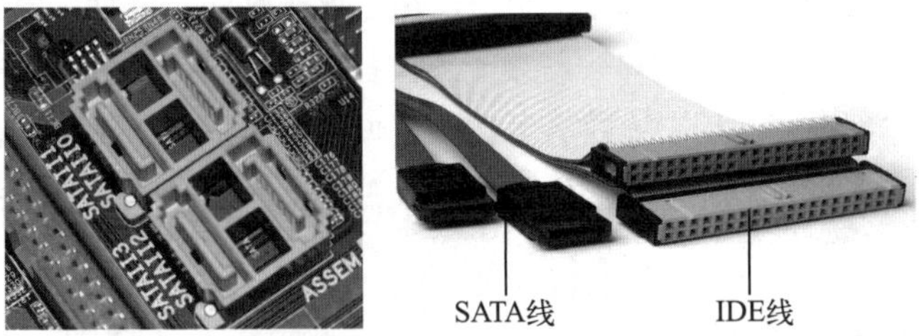

图1-29 SATA接口和数据线

SATA接口是一种完全不同于并行ATA的新型硬盘接口类型，相对于并行ATA来说，具有非常多的优势。首先，SATA以连续串行的方式传送数据，一次只会传送1位数据。这样能减少SATA接口的针脚数目，使连接电缆数目变少，效率也会更高，同时这样的架构还能降低系统能耗和减小系统复杂性。其次，SATA的起点更高、发展潜力更大，Serial ATA 1.0定义的数据传输率可达150 MB/s，这比目前最新的并行ATA（即ATA/133）所能达到133 MB/s的最高数据传输率还高，而SATA 2.0接口的数据传输率为300 MB/s，SATA 3.0接口的数据传输率可达600 MB/s。

（9）软盘驱动器端口

主板上在IDE端口旁边，还有一个软盘驱动器端口，外形及防错接结构均与IDE端口相同，只是稍短些，有34根针脚。由于闪存盘等其他形式移动存储器的普及，软驱已趋于淘汰，多数主板上已不再设置该端口。

（10）电源端口

通过电源端口使主机电源与主板相连，为主板提供动力。电源端口通常位于CPU插座或内存插槽附近，目前主要是ATX接口形式，为白色长方形，有20只或24只引脚。对于与Intel Pentium 4 CPU配套的主板，在上面还可以看到一个4针方形电源端口，设置该端口的目的是为高功耗的CPU提供充足的电力支持，如图1-30所示。此外，主板上还有CPU风扇电源接口和机箱风扇电源接口等。

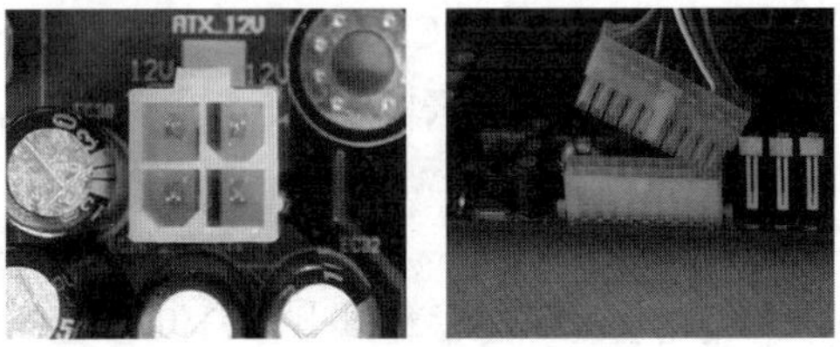

图1-30 主板上的电源端口

（11）各种前面板端口排针

用于连接机箱前面板的按钮、指示灯、USB端口和前置音频端口等，通常用颜色或线框标出分组，用数字符号标出极性。图1-31所示为主板上的前面板端口排针和接头。

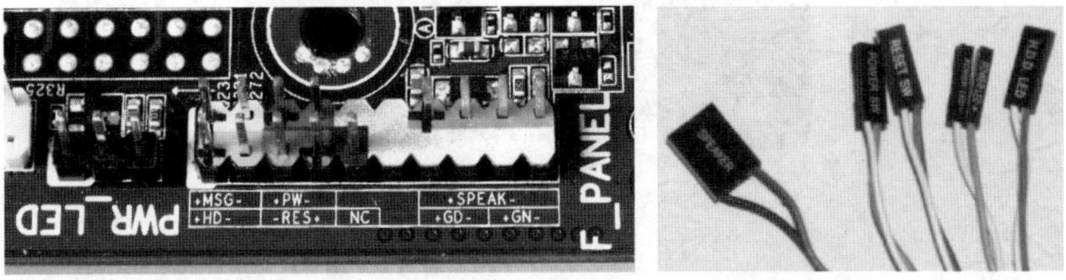

图1-31 主板上的前面板端口排针和接头

（12）各种背板端口

在安装好的主机机箱背面，有各种形状的端口，用来连接各种外设，以实现更加丰富的计算机系统功能。常见的端口有：PS/2端口——用于连接鼠标、键盘；串行通信端口——用于连接鼠标、Modem；并行通信端口——用于连接打印机、扫描仪；音频信号端口——用于连接音频设备；USB端口——用于连接各种USB接口设备。目前USB接口已经应用于各个种类的外设上。此外，有些主板上还集成有显卡端口、网卡端口、IEEE 1394端口等。常见背板端口如图1-32所示。

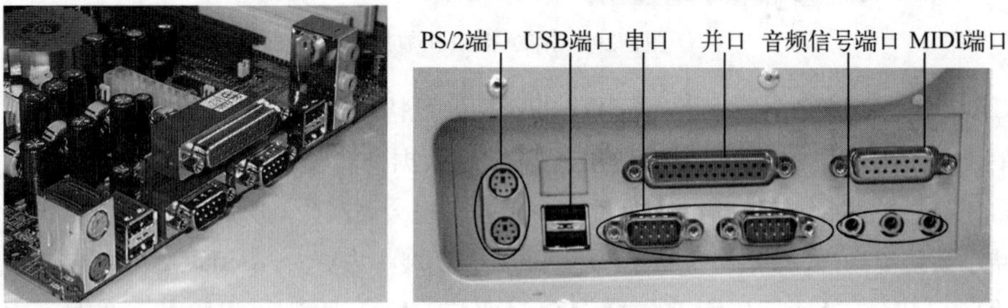

图1-32　常见背板端口

（13）其他器件

此外，在主板上还设有CMOS清零跳线，内置声卡音频输入端口，机箱开启警示排针等。

提示：微机主板上除布置有上述各个端口外，还有与装机操作关系不大但对主板性能影响甚大的BIOS芯片和南、北桥芯片等。BIOS（基本输入/输出系统）芯片是一个很重要的芯片，完成系统与外设之间的输入/输出工作，后面将进行详细介绍。南、北桥芯片组与主板的关系就像CPU与整机的关系一样，它提供主板上的核心逻辑，是主板的大脑。目前市面上主要有Intel、VIA、SiS、Ali四家公司的产品。

7）机箱、电源

机箱和电源通常整体出售，但也可以单独选购。选购时不仅要看外表，更要注重内在品质，一定要购买通过中国电工产品（CCEE）安全认证的知名品牌，查看其选料及做工，边缘无毛刺，拿在手中应该有厚重感。常见机箱、电源外观如图1-33所示。

(a) 常见机箱外观

图1-33　常见机箱、电源

(b) 机箱面板、端口及机箱内部

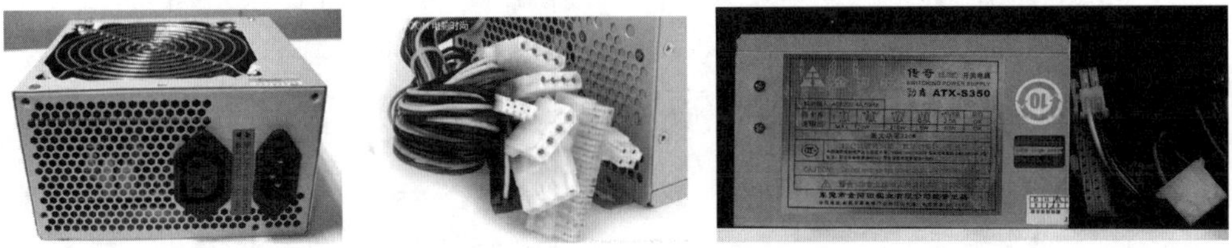

(c) 常见电源

图1-33　常见机箱、电源（续）

(1) 机箱

按其结构不同，机箱可分为AT、ATX、NLX、MicroATX、ItX等多种，其中ATX机箱是目前市场上最常见的机箱。按其外形摆放不同，机箱可分为卧式、立式两种，通常立式机箱的可扩充性较强，前面板的装饰也更富于变化，立式机箱又分为半高和全高。选购机箱时，除考虑款式、材质等因素外，机箱的散热性能也是应该重点考虑的因素。

(2) 电源

电源的基本功能是将市电转换为微机所需的各档直流工作电压，为微机的所有部件提供动力。电源的好坏直接影响到微机能否稳定地工作，一定要购买通过中国电工产品（CCEE）安全认证、拿在手中有厚重感的产品；在电源接口形式和功率指标上，则要注意与所购产品相匹配。

8）网络设备

用户接入网络的形式主要有宽带接入和窄带接入。宽带接入设备主要有网卡和宽带调制解调器（Cable Modem），窄带接入则只需要一台调制解调器（Modem），通过专用线或电话线接入即可。

单位内部的多台微机也可以组成一个局域网，这时主要用到网卡和集线器（Hub）等设备。图1-34所示为常见网络接入设备。

(a) 集线器

(b) 网卡

图1-34　常见网络设备

3. 解读硬件参数

图1-35所示为主流网站计算机配置的资料信息。

品牌	联想
型号	扬天T6900C(i7 6700/8GB/1TB)
处理器	Intel Core i7 6700(3.4GHz/L3 8MB)
内存大小	8GB
硬盘类型	SATA硬盘
硬盘容量	1000GB
声卡	内置声卡
网卡	内置10-100-1000M网卡
键盘/鼠标	键盘/鼠标
机箱	立式
操作系统	Windows 10

（a）联想扬天T6900C微机主要参数

品牌	戴尔
型号	XPS 8910-R17N8
处理器	Intel Core i7 6700(3.4GHz/L3 8MB)
内存类型	DDR4
内存大小	8GB
硬盘类型	SATA硬盘
硬盘容量	32GB
声卡	内置声卡
键盘/鼠标	键盘/鼠标
机箱	立式
操作系统	Windows 10

（b）戴尔XPS 8910-R17N8主要参数

图1-35　计算机配置主要参数

通过对联想扬天T6900C、戴尔XPS 8910-R17N8参数的分析，可以看出，无论微机档次如何，所使用的参数项目大致相同。下面以典型参数为例进行说明。

1）CPU主要性能指标

① CPU类型：主要是指CPU产品系列及CPU核心类型。CPU产品系列主要分为Intel系列和AMD系列，核心类型则可细分为更多种，如Intel酷睿多核CPU还细分为：E系、T系、P系、Q系、i系等。通常认为，相同系列，主频越高越好，相同主频，系列越新越好。

② 频率：主频即CPU的时钟频率，简单地说也就是CPU的工作频率。一般说来，一个时钟周期完成的指令数是固定的，所以主频越高，CPU的速度也就越快。由于各种CPU的内部结构不尽相同，并非所有时钟频率相同的CPU的性能都一样；外频是CPU的基准频率，是CPU与主板之间同步运行的速度。在部分微机系统中，外频是以内存与主板之间的同步速度运行，在这种方式下，可以理解为CPU的外频等于内存运行的频率。倍频是一个系数，倍频系数是指CPU主频与外频之间的相对比例关系。CPU的主频=外频×倍频。

③ 前端总线（FSB）频率：前端总线是将CPU连接到北桥芯片的总线。计算机的前端总线频率是由CPU和北桥芯片共同决定的。北桥芯片负责联系内存、显卡等数据吞吐量最大的部件，并和南桥芯片连接。CPU就是通过前端总线连接到北桥芯片，进而通过北桥芯片和内存、显卡交换数据。前端总线是CPU和外界交换数据的最主要通道，因此前端总线的数据传输能力对计算机整体性能作用很大，如果没有足够快的前端总线，再强的CPU也不能明显提高计算机整体速度。前端总线的速度越快，CPU的数据传输就越迅速。

提示：外频与前端总线频率的区别：前端总线的速度指的是数据传输的速度，外频是CPU与主板之间同步运行的速度。也就是说，100 MHz外频指数字脉冲信号在每秒振荡1千万次；而100 MHz前端总线指的是每秒CPU可接受的数据传输量是100 MHz × 64 bit ÷ (8 bit/B)= 800 MB/s。

④ 高速缓存：缓存是内存的一种形式，当内存的速度满足不了CPU速度的要求时，速度比内存更快的缓存可以为CPU和内存之间提供一个高速的数据缓冲区域。CPU读取数据的顺序是，先在缓存中寻找，找到以后就直接读取，如果没有找到，再到内存中进行读取。CPU的缓存分为一级缓存、二级缓存和三级缓存。一级缓存集成在CPU内部，与CPU同频率工作，二、三级缓存位于CPU核心外部或主板上。

⑤ 接口：CPU接口是指CPU与主板之间的连接方式。目前最为典型的接口为LGA2011-3/1151/1150，Socket FM2+AM3/AM4，它们分别是Intel公司和AMD公司主流CPU的接口。CPU接口的统一，可以明显减少用户的升级成本，当用户升级CPU时，无须淘汰原来的主板。

⑥ 最新技术：主要有64位技术、双核心/多核心技术、防病毒技术、TDP功耗（热设计功耗）等。

> **提示**：与传统的单核CPU相比，多核CPU带来了更强的并行处理能力、更高的计算密度和更低的时钟频率，并大大减少了散热和功耗。目前各大主要芯片厂商的产品线中，双核、四核甚至六核CPU已经占据了主要地位。

图1-36所示为Intel CPU外包装盒，上面标识出了CPU的主要信息参数。

图1-36　CPU包装盒上主要参数信息

2）内存主要性能指标

① 内存类型：目前主要有DDR2内存、DDR3内存和DDR4内存，DDR2和DDR3的针脚数目都是240线，但是防呆缺口位置不同。DDR3内存耗电更少，频率更高、容量更大。DDR4的针脚数是284线，与DDR3最大的区别有三点：16 bit预取机制（DDR3为8 bit），同样内核频率下理论速度是DDR3的两倍；更可靠的传输规范，数据可靠性进一步提升；工作电压降为1.2 V，更节能。

② 内存的“线”数和容量：所谓内存条是多少“线（pin）”，是指内存条与主板内存插槽插接时有多少个接触点（又叫“金手指”）。目前，常见内存有240线和284线，容量则为1 GB、2 GB、4GB、8GB、16GB等。

③ 内存的频率：内存主频和CPU主频一样，习惯上被用来表示内存的速度。内存的频率可以用工作频率和等效频率两种方式表示，工作频率是内存颗粒实际的工作频率，但是由于DDR内存可以在脉冲的上升和下降沿都传输数据，因此传输数据的等效频率是工作频率的两倍；而DDR2内存每个时钟能够以四倍于工作频率的速度读/写数据，因此传输数据的等效频率是工作频率的四倍。例如DDR 200/266/333/400的工作频率分别是100/133/166/200 MHz，而等效频率分别是200/266/333/400 MHz；DDR2 400/533/667/800的工作频率分别是100/133/166/200 MHz，而等效频率分别是400/533/667/800 MHz。

④ 其他常用内存指标：SPD芯片、奇偶校验、内存颗粒数量等。

⑤ 常见主流内存品牌：金士顿（Kingston）、海盗船（CORSAIR）、黑金刚

（KINGBOX）、宇瞻（Apacer）等。

3）硬盘主要性能指标

① 容量：硬盘最重要的参数之一，通常可以认为，容量越大越好。目前主流硬盘的容量都在500GB以上。

② 主轴转速：硬盘的主轴转速是决定硬盘内部数据传输率的决定因素之一，它在很大程度上决定了硬盘的性能，转速越高价格越高，目前市场上主流硬盘的转速多为7 200 r/min。

③ 高速缓存：指硬盘内部的高速存储器，目前硬盘的高速缓存容量一般为8 MB以上。该值越大越好。

④ 接口类型：硬盘接口类型有IDE、SCSI、SATA、USB接口等。目前台式计算机所用硬盘大多为SATA接口，移动硬盘多为USB接口，服务器硬盘则为SCSI或SATA接口。

⑤ 常见主流硬盘品牌：目前市场见到的硬盘主要有希捷、西部数据、三星、日立等几个品牌。

此外，硬盘的数据保护系统、噪声与温度等参数，也是用户比较关注的指标。图1-37所示为一款希捷500GB SATA接口硬盘标签，上面标识了常用参数。

图1-37 硬盘标签上的主要信息

4）显示系统主要性能指标

显示系统包含两大部分：显卡和显示器。

（1）显卡性能指标

① 显示芯片：是显卡的核心部件，相当于主板上的CPU，它的性能好坏直接决定了显卡性能的好坏，它的主要任务就是处理系统输入的视频信息并将其进行构建、渲染等工作。目前设计、制造显示芯片的厂家有nVIDIA、AMD（ATI）、SiS、VLA等。

② 显存：是显卡的一项重要指标，决定了显卡数据处理的速度，显存容量越大，可以存储的图像数据就越多，支持的分辨率与颜色数也就越高，画面运行也就更加流畅。按其存在形式显存可分为独立显存和从主存上划取显存两种形式。显存的类型与主存相同，也可分为DDR2、DDR3、DDR4、DDR5、DDR5X等类型。

③ 显存位宽：指显存在一个时钟周期内所能传送数据的位数。目前市场上的显存位宽有64位、128位、192位、256位、384位、512位等多种。通常显存位宽越高，性能越好，价格也越高。

④ 显卡接口：目前独立显卡均为PCI-E 16X。图1-38所示为显卡包装盒信息。

图1-38 显卡包装盒上“热闹”的产品信息

（2）显示器性能指标

显示器分为CRT（阴极射线管）显示器、LCD（液晶显示器）和LED显示器（发光二极管显示器），目前以LCD/LED显示器为主流。以LCD显示器为例，其主要性能指标有：

① 显示屏幕尺寸：这是用户最为关注的显示器参数，通常用显示器屏幕对角线的长度来标识，单位为英寸。受显示器边框影响，显示器的实际显示尺寸小于显示器的屏幕参数尺寸。

② 分辨率：LCD是通过液晶像素实现显示的，由于液晶像素的数目和位置都是固定不变的，所以液晶只有在标准分辨率下才能实现最佳显示效果，而在非标准的分辨率下则是由LCD内部的IC通过插值算法计算而得，因此会影响画面质量。17英寸LCD显示器的最佳分辨率为1280像素×1024像素（即一行有1280个液晶像素，一屏有1024行）。

③ 响应时间：是LCD显示器的一个重要指标，它是指各像素点对输入信号反应的速度，即像素由暗转亮或由亮转暗的速度，其单位是ms（毫秒），响应时间越短越好，如果响应时间过长，在显示动态影像（特别是在看DVD、玩游戏）时，就会产生较严重的“拖尾”现象。

常见液晶显示器的参数还有：亮度/对比度、可视角度、坏点等。

5）其他常用指标

① 外设的配置及扩展能力：主要指计算机系统配接各种外设的可能性、灵活性和适应性。

② 软件配置：软件是计算机系统必不可少的重要组成部分，其配置是否齐全，直接关系到计算机性能的好坏和效率的高低。

硬件选型

练习与提高

1．微机系统由哪些部分组成？各有什么作用？

2．走访计算机配件经销商，熟悉常见硬件品牌、型号、参数，掌握硬件接口特点和防接错结构。

3．结合所学知识，调查走访市场，分别列出家用计算机和普通商用计算机的配置清单，并给出参考价格。

4．说出CPU、内存、显卡的接口特点和防接错结构特点。

5．列出学习型、入门型计算机配置清单，并作简单说明。

实训 2

微机组装

实训描述

学习常用工具的使用、常用消除静电的方法，掌握计算机组装的技巧和组装的注意事项，牢记拆装过程中的禁忌法则。掌握微机组装方面的知识，进一步加深对微机硬件系统的认识，具备微机硬件维护基本能力。

实训分析

在强化器件认知的基础上，通过练习拆装微机，掌握微机组装的方法和技巧。拆、装是两个相反的操作。拆、装操作没有特定的顺序，要因时制宜，随机应变。一般原则是：先装靠里面的、固定的，如电源、主板等，再装靠外面的、浮动的、不影响其他硬件安装的小配件，如板卡、数据线等。练习过程中，严禁带电进行拆、装操作。

实训资讯

1. 常用工具及其使用方法

1）常用组装、维护工具

在组装过程中最常用到的工具并不多，主要有磁性十字头螺丝刀、尖嘴钳等，但作为一名专业工作人员来说，需要面对的情况多种多样，所以最好多准备些工具，例如磁性十字头螺丝刀（大、小号）、磁性一字头螺丝刀（大、小号）、尖头镊子、装机用标准螺钉、固定主板用铜柱和塑料柱、防静电环、万用表等，如图2-1所示。

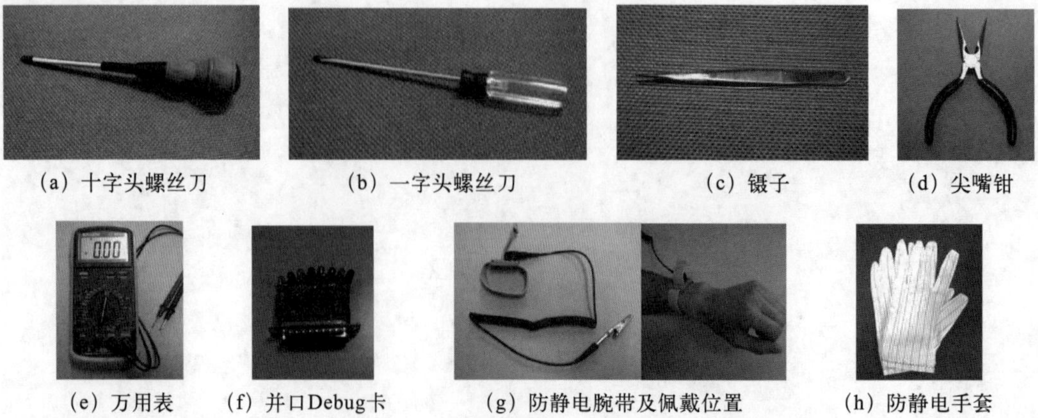

（a）十字头螺丝刀　（b）一字头螺丝刀　（c）镊子　（d）尖嘴钳

（e）万用表　（f）并口Debug卡　（g）防静电腕带及佩戴位置　（h）防静电手套

图2-1　组装、维护计算机常用工具

2）螺丝刀使用方法

① 使用与螺钉尺寸相应的螺丝刀，把螺丝刀头垂直正对螺钉头刀槽后再拧。特别是要卸下被拧得很紧的螺钉，要在用力压紧的同时转动螺丝刀（特别提醒：组装计算机时，机箱、器件等相对都比较单薄，切忌使用大力拧紧螺钉），如图2-2所示。

② 拧紧螺钉时的方法和顺序为：先将所有螺钉沿对角线顺序虚拧（紧固方形部件时）或从中间向左右两侧逐一虚拧（紧固直线形部件时），然后再逐一拧紧。

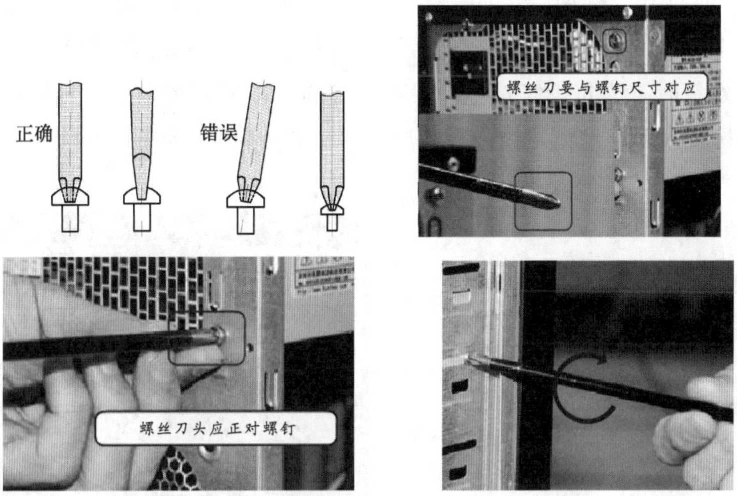

图2-2　螺丝刀的使用方法

3）尖嘴钳使用方法

尖嘴钳也是常用组装工具之一，应掌握其使用方法。

① 使用右手操作尖嘴钳。将小指伸在两钳柄中间并抵住钳柄，拇指和其余三指分别握持尖嘴钳的两个手柄。这样既可保证有力握持，也可灵活分开钳柄张开钳头。

② 张开钳头，用钳口夹紧螺钉，沿顺时针方向转动，拧紧螺钉，沿逆时针方向转动，拧松螺钉，如图2-3所示。

图2-3　尖嘴钳的使用方法

2. 组装操作技巧

① 参考实训1所讲内容，到配件市场选择有信誉的经销商采购配件（采购时应注意验货）。逐一将采购回来的配件从包装盒中取出，进行特征识别。

② 要认真阅读（以后还要妥善保管）主板说明书，熟悉主板特性、特点及安装要求。特别要关注CPU接口、电源接口（主板电源、风扇电源）、总线接口（显卡接口、PCI接口、内存接口）、数据接口（硬盘接口、光驱接口、软驱接口、CD接口）、机箱面板接线（按键、指示灯、USB接口）等安装连接位置的说明，并将说明与实物对照，仔细观察、识别防接错结构。一般来说，CPU、内存、显卡、电源、数据接口大多通过形状结构对应连接，不易接错；而按键、指示灯、USB接口等大多通过字母说明对应连接，较易接错，应特别注意。

③ 组装时要注意硬件的安装顺序。参考办法：先大后小，先里后外，先固定后灵活。从碍手、遮挡的角度说就是先装被遮挡物再装遮挡物。例如，先将CPU及风扇、内存等以主板

为独立支撑物的硬件安装到主板上，再整体安装到机箱中，接着安装机箱电源、光驱等，再装硬盘、软驱等；先紧固好所有的螺钉再连接各种数据线、电源线。机箱由冲压铁板制成，边缘非常锋利，内部空间又小，如果组装顺序不对，很可能遇到不必要的麻烦，甚至伤及身体或器件。

④ 正确使用螺钉等紧固配件。通常情况下固定机箱、电源所使用的螺钉较大，固定硬盘的螺钉为单独一类——较短、较细，主板、光驱、软驱等所用螺钉相同——较细、较长。常用螺钉外观如图2-4所示。如果主板需要使用金属螺钉和尼龙柱固定，一定要注意在外设接口一侧使用螺钉固定（刚性牢固），尼龙柱在远离外设接口部位处使用（柔性活动）。紧固螺钉时，先将螺钉拧上，但不要拧紧，螺钉都装上后，再按对角方向逐一拧紧，注意不要拧得太紧，避免对线路板造成伤害。图2-5所示为组装好的计算机。

图2-4　常用螺钉外观

图2-5　机箱内各种配件

3. 操作中的注意事项

① 组装是指组合安装从市场上买到的独立配件。拆卸是组装的相反操作，拆卸时一定要注意绝不可以把器件拆成零件。

② 组装时应该在平整宽敞的操作台上进行，不要在太过局促的环境中进行，以免发生硬件滑落、磕碰等，造成不必要的损失。

③ 清除身体静电。在日常活动中，身体很容易产生静电，特别是在冬、春季节，气候干燥，产生的静电更多。而这些静电的存在，在组装过程中很可能将芯片内部的集成电路击穿，造成危害，因此，在安装操作前应该释放掉身体静电。通常可以通过触摸一下暖气、水管等接地金属物释放掉身体上的静电，有条件的话，可以佩戴防静电环或防静电手套等。

④ 防止异物掉进（遗漏）机箱内。组装时要注意，防止将螺钉等异物遗漏在机箱内，防止将饮料等液体洒落在器件上，特别是对于爱出汗的人来说，还要注意避免将汗水滴落在器件上，以及注意避免用有汗水的手接触印制电路，尤其不要接触CPU、内存、板卡等的引脚。

⑤ 在任何情况下，严禁带电进行组装操作。

> **提示：**① 在拆卸过程中要注意观察和记录原来的结构特点，严禁不顾结构特点的野蛮拆卸，以免造成严重的损坏。
>
> ② 在拆卸过程中，严禁带电插拔各种板卡、芯片和各种外设的数据线（允许带电插拔的接线除外，如USB接线和IEEE 1394接线等）。

实训实施

1. 做好组装前的准备工作

1）环境准备

① 准备一张足够宽敞的工作台，防止发生器件滑落、磕碰等，确保组装工作顺利完成。

② 将市电插排引到工作台上备用。

组装前的准备工作

2）工具准备

准备好十字头螺丝刀、尖嘴钳、镊子等装机工具。

3）材料准备

① 把从市场采购来的主板、CPU、内存、硬盘、光驱、显卡、电源、机箱、键盘、鼠标等摆放到台面上。

② 把所有硬件从包装盒中逐一取出，将包装物衬垫在器件下方，按照安装顺序排列好。注意摆放时应该单摆单放，不要堆叠放置，对于主板尤其要格外小心。查验产品包装清单，确认附件是否齐全；阅读产品说明书，明确是否有特殊安装要求。所有这些工作完成后，就可以进行组装了。

2. 组装主机

1）安装主板

安装主板时应首先将CPU、CPU风扇、内存安装到主板上，然后再整体安放到机箱内。

安装主板

① 安装CPU：将主板从包装袋中取出，抚平包装袋，将主板放到包装袋上。观察主板和CPU的防接错结构，找准定位特征点，通常以倒角或圆点标出。将插座的锁定杆抬起到垂直位置，垂直放入CPU。此时要特别注意使CPU针脚与插座的孔对齐，再将CPU向下安放到位。按下锁定杆至插座卡销处，如图2-6所示。

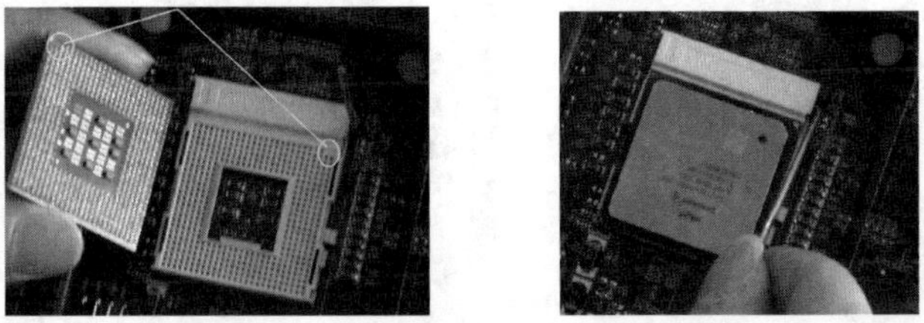

图2-6　安装CPU

② 安装CPU风扇：首先在CPU芯片的金属外壳或核心上涂上一层薄薄的硅脂，它可以使CPU与散热器接触良好，一定要涂均匀，以确保良好的散热。涂好散热硅脂后，就

可以将散热风扇安装到位。有的散热风扇安装时有方向性，不可随意安装。将散热风扇对正位置放好，卡紧卡子，然后将散热风扇电源接好，如图2-7所示。至此便完成了CPU散热风扇的安装工作。

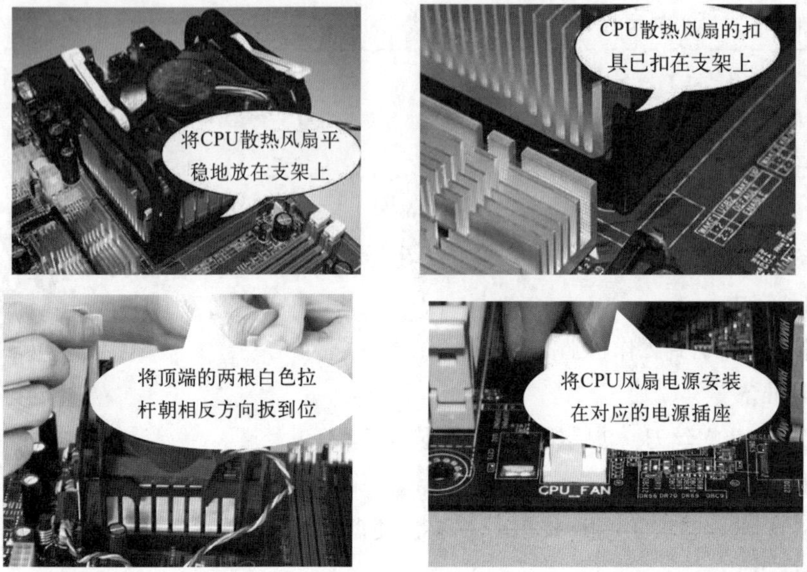

图2-7　安装CPU风扇

③ 安装内存：扳开内存插槽两端的卡销，观察内存接脚上的缺口和内存插槽上的定位隔断，对准内存与插槽的安装方向，两端均匀用力向下按，将内存插到底，同时，插槽两端的卡销自动卡住内存，如图2-8所示。安装内存时，应该从靠近CPU处的内存插槽开始，依次安装。对于双通道内存，要两条共用，相同颜色的插槽为一组。

安装内存、CPU

(a) 内存条安装方法

(b) 单通道主板上多个内存插槽的排列方式

(c) 双通道主板上内存插槽分为两组

图2-8　安装内存条

④ 将主板安放到机箱内：卸掉机箱的侧板，把机箱平放在桌子上，将主板上有背板端口的一方对着机箱背板放下。通过主板上的螺孔确定要在机箱底板的什么位置安装铜柱或塑料柱。拿出主板，安装好铜柱或塑料柱，将已经安装好CPU及风扇、内存的主板安放到机箱内，固定。注意，如果主板需要使用金属螺钉和塑料柱固定，一定要注意在接口一侧使用螺钉（刚性牢固），在远离接口部位处使用塑料柱（柔性活动）。紧固螺钉时，先将螺钉拧上，但不要拧紧，螺钉都装上后，再按对角线顺序逐一拧紧，如图2-9所示。

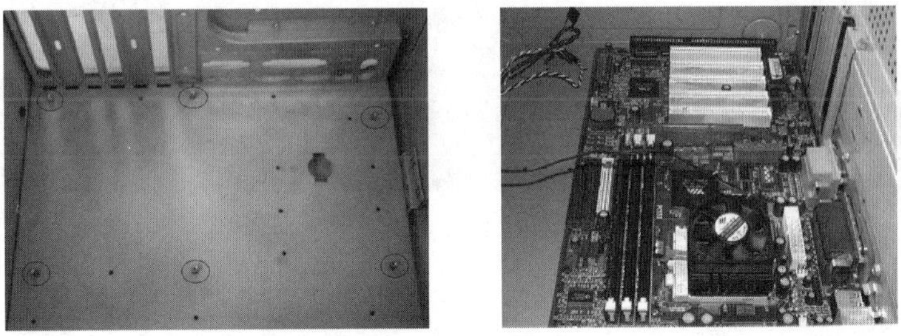

图2-9　安装主板

2）安装显卡和各种PCI卡

① 安装显卡时，应注意接脚处缺口对准插槽内的定位隔断，同时还要注意插槽端头的防脱卡销。把显卡垂直插入插槽内，插到底后，拧紧挡片上的固定螺钉即可，如图2-10所示。

安装显卡

图2-10　安装显卡

② 安装PCI插卡与上述操作类似，相对还要更简单一些。主板上的PCI插槽都是通用的。安装时，应兼顾到其他板卡的安装位置、是否妨碍连接数据线、有利于散热等因素。PCI卡主要有声卡、网卡、视频卡等。对于安装声卡来说，还要正确连接CD音频线，即用CD音频线将光驱音频接口与声卡上的CD-IN接口正确连接，如果是板载集成声卡，则CD音频线应安装在主板上的CD-IN接口，如图2-11所示。

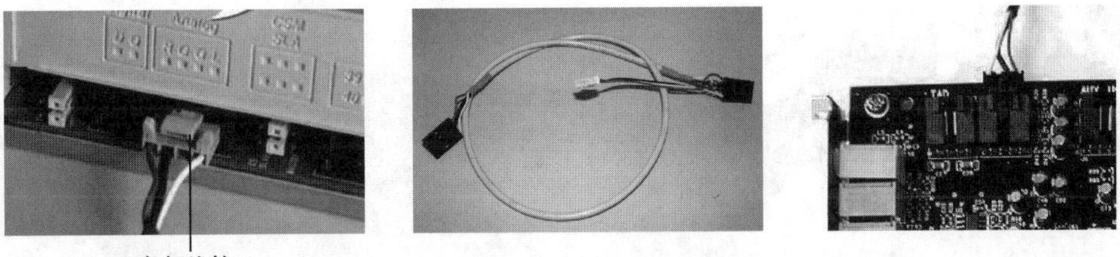

图2-11　安装声卡和CD音频线

3）硬盘及光驱的安装

将硬盘及光驱放进驱动器架，上紧螺钉即可，如图2-12所示。同时需要注意以下几点：

安装机箱电源、光驱、硬盘

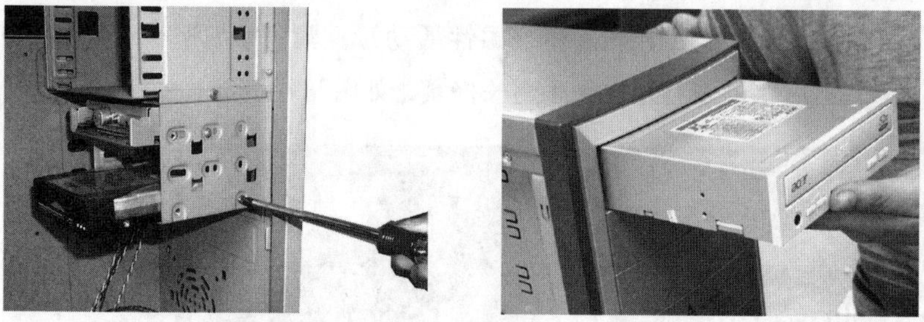

图2-12　安装硬盘和光驱

（1）安装IDE硬盘、光驱

设置IDE硬盘、光驱的主从跳线。在IDE硬盘、光驱的接线口区域，有设置设备主从属性的跳线，如图2-13所示，根据安装的需要，适当调整设备属性。如果一条数据线只连接一个驱动器，应将该驱动器设置为主设备。硬盘应该单独使用一条数据线。

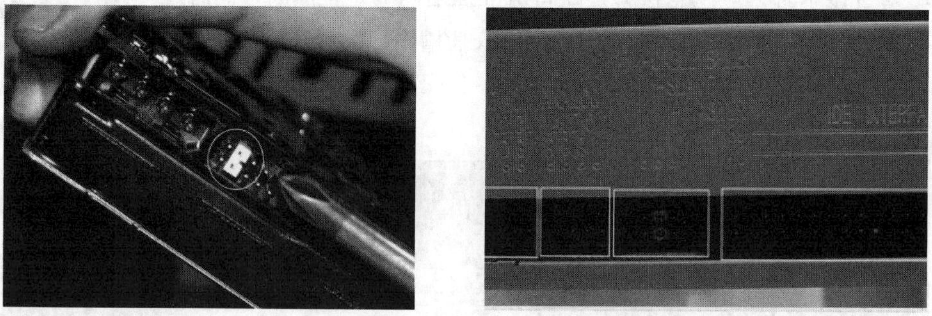

图2-13　设置硬盘、光驱主从跳线

（2）安装SATA硬盘

① SATA硬盘数据线特点：SATA硬盘与传统硬盘在接口上有很大差异，如图2-14所示。SATA硬盘采用7针细线缆作为传输数据的通道，接头处采用L形防错结构。细线缆的优点在于它很细，弯曲起来非常容易（但是要注意不能过度弯曲），不会妨碍机箱内部的空气流动，这样就避免了热区的产生，从而提高了整个系统的稳定性。由于SATA采用了点对点的连接方式，每个SATA接口只能连接一块硬盘，因此不必像并行硬盘那样设置跳线，系统自动会将SATA硬盘设定为主盘。

图2-14　SATA电源线和数据线及对应接口

② SATA硬盘电源线特点：与数据线一样，SATA硬盘也没有使用传统的4针的D形电源接口，而采用了更易于插拔的15针扁平接口，L形防错结构，使用的电压为+12 V、+5 V和+3.3 V。如果电源没有提供这种接口，则需要购买专门的支持SATA硬盘的电源或者转换器接头。

（3）选用合适的螺钉

以前安装硬盘的螺钉与安装光驱的螺钉是不一样的，安装硬盘用的螺钉外形稍短、稍粗一些。目前新产品中已经没有这种区别了。

（4）注意装入方式

安装硬盘和光驱进入驱动器架时的方向不同。安装光驱时应该从机箱前面板外部，将光驱塞入驱动器架，安装到位后，光驱面板应与机箱前面板相吻合。

（5）注意安装位置

在允许的范围内，硬盘和光驱的安装位置要灵活掌握，距离其他板卡、组件等既不要过近，也不要过远，以免影响数据线、电源线的连接。

4）连接电源

完成好主板、板卡、硬盘、光驱等的安装工作后，接下来即可进行电源的连接。

① 连接主板电源：主板上电源接口较多，形式也各不相同。主要有24孔的主板电源、3针的风扇电源以及4针的CPU电源。它们都有防插错结构，认真看一看结构，在相应处连接上即可。图2-15所示为连接主板上各个电源插头。

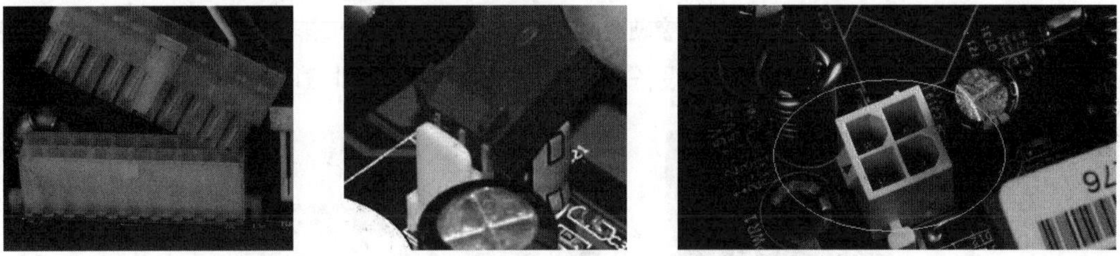

图2-15　连接主板电源

② 连接硬盘、光驱电源：这些电源线连接很简单，都是带有强制防错的电源插头，不会插错，但是要注意一定要安插到底，否则，很可能会毁坏硬盘。图2-16所示为连接硬盘、光驱电源。

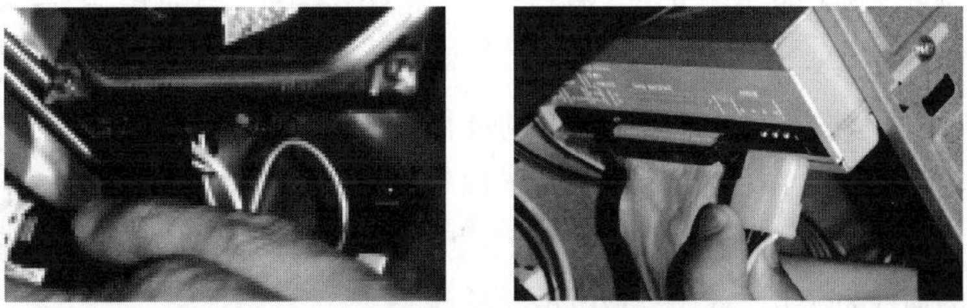

图2-16　连接SATA硬盘、IDE光驱电源

5）连接数据线

连接数据线，主要是指连接硬盘、光驱的数据线。连线时应注意检查硬盘、光驱的主从盘设置是否正确，找准各数据线所对应的接口与方向。

① 安装IDE硬盘、光驱时，如果用两条独立的数据线连接，则将硬盘和光驱均设置成主盘（Master），如果硬盘和光驱连接在一条数据线上，则将硬盘设置成主盘，而将光驱设置成从盘（Slave）。建议两个设备均设置成主设备，用两条独立的数据线连接到主板。

② 安装SATA硬盘，SATA采用了点对点的连接方式，每个SATA接口只能连接一块硬盘，因此不必像并行硬盘那样设置跳线，系统自动会将SATA硬盘设定为主盘。

安装数据线、电源线

③ 将数据线接头处的定位装置对准背板上插槽处，或按照数据线花边朝向硬盘、光驱电源接口的规则，安插入位。图2-17所示为连接硬盘、光驱数据线。

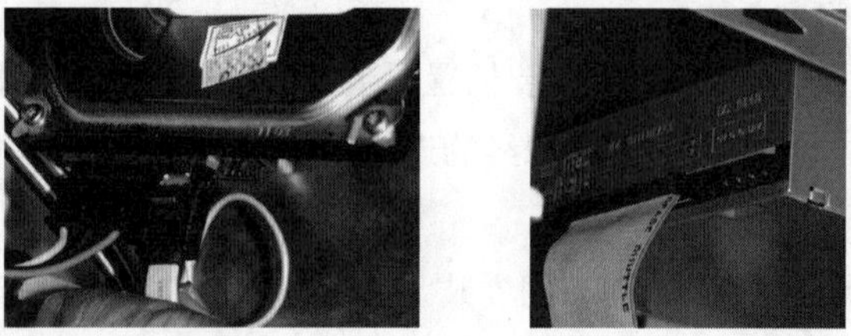

图2-17　将数据线连接到SATA硬盘、IDE光驱上

④ 同样，连接主板数据线接口时，也要将数据线接头处的凸起对准主板上插槽处的缺口，安插入位。对于使用IDE接口的设备来说，通常主板上有两个不同颜色的IDE插槽，一个是Ultra DMA 66/100的插槽，用于连接硬盘，需要使用80芯的IDE排线；另一个是Ultra DMA 33的插槽，用于连接光驱、刻录机等设备，使用普通的40芯IDE排线即可，如图2-18所示。

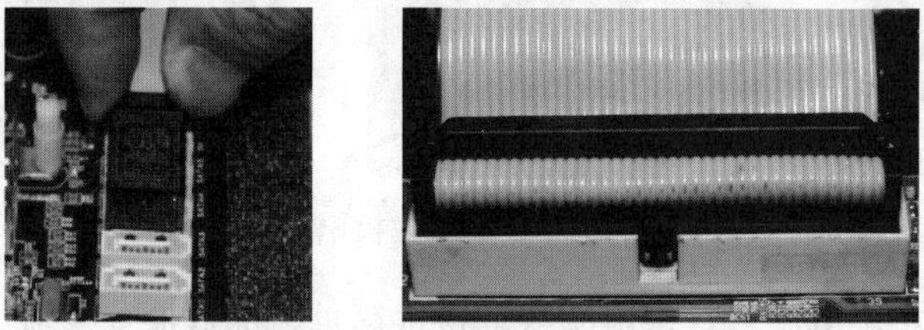

图2-18　将硬盘、光驱数据线连接到主板上

6）连接机箱面板信号线

机箱面板连线主要包括电源开关、复位开关、电源指示灯、硬盘指示灯、前置USB接口连线等。

① 连接机箱前面板连线时，按照主板说明书的说明，对照实物，将机箱前面板上引出的各种信号灯线、控制键连线一个一个地接插在主板的相应插针上。插线接头上印有接头名称，而主板上一般用色彩或线框标明，相同色彩的插针为一组，如图2-19所示。

安装机箱面板接线

② 要注意信号灯线极性不能接反，否则灯就不亮了；插线接头上彩色线为正极，插针上有三角或数字标志的插针为正极。连接按键时，没有严格的正负极性区别。

③ 要正确连接前置USB连线，由于同组接线中既有数据线又有电源线，如果接错就不能正确使用了，甚至有可能出现烧毁接口的严重问题，所以一定要看清说明书再认真

连接。目前USB接头、前置音频接头大多做成了模块，采用强制防错，更加易于安装，如图2-20所示。

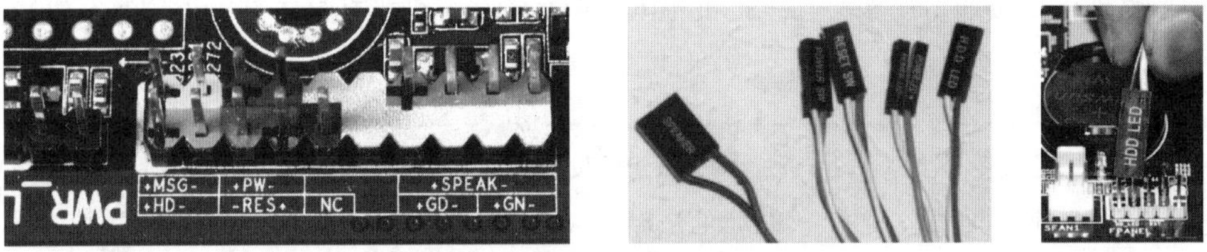

图2-19　连接机箱面板灯、控制键连线

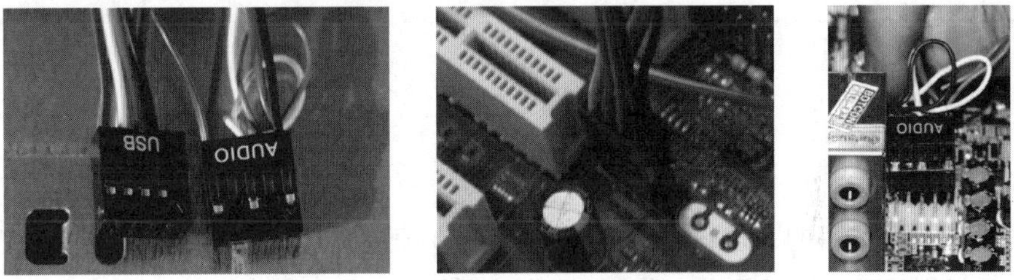

图2-20　连接前置USB连线、音频连线

7）连接外设

机箱内部的组装工作完成后，就可以连接外设了，主要是指连接键盘、鼠标、显示器、音箱等。

在机箱背板处，找到与上述设备接头外形相似、颜色相同的插座，一一对应连接，并将显示器的固定螺钉拧紧，即完成外设连接，如图2-21所示。

连接外设、验机

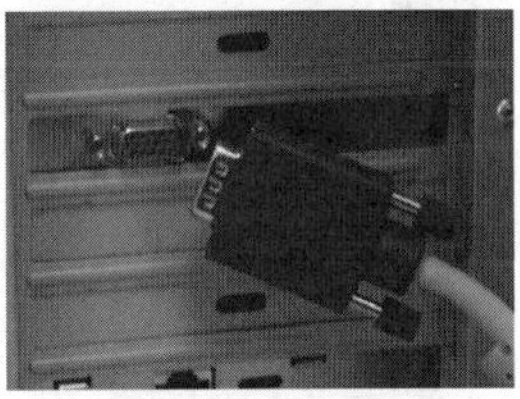

（a）安装显示器数据线

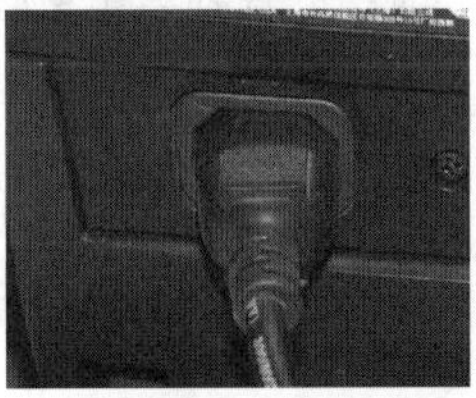

（b）安装显示器电源线

（c）安装扬声器数据线

（d）安装键盘插头

（e）安装好的键盘、鼠标插头

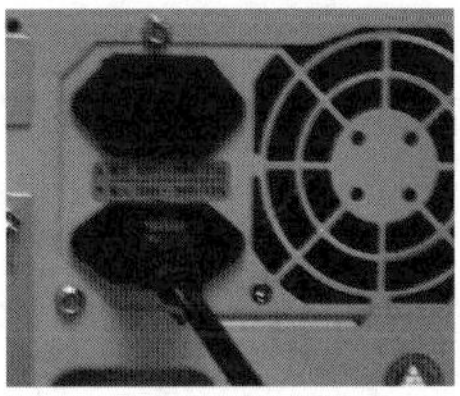

（f）安装电源线

图2-21　安装外设连线

3. 检查、评估、试机

① 目测检查安装情况，是否有未安装到位的板卡、松动的螺钉、搭落在风扇上的接线等，及时处理安装不当的情况。

② 加电自检，POST加电自检无报警提示音，有PG信号（“嘟”的一声），即说明安装正确。关机。

③ 整理内部接线，用塑料扎线把机箱内部散乱的线整理绑扎好，并就近固定在机箱上。最后，盖上机盖，结束装配。

提示：完成基本组装工作后，即将CPU及CPU风扇、内存、主板安装到位以后，可先将电源正确连接好，进行一次加电测试。测试正常后，再继续组装其他器件。测试时，可对照实训13所介绍的BIOS响铃提示信息，判断是否正常。也可以将显卡和显示器一同连接好，对照屏幕上所显示的POST信息，进行判断分析。

知识拓展

1. 采购建议

首先要明确采购目的，是一般办公、学习使用，还是用于游戏或专业工作（如三维图形处理等），根据不同的使用目的，确定不同的采购方案。

① 对于一般办公、学习使用，主要是运行Office、IE、财务管理等软件，这些软件对系统软硬件环境没有特殊要求，目前市场上销售的主流机型都适用，用户没有必要追高。

② 如果是用于3D游戏，玩家们则要注意，游戏对微机整体各个部件的性能要求都很高，特别是CPU的浮点运算性能、显示系统的像素分辨率和刷新频率等指标尤其重要，采购时须特别小心。

③ 对于从事专业工作的用户来说，工作特点不同，对机器的要求也各不相同。如对于出版印刷行业用户来说，显示器和显卡的性能是特别需要注意的；而对于从事多媒体数据压缩的用户来说，CPU的运算能力和主、辅存容量则是需要特别考虑的。

采购时总的原则是：只买对的，不买贵的。用户完全没有必要追求最快、最好，也永远追不到最快、最好。够用、好用才是最佳选择。另外，无论对于哪一类型的用户，都应该考虑到良好的售后服务保证对于自己使用的计算机的重要性。

2. 列出配置清单

以下配置清单（见图2-22）为5套热门配置，通过配置点评可以体会设计配置方案的方法、技巧。

配件	型号
CPU	Intel 酷睿i3 4130（盒）
散热器	盒装自带
内存	威刚4GB DDR3 1600
硬盘	希捷Barracuda 500GB 7200转
主板	华擎B85 Pro4
显卡	核心显卡
电源	航嘉冷静王钻石2.31版
机箱	金河田升华零辐射版
显示器	用户自选
键鼠	双飞燕KR-8572圆角舒键鼠套装
光驱	用户自选
音箱	用户自选

配置点评：

这套计算机主机配置性能很不错，运行速度快，适合家用学习及娱乐，整套计算机配置还拥有不错的性价比，在保证其性能和品质的情况下，做到了精打细算，不花一分冤枉钱。配置没有独立显卡，个别的大型3D游戏不能完美运行，用户自己心里要有数，不过因为酷睿i3 4130处理器自带的核心显卡性能，比上一代有所提升，大部分的主流游戏都可以轻松应付

图2-22 配置清单

件	型号	价格（元
PU	AMD 速龙II X4 750K（盒）	415
热器	超频三红海10静音版（HP-9219）	62
存	金士顿4GB DDR3 1600	250
盘	西部数据500GB 7200转 16MB SATA3蓝盘	300
板	七彩虹战斧C.A88M-K	399
卡	蓝宝石HD7770 1G GDDR5 白金版	799
源	长城HOPE-5500ZK	369
箱	百盛C509	118
示器	AOC I2367F	1119
鼠	鑫谷VKW1100键鼠套装	59
驱	用户自选	---
箱	魔杰X7	89
计	www.nongcuen.com	3979元

配置点评：

这套计算机组装配置单的性能强劲，完全可以满足家庭的日常使用需求，看电影玩游戏都可以。该配置没有选择光驱，用户如果需要可以自行搭配，大概100元出头，价格不贵，考虑到现在装系统都使用U盘，光驱已经是可有可无的计算机配件

件	型号	价格（元
PU	Intel酷睿i3 4130（盒）	760
热器	CPU盒装自带	---
存	金士顿8GB DDR3 1600(骇客神条套装)	399
盘	希捷Barracuda 1TB 7200转 64MB单碟	370
板	映泰Hi-Fi B85W	599
卡	微星N650Ti Hawk	1099
源	长城HOPE-6000DS	309
箱	游戏悍将刀锋3标准黑装	199
示器	明基GW2245	899
鼠	罗技MK200键鼠套装	95
驱	用户自选	---
箱	用户自选	---
计	www.nongcuen.com	4729元

配置点评：

这套计算机组装配置单性能很不错，性价比勉强算是可以，比较适合用于家庭。CPU采用的是出厂时间不长的新产品，不管是架构还是工艺都采用最新的，性能更稳定。至于固态硬盘和光驱、音箱这些可有可无的计算机配件，配置中并没有选配，用户可以根据自己的需求来选择性搭配

件	型号	价格（元
PU	AMD A10-6800K（盒）	920
热器	CPU盒装自带	---
存	三星8GB DDR3 1600	359
盘	希捷Barracuda 1TB 7200转 64MB 单碟	360
板	梅捷SY-F2A85+节能版	499
卡	Inno3D GTX660冰龙版	1299
源	游戏悍将红星R500M	299
箱	游戏悍将特工5	199
示器	明基GW2245	899
鼠	罗技MK260键鼠套装	130
驱	用户自选	---
箱	用户自选	---
计	www.nongcuen.com	4964元

配置点评：

这套计算机组装配置单性能比较强劲，足以应付家庭日常使用，不管是玩游戏，还是办公都可以胜任，该计算机配置有性能强悍的独立显卡，各方面的性能都不错，很全能的配置。配置中没有选配光驱和音箱，用户可以根据自己的需求来搭配

配件	型号	价格（元
CPU	Intel 酷睿i7 4770K（盒）	2285
散热器	九州风神玄冰400	99
内存	海盗船8GB DDR3 1600	499
硬盘	希捷Barracuda 1TB 7200转 64MB单碟	375
主板	微星Z87-GD65 GAMING	1799
显卡	微星N760 GAMING 2G	1799
电源	航嘉多核R85(新版)	439
机箱	航嘉暗夜公爵III豪华版	599
显示器	三星S24C750P	1629
键鼠	罗技G100S键鼠套装	199
光驱	用户如果需要的话自己选一款吧	---
固态硬盘	三星SSD 840 EVO（120GB）	580
总计	www.nongcuen.com	10302元

配置点评：

这套计算机组装配置单的性能肯定是相当强劲，即便不算顶尖，也属于顶级配置了，民用的话，不管是用来干什么，这样的配置也足以应付，是一套很全能的高端计算机配置。虽说此配置用途较多，最适合的还是游戏，比较喜欢玩大型游戏的用户组装计算机时可以参考

图2-22 配置清单（续）

练习与提高

1．熟练掌握微机组装技术，牢记常见接口类型和防接错结构。

2．说出安装CPU、CPU风扇的步骤及注意事项。

3．说出安装硬盘、光驱应该注意哪些问题。

4．说出组装、维护微机过程中的禁忌法则。

5．参考实训13，分析下列组装故障原因：

① 加电后，系统无任何反应（无报警、无显示）。

② 加电后，系统出现连续报警音响。

③ 加电后，系统提示一声短音。

单元 2 软件安装

本单元讲解搭建系统软件平台的相关内容。学习BIOS设置、硬盘分区/格式化的意义、方法，对硬盘进行合理规划。练习安装单一操作系统和多操作系统，掌握安装技巧。理解为什么要安装驱动程序，什么时候安装，安装什么和怎么安装。应用程序是用户使用计算机进行某项具体工作时所使用的计算机程序，脱离了应用程序，计算机将无法正常工作，计算机用户一定要熟练掌握应用程序的安装与卸载。

单元设计

<table>
<tr><td colspan="3">学习领域：微机组装与维护</td></tr>
<tr><td colspan="3">学习单元：软件安装</td></tr>
<tr><td colspan="3">主要内容：实训3　BIOS设置及应用　　实训4　硬盘的分区、格式化
实训5　安装操作系统　　实训6　安装驱动程序
实训7　应用程序的安装与卸载</td></tr>
<tr><td colspan="3">学习目标：
1．知识目标
①了解BIOS基本功能，明白为什么要设置BIOS，懂得最常用的几个设置项目；②懂得分区的意义和分区的方法，学习分区/格式化硬盘的方法；③学习安装操作系统的方法，懂得安装多操作系统的意义和方法；④懂得为什么安装驱动程序以及怎样选择驱动程序，学习驱动程序的安装方法；⑤明白为什么要安装应用程序，学习应用程序的常用安装方法。
2．能力目标
①能够熟练设置常用BIOS项目，能够处理因BIOS设置不当出现的微机故障；②能够熟练完成分区/格式化硬盘的操作；③能够熟练安装操作系统；④能够准确安装硬件驱动程序；⑤能够熟练安装应用程序，具有卸载应用程序的能力。
3．素质目标
①懂得怎么做，并思考怎么做能做得更好；②具有查阅资料、自我学习和举一反三的能力；③培养严谨的工作作风，团队互补合作的精神。</td></tr>
<tr><td>教　学　资　源</td><td>教　学　方　法</td><td>考核与评价</td></tr>
<tr><td>1．课程教材及教参
2．教学课件
3．实训用微机（或虚拟机）及相关软件</td><td>1．演示示教法
2．实践操作法
3．小组讨论法
4．教学做一体，启发互动式教学</td><td>1．课堂考核为主
2．过程考核为重
3．知识目标评价
4．能力目标评价
5．素质目标评价</td></tr>
</table>

单元考核

单元名称：				时间：		
姓名		班级		学号		
序号	评价内容			分数	得分	备注
1	知识目标	明白本单元的学习内容和目标		9		
2		学会所讲授的操作方法和手段		9		
3		交流讨论、触类旁通、自我完善		9		
4		应用所学知识指导、检查实践		9		
5	能力目标	正确认知微机软件组成		9		
6		按要求安装操作系统和硬件驱动		14		
7		能够安装和卸载常用软件		9		
8		分析、解决操作中出现的问题		14		
9		能够举一反三、灵活应用		9		
10	素质目标	在学习过程中表现出的积极性、主动性、参与程度和发挥的作用		9		
11	完成时间	提前完成（　　）	按时完成（　　）	未按时完成（　　）		
个人评价	好的方面					
	不满意的方面					
	需要完善的方面					
同学评价						
教师评价						

实训3

BIOS设置及应用

实训描述

学习本实训内容，了解什么是BIOS，为什么要设置BIOS，以及进入BIOS设置界面的方法。掌握常用BIOS项目的设置方法，并能举一反三对其他类型的BIOS进行设置和优化；分析由于BIOS设置不当引起的微机故障，并能通过调整BIOS设置解决这些问题。

实训分析

完成硬件组装后，接着应首先进行BIOS设置。BIOS是开机后最先加载的程序，所以对它的设置和优化极为重要。准确配置硬盘，合理设置驱动器引导系统的顺序，快速有效地进行系统优化设置，都是系统维护人员的重要技能。练习时，可优先考虑使用虚拟机环境，也要结合物理机练习，注意掌握不同BIOS设置界面的差异和共性。

实训资讯

1. BIOS芯片与CMOS

BIOS（Basic Input/Output System，基本输入/输出系统）是被固化到计算机中的一组程序，为计算机提供最低级、最直接的硬件控制。通俗地说，BIOS是硬件与软件程序之间的一个“转换器”或者说是接口，负责解决硬件的即时需求，并按软件对硬件的操作要求具体执行，其内容存放在微机主板上的一个ROM芯片上。图3-1所示为BIOS外观。

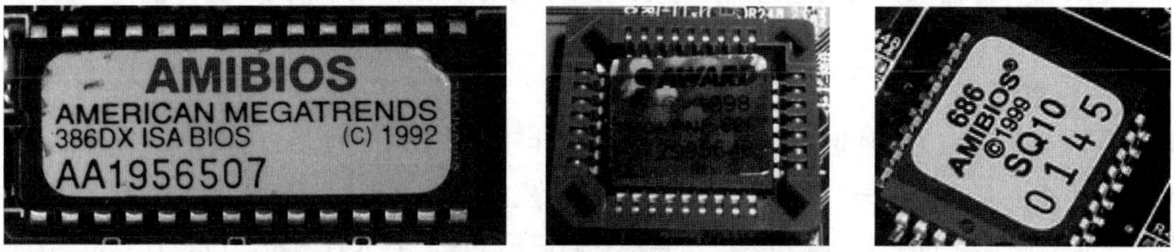

图3-1　BIOS外观

现在主板的BIOS几乎都采用Flash ROM，是一个可快速读写的EEPROM（Electrically Erasable Programmable ROM，电可擦写可编程ROM）。顾名思义，EEPROM是一种在一定的电压、电流条件下，可对其内容进行更新的集成电路块。BIOS芯片一般不直接焊在主板上，而是插在一个专用的插槽上。BIOS中程序代码决定了系统对硬件支持、协调的能力。

目前常见的BIOS大多采用Award或AMI公司的产品。不同产品其软件代码也不同，后面主要以Award公司的产品为例进行讲解。

CMOS（Complementary Metal Oxide Semiconductor，互补金属氧化物半导体）是微机主板上南桥中集成的一块可读/写的RAM芯片，用来保存当前系统硬件配置和用户对某些参数的设置，其各项参数的设置要通过BIOS SETUP程序完成。CMOS采用主板上的电池供电，即使系统掉电，信息也不会丢失。

由于CMOS与BIOS都跟微机系统设置密切相关，所以才有CMOS设置和BIOS设置的说法。CMOS RAM是系统参数存放的地方，而BIOS中系统设置程序是完成参数设置的手段。因此，准确的说法应是："通过BIOS设置程序对系统参数进行设置与修改，这些数据保存在CMOS中。"而人们平常所说的CMOS设置和BIOS设置是其简化说法。

2. BIOS的基本功能

① 自检及初始化：微机接通电源后，系统首先由加电自检（Power On Self Test，POST）程序来对内部各个设备进行检查。通常完整的POST自检，包括对CPU、640 KB基本内存、主板、CMOS存储器、串/并口、显卡、软/硬盘子系统及键盘进行测试。一旦在自检中发现问题，系统将鸣笛警告或给出提示信息。

② BIOS系统设置：微机组件的设置记录是放在一块可读/写的CMOS RAM芯片中的，主要保存着系统的基本情况、CPU特性和软/硬盘驱动器等组件的信息。在BIOS ROM芯片中装有"系统设置程序"，主要用来设置CMOS RAM中的各项参数。

③ BIOS系统启动自举程序：系统完成POST自检后，BIOS就首先按照系统CMOS设置中保存的启动顺序，搜索软/硬盘驱动器及CD-ROM或网络服务器等，有效地启动驱动器，读入操作系统引导记录，然后将系统控制权交给引导记录，并由引导记录来完成系统的顺序启动。

④ 程序服务处理和硬件中断处理：程序服务处理程序主要是为应用程序和操作系统服务，这些服务主要与I/O设备有关，例如，读磁盘、文件输出到打印机等。为了完成这些操作，BIOS必须直接与计算机的I/O设备打交道，它通过端口发出命令，向各种外围设备传送数据以及从它们那里接收数据，使程序能够脱离具体的硬件操作。而硬件中断处理则分别处理PC硬件的需求，因此这两部分分别为软件和硬件服务，组合到一起，就可以使计算机系统正常运行。

3. 设置BIOS的意义

① 微机是由相关硬件组成的，这些硬件设备由于生产厂家和使用目的不同，而在品牌、类型、性能上有很大差异，不同的硬件配置所对应的参数也不同。因此，在使用计算机之前，一定要确定它的硬件配置和参数，并将它们记录下来，存入计算机，以便计算机启动时能够读取这些参数，配置设备，保证系统正常运行。

② BIOS的作用就是测试装在主板上的部件能否正常工作，并为其提供驱动程序接口，设置系统相关配置的组态，因此当系统配件与原CMOS参数不符合、CMOS参数遗失或系统不稳定时，就需要进入BIOS设置程序，重新配置正确的系统组态。

实训实施

1. 常见BIOS设置程序的进入方式

BIOS演示

① 常见BIOS设置程序的进入方式如表3-1所示。

表3-1　BIOS进入方式

BIOS 类 型	进入CMOS SETUP的按键	屏 幕 提 示
Award	【Del】或【Ctrl+Alt+Esc】	有
AMI	【Del】或【Esc】	有
Phoenix	【Ctrl+Alt+S】	无
MR	【Esc】或【Ctrl+Alt+Esc】	无

② 进入BIOS设置后，在BIOS设置主界面上可用方向键在所需修改的选项间进行移动，选中后按【Enter】键即可进入该选项的设置界面进行具体项目设置。

③ 在选项设置界面，Award BIOS用方向键选择需要改动的项目后，再按【PageUp】或【PageDown】键在参数间进行切换，而AMI BIOS则用方向键和【Enter】键修改所选项目。设置完成后，按【Esc】键退回到上级菜单。通常，在每个选项设置界面的下方，会给出常用功能键说明和常用设置快捷键。

2. Award BIOS设置主界面

进入BIOS设置后，屏幕显示BIOS设置主界面，如图3-2所示。BIOS版本不同，设置界面项目也略有不同，但差异不大，各选项含义如表3-2所示。

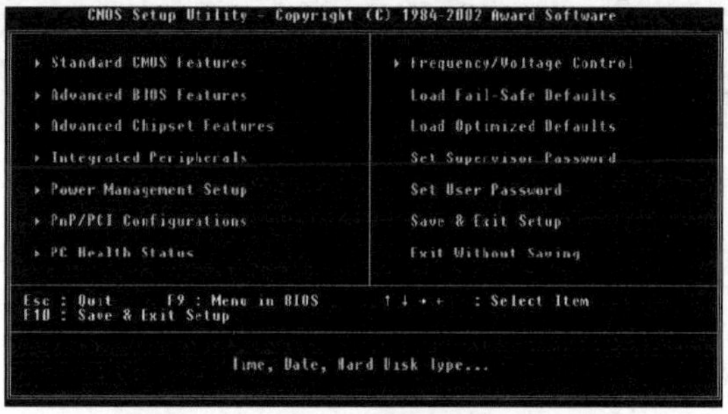

图3-2　Award BIOS设置主界面

表3-2　BIOS主界面中文释义

选　　项	含　　义
Standard CMOS Features	标准CMOS设置（包括日期、时间、硬盘/软驱类型等）
Advanced BIOS Features	高级BIOS特性（包括所有特殊性功能的选项设置）
Advanced Chipset Features	高级芯片组特性（与主板芯片特性有关的特性功能）
Integrated Peripherals	外部集成设备（如串口、并口等）
Power Management Setup	电源管理设置（如电源与节能设置等）
PnP/PCI Configurations	即插即用与PCI配置（包括ISA、PCI总线等设备）
PC Health Status	系统硬件监控信息（如CPU温度、风扇转速等）
Frequency/Voltage Control	频率及电压控制
Load Fail-Safe Defaults	载入BIOS默认安全设置
Load Optimized Defaults	载入BIOS默认优化设置

续表

选　　项	含　　义
Set Supervisor Password	管理员密码设置
Set User Password	普通用户密码设置
Save & Exit Setup	保存退出
Exit Without Saving	不保存退出

虽然BIOS设置项目很多，但是与日常维护操作关系密切的项目却并不多，加之目前BIOS设置选项有简约化趋势，使得BIOS设置工作变得越来越简单。最常用的BIOS设置项目有：指定第一启动设备、加载系统默认优化设置、保存退出。

3. 设置第一启动设备

1）在BIOS中指定第一启动设备

在高级BIOS特性设置（Advanced BIOS Features）项目组中，通常会有一项（或一组）设置开机第一启动设备的选项，如图3-3所示的椭圆标识选项。通过设置这些项目，可以指定开机启动设备，直至下次更改该项目。

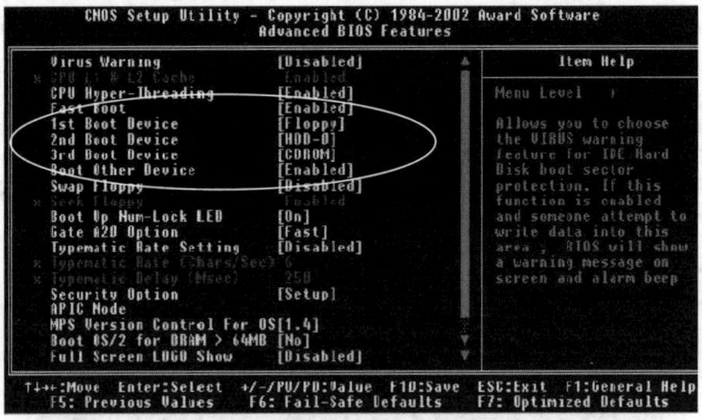

图3-3　在高级BIOS特性设置中设置开机设备

① 1st Boot Device（第一启动设备）：当计算机开机时，BIOS将尝试从外部存储设备中载入启动信息，此项为设置载入操作系统的第一启动设备。接下来的两项是设置第二启动设备（2nd Boot Device）和第三启动设备（3rd Boot Device）。

② 选中某设备，根据窗口底部提示信息，使用【+】、【−】、【PageUp】、【PageDown】键在备选设备中滚动查找，直到选中适当设备。

③ 或双击某设备，弹出图3-4所示的对话框，在可选设备列表中选中适当设备，按【Enter】键。

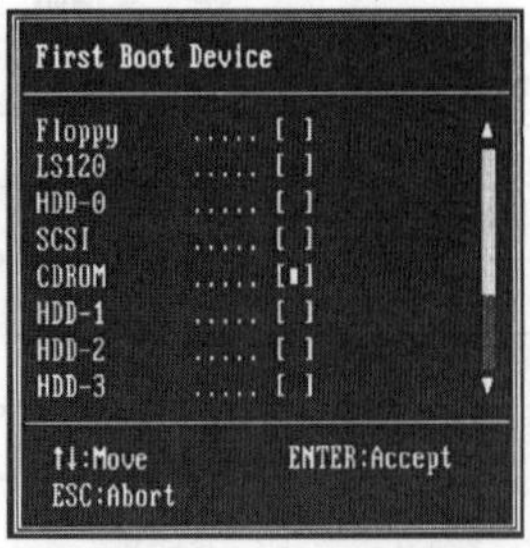

图3-4　开机启动设备列表

④ Boot Other Device（其他设备引导）：将此选项设置为Enabled，允许系统在从第一、第二、第三设备引导失败后，尝试从其他设备引导。

2）在开机启动过程中使用快捷键指定第一启动设备

在实际工作中，更多的时候，人们只是需要临时指定第一启动设备，来实现定向启动。

① 在微机启动过程中，当屏幕出现图3-5所示提示信息时，按【Esc】键，弹出图3-6所示

的临时指定启动设备界面。

图3-5　调用临时引导设备菜单

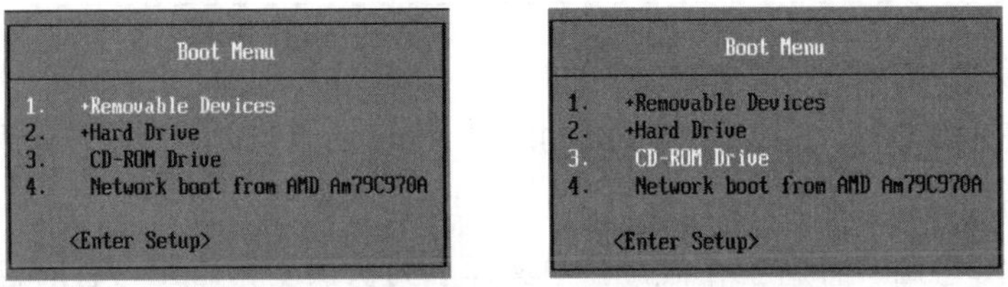

图3-6　在引导设备菜单中指定引导设备

② 使用【↑】、【↓】键选择适当设备，按【Enter】键，或直接使用鼠标单击设备，启动系统。

4. 加载系统默认优化设置

当出现因BIOS参数错误而导致的系统故障时，用户可以通过加载系统默认优化设置，快速排除错误，使系统恢复正常。在主界面上选择“Load Optimized Defaults”选项后，按【Enter】键，显示“Load Optimized Defaults（Y/N）”提示框，提示是否载入BIOS的最佳设置值。输入“Y”并按【Enter】键，即载入系统提供的最佳设置参数，如图3-7所示。

5. 保存并退出

完成BIOS设置后，选择“Save & Exit Setup（保存并退出）”选项或者按【F10】键即可，如图3-8所示。如果不想保存，则选择“Exit Without Saving（不保存退出）”选项。切记，设置的参数只有保存后才能起作用。

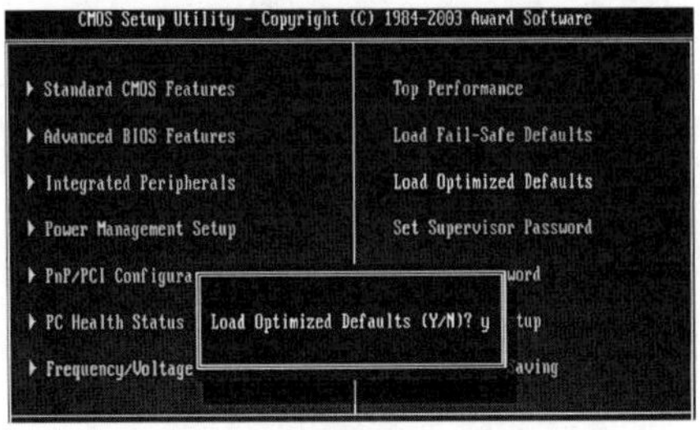

图3-7　装载优化模式参数

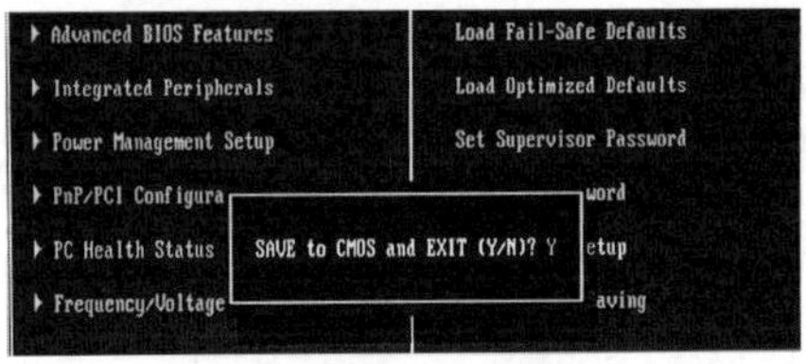

图3-8　保存并退出

6. 遗忘CMOS密码的处理方法

通常设置密码是为了保护整个系统，避免非法用户使用，当密码未正确输入时，不能进入系统。

但是，当合法用户忘记密码时，要想继续使用系统，只能先破解密码。通常破解密码的方法有“软”方法和“硬”方法。“软”方法是指用通用密码或超级密码等破解，“硬”方法是放电法。当任何“软”方法都无法奏效时，只能用“硬”方法解决。常用的方法是跳线短接法。用户可阅读主板说明书，找到CMOS清零跳线。CMOS清零跳线常有3针，默认情况下跳线帽插入1～2针，要清除CMOS参数，将跳线帽插入2～3针即可。有些主板在短接情况下还要求开机才能清除CMOS参数，具体情况请参考主板说明书。

提示：若用户找不到清零跳线，还可以通过取下主板电池，使用螺丝刀等金属物短接电池座两级放电的方法，对CMOS清零。

7. BIOS升级

现在主板上的BIOS大都采用电可擦写的Flash Memory（只读存储器）为载体，这为BIOS的升级带来了方便。

Flash Memory是一种新型存储器，中文译名为快擦型存储器（有的也译为闪速存储器），具备高速、可以整块芯片电擦除、耗电低、集成度高、体积小、可靠性高、无须后备电池支持、可重新改写、重复使用性好（至少可反复使用10万次以上）等优点。因此，利用Flash Memory存储主板的BIOS程序，使BIOS升级非常容易。

目前名牌主板生产厂家如华硕、技嘉等，为了用户升级BIOS的需要，一般都采取以下措施：

① 在主板上设置一个跳线，用来选择Flash ROM状态，平时置于保护状态，使BIOS坚不可摧，要升级时跳至可改写状态，就可像写RAM一样更新BIOS。

② 在随主板附送的驱动程序盘中带有改写Flash ROM的程序，可以方便地升级和备份BIOS。

③ 主板生产厂家经常会推出新的BIOS程序，在市场上发售或放在网络上供其用户下载。

提示：关于升级BIOS需要注意以下几点。第一，要有匹配的升级工具和升级文件，不可乱用；第二，由于Flash ROM读出速度快而写入速度慢，故升级时需要十几秒时间，而在这段时间里绝不可重新启动或关机；第三，BIOS升级后应该马上关机，把Flash ROM置回保护状态，以免BIOS被破坏。

知识拓展

1. 虚拟机概述

1）什么是虚拟机

所谓虚拟机，就是在一台计算机上将硬盘和内存的一部分拿出来虚拟出的一台或若干台计算机。每台计算机可以运行单独的操作系统而互不干扰，这些“新”计算机各自拥有独立的CMOS、硬盘和操作系统，用户可以像使用普通计算机一样对它们进行分区、格式化、安装系统和应用软件等操作，还可以将这几个操作系统联成一个网络。在虚拟系统崩溃之后可直接将其删除而不影响本机系统，同样本机系统崩溃后也不影响虚拟系统，可以下次重装后再载入以前建立的虚拟系统。虚拟机软件不需要重新开机，就能在同一台计算机使用几个操作系统，不但方便，而且安全。

2）常见虚拟机软件

建立虚拟机需要使用虚拟机软件，常见的虚拟机软件有：VMware Workstation、VirtualBox、Virtual PC。下面以VMware Workstation（简称VM虚拟机）为例进行说明。

① VM虚拟机是一个能在Windows和Linux主机平台上运行的虚拟计算机软件，它可以模拟一个基于x86的标准PC环境。这个环境和真实的计算机一样，都有芯片组、CPU、内存、显卡、声卡、网卡、软驱、硬盘、光驱、串口、并口、USB控制器、SCSI控制器等设备，提供这个应用程序的窗口就是虚拟机的显示器。

② VM虚拟机可以在一台计算机上同时运行两个或更多Windows、DOS、Linux系统。与“多启动”系统相比，VM虚拟机采用了完全不同的概念。多启动系统在一个时刻只能运行一个系统，在系统切换时需要重新启动计算机。而VM虚拟机是真正“同时”运行，多个操作系统在主系统的平台上，就像标准Windows应用程序那样切换。而且每个操作系统都可以进行虚拟的分区、配置而不影响真实硬盘的数据。用户甚至还可以通过网卡将几台虚拟机用网卡连接为一个局域网，极其方便。但在VM虚拟机环境中系统性能会有所下降，因此，比较适合学习和测试。

③ 在使用上，虚拟机和真正的物理主机没有太大的区别，都需要分区、格式化、安装操作系统、安装应用程序和软件，总之，一切操作都跟一台真正的计算机一样。这一点是在本课程中引入虚拟机的目的所在。

2. 建立虚拟机

安装完成虚拟机后，桌面上就会出现虚拟机快捷图标，双击快捷图标，运行VM虚拟机软件，建立虚拟机。

① 首先出现许可协议界面，选择“我同意许可协议中的条款”选项，单击“确定”按钮。随后出现VM虚拟机运行主界面，如图3-9所示。

② 可以看到，在VM虚拟机主界面“起始页”选项卡中，有“新建虚拟机”“新建分组”“打开已存在的虚拟机或分组”三个选项。此时，单击“新建虚拟机”图标，创建一个新的虚拟机。

> **提示：**在练习过程中，会反复使用同一台虚拟机。建好虚拟机以后，再次使用时，直接单击“打开已存在的虚拟机或分组”图标即可。

③ 系统弹出“选择合适的配置”对话框，根据向导提示逐步进行安装工作。在图3-10所示虚拟机配置对话框中单击“下一步”按钮。

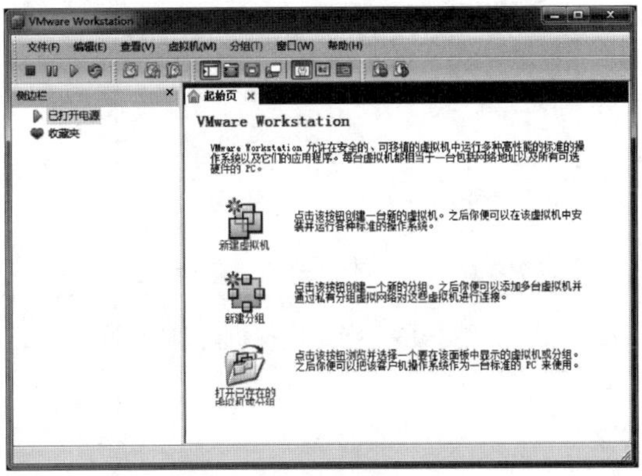

图3-9　VM虚拟机运行主界面

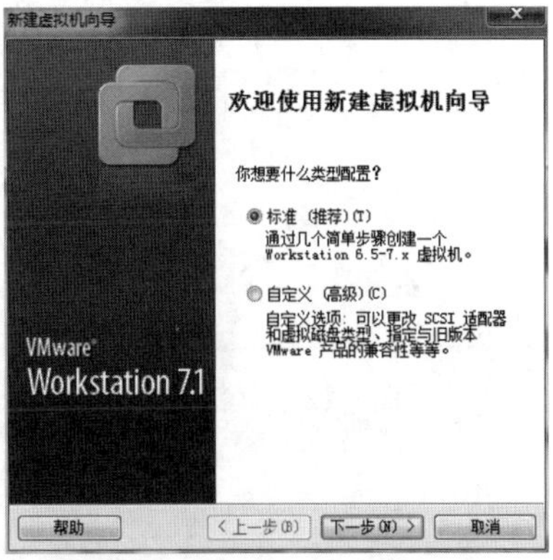

图3-10　虚拟机配置对话框

④ 在图3-11所示客户机操作系统对话框中，本实训选择Windows 7选项，直接单击“下一步”按钮。

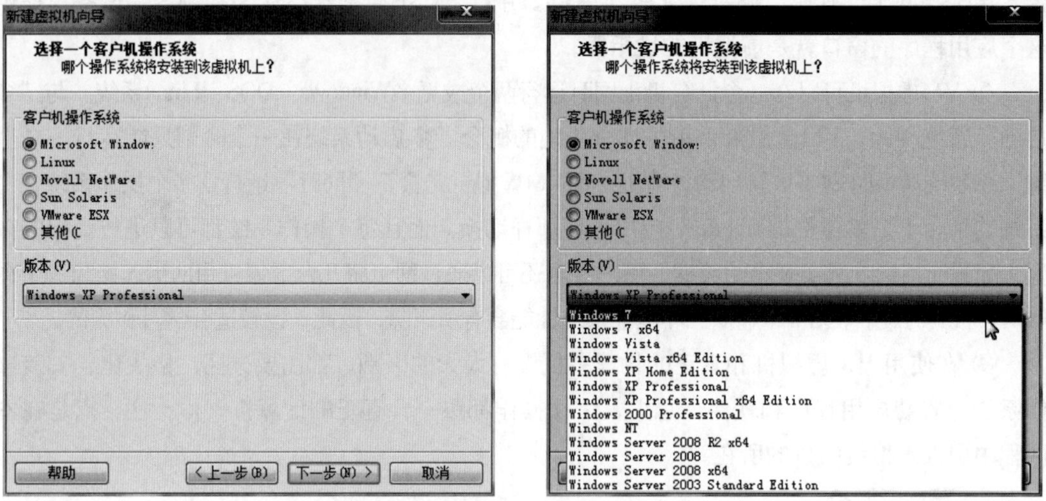

图3-11 确定客户机操作系统

⑤ 在图3-12所示命名虚拟机对话框中为虚拟机命名。命名时应以明确、清晰的短语命名。同时，指定虚拟机保存位置。在本地物理主机管理中虚拟机就是一个.vmx文件，应将此文件保存到自己的练习目录中。完成设定后，单击“下一步”按钮。

⑥ 接下来，指定虚拟机网络连接，这里也按系统默认，直接单击“下一步”按钮即可。

⑦ 如图3-13所示，要求指定虚拟机磁盘容量，系统默认为“8 GB”，这里重新定义大小，指定为“80 GB”。单击“下一步”按钮。

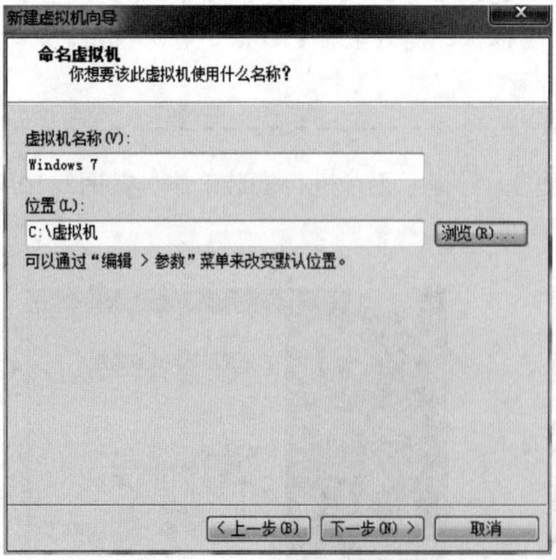

图3-12 命名虚拟机

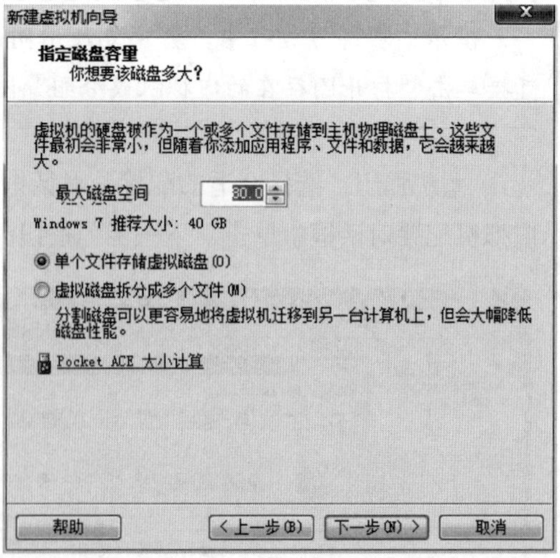

图3-13 指定虚拟机磁盘容量

> **提示**：虚拟机磁盘容量大小可以任意定义，但它的实际存储能力受存放虚拟机文件的物理主机的分区容量限制，不能超过物理空间大小。考虑到后续分区/格式化、安装操作系统、安装应用程序等练习内容，建议虚拟机磁盘容量定义为80 GB左右，并放置在适当大小的物理分区中。

⑧ 系统弹出“虚拟机已被成功创建”对话框，单击“关闭”按钮关闭新建虚拟机向导。接着，出现虚拟机主界面，如图3-14所示。可以看到，新建了一台虚拟机，各项参数如上述创建时所定义。

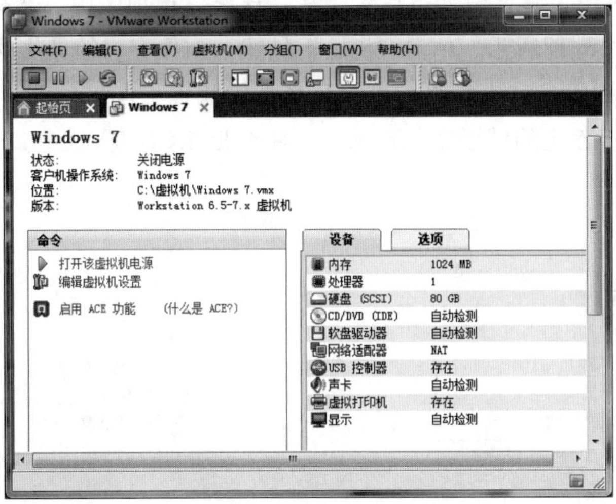

图3-14 完成新建虚拟机

3. 虚拟机使用方法

在上面的操作中已完成了新建虚拟机的全部工作，接下来就可以在虚拟机平台开展各项练习了。

1）虚拟机使用方法

① 打开虚拟机：在图3-9所示主界面上，单击“打开已存在的虚拟机或分组”图标，到个人目录下，找到已建好的虚拟机，如图3-15所示，单击“打开”按钮。

② 将光盘放入光驱中：在图3-14所示虚拟机窗口中，双击“设备”选项卡中的“CD/DVD（IDE）”选项，如图3-16所示。弹出设置光驱对话框。在虚拟机中既可以使用主机上安装的物理光驱，也可以使用ISO镜像。系统默认自动检测物理光驱，如图3-17所示。若使用光盘安装系统，直接将光盘放入光驱，这里就不用做任何更改了。

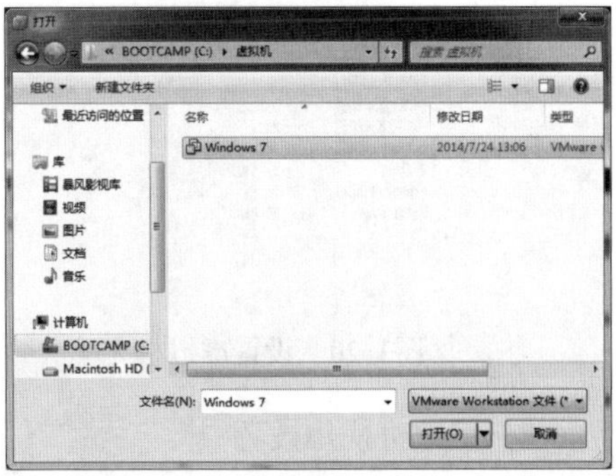

图3-15 打开已建好的虚拟机

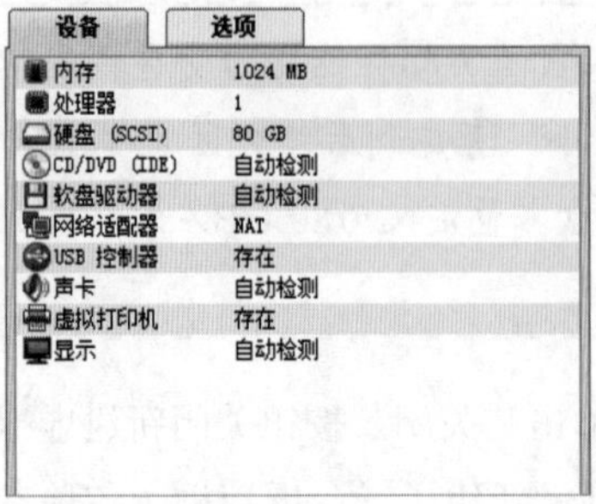

图3-16　选择CD/DVD（IDE）选项

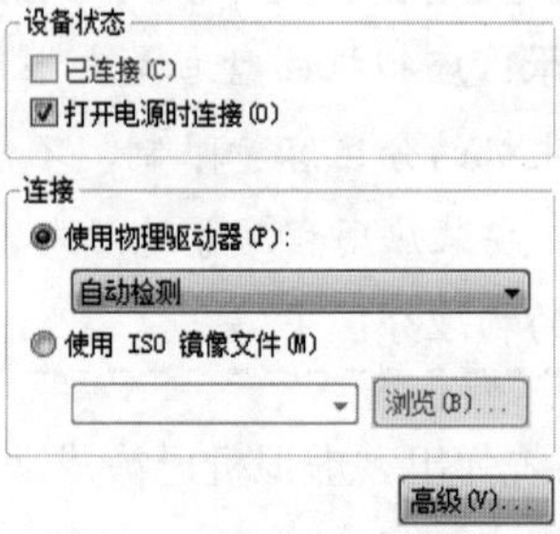

图3-17　设置虚拟机光驱（1）

如果使用ISO镜像，需要做如下设置：在“连接”选项区中，选择“使用ISO镜像文件”单选按钮，如图3-18所示。单击“浏览”按钮，到保存有镜像文件的地方找到所需文件，单击“确定”按钮，完成光驱的设置及光盘的放置工作，如图3-19所示。放置好光盘后，在虚拟机主界面上的“设备”选项卡，将会提示CD/DVD（IDE）的使用文件，如图3-20所示。

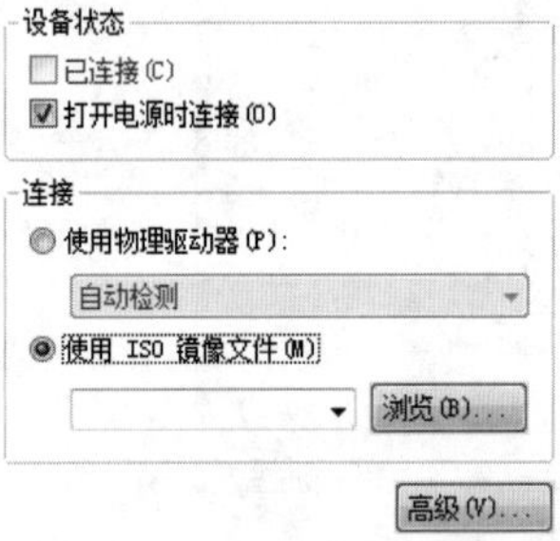

图3-18　设置虚拟机光驱（2）

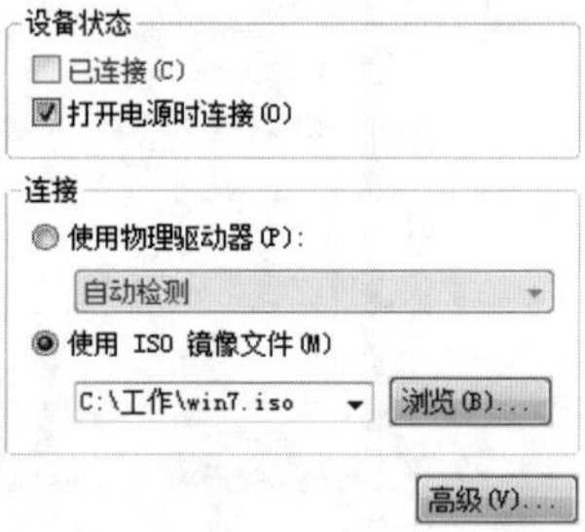

图3-19　设置虚拟机光驱（3）

③ 启动虚拟机：完成光驱的设置工作后，就可以启动虚拟机了。在图3-14所示虚拟机窗口中，找到“命令”选项区中的“打开该虚拟机电源”选项（或工具栏上绿色三角图标）并单击，启动虚拟机，如图3-21所示。

之后，便可以在虚拟机中进行分区/格式化、安装操作系统等项目的练习。

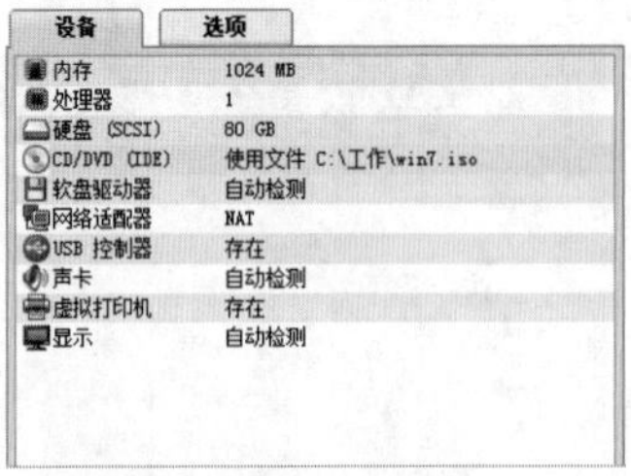

图3-20　设置虚拟机光驱（4）

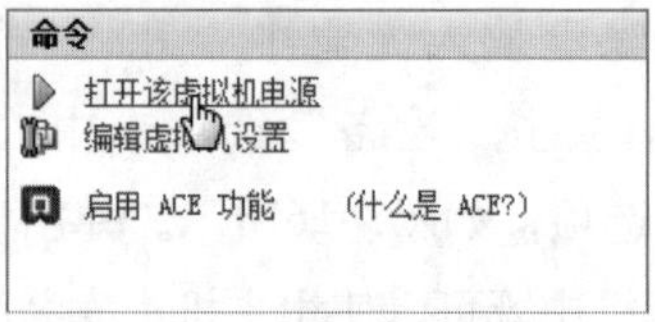

图3-21　启动虚拟机

2）虚拟机使用技巧

① 鼠标、键盘在虚拟与现实之间灵活切换：使用虚拟机时会遇到这样的问题，在虚拟系统和真实系统之间鼠标和键盘是不能同时起作用的，需要来回切换。从真实环境到虚拟环境的方法是：将鼠标移动到虚拟机窗口界面并单击，此时鼠标、键盘即可用来控制虚拟机；从虚拟环

境到现实环境的方法是：按【Ctrl＋Alt】组合键，此时鼠标、键盘即可用来控制物理主机。

② 增加内存、硬盘空间：前面我们在创建虚拟机系统的时候，大多采用的是系统默认配置，可能会出现内存、硬盘空间分配不足的问题，影响系统运行。如果需要，可以随时为它增加内存及硬盘空间。

在虚拟机未启动的情况下，单击需要更改设置的虚拟机标签，然后选择图3-14所示虚拟机窗口中“命令”选项区中的“编辑虚拟机设置”选项，在打开的对话框中，就可以方便地调整内存及硬盘的大小，不过调整的限度是在现有系统所拥有的物理范围内。

③ 共享硬盘：有时需要在虚拟机中共享物理硬盘中的数据，VM虚拟机软件提供了这项功能。选择“编辑虚拟机设置”选项，根据提示进行设置，方法如图3-22所示。

④ 使用闪存盘：如果需要在虚拟机中使用闪存盘，对于Windows XP以上系统环境来说，只要注意鼠标指针位置即可。当鼠标指针位于虚拟机中的时候，安装闪存盘后，闪存盘自动被识别到虚拟机环境中；当鼠标指针位于物理主机中的时候，安装闪存盘后，闪存盘自动被识别到物理主机环境中。

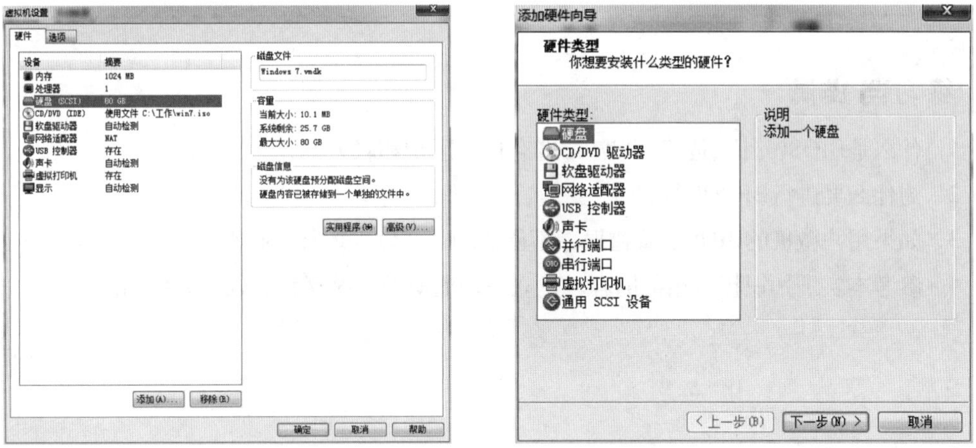

(a) 在“虚拟机设置”中添加硬盘

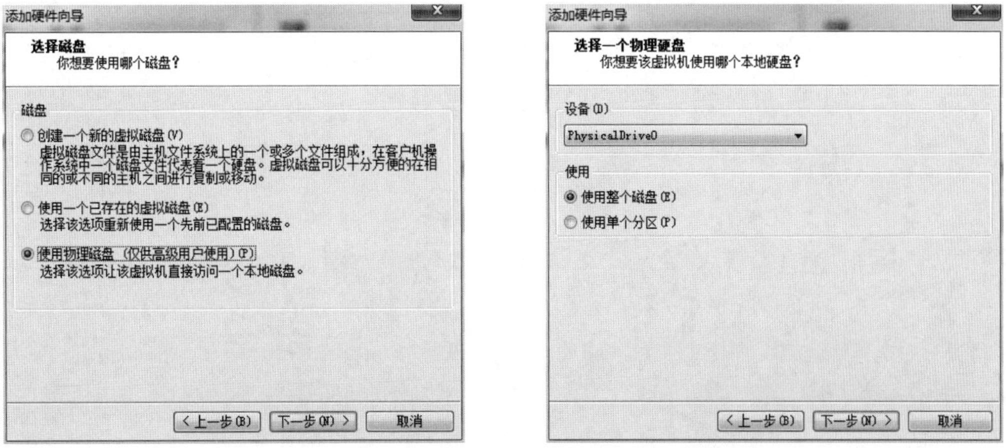

(b) 指定所添加硬盘的位置以及使用范围（整个或者分区）

图3-22 虚拟机共享主机硬盘

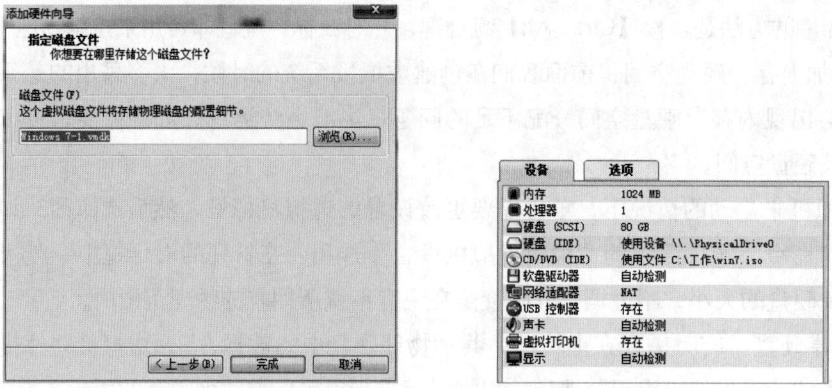

（c）完成添加硬盘后“设备”列表中增加了新的设备

图3-22　虚拟机共享主机硬盘（续）

提示：VM虚拟机带有一个工具软件VMware tools，将该工具软件安装到位后，虚拟机的管理与控制会变得更加方便、灵活。

练习与提高

1．什么是BIOS？什么是CMOS？二者有什么区别和联系？

2．为什么要进行BIOS设置？

3．如果用户微机的BIOS设置错误，不能启动，可以采取什么措施修复？

4．参考本实训知识拓展相关内容，建立一台虚拟机，保存到个人空间备用。

实训 4

硬盘的分区、格式化

实训描述

学习分区、格式化的意义和原则，了解常见分区格式及各种分区格式的特点；掌握使用Windows系统盘完成分区/格式化操作的方法；掌握常用第三方分区工具如Disk Genius、PM等的使用方法。

实训分析

基于系统安全、数据安全和数据管理的需要，计算机硬盘必须分区。通过介绍和讲解，学习分区的意义、原则、方法；通过练习，掌握使用Windows系统盘和第三方工具完成分区/格式化操作的方法。规划分区时，可以将硬盘分成多个分区，如系统文件分区、应用软件分区、个人资料文件分区、备份资料分区等。

完成相同的操作，可以有多种方法，练习时，细心体会各自的优点。

实训资讯

一块新生产的硬盘在投入使用前，必须经过三步处理：低级格式化、分区、高级格式化。

1. 硬盘的低级格式化

低级格式化（Low Level Format）又称物理格式化，主要目的是划分磁柱面（磁道），建立扇区数和选择扇区间的间隔比（交错因子），即为每个扇区标注地址和扇区头标志，并以硬盘能识别的方式进行数据编码。

新硬盘出厂时厂家已经做过低级格式化，现在的大容量硬盘在引导区保存着厂家的一些硬盘工作信息，所以厂家不希望用户做低级格式化。用户做低级格式化的主要目的是修复硬盘，将坏磁道标记出来，防止日后向坏磁道处写入信息；或者是由于硬盘染上无法清除的病毒，为了清除病毒，不得不做一次低级格式化。如果硬盘并未损坏，通过低级格式化，可以起到重新整理硬盘结构，对硬盘结构进行规划，重新划分磁道和扇区的作用。

若经常对硬盘进行低级格式化，将会减少硬盘的使用寿命。少数品牌的硬盘在标签上明确禁止低级格式化，否则将永久损坏硬盘。允许低级格式化的硬盘，一旦进行低级格式化，将永久丢失硬盘上原有的信息，无法挽救。

早期的主板BIOS中，大多带有对硬盘进行低级格式化的选项，但现在的产品中则较少见，这也从另一个侧面说明，尽量不要对硬盘进行低级格式化。目前，对硬盘进行低级格式化，主要是使用一些工具软件，如DM（Disk Manger）、NDD、Lformat等。

2. 分区的作用和方法

硬盘容量越来越大，存储的数据信息越来越多，如何规划管理好硬盘，确保安全、稳定、高效地使用计算机，是摆在每一个用户面前不能回避的问题。将硬盘合理分区，是有效解决这一问题的重要方法。

1）需要对硬盘进行分区的情况

① 新买的硬盘：新买的硬盘必须先分区，然后才能进行高级格式化。

② 出现特殊情况：因某种原因（如病毒）或误操作使硬盘分区信息被破坏时，需要重新分区。

③ 重新分配空间：现有的分区数量或分区容量不能满足用户使用要求，需要重新分区。

④ 目前硬盘容量都很大，从资源规划、系统管理、数据安全等方面考虑，需要分区。

2）硬盘的分区方法

① 使用Windows 系统安装程序完成分区/格式化操作。在安装操作系统过程中，有对磁盘进行分区/格式化操作的界面，用户可以根据需要完成相关操作。

② 使用分区工具软件，如Disk Genius、ADDS等，也可以对硬盘进行分区，且分区速度快，甚至可实现无损分区。

③ 硬盘分区时，首先将硬盘分为主分区和扩展分区，然后对扩展分区再进行划分，分出各个逻辑盘。

技巧：进行分区操作时，应按功能设置分区，一项独立功能对应一个分区。如可以将硬盘分成5个以上的分区：C、D分区，用于安装操作系统（双操作系统），为系统文件分区；E分区，用于安装应用程序，为应用软件分区；F分区，用于保存个人资料，为个人数据文件分区；G分区，用于备份资料。通过分区，可以分门别类地进行管理，提高系统的安全性，使系统高效、稳定地运行。

3. 硬盘的高级格式化

一个仅完成了分区的硬盘仍然无法正常使用，若想用它来存储文件，还必须对它进行高级格式化。

高级格式化（High Level Format）又称逻辑格式化，就是在磁盘上设置目录区、文件分配表区等，写上系统规定的信息和格式。在磁盘上存放数据时，系统将首先读取这些规定的信息来进行校对，然后才将用户的数据存放到指定的地方。

高级格式化可以对一个逻辑盘（硬盘分区）进行操作。高级格式化时，同样会删除掉被格式化磁盘上保存的信息。

高级格式化既可以在DOS下进行，也可以在Windows下进行。它不会对硬盘造成物理伤害。

常见的分区格式有FAT16、FAT32、NTFS。

① FAT16格式：采用16位的文件分配表，能支持的最大分区为2 GB，是Windows 95以前

应用最为广泛和获得操作系统支持最多的一种磁盘分区格式。FAT16分区格式有一个非常大的缺点，就是硬盘的实际利用效率低。因为在DOS和Windows系统中，磁盘文件的分配是以簇为单位的，一个簇只分配给一个文件使用，不管这个文件占用整个簇容量的多少。而且每簇的大小由硬盘分区的大小来决定，分区越大，簇就越大。

② FAT32格式：采用32位的文件分配表，使其对磁盘的管理能力大大增强，突破了FAT16对每一个分区的容量只有2 GB的限制，大大方便了对硬盘的管理工作。而且，FAT32还有另一个显著优势：在一个不超过8 GB的分区中，FAT32分区格式的每个簇容量都固定为4 KB，与FAT16相比，可以大大地减少硬盘空间的浪费，提高了硬盘利用效率。通常，闪存盘按照FAT32格式进行格式化。

③ NTFS格式：NTFS分区格式是网络操作系统Windows NT的硬盘分区格式，其显著的优点是安全性和稳定性极其出色，在使用中不易产生文件碎片，对硬盘的空间利用及软件的运行速度都有好处。它能对用户的操作进行记录，并通过对用户权限进行非常严格的限制，使每个用户只能按照系统赋予的权限进行操作，能够充分保护网络系统与数据的安全。对安装目前主流Windows系统（Windows XP及以上版本）的硬盘格式化，均应采用NTFS分区格式。

提示：FAT（File Allocation Table）是“文件分配表”的意思。顾名思义，就是用来记录文件所在位置的表格，它对于硬盘的使用是非常重要的，假若丢失文件分配表，那么硬盘上的数据就会因无法定位而不能使用了。不同的操作系统所使用的文件分配表不尽相同。

实训实施

1. 使用系统盘对硬盘进行分区/格式化

1）使用Windows系统安装盘对硬盘进行分区/格式化

Windows 7操作系统提供了图形界面下的分区/格式化功能，在安装系统的过程中可以非常方便地完成分区/格式化操作。

系统分区格式化

提示：① Windows 7会留下100 MB左右的空间，是不可划分的。

② Windows 7系统安装盘最多只能划分4个分区，且都是主分区。在实训4和实训5中我们将了解到划分两个主分区和多个逻辑分区的方法。

（1）对新硬盘分区

① 在BIOS中设置CD-ROM为第一启动设备，插入Windows 7安装光盘，出现图4-1所示界面。

② 语言设置。单击“下一步”按钮，出现图4-2所示的界面。

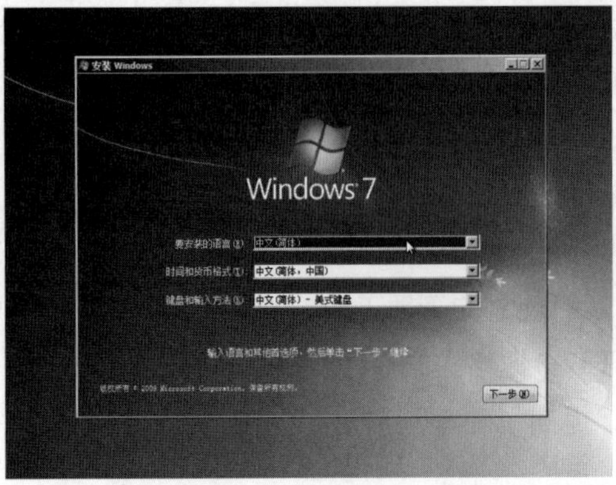

图4-1　语言设置界面

图4-2　安装须知界面

③ 单击“现在安装”按钮，出现图4-3所示的界面。

图4-3　启动安装程序界面

④ 稍后出现安装许可协议界面，如图4-4所示。

⑤ 选中“我接受许可条款”复选框，出现图4-5所示安装类型界面。

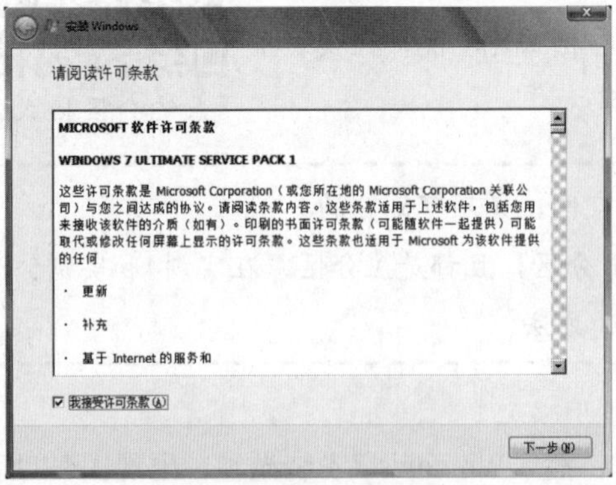

图4-4　安装许可协议界面

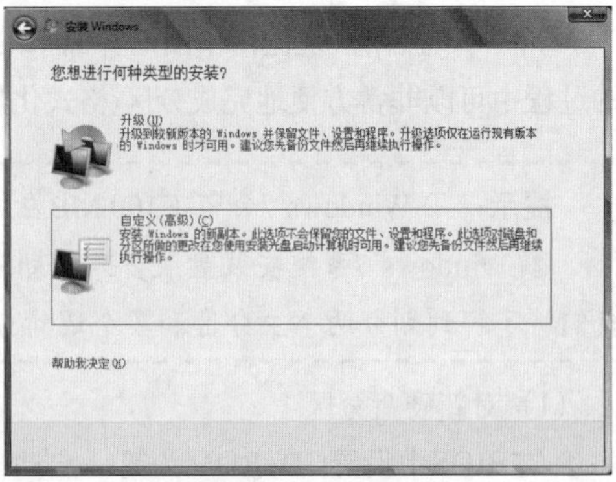

图4-5　安装类型界面

⑥ 选择“自定义”安装，出现图4-6所示界面。

⑦ 选中磁盘，单击“驱动器选项”按钮，出现图4-7所示界面。

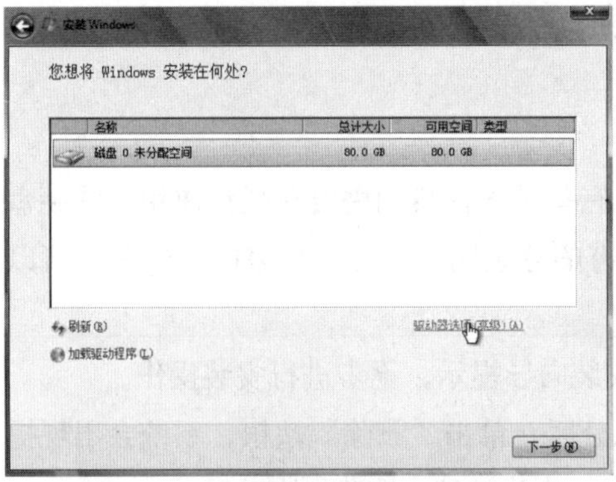

图4-6　驱动器选项界面

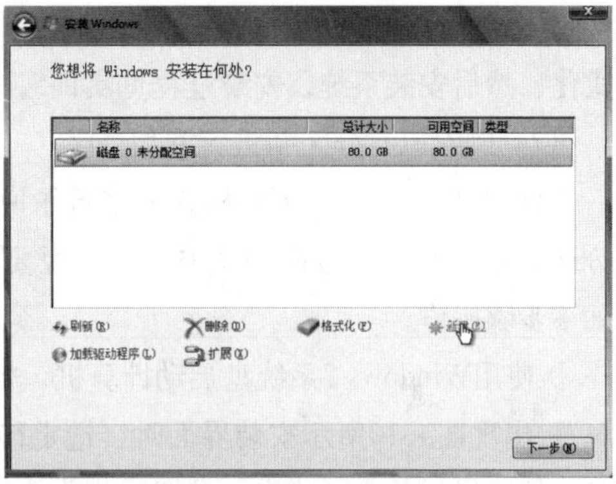

图4-7　新建分区界面

⑧ 单击“新建”按钮，高亮显示的数字就是硬盘的大小。用退格键删除里边的数字，填入设置的第一个磁盘分区的大小，安装Windows 7系统，建议预留20 GB空间，单击“应用”按钮，第一个分区就建好了，如图4-8所示。

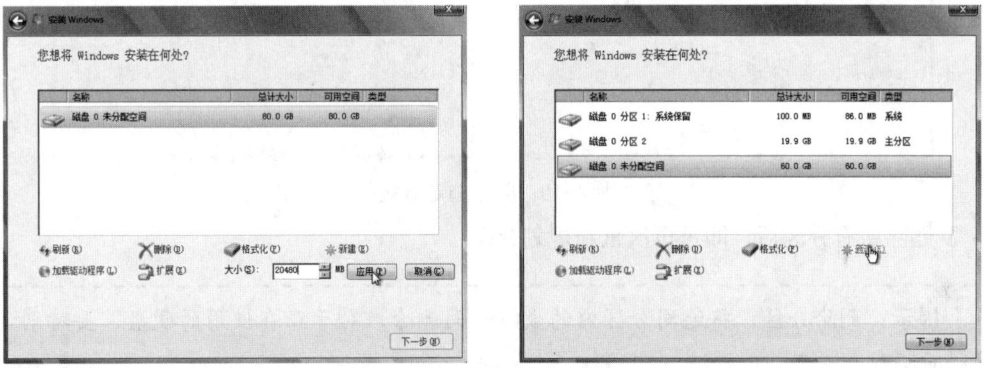

图4-8　输入分区设定值及新创建的分区

⑨ 依此类推，按规划创建好所需的分区，如图4-9所示。

图4-9　按规划设置好所有分区

提示：为了便于安装双操作系统，本实训中将硬盘分成两个主分区和一个扩展分区。

⑩ 分区操作完成后，选定分区，单击“格式化”按钮，系统将首先对未格式化分区进行格式化，然后安装系统，安装过程见实训5。

（2）删除原有分区并重新规划分区

上面对新硬盘如何分区/格式化进行了说明。有些时候，我们需要对正在使用中的硬盘进行分区数量、容量等方面的调整，就是说要将已有的分区删掉，然后再分区。这时，可以按照如下步骤操作。

① 使用Windows 7系统盘启动计算机，根据安装向导提示，逐步进行安装操作。

② 出现图4-10所示安装界面时，选定待删除分区，单击“删除”按钮，系统会出现提示信息，按照提示单击“确定”按钮，删除选定分区。依此类推，删除所有分区。

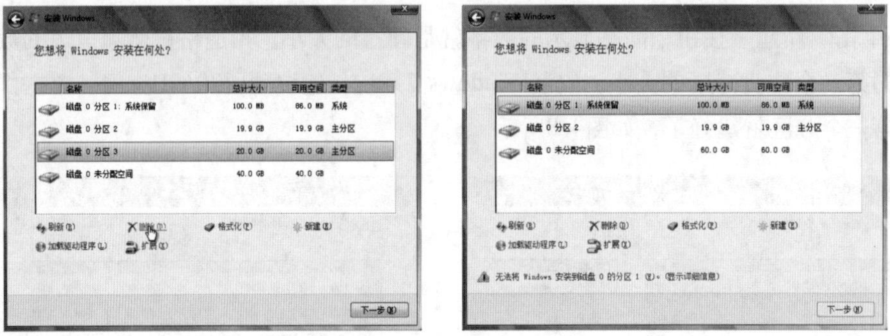

图4-10　删除选定分区

③ 删除所有分区后，即可再次重新规划分区。

提示：删除分区，将连同分区内的数据一同删除，对于正在使用的硬盘，要特别注意慎重操作，避免丢失数据。

2）在Windows系统环境下格式化磁盘

在Windows系统环境下也可以对磁盘进行格式化，而且操作起来非常简单。打开“计算机”窗口，右击需要格式化的驱动器，如硬盘（或闪存盘），在弹出的快捷菜单中选择“格式化”命令，弹出“格式化”对话框，如图4-11和图4-12所示。在该对话框中，选择需要的选项，单击“开始”按钮，即可进行格式化硬盘操作。注意，这种方法不能格式化当前打开文件的硬盘和系统文件的硬盘。

图4-11　选择“格式化”命令

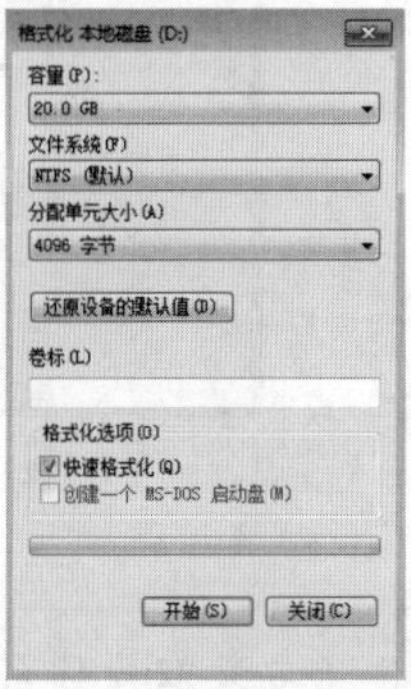

图4-12　“格式化”对话框

2. 使用工具软件对硬盘进行分区/格式化

除Windows系统盘外，还有许多工具软件可以实现硬盘的分区/格式化操作。

1）硬盘分区工具Disk Genius使用说明

Disk Genius（原名Disk Man）是一款国产的全中文硬盘分区工具软件，它不仅提供了基本的硬盘分区功能（如建立、激活、删除、隐藏分区），还具有强大的分区维护功能（如分区表备份和恢复、分区参数修改、硬盘主引导记录修复、重建分区表等）。同时，它还具有分区格式化、分区无损调整、硬盘表面扫描、扇区拷贝、彻底清除扇区数据等实用功能。

（1）Disk Genius的主要功能及特点

利用工具分区

① 仿Windows纯中文图形界面，无须任何汉字系统支持，以图表的形式揭示了分区表的详细结构，支持鼠标操作。

② 提供比Fdisk更灵活的分区操作，支持分区参数编辑。

③ 提供强大的分区表重建功能，迅速修复受损分区表。

④ 支持FAT/FAT32分区的快速格式化。

⑤ 在不破坏数据的情况下直接调整FAT/FAT32分区的大小。

⑥ 自动重建被破坏的硬盘主引导记录。

⑦ 为防止误操作，对于简单的分区操作，在存盘之前仅更改内存缓冲区，不影响硬盘分区表。

⑧ 能查看硬盘任意扇区，并可保存到文件。

⑨ 可隐藏FAT/FAT32及NTFS分区。

⑩ 可备份包括逻辑分区表及各分区引导记录在内的所有硬盘分区信息。

⑪ 提供扫描硬盘坏区功能，报告损坏的柱面。

⑫ 具备扇区拷贝功能。

⑬ 可以彻底清除分区数据。

（2）Disk Genius运行界面

如果只是想利用Disk Genius查看、备份硬盘分区信息，可以直接在Windows下运行本软件。但如果涉及更改分区参数的写盘操作，则必须在纯DOS环境下运行，而且在使用前应将BIOS中的“Virus Warning（病毒警告）”选项设为“Disable”。

运行DiskGen.exe后，软件将自动读取硬盘的分区信息，并在屏幕上以图表的形式显示硬盘分区情况。图4-13是Disk Genius检测硬盘后得到的分区信息结构图。上面的柱状图显示硬盘上各分区的位置及大小，最左边的分区为第一个分区。通过查看柱状图各部分的颜色和是否带网格，可以判断分区的类型，灰颜色的部分为自由空间（不属任何分区，只有在硬盘的自由空间才能新建分区），不带网格的分区为主分区，带网格的为扩展分区，扩展分区又进一步划分成逻辑分区（逻辑盘D、E、F……）。屏幕下半部分用表格的形式显示了各分区的类型及其具体参数，包括分区的引导标志、系统标志、分区起始和终止柱面号、扇区号、磁头号。

在柱状图与参数表格之间，有一个动态连线指示了它们之间的对应关系。用户可以通过在柱状图或表格中单击来选择一个分区，也可以用键盘上的光标键来选择当前分区。当选择了一个NTFS分区后，表格下部的窗口中将显示关于这个分区的一些信息：分区的总扇区数、总簇数和簇的大小、根目录、数据区的开始柱面号、磁头号、扇区号。

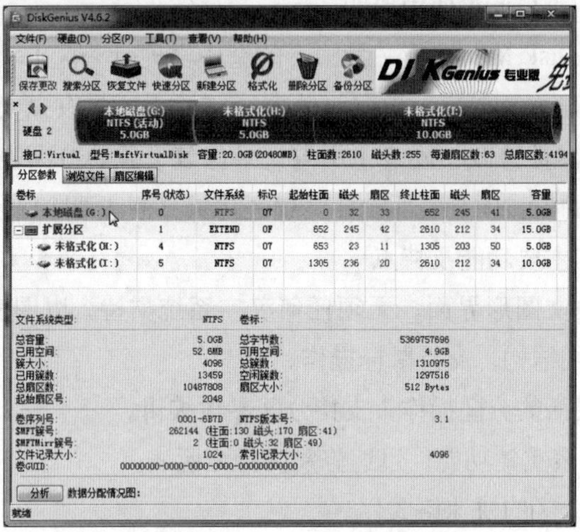

图4-13 Disk Genius操作界面

（3）使用说明

① 建立分区：要建立主分区（Primary），先选中分区结构图中的灰色区域，按【Enter】键，选择“主磁盘分区”单选按钮，然后按提示输入分区大小，如图4-14所示。利用本软件，最多可以建立4个DOS主分区。存盘前如用户未设置启动分区，则自动激活第一个主分区。要建立扩展分区，先选中分区结构图中的灰色区域，选择“分区”|“扩展磁盘分区”命令，在弹出的提示框中输入分区大小，通常将建立主分区后的剩余空间都分配给扩展分区，单击“确定”按钮。扩展分区建立后，还要将其进一步划分为多个逻辑分区（逻辑盘）才能使用，方法是：选中新建立的扩展分区后，按【Enter】键，其后的操作与建立主分区时相同，如图4-15所示。

图4-14 新建主分区

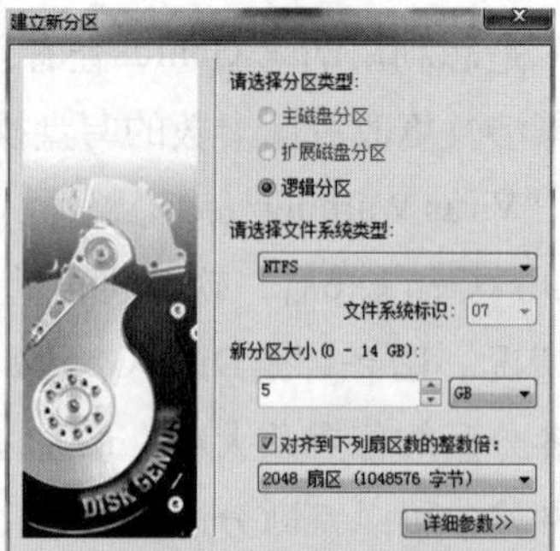

图4-15 新建逻辑分区

提示：当硬盘上已有一个扩展分区时，就不能再建扩展分区了。如果想将某个与扩展分区相邻的自由空间再划成扩展分区（即扩大“扩展分区”的范围），只能采取先删除已有的扩展分区，然后再重建的方式。

② 激活分区、删除分区、隐藏分区：选中要激活的主分区，按【F7】键即可将其设定为活动分区，活动分区的系统名称将以红色显示；选中某一分区，按【F4】键即可隐藏该分区，再次按【F4】键恢复；按【Delete】键或【F6】键即可删除选定分区。

提示：删除主分区，其所在空间转化为自由空间（变成灰色区域）。删除某一个逻辑分区（如D、E盘）后，其所在空间并不变成自由空间，而是转化为未使用的扩展分区（变成绿色区域）。

③ 调整分区大小：本软件能在不损坏任何数据的情况下，直接调整分区的大小。方法是：选择要调整的分区，选择“分区”|“调整分区大小”命令，然后按提示操作。建议在调整前运行Windows系统的“磁盘扫描”程序检查硬盘错误并纠正（相关内容见后面实训），并做好重要文件的备份。不可以在调整过程中强行中断或关机（重新启动）。否则，被调整分区上的数据将会全部丢失。

④ 保存：完成上述操作后，要进行保存，才能使新设项目生效。选择“硬盘”|“保存”命令，即可实现保存操作。

⑤ 快速格式化分区：创建了主分区和逻辑分区后，还需要对其进行格式化才能使用。选择“分区”|“格式化”命令，即可进行格式化操作。格式化之前，可以设定簇的大小，但一般不需要设定，使用默认值就可以了。格式化过程中，会询问是否进行硬盘表面扫描，根据硬盘情况，如果确信没有坏扇区，就不必扫描了。

提示：用户对分区表进行的简单操作（包括建立、删除、隐藏、激活、修改参数等），Disk Genius并不立即进行存盘，只是建立了一个修改方案，为了防止失误，该方案暂时保存在内存中，等待全部修改完毕，确认无误并下达存盘命令后，才将所做的修改一次性地写入硬盘。

2）使用PM工具对硬盘进行分区、格式化

常用分区方法中，有些是有损分区，分区时将破坏掉原来的数据，当想要改变硬盘分区，但又不想破坏硬盘中的数据时，就需要一种能在不破坏数据的情况下进行分区的软件。PM就是这样一款软件，它可以在保留硬盘数据的前提下，对硬盘进行重新分区，并且可以对硬盘实施创建分区、合并已有分区、改变分区大小、转换分区格式等操作。关于PM的具体使用方法，请参见实训11。

练习与提高

1．为什么要进行分区、格式化？

2．有哪些软件可以进行分区、格式化操作？概述它们的使用特点。

3．什么是有损分区？如何进行无损分区？无损调整分区大小有什么好处？

4．使用虚拟机软件建立一台虚拟机（参考实训3中的知识拓展），在虚拟机中练习分区/格式化操作。

实训5

安装操作系统

实训描述

懂得操作系统的地位、作用和分类，掌握操作系统的安装方法。练习安装单一操作系统Windows 7或安装多操作系统Windows 7和Windows 8。

实训分析

操作系统是微机系统中非常重要的组成部分，是系统软件的核心，是连接硬件和应用软件（用户）的接口和桥梁。大楼不但要有一个良好的地基，还要有一个坚实的骨架，操作系统就像是软件世界的“骨架”，只有有了良好稳定的操作系统，才能真正开始配置微机。安装操作系统可以使用系统安装光盘（稳妥安装方法），也可以通过远程磁盘克隆（利用保护卡安装教学机房），还可以使用Ghost软件和系统镜像文件快速安装。

安装多操作系统时，不同系统不要装在同一个分区下，避免互相干扰，一损俱损。

实训资讯

1. 操作系统的作用

操作系统是微机系统中非常重要的组成部分，是系统软件的核心，是连接硬件和应用软件（用户）的接口和桥梁，是微机硬件的第一级扩充。它是一种对微机的全部软件资源和硬件资源进行控制和管理、合理组织微机工作流程以便充分发挥微机工作效率、向用户提供运行其他应用软件的操作平台。用户必须通过操作系统才能使用微机处理日常事务、开发软件、设计工程项目等。

通常，操作系统具有五方面的功能：处理机管理、存储管理、设备管理、文件管理和作业管理。

2. 常见操作系统

操作系统的类型有很多，目前所使用的个人计算机中安装的操作系统主要有Windows XP/Vista/7/8。

① Windows XP：相比较Windows之前的系统来说，具有更加漂亮的操作界面，更好的安全性和可靠性，操作更简便。2012年8月，统治操作系统市场长达11年之久的Windows XP最终被Windows 7超越。微软于2014年4月8日起彻底取消对Windows XP的所有技术支持。

② Windows Vista：是对Windows XP的一次重要升级，重新设计的内核模式，加上更安全的IE 7、更有效率的备份工具，使 Windows Vista相较于Windows XP来说都拥有了无可比拟的优

势。但是它也有其缺点，使得至今并不为市场广泛接受。

③ Windows 7：2010年微软面向全球推出的全新一代操作系统，在系统的稳定性和兼容性方面有较大改进，Windows 7可供家庭及商业工作环境、笔记本式计算机、平板电脑、多媒体中心等使用。Windows 7延续了Windows Vista的Aero 风格，并且更胜一筹，目前正在被越来越多的用户所接受。

④ Windows 8：Windows 8是由微软公司于2012年10月26日正式推出，具有革命性变化的操作系统。系统独特的开始界面和触控式交互系统，旨在让人们的日常计算机操作更加简单和快捷，为人们提供高效易行的工作环境。

3. 安装多操作系统的意义

① 使用不同版本的应用软件：在实际工作中，可能会用到多种应用软件，有些应用软件有多种版本，可分别运行在不同的操作系统环境下，而有些应用软件却仅有一种版本，如果自己的计算机只安装了一种操作系统，就可能无法使用。

② 了解非主流和最新的操作系统：除了当前主流操作系统外，微软还不断推出新版本的操作系统，如果用户想了解非主流操作系统，又不想影响工作，同时兼顾学习，在一台计算机中安装多操作系统就成了非常实际的选择。

③ 保护系统和数据安全：单机安装多操作系统后，用户可以随意在某一系统中试用各种版本的应用软件或进行测试，一般情况下不会影响到另一操作系统的安全，这一点对初学者来说非常有意义。

4. 安装多操作系统的注意事项

① 每个操作系统需要单独占用一个分区。

② 安装时，按照先低版本、后高版本的顺序进行安装（或者最后安装最新版本的操作系统）。

③ 多操作系统之间是相互独立的并列关系，安装高版本操作系统时不应该是对低版本操作系统的简单升级，否则在安装完成后，机器内将只有高版本的操作系统而没有低版本的操作系统。

5. 安装操作系统的广义理解

安装操作系统的过程是搭建用户应用平台的过程，除完成操作系统软件的安装工作外，还应该安装显卡、声卡、网卡、打印机等设备的驱动程序，以便正常、全面发挥微机系统的作用。安装驱动程序部分的内容，在下一个实训中练习。

6. 安装前的准备

① 对于新组装的微机，确认已正确完成硬件组装工作及BIOS设置、分区、格式化等工作。

② 对于正在使用的微机，确认已对原系统中必要的数据进行妥善备份。

③ 每一类型的操作系统都有多种版本，安装前应明确自己所要安装的操作系统类型和版本，并准备好相应的安装软件。

④ 安装操作系统是一个全面的工作，在安装完成操作系统后，还应该完成安装显卡、声卡、网卡、打印机等设备驱动程序的工作，所以事先还应准备好相应外设的驱动程序。

⑤ 记录Windows产品的安装序列号，通常在产品附件上查找此序列号，以便系统提示输入时，能够及时输入。

7．操作系统的常用安装方法

① 直接用系统安装光盘引导系统，接着进行系统安装。

② 通过低版本操作系统升级至需要的高版本操作系统。

③ 使用Ghost软件和Windows镜像文件快速安装。

装系统

实训实施

安装Windows 7

① 将Windows 7光盘放入光驱，启动系统进入BIOS并把光驱设为第一启动设备，保存设置。当出现图5-1所示的提示语时快速按下【Enter】键，开始安装Windows 7系统。

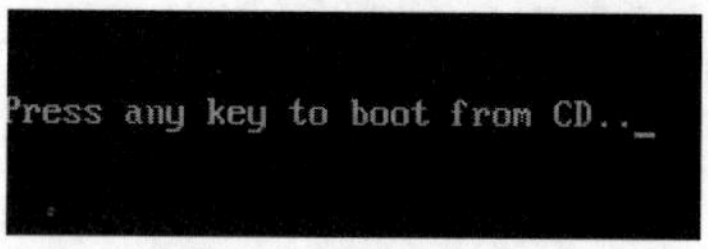

图5-1 光盘引导提示

② 系统出现图5-2所示界面，根据需求输入语言和其他首选项，单击“下一步”按钮。接下来系统显示图5-3所示界面，单击“现在安装”按钮。

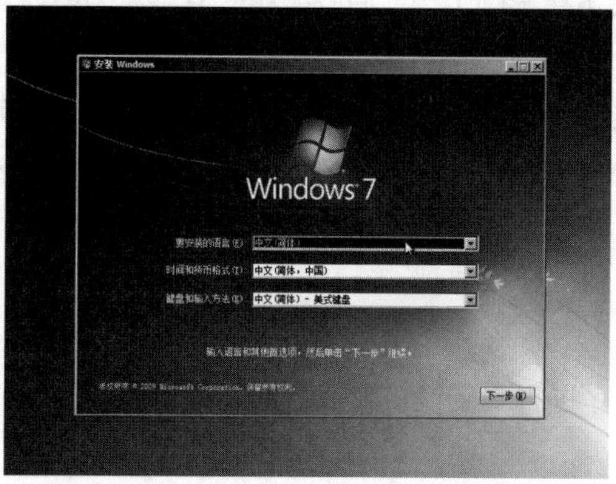

图5-2 语言和日期选项界面

图5-3 安装界面

③ 系统询问是否同意许可条款，如图5-4所示，选择“我接受许可条款”复选框，单击“下一步”按钮。选择安装类型，如图5-5所示，根据教材需要，我们选择“自定义（高级）”安装类型。

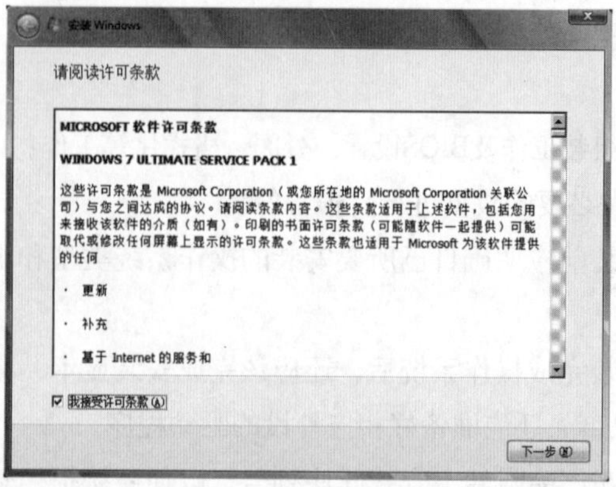

图5-4 安装许可条款界面

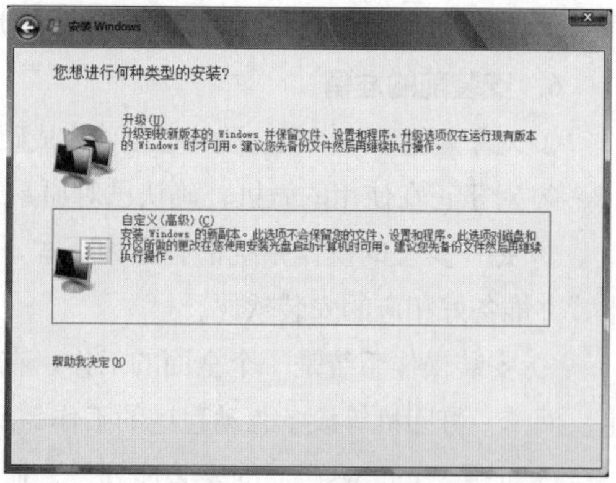

图5-5 安装类型界面

④ 选择要安装操作系统的分区。根据一个系统占一个分区的原则，选择分区2进行安装，如图5-6所示，单击“下一步”按钮。系统开始收集信息，如图5-7所示。

图5-6　选择安装分区

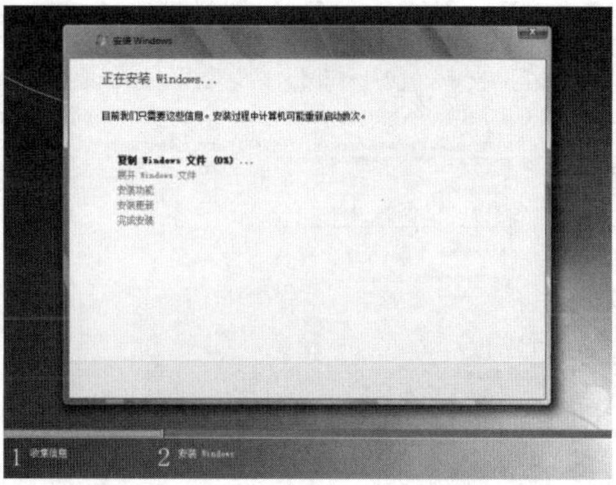

图5-7　收集信息

⑤ 系统收集完信息，重新启动，进入安装界面，如图5-8所示。待系统安装完成后，重新启动，进入系统，如图5-9所示。

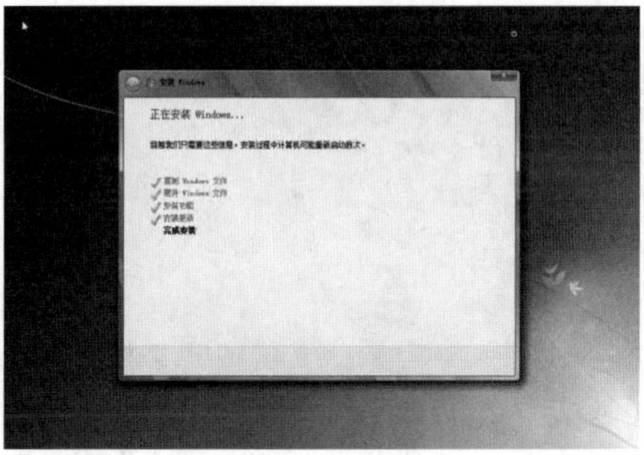

图5-8　安装界面

图5-9　进入系统

⑥ 设置用户名和用户密码。输入用户名，如图5-10所示，单击“下一步”按钮。系统出现设置密码界面，如图5-11所示，用户根据提示设置密码，也可以不设置密码，单击“下一步”按钮。

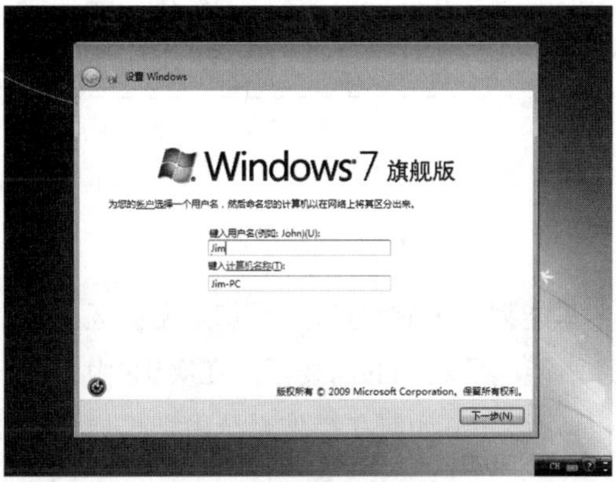

图5-10　设置用户名

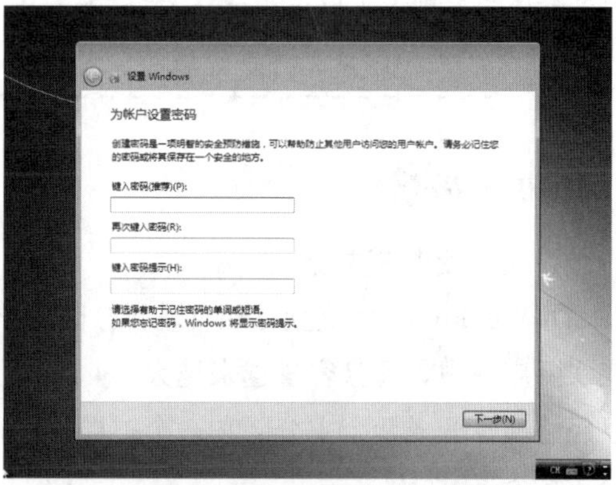

图5-11　设置用户密码

⑦ 输入产品密钥。在图5-12所示对话框中输入产品密钥，单击“下一步”按钮继续。系统出现提高Windows性能的界面，如图5-13所示，用户根据需要进行选择，单击“下一步”按钮。

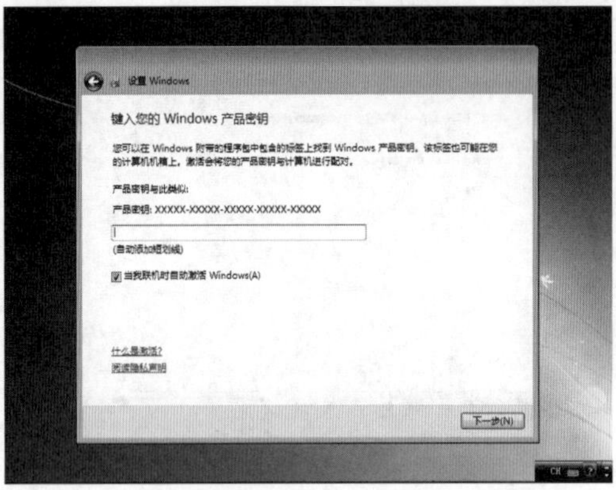

图5-12　输入产品密钥

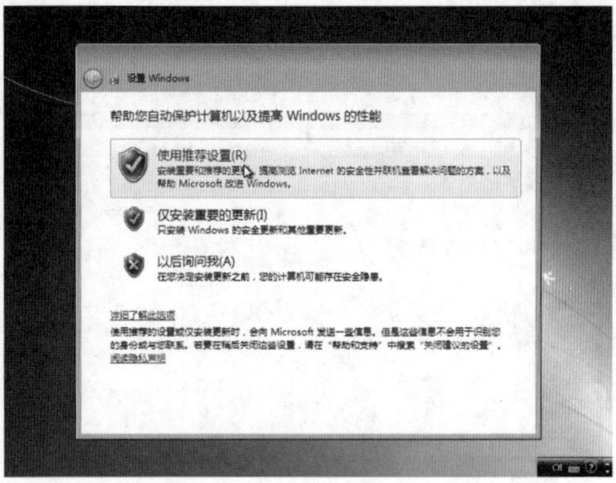

图5-13　系统性能设置

⑧ 在图5-14所示界面中设置日期和时间，单击“下一步”按钮。至此，Windows 7系统安装完成，如图5-15所示。

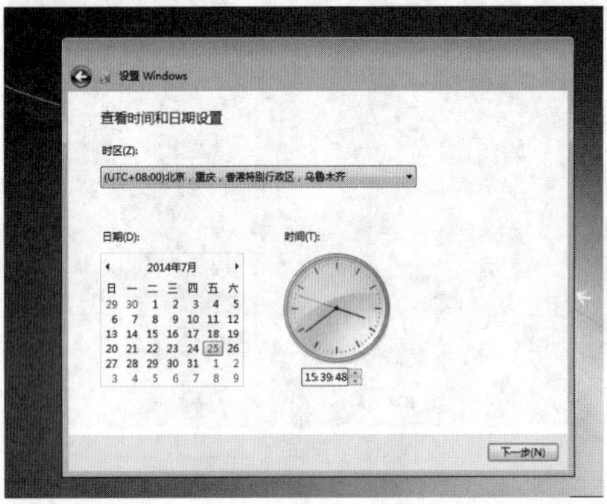

图5-14　设置日期和时间

图5-15　完成安装

> 提示：如果安装Windows 7和Windows 8双操作系统，根据每个操作系统单独占用一个分区的原则，可以选择分区3进行安装Windows 8，安装Windows 8操作系统方法和安装Windows 7类似，这里不再赘述。

知识拓展

1. 逻辑分区的划分

用Windows 7系统盘对硬盘进行分区时，最多只能划分为4个分区，且都是主分区。但是在实际应用中，硬盘容量越来越大，4个分区已经不能满足我们的需要了。在实训4中，我们已经将硬盘分成两个主分区和一个扩展分区，下面介绍一下如何在操作系统中把扩展分区划分成多个逻辑分区。

① 右击“计算机”图标，在弹出的快捷菜单中选择“管理”命令，出现图5-16所示计算机管理界面。

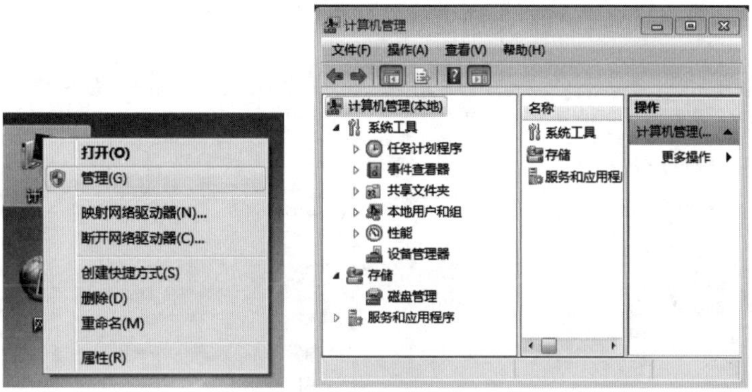

图5-16 管理界面

② 单击“磁盘管理”，蓝色状态条表示已划分的空间，黑色状态条表示未划分的空间，选择未划分的空间，右击，在弹出的快捷菜单中选择“新建简单卷”命令，如图5-17所示。

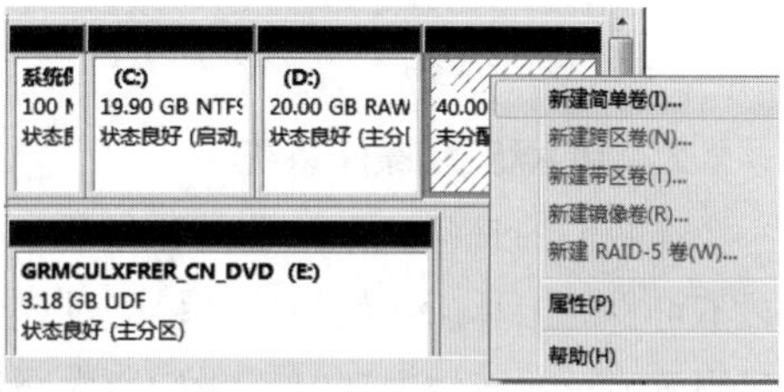

图5-17 新建简单卷

③ 根据新建简单卷向导，单击“下一步”按钮，如图5-18所示。在指定卷大小界面中输入简单卷大小，如图5-19所示。

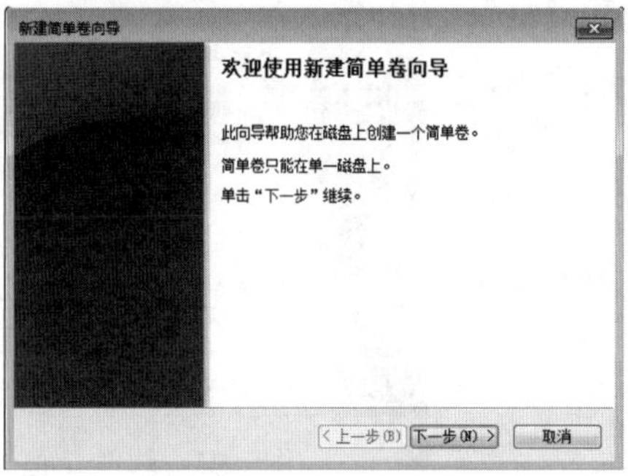

图5-18 新建简单卷向导

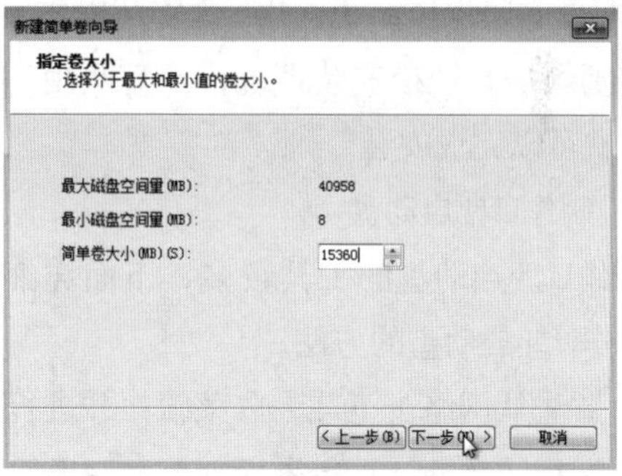

图5-19 指定卷大小

④ 单击“下一步”按钮，出现图5-20所示分配驱动器号和路径界面。按照默认设置，单击“下一步”按钮，出现图5-21所示格式化分区界面。

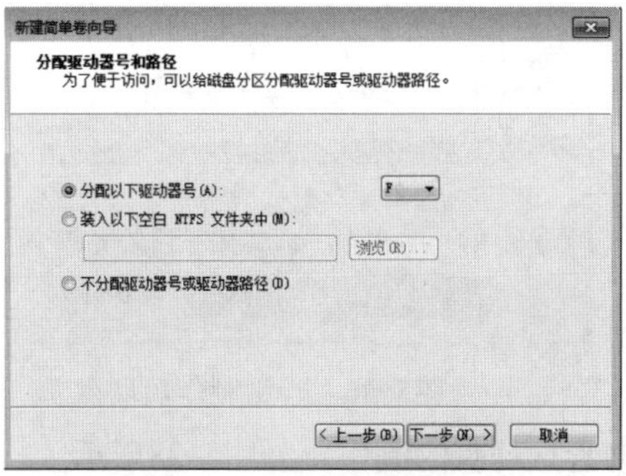

图5-20 分配驱动器号和路径

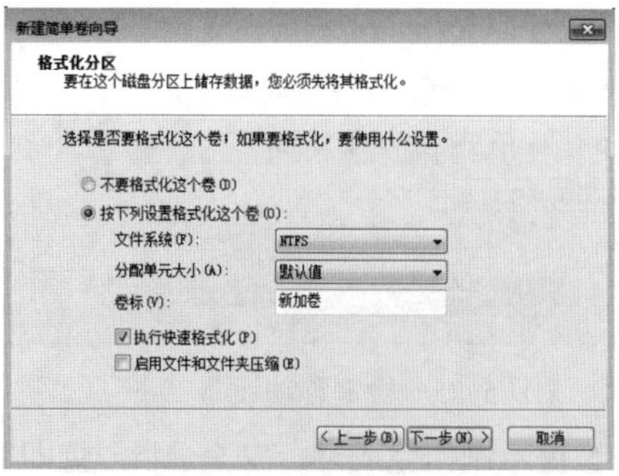

图5-21 格式化分区

⑤ 单击“下一步”按钮格式化分区，格式化完成后，单击“完成”按钮，如图5-22所示，第一个逻辑分区已经划分好了。

⑥ 根据需要，依此类推，划分出所需分区数量，如图5-23所示。

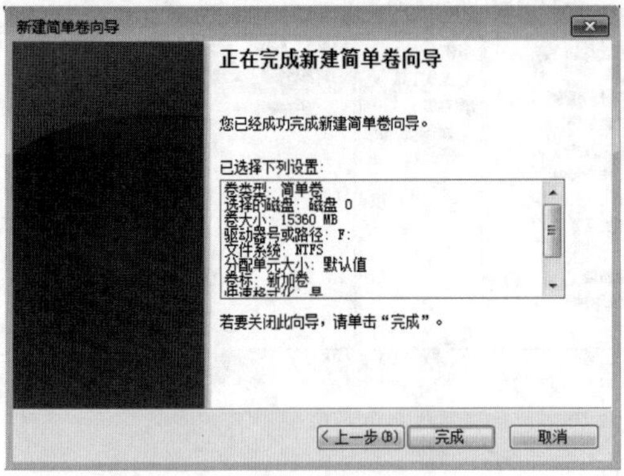

图5-22　建立第一个逻辑分区

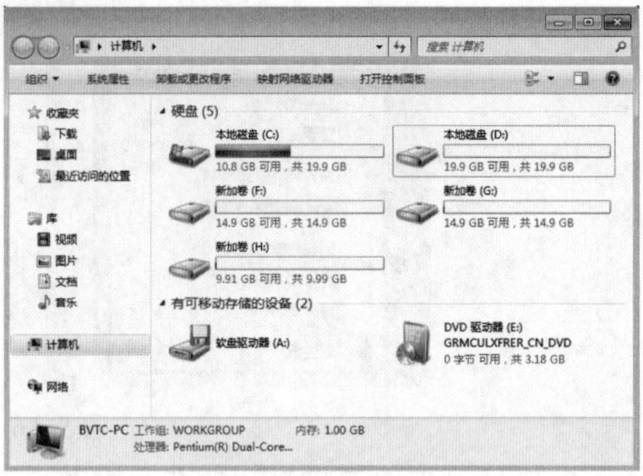

图5-23　完成分区划分

2. 用U盘安装操作系统

在我们的日常工作、学习和生活中，微机已成为一种必不可少的工具。在使用计算机的过程中，由于主观或客观的原因导致系统崩溃时，我们通常会选择重装系统。如果用系统安装盘来安装系统，比较费时费力。此时，我们可以用U盘安装操作系统。用U盘安装操作系统不受光驱限制；告别烦琐，轻松安装系统；一盘两用；读写速度快，几分钟就可以完成安装。

图5-24　软件界面

1）制作U盘启动盘

制作U盘启动盘的工具较多，下面详细介绍用大白菜软件制作U盘启动盘的方法。

① 首先从网络上下载大白菜软件并进行安装。

② 运行该软件，运行界面如图5-24所示。

③ 插入U盘（建议1 GB以上），软件将自动检测U盘，如图5-25所示。

④ 单击“一键制作USB启动盘”按钮，如图5-26所示。程序会提示是否继续，确定所选U盘无重要数据后开始制作，如图5-27所示。

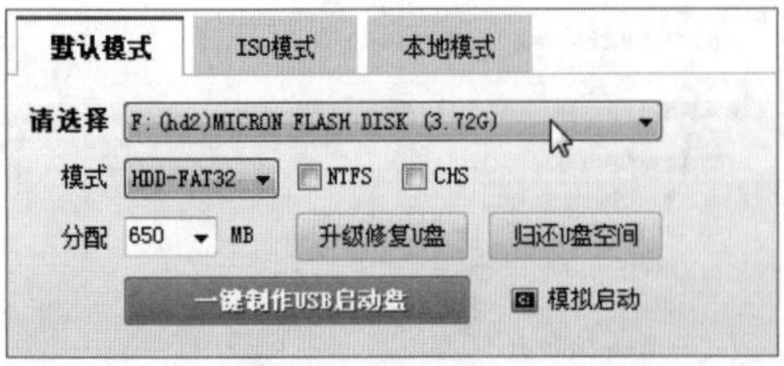

图5-25　检测移动设备

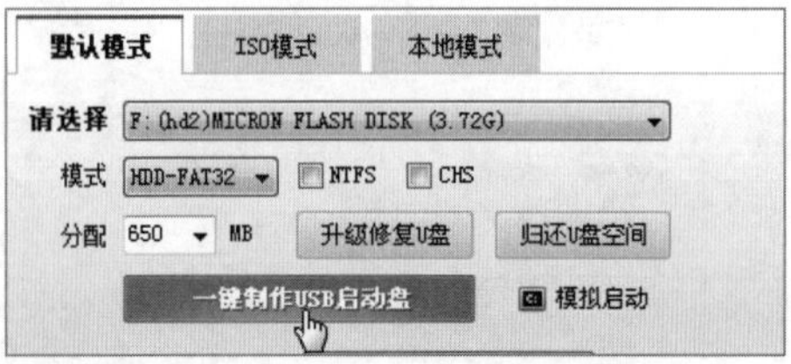

图5-26　一键制作启动盘

⑤ 当提示制作完成时，安全删除U盘即完成U盘启动盘的制作，如图5-28所示。

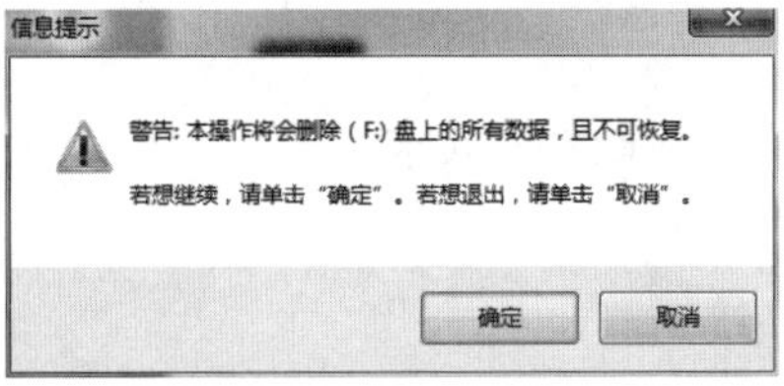

图5-27　提示界面

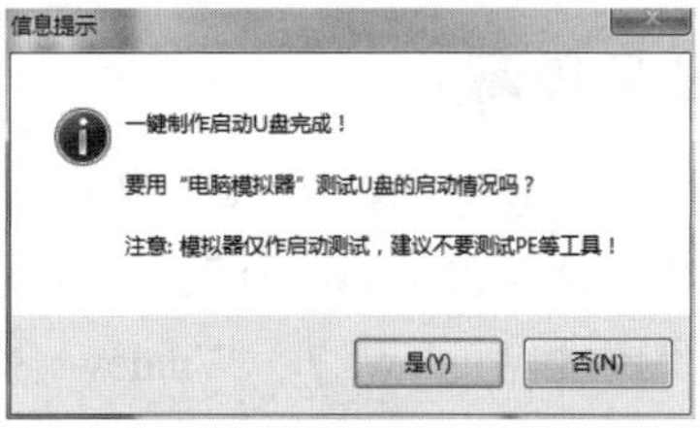

图5-28　完成启动盘制作

2）用U盘安装操作系统

① 将需要的Ghost系统文件复制到U盘启动盘中“GHO”文件夹中。如果只是重装操作系统，也可以把Ghost文件放在系统盘之外的分区中。

② 进入BIOS设置U盘为第一启动设备。

③ 重新启动计算机，进入Win PE界面，选择有效的系统镜像文件，如图5-29所示。

④ 选择系统安装分区，一般情况下，系统分区为C盘，如图5-30所示。

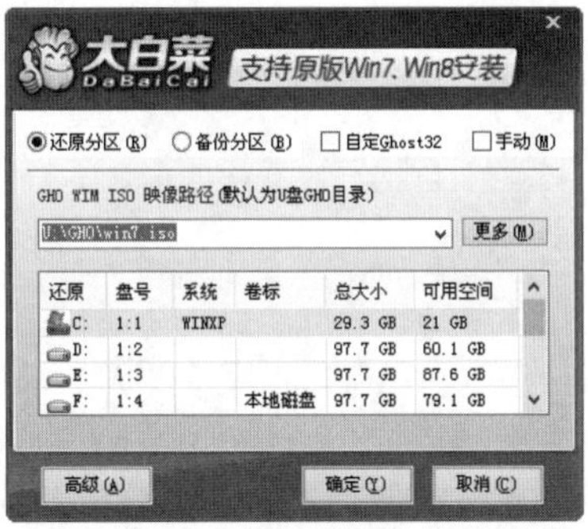

图5-29　选择镜像文件

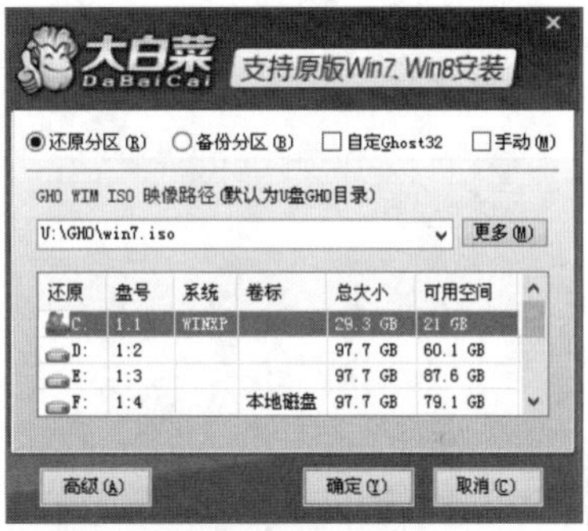

图5-30　选择安装分区

⑤ 单击“确定”按钮，开始安装系统，如图5-31所示。

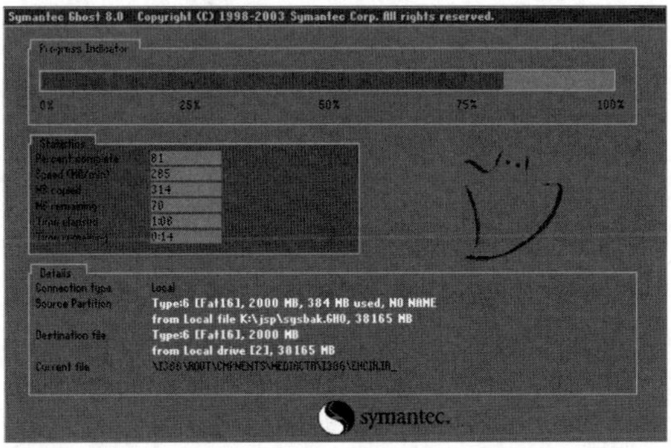

图5-31　安装系统

⑥ 安装完成重新启动计算机，即完成系统的安装。

> **提示：** 完成实训5～实训7后，再进行Ghost备份，并将镜像文件放置到U盘，可在多台计算机（虚拟机）上灵活进行本环节的练习，检验学习效果。

练习与提高

1．学习Windows 7操作系统的基本知识，了解其对硬件的要求。

2．分别练习安装Windows 7、 Windows 8操作系统。

3．练习安装Windows 7 、Windows 8双操作系统。

实训6

安装驱动程序

实训描述

驱动程序是用来驱动硬件工作的特殊程序。本实训重点练习安装各类硬件设备的驱动程序。懂得为什么要安装驱动程序，什么时候安装，安装什么和怎么安装，并体会安装技巧，比较不同安装顺序对安装效果的影响。

实训分析

驱动程序具有典型的一一对应的特点，既不能用打印机驱动程序来驱动扫描仪，也不能使用激光打印机驱动来驱动喷墨打印机。所以，必须要品牌、系列、型号等相互对应才可安装使用。安装驱动程序可以使用硬件厂商提供的驱动程序或从网络上下载驱动程序压缩包，通常需要安装的驱动程序有主板驱动程序，显卡、声卡等板卡驱动程序，打印机等外围设备驱动程序。

实训资讯

1. 探究驱动程序

驱动程序是对基本系统功能不能支持的各种硬件设备进行解释，使计算机能识别这些硬件设备，从而保证它们的正常运行，以便充分发挥硬件设备性能的特殊程序。简单地说，驱动程序就是用来驱动硬件工作的特殊程序。随着计算机技术的发展和进步，各种新硬件越来越多，如显卡、声卡、网卡、鼠标、光驱、打印机、调制解调器、扫描仪、USB设备、数码照相机等设备，如何让系统支持这些设备就成为一个必须解决的问题。为此，硬件厂商开发了相应的驱动程序，不安装驱动程序就无法正常使用这些设备。

在Windows环境下，常用的一些设备，如鼠标、光驱等，在使用过程中并不需要特意安装驱动程序，因为Windows操作系统自带这些通用设备的驱动程序。

硬件设备的驱动程序通常由硬件生产厂家随硬件一起提供给用户，如果用户不慎丢失，或想升级硬件驱动程序（通过升级驱动程序，可有效提升硬件性能），可访问硬件厂家网站，下载相关驱动程序，或访问提供驱动程序下载服务的公共网站（如驱动之家网站www.mydrivers.com）下载驱动程序。另外，Windows操作系统本身提供了越来越多的硬件驱动程序，使用户不需要单独安装驱动程序就能够使用这些设备，但系统本身附带的这些驱动程序的性能可能不如相关硬件厂商随设备赠送的驱动程序，所以只有在无法获得最新专用驱动程序的情况下才使用这些驱动程序。

2. 什么情况下需要安装设备驱动程序

在安装微机系统时，硬件设备虽然已经安装连接好了，但却无法正常使用，这时就需要安装厂商提供的驱动程序了。用户可以通过以下现象来分析什么情况下需要安装设备驱动。

① 刚刚安装完操作系统时，系统的显示色彩、显示分辨率和显示刷新频率等都可能不尽如人意，如图6-1所示，不能满足运行图形图像处理软件等使用要求，为改善显示效果就必须安装显卡驱动程序。

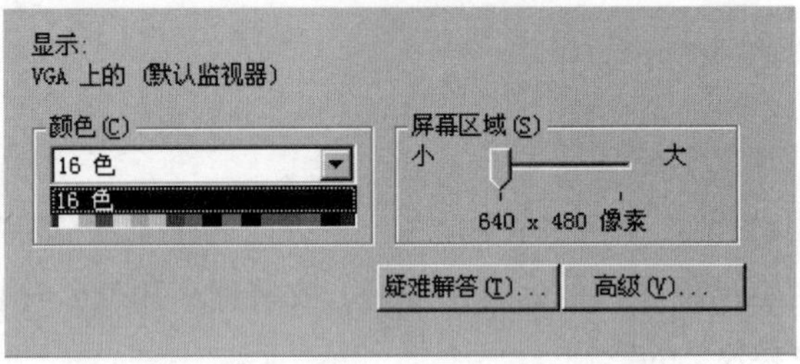

图6-1　新装系统中的颜色数和分辨率数值

② 已将打印机、扫描仪等设备连接到计算机，但在应用程序中找不到设备，不能打印或扫描，这种情况通常就是因为没有安装设备驱动程序造成的。为使设备有效工作，需要安装驱动程序。

③ 在“计算机”图标上右击，在弹出的快捷菜单中选择“属性”命令，单击“设备管理器”标签，如图6-2所示。看到有黄色“！”标志的设备，就表明需要安装驱动程序了。

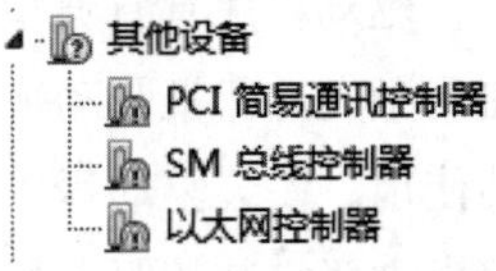

图6-2　黄色“！”标志表示需要安装驱动程序

> **提示：** 在Windows环境下安装设备时，安装程序会自动修改系统注册信息，对所安装的设备进行记录。每次启动Windows时，系统都要将系统中注册的设备与所连接的设备进行比较，如果发现已连接但未注册的设备，系统会给出相应提示，询问是否安装，用户可根据自己的需要适时安装。

3. 安装驱动程序的原则

驱动程序的安装是在硬件安装完毕后，软件安装过程中的必要步骤。安装时，可参考下面的原则。

1）安装的顺序

① 先打补丁。安装Windows后，应该马上安装SP补丁。因为驱动程序直接面向的是操作系统与硬件，所以应该先打SP补丁，以解决兼容性问题。Windows系统的补丁包是累计计算的，就是说SP4补丁包括SP1、SP2、SP3的补丁，打了SP4补丁就不用再打前面的那些了。

② 安装驱动程序一般顺序为“由内向外”，即先安装主板各个设备的驱动程序，再安装内置的设备（如显卡或声卡）的驱动程序，最后安装外围设备（如打印机等）的驱动程序。如果是更新驱动程序，应先卸载旧版本的驱动程序，再安装新版本的驱动程序。主板驱动主要用来开启主板芯片组内置功能及特性，需要说明的是这里的主板驱动仅指的是芯片组驱动（主板芯片组驱动能够识别出相应芯片的主板，并自动安装相应的.inf文件以体现芯片组

的功能特征，例如对PCI和ISAPNP服务的支持，对AGP、SATA、USB、IDE/ATA33/ATA66/ATA100的支持、对PCI-E的支持，等等），而主板上集成的声卡、网卡等设备还需要安装其对应的驱动，需要说明的是目前大部分采用nVIDIA芯片组的主板，其驱动包内置了声卡、网卡等集成设备驱动，不需要用户另外安装。

③ 因为显卡的驱动程序如果没装好会影响到其他任务的状态显示，很可能会造成频繁花屏和死机，所以应该放在声卡、网卡等板卡的驱动程序之前安装。一切正常后再安装打印机等外围设备的驱动程序。

④ 安装声卡、网卡等插接在主板上的其他设备的驱动程序。

⑤ 安装打印机、扫描仪等外围设备的驱动程序。

2）获取驱动程序

① 驱动程序的版本：在选择驱动程序的版本时，应优先考虑新版本，硬件厂商提供的驱动程序优先于公版的驱动程序。一般来说新版的驱动程序比起旧版要更好一些，但并不是说，最新的就是最好的，对于比较老旧的硬件来说，要酌情处理。

② 配套安装盘：我们在购买硬件设备时都会提供有配套光盘，这些盘中就有该硬件设备的驱动程序。不过我们并不推荐大家一直使用配套盘的驱动程序，因为一般配套盘中的驱动程序都是硬件刚推出时的旧版本，而有实力的厂商，都会定期更新驱动程序提供给他们的用户。在硬件从发售到退出历史舞台的过程中，不断进行着最优化开发的新驱动就会不断地涌现，而我们手中硬件的性能（包括兼容性、稳定性和速度）都会随着驱动的升级而不断地趋于完美，并且还会带来更多的功能，所以对于配套盘的驱动程序，该“抛弃”时就“抛弃”。

③ 操作系统自动提供：前面讲过，现行的操作系统几乎包含了绝大多数硬件的驱动，原则上是操作系统的版本越高兼容的硬件设备也就越多。不过，由于硬件的更新总是领先于操作系统（比如Windows）版本的更新，并且硬件厂商为了提高其硬件产品的性能和兼容性，也在不停地发布新版本的驱动程序，所以操作系统包含的驱动程序版本一般较低，不能完全发挥这个硬件的性能和提高它的兼容性。因此，通常只有在无法通过其他途径获得专用驱动程序的情况下，才使用操作系统提供的驱动程序。

④ 通过网络获取：现在新驱动的发布都是通过网络进行的，所以这是我们推荐的获取驱动的方式。除了种类繁多的硬件厂商网站外，推荐到专业驱动下载网站——驱动之家下载设备所需的驱动。

4. 常见驱动程序安装方式

目前常见的驱动程序安装方式主要有两种。

① 安装程序自动运行：这是目前的主流形式。安装驱动时，将厂商提供的驱动光盘放入光驱中，程序自动运行，出现安装界面，用户在安装向导的指导下进行选择安装。

② 手动查找并运行Setup程序：如果安装程序不能自动运行，或通过网络下载驱动程序时，就需要手动查找并运行Setup程序。通常文件夹的名称大多以产品分类名称或芯片组名称命名。如Chipset（芯片组）、Audio/AC’97（声卡）、Network/Lan（网卡）、nVIDIA 331.65（nVIDIA芯片组显卡驱动）。在文件夹内找到并运行Setup程序，即可安装相应硬件的驱动程序。

实训实施

驱动程序安装

1. 安装SP（Service Pack，补丁包）

对于新安装的操作系统，安装相应系统的补丁包是保障系统安全、稳定的必备步骤。安装前，可先行到其他计算机上下载补丁包，待安装完成操作系统后，将补丁包复制到本机，双击运行补丁包。

推荐Windows用户经常使用360安全卫士工具软件，根据本机环境，有选择地快速安装补丁程序（相关内容参考实训10）；也可以使用Windows Update，从微软站点获取系统最新的关键系统补丁，以弥补最新发现的系统严重漏洞，确保系统使用安全。使用Windows Update安装补丁的方法是：选择“开始”|“Windows Update”命令，连接到Windows官方网站，根据情况选择安装，如图6-3所示。

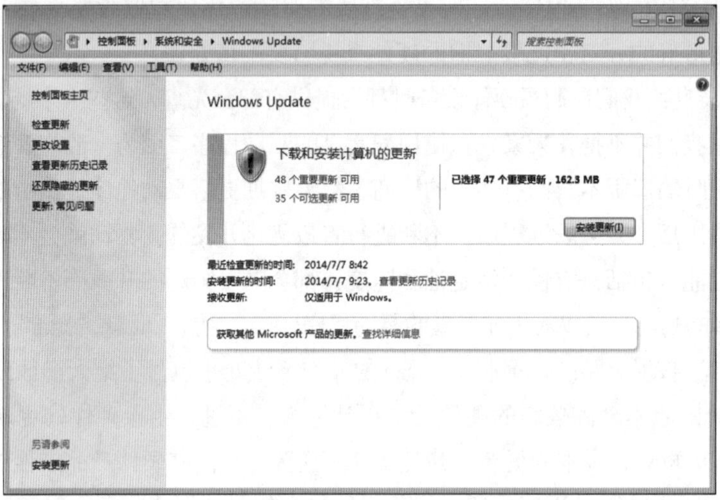

图6-3　通过Windows Update安装补丁程序

2. 安装主板驱动程序

尽管Windows具有支持即插即用设备的特性，但是对于比较特殊的设备，如非即插即用的设备和一些较新的设备，Windows系统中不包含它们的驱动，这时，就需要安装设备的驱动程序。近年来，市场激烈的竞争促使硬件厂商推出新品的速度大大超过了微软操作系统更新的脚步，各种新技术应运而生，主板芯片组的更新换代也越来越快。以前升级换代需要一年左右，而现在只需半年甚至更短的时间，新一代芯片组便已经占据了大部分市场份额，新的芯片组所带来的一系列不兼容问题也出现在了我们面前，如很多主板芯片组无法被操作系统正确识别，这直接造成了新功能不能正常使用，以及兼容性问题大量出现。

芯片厂商提供了相关的主板驱动程序，以配合操作系统的使用。其作用有两点：一是让操作系统正确识别新推出的主板芯片组以充分应用它的特性；二是让操作系统支持新款芯片组所支持的新技术。主板驱动程序不仅解决了硬件与软件的兼容性问题，同时在一定程度上对系统整体或子系统的性能进行了优化。一个芯片组的性能发挥如何，与它的驱动程序完善程度有极大关系。

对于这种情况，微软的做法是通过发布升级包来解决硬件不兼容问题。这种升级包集成了许多芯片组的驱动程序，解决了不少性能与兼容方面的问题。

主板的芯片组虽然很多，但常见的一般是Intel系列芯片组和VIA、SiS系列芯片组。下面以Intel系列芯片组为例，介绍主板驱动程序的具体安装操作步骤。

① 将购买主板时附带的驱动光盘放入光驱中，程序自动运行，出现安装向导，进入安装界面，如图6-4所示。

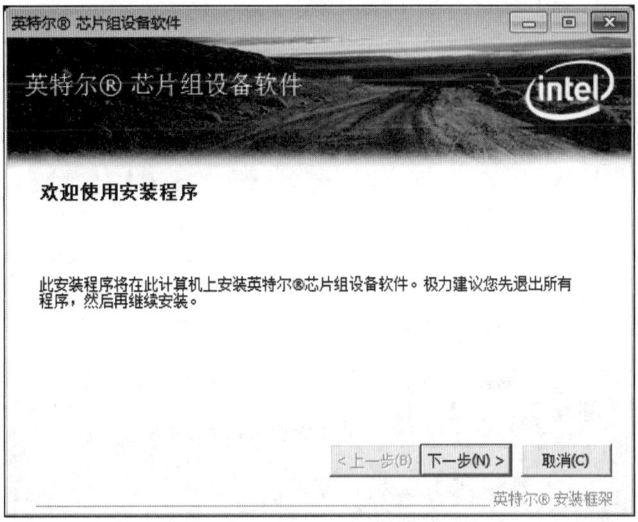

图6-4　安装欢迎界面

② 单击“下一步”按钮，出现许可协议界面，单击“是”按钮，接受许可协议，如图6-5所示。

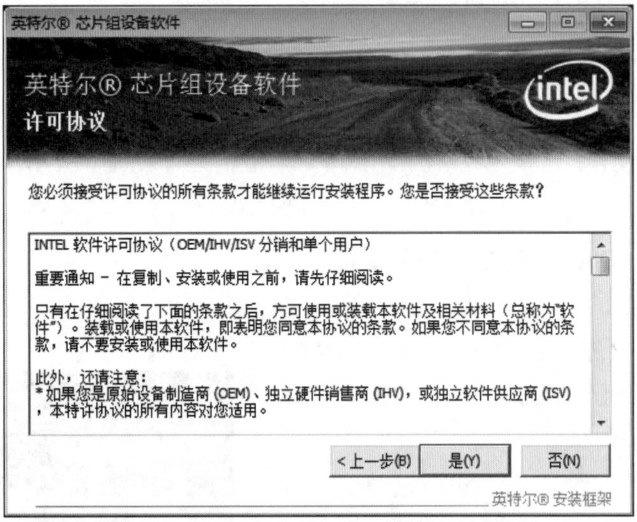

图6-5　许可协议界面

③ 浏览自述文件，如图6-6所示，单击“下一步”按钮，开始安装驱动程序。

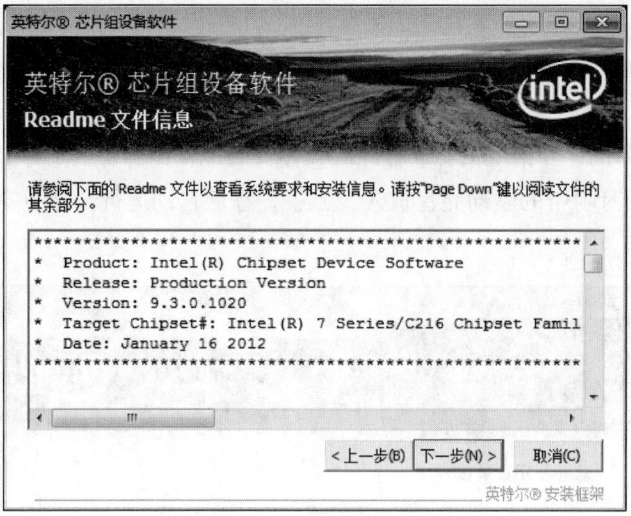

图6-6　自述文件信息

④ 单击“完成”按钮，如图6-7所示。稍后重新启动计算机，完成安装工作。

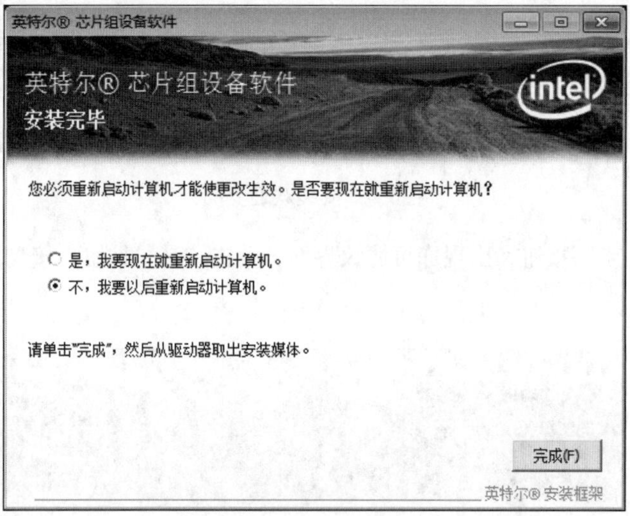

图6-7　安装完成提示信息

3. 安装使用nVIDIA芯片的显卡的驱动程序

本例以网络下载的安装包为例，进行讲解。

① 登录驱动之家网站（www.mydrivers.com），下载nVIDIA显卡驱动程序。这里以nVIDIA 331.65版驱动程序为例介绍。

② 将下载来的压缩包进行解压缩，切换解压文件夹为当前文件夹，找到并双击Setup文件，启动安装程序。首先显示图6-8所示的nVIDIA安装LOGO，接着显示图6-9所示的软件许可协议界面。

图6-8　nVIDIA安装LOGO

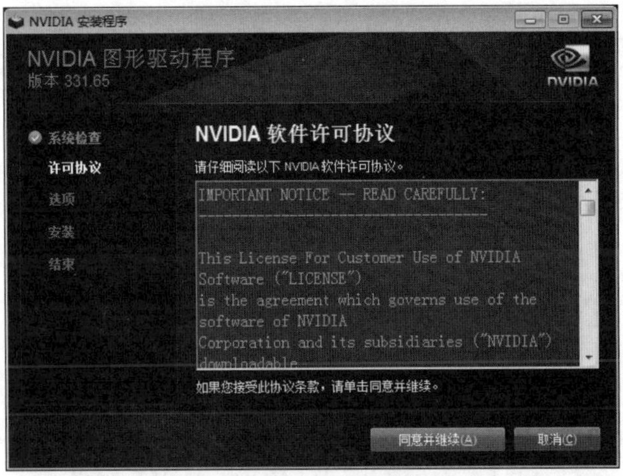

图6-9　软件许可协议界面

③ 单击“同意并继续”按钮，出现安装选项界面，如图6-10所示。

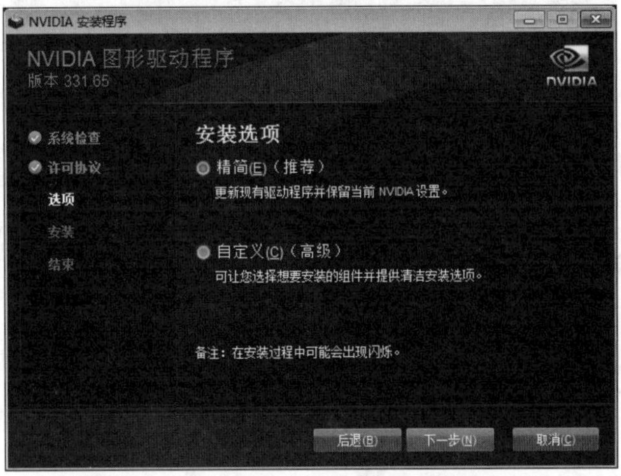

图6-10　安装选项界面

④ 选择“精简”单选按钮，单击“下一步”按钮，开始安装显卡驱动程序，如图6-11所示。

图6-11　安装进度

⑤ 稍后安装程序完成，如图6-12所示。单击“马上重新启动”按钮，重新启动计算机，完成安装工作。重新启动后，会发现屏幕显示较先前发生了很大的变化，图像变得细腻艳丽了。

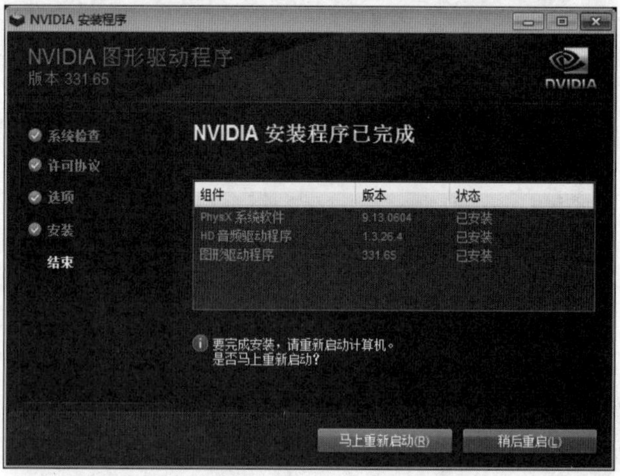

图6-12　安装完成

4. 安装声卡驱动程序

声卡是多媒体计算机必不可少的组件之一，目前声卡大多集成在主板上（专业声卡除外），所以安装驱动程序非常方便。

① 将主板驱动光盘放入光驱中，双击安装程序，进入安装界面，单击“下一步”按钮，程序开始复制文件，如图6-13所示。

② 复制文件完成后，出现图6-14所示的界面，单击“确定”按钮，稍后重新启动计算机，完成安装工作。重新启动后，在任务栏的右侧，可以看到出现一个黄色的小喇叭图标，表明声卡安装成功。

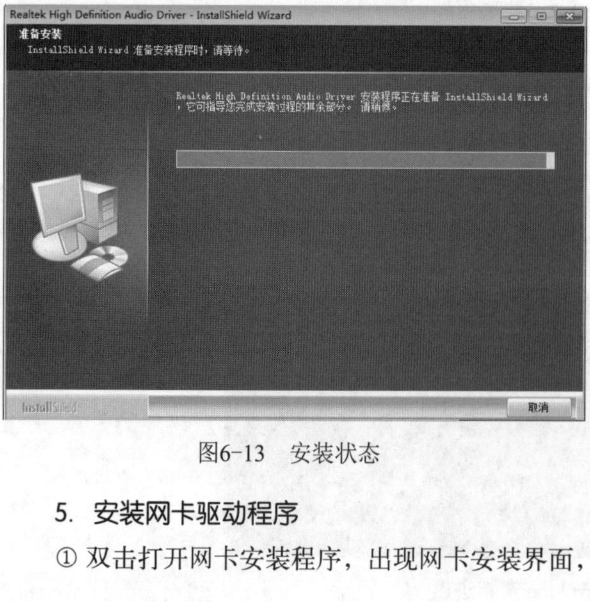

图6-13　安装状态

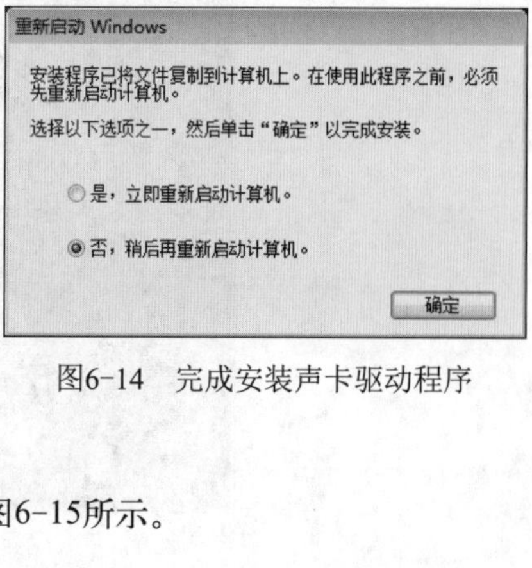

图6-14　完成安装声卡驱动程序

5. 安装网卡驱动程序

① 双击打开网卡安装程序，出现网卡安装界面，如图6-15所示。

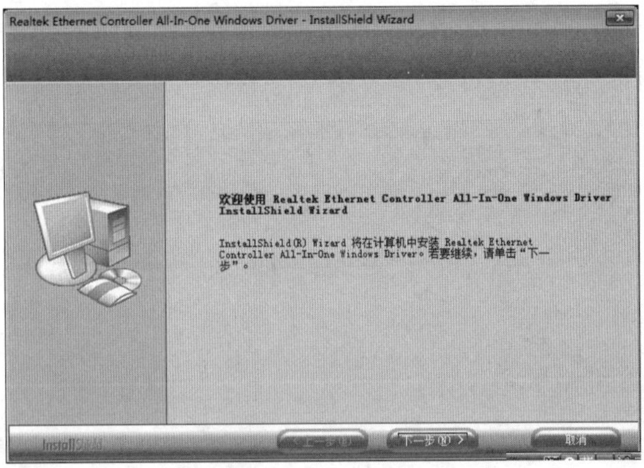

图6-15　安装界面

② 单击“下一步”按钮，安装向导准备就绪，可以开始安装，如图6-16所示。

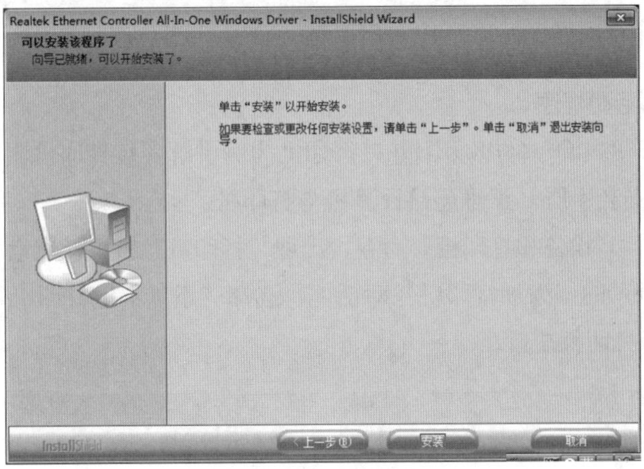

图6-16　准备就绪

③ 单击“安装”按钮，系统开始复制文件，如图6-17所示。

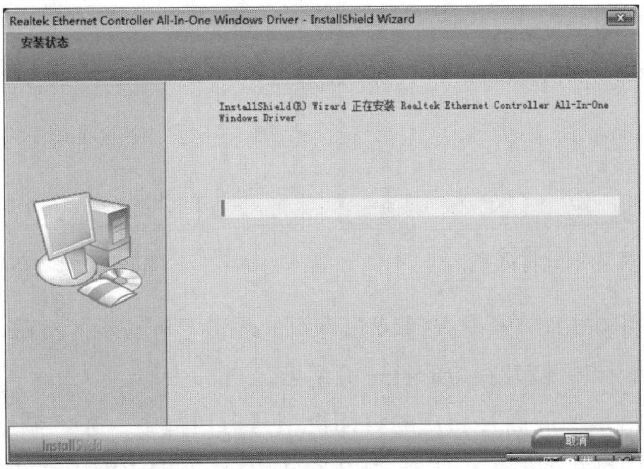

图6-17　安装状态

④ 文件复制完成后，开始安装驱动，稍后出现安装完成界面，如图6-18所示，单击“完成”按钮，退出安装向导，至此，网卡驱动程序安装完成。

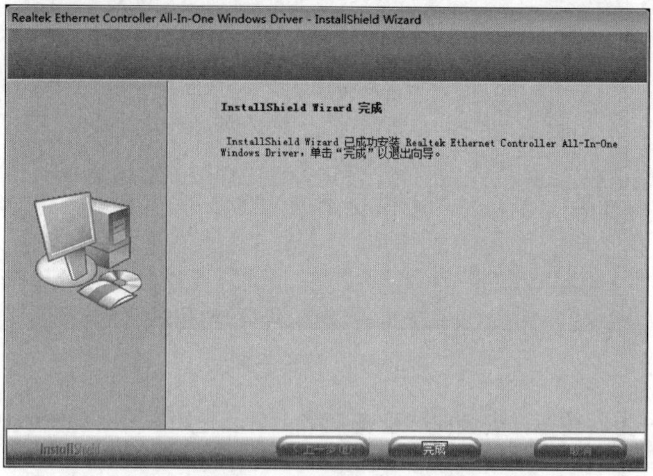

图6-18　安装完成

6. 安装打印机驱动程序

下面以安装EPSON LQ-1600K IIIH并口打印机为例讲解安装打印机驱动程序的步骤。

① 阅读打印机安装手册，正确连接计算机与打印机。

② 选择“开始”|“设备和打印机”命令，出现“打印机”窗口，然后单击“添加打印机”选项，出现图6-19所示的“添加打印机”对话框，选择“添加本地打印机”选项，出现图6-20所示的对话框，选择打印机端口。

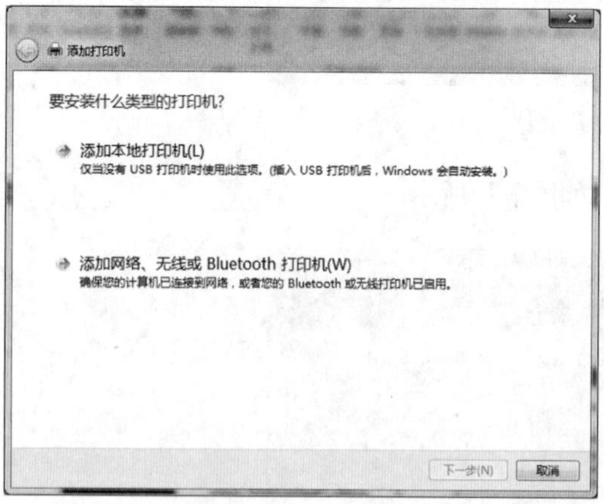

图6-19　添加本地打印机

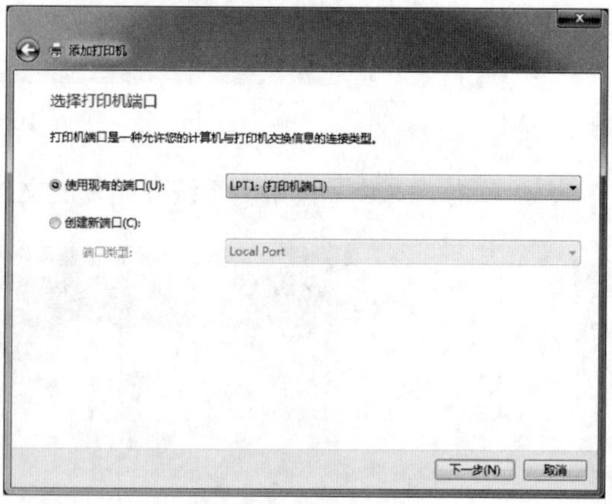

图6-20　选择打印机端口

③ 指定打印机安装端口，通常选择LPT1即可。单击“下一步”按钮，出现图6-21所示的对话框，指定打印机生产厂商及相应的打印机型号。

④ 在指定打印机生产厂商及相应的打印机型号对话框中，在“制造商”列表框中选择“Epson”，在“打印机”列表框中选择“EPSON LQ-1600K IIIH ESC/P 2”选项，单击“从磁盘安装”按钮，选择打印机驱动程序所在的磁盘和文件夹，使用厂商提供的驱动程序安装

打印机，或单击“下一步”按钮，使用操作系统提供的默认驱动程序。此处建议使用打印机厂商随打印机提供的驱动程序。接着出现图6-22所示的对话框，命名打印机，选用系统默认名称。

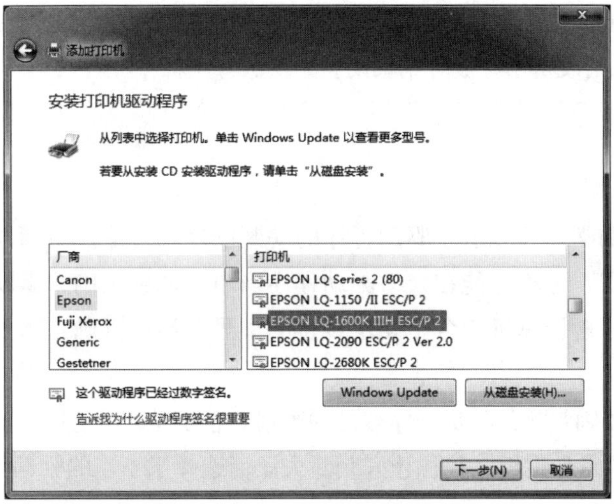

图6-21　选择打印机制造商和型号

⑤ 命名打印机后，单击“下一步”按钮，开始安装打印机。单击“下一步”按钮，出现“打印测试页”界面，如图6-23所示。

图6-22　命名打印机

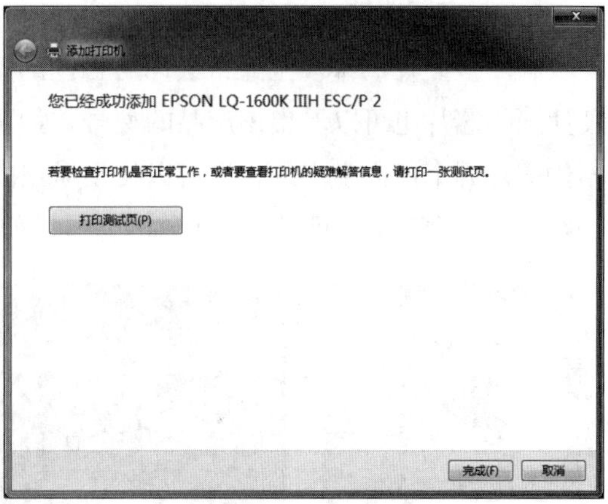

图6-23　打印测试页

⑥ 如果单击“打印测试页”按钮，则应先将打印机打开放好打印纸，做好打印准备。建议打印测试页。否则，应单击“完成”按钮，结束打印机的安装。

提示：① 安装USB接口打印机与安装并口打印机的不同之处在于，安装USB接口打印机前先要安装主板USB驱动程序。

② 有些USB接口设备要在未与主机相连接的状态下，先安装设备驱动程序（安装过程在安装向导的指导下进行，过程同上）。然后再将设备与主机相连接，系统自动识别并加载驱动程序。

> 技巧：在许多基于Windows的程序中选择“打印”命令时，如果不指定其他打印机，则使用默认打印机。选择“开始”|“设备和打印机”命令，右击要作为默认打印机使用的打印机图标，然后在弹出的快捷菜单中选择“设置为默认打印机”命令。如果该复选框已被选中，则表示已将该打印机设置为默认打印机。

知识拓展

通过以上内容的学习，知道了驱动程序的安装顺序和方法。下面谈一谈假如用户将必要的随机资料丢失了，怎样才能在众多驱动程序当中获取到正确的驱动程序。要解决这个问题，就要求用户了解计算机中各个硬件设备的型号，然后再确定需要哪些相应的硬件驱动程序。

对硬件型号的准确判断并不是一件容易的事情，特别是那些老式的、不常见的声卡、网卡、调制解调器、显卡和主板，往往让人判断失误而选择了不当的驱动程序。下面介绍几种鉴别硬件型号的方法。

1. 查看硬件说明书

一般购买来的硬件都带有说明书和驱动光盘。在说明书中会详细介绍此硬件的型号，以及该硬件在各种操作系统中的安装方法。

2. 观察硬件外观

在一些硬件的外观上通常会印有自己的型号，如主板的PCB板上，如果没有，通过查看硬件上的芯片也可以看出该产品的型号，如显卡的核心芯片、主板的北桥芯片等，这时就算不知道是哪个厂商生产的，也可以使用通用的公版驱动程序。这个方法适用于所有的硬件，一般通过实物观察都可以确定正确的型号，如图6-24所示。

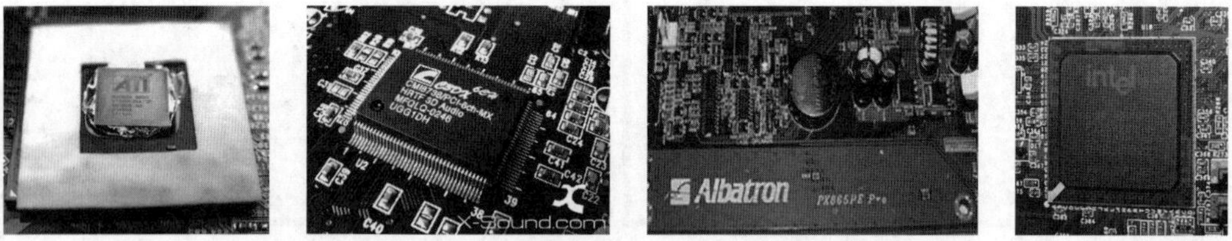

（a）由显卡GPU确定　（b）由声卡CODE确定　（c）由主板标识确定　（d）由北桥芯片确定

图6-24　通过观察实物确定硬件型号

3. 通过开机自检画面

通过开机自检画面同样可以看出硬件设备的型号。在开机时，计算机会自动检测各个硬件，然后显示出一些硬件信息，如图6-25所示。但是，这些信息出现的时间很短，随即就会进入系统，不过按【Pause/Break】键就可以使该开机信息画面暂停，方便我们慢慢查看，之后按【Enter】键即可继续运行。

① 计算机启动时显示的第一幅画面就包含有显卡型号的信息。

② 第二幅画面显示的是主板的BIOS信息，需要注意的是左下角的一段字符。不同的BIOS版本显示的信息不一样，这里以最常见的AWARD BIOS为例。

如图6-26所示，最后一行为BIOS-ID，最前面的是BIOS生产日期，后面的首先是芯片组信息，图中的“I845”代表芯片组是Intel 845系列的，如显示“NVIDIA”就代表芯片组是nVIDIA系列的；接下来是一段9位的编码，前5位是芯片组编码，代表主板采用的芯片组类型，第6、7位是厂商编码，“G0”即表示技嘉。这里的芯片组编码和厂商编码都可以从网上搜索到对应的含义。

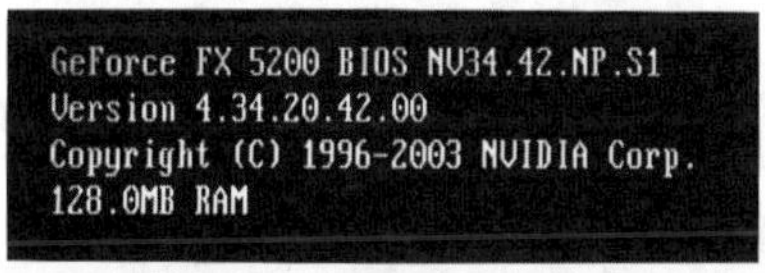

图6-25　系统所用显卡型号为“GeForce FX 5200”

图6-26　主板BIOS信息

③ 接着出现硬件信息，如图6-27所示。其下半部分是PCI设备列表，这里列出了计算机中各个硬件设备的一些信息。对识别硬件设备型号有用的就是其中的Vendor ID（厂商ID）和Device ID（设备ID），这两个ID是PCI-SIG组织统一编制命名的。我们把其中对安装驱动有用的设备，比如Network Controller（网卡）、Multimedia Device（声卡）和Display Controller（显卡）对应的Vendor ID和Device ID记下来，然后登录www.pcidatabase.com进行查询，即可知道这些硬件设备的型号。例如，输入声卡对应的Device ID为“24C5”，就可以知道这个声卡是属于Intel的设备，如图6-28所示。

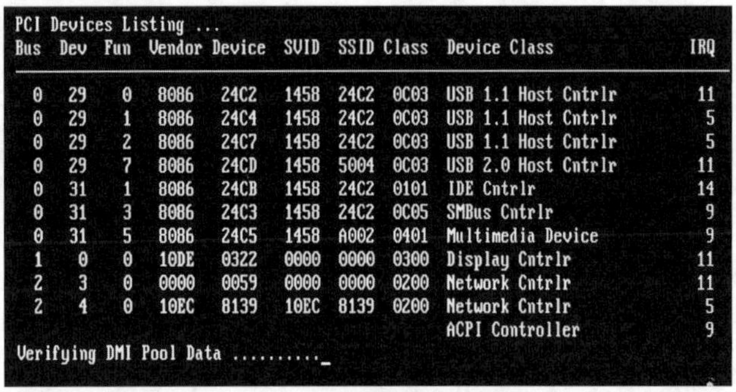

图6-27　硬件信息

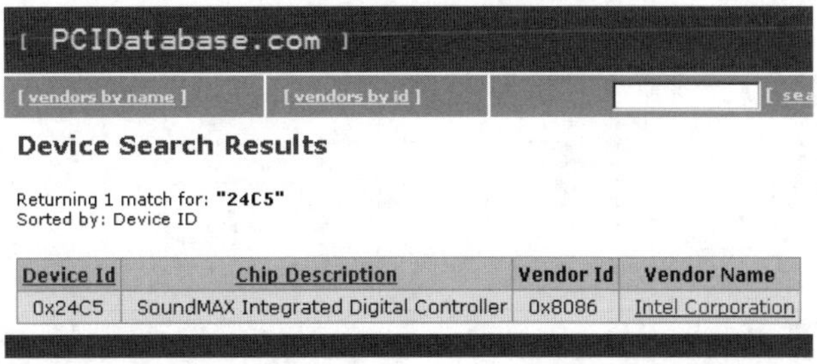

图6-28　登录www.pcidatabase.com查询硬件信息

4. 使用第三方软件

除了上面介绍的方法外，借助第三方软件查看当前硬件信息也是一个非常好的办法。这类软件有很多，如Everest（原名AIDA）、Hwinfo等。

① 在Windows环境下推荐使用Everest。它的使用方法十分简单，Everest的主界面如图6-29所示，可以看到Everest几乎可以查看计算机的各个方面的信息，这样就为用户选择合适的驱动程序提供了很好的帮助。

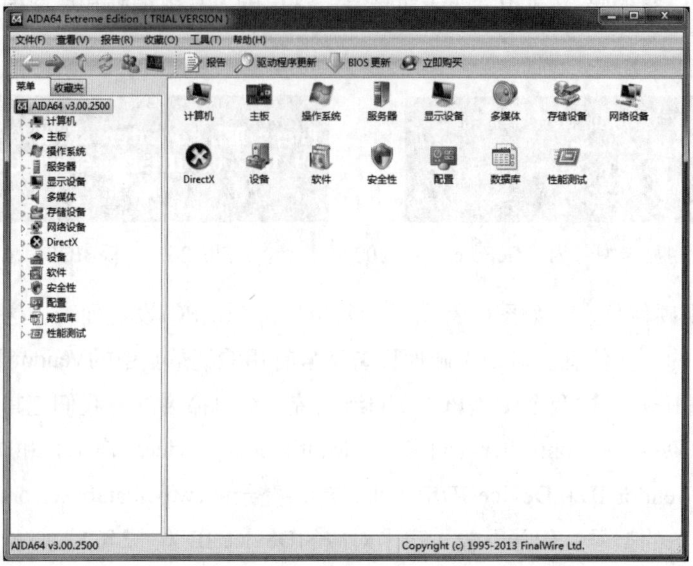

图6-29 Everest主界面

在窗口左侧的目录中选择“计算机”|“系统摘要”选项，即可对计算机整体概况一目了然，如图6-30所示。

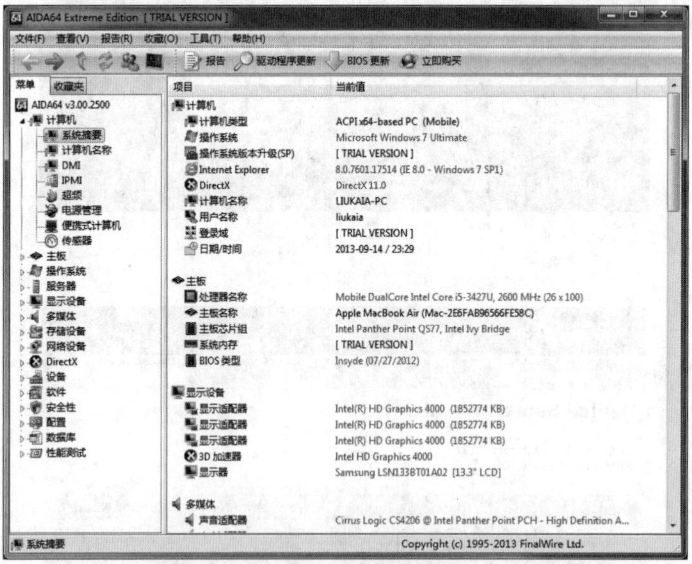

图6-30 显示系统摘要

选择“主板”|“芯片组”选项，即可了解更为详细的硬件信息，同时，Everest还内置了各项硬件的驱动程序下载链接，如图6-31所示，这样用户就不用再漫无目的地去找驱动程序了，只需单击链接，即可快速更新硬件驱动。

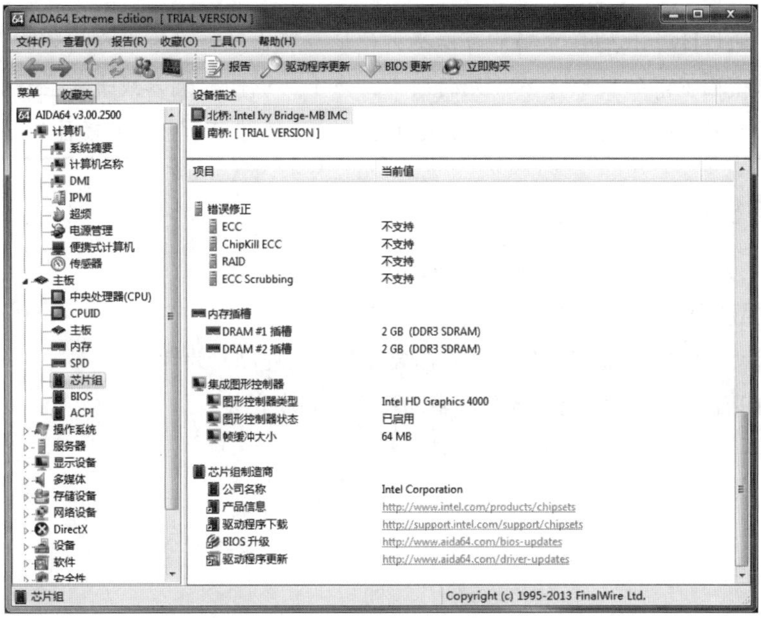

图6-31 显示芯片组详细信息

② 在DOS环境下推荐使用Hwinfo来帮助确认硬件型号，它不像Windows环境下的一些检测软件只有在驱动程序安装正常后才能正确显示硬件信息，Hwinfo可以通过底层语言直接访问硬件寄存器或BIOS芯片，因此可以在不拆机的情况下，准确地判断大部分硬件型号。检测结果如图6-32～图6-34所示。

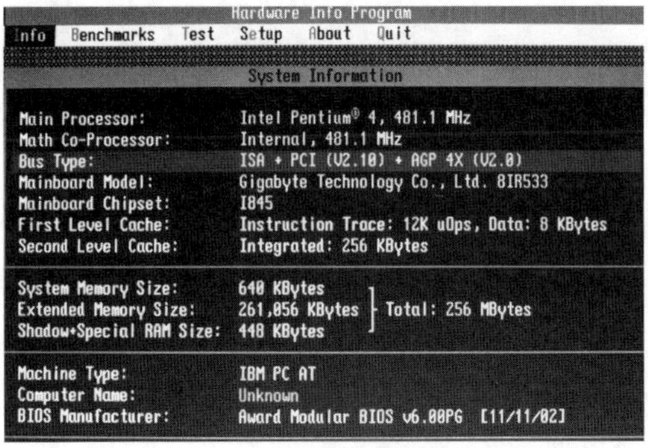

图6-32 主板型号和硬件配置

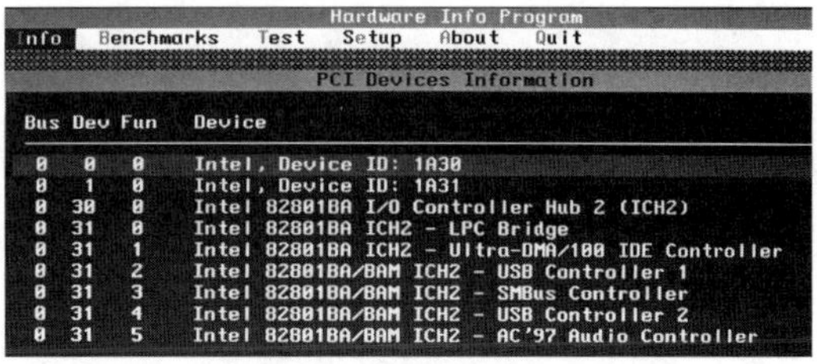

图6-33 声卡、网卡、调制解调器及所有PCI设备

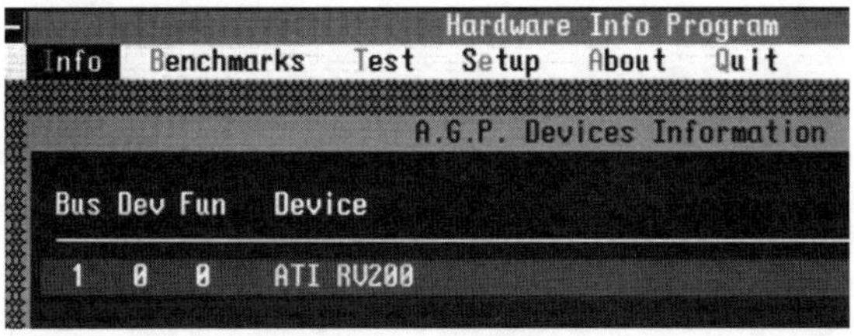

图6-34 显卡型号

不仅如此，还可以进入PCI、AGP、ISA设备的详细查看页。

> **提示：** 通过Hwinfo的强大功能可以很方便地查找出硬件的准确型号，尤其是那些老式的、标识模糊不清的板卡，不常见的网卡、声卡、调制解调器或者是主板，从而下载正确的驱动程序。Hwinfo除了可以确定硬件型号外，还可以拿它验明硬件的真伪。

练习与提高

1．什么是驱动程序？为什么要安装驱动程序？

2．安装驱动程序有哪些方法？

3．闪存盘、MP3等设备在系统中是否需要安装驱动程序？为什么？

4．安装扫描仪，从网络上下载对应驱动程序，完成安装。

实训 7

应用程序的安装与卸载

实训描述

学习应用程序的作用、分类及安装与卸载方法。本实训以Microsoft Office 2010、金山打字通、HyperSnap 7屏幕抓图工具等软件为例，练习安装和卸载常用应用程序，并掌握多种安装和卸载应用程序的方法和手段。

实训分析

应用程序的安装方法不是唯一的，用户可以根据需要选择安装方法：将应用程序的安装盘放到光驱中，根据安装向导安装；通过“控制面板”中的“程序和功能”更新已安装软件；从网络上下载程序，解压缩进行安装。卸载软件时，如果应用程序自带卸载应用程序，只要运行卸载程序即可；如果应用软件不包含卸载程序，可以通过使用“控制面板”中的“卸载程序”工具完成卸载。

随着微机的普及，应用软件也越来越多，在此不能一一列出，读者应该举一反三，熟练掌握应用软件安装与卸载的本质与共性，能够独立完成本实训中没有涉及的软件的安装与卸载。

实训资讯

1. 为什么要安装应用程序

经过前面的工作，搭建了系统的硬件、软件平台，但还缺少完成具体工作的工具——应用程序。那么，什么是应用程序呢？简单地说，应用程序就是用户运行计算机进行某项具体工作时所使用的计算机程序。通常，成熟的大型应用程序都是以软件包的形式提供给用户，可以完成多项相关工作。目前，能在Windows系统环境下运行的应用程序已经十分丰富，用户通过使用这些应用程序，可以享受计算机带来的便捷和高效。正是由于有了应用程序，才使得计算机如此神奇，能够表现出异彩纷呈的完美效果。可以毫不夸张地说，脱离了应用程序，计算机将一无是处。

2. 应用程序的种类

社会生活的丰富多彩催生出丰富多彩的应用程序。目前应用程序可分为：办公类，如WPS Office系列、Microsoft Office系列等；管理类，如MIS、ERP、进销存管理系统等；工程类，如CAD、CAM等；图形图像处理软件，如Photoshop、3ds Max等；工具类，如杀毒软件、下载软件、压缩软件、实时通信软件等；还有各种游戏类软件等。

3. 常见安装方法

现在大多数应用程序软件都带有自动安装程序，只要将应用软件安装光盘放入光驱中，系统就会引导用户运行安装程序，在安装向导的引导下将应用程序安装到微机中。对于不具有自动安装功能的程序，可以手动运行安装程序，一般情况下，安装文件放在安装盘的根目录下，安装文件的名称为Install.exe或Setup.exe。在Windows环境下，还可以使用系统提供的“程序”工具来进行安装，实现起来也很容易。具体的讲，安装应用程序可以采用以下操作方法。

演示安装卸载应用软件

① 将应用软件安装光盘放入光驱中，找到应用软件的安装程序并双击（通常系统会自动运行安装程序），出现安装向导，在安装向导的提示下一步一步地操作，正确输入个人信息、安装序列号，指定安装位置，即可完成安装工作。

② 从网络上下载的程序，大多是压缩文件，需要用户的计算机中装有解压缩软件，如WinRAR、WinZip等。用户需先解开压缩包，然后再运行解压后的可执行文件Install.exe或Setup.exe进行安装。对于自解压文件，可双击进行自解压，完成安装工作。

提示： 在Windows环境下，按【F1】键，可以调出帮助，系统会提供完备的在线帮助，帮助用户顺利完成各项操作。

4. 常见卸载方法

一般情况下，将应用软件安装到Windows系统中时，除了将必要的文件复制到系统中，同时还会在注册表中自动注册应用程序的信息，所以卸载时不能简单地采用删除文件的办法。好的应用软件会自带卸载应用程序，如图7-1所示。如果需要卸载应用软件，只要运行卸载程序即可。卸载程序会删除注册表里的软件注册信息，同时从系统中删除该软件的文件。

图7-1　卸载极速PDF阅读器

如果应用软件不包含卸载程序，还可以通过使用“控制面板”中的“卸载程序”工具完成卸载。选择“开始”|“控制面板”命令，单击“卸载程序”图标，从“程序和功能”列表框中选择要删除的软件，单击“卸载”按钮，并回答所有警告后，即可删除选定的程序。

提示： 在Windows环境下，必须通过正确的方法卸载应用程序，如果只是简单地删除了应用程序文件夹，而没有清除掉注册表中的相关信息，则以后在系统启动时会提示出错信息。

实训实施

1. 安装应用程序

1）安装实例（1）——安装Microsoft Office 2010

① 将光盘放入光驱中。

② 在“计算机”中双击光盘符号，出现软件许可证条款界面，如图7-2所示。

③ 选择“我接受此协议的条款”复选框，单击“继续”按钮，出现选择所需的安装界面，如图7-3所示，可以直接单击“立即安装”按钮，系统将按照默认设置自动安装Office程序；如需选择安装的程序及安装目录等，可以单击“自定义”按钮进入下一步。本实训选择“立即安装”按钮。

应用软件自定义安装

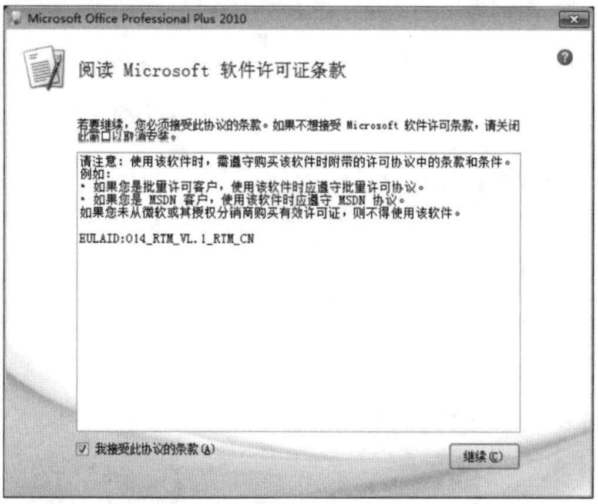

图7-2　软件许可证条款界面

图7-3　选择所需的安装

④ 系统显示安装进度界面，如图7-4所示。稍后会出现安装完成界面，完成后单击“关闭”按钮，如图7-5所示。

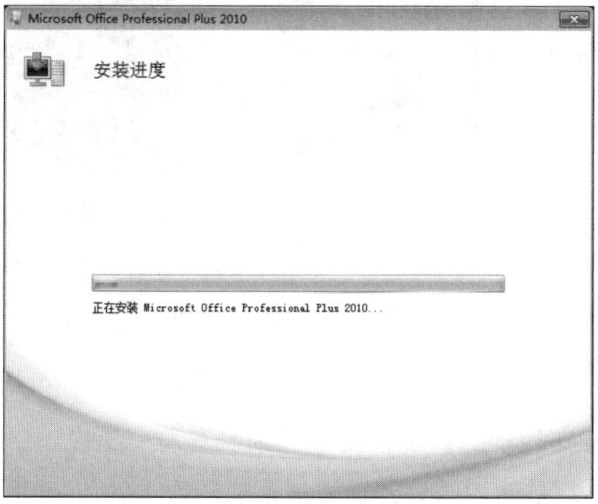

图7-4　安装进度

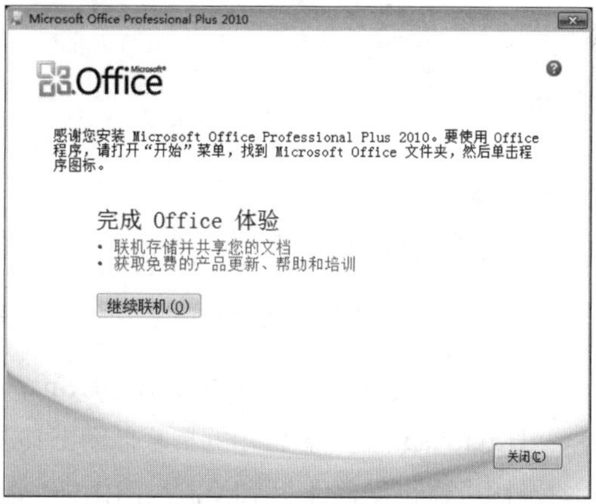

图7-5　完成安装

提示：至此，我们安装的Office 2010只是试用版，有使用期限，若要安装完整的Office 2010，需要输入产品密钥进行激活。

⑤ 单击“开始”菜单，打开任意一个Office 2010组件，本实训以Word 2010为例，如图7-6所示，单击Word 2010左上角的“文件”选项卡，然后再单击“帮助”选项卡，如图7-7所示。

⑥ 单击“更改产品密钥”选项，在图7-8所示位置输入产品密钥，激活产品，完成安装。

⑦ 安装完成后，在“程序”菜单中出现“Microsoft Office”程序项，如图7-9所示。

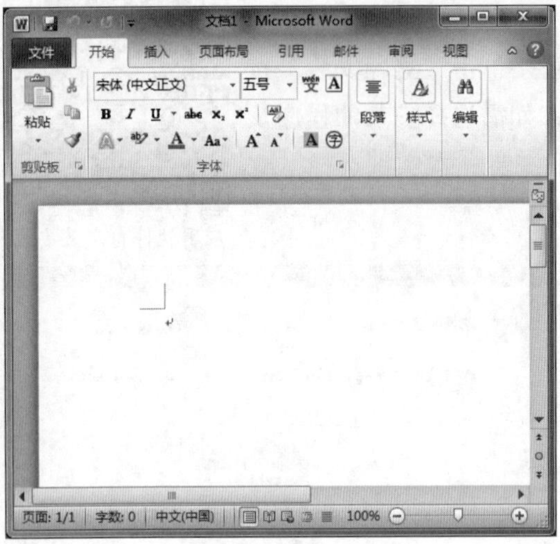

图7-6　文件选项卡

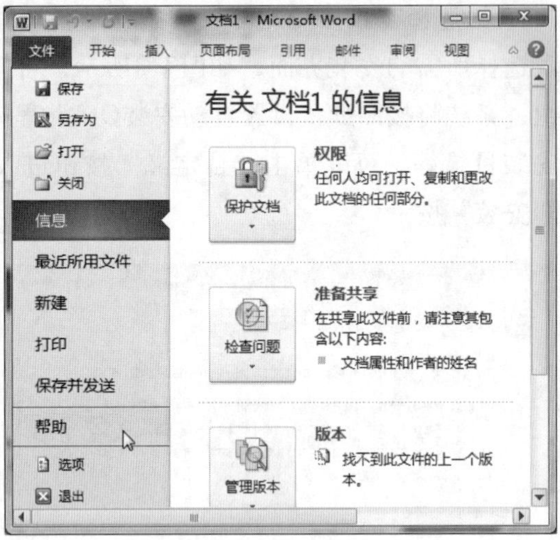

图7-7　帮助选项卡

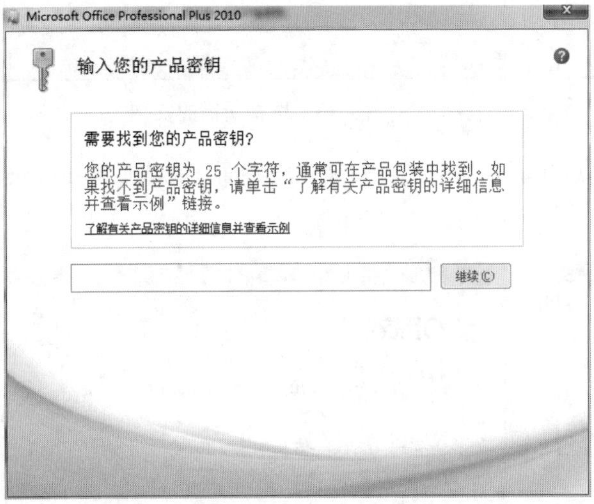

图7-8　输入产品密钥

图7-9　Microsoft Office程序项

2）安装实例（2）——安装HyperSnap 7软件

HyperSnap 7是一款常用的屏幕抓图工具软件，在教学、科研、出版等领域有着广泛应用。本教材中的插图，除照片和绘制的图例外，基本上都是使用该软件通过屏幕抓图取得的。

① 首先从网络上下载HyperSnap 7安装软件，该软件为自解压安装文件。

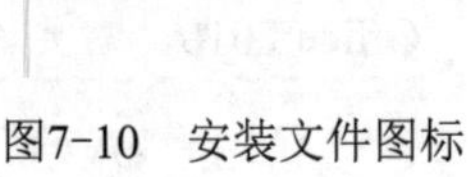

图7-10　安装文件图标

② 双击图7-10所示的HyperSnap 7自解压安装文件图标，出现图7-11所示的安装欢迎界面，单击“下一步”按钮。

③ 在许可协议界面中，选择“是”单选按钮，单击“下一步”按钮。要求选择安装方式及安装位置，保持默认设置，如图7-12所示。单击“下一步”按钮后，要求设置程序组名称，仍然保持默认设置，如图7-13所示。

图7-11　HyperSnap 7安装界面

图7-12　选择安装位置和安装方式

④ 单击“下一步”按钮，系统提示已经做好安装准备。单击“下一步”按钮后开始安装过程，接着程序提示安装成功，如图7-14所示。

图7-13　设置程序组名称

图7-14 HyperSnap 7安装成功

2. 卸载应用程序

1）卸载实例（1）——卸载金山打字通

① 选择“开始”|“程序”|“金山打字通”|“卸载金山打字通”命令，出现图7-15所示对话框，选择“同时删除所有本机的用户信息”复选框，单击“卸载”按钮。

② 系统进行卸载操作，如图7-16所示。

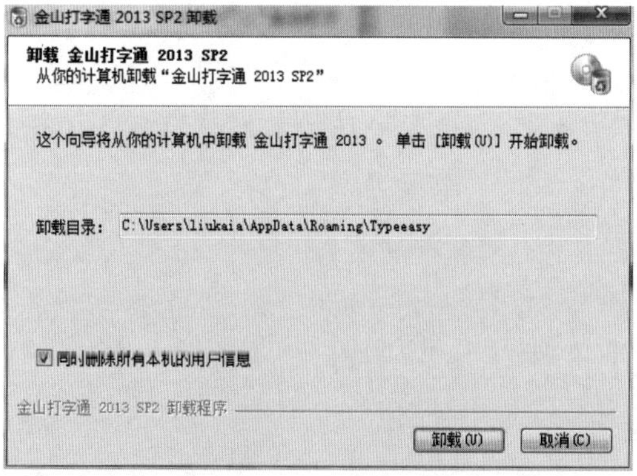

图7-15　卸载界面

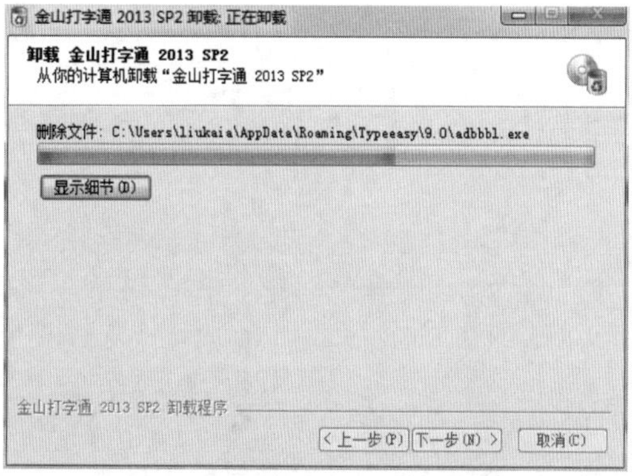

图7-16　正在进行卸载

③ 系统提示完成卸载操作，单击“完成”退出卸载向导。

2）卸载实例（2）——卸载HyperSnap 7

① 选择“控制面板”|“卸载程序”命令，选择“HyperSnap 7个人版”选项，如图7-17所示。

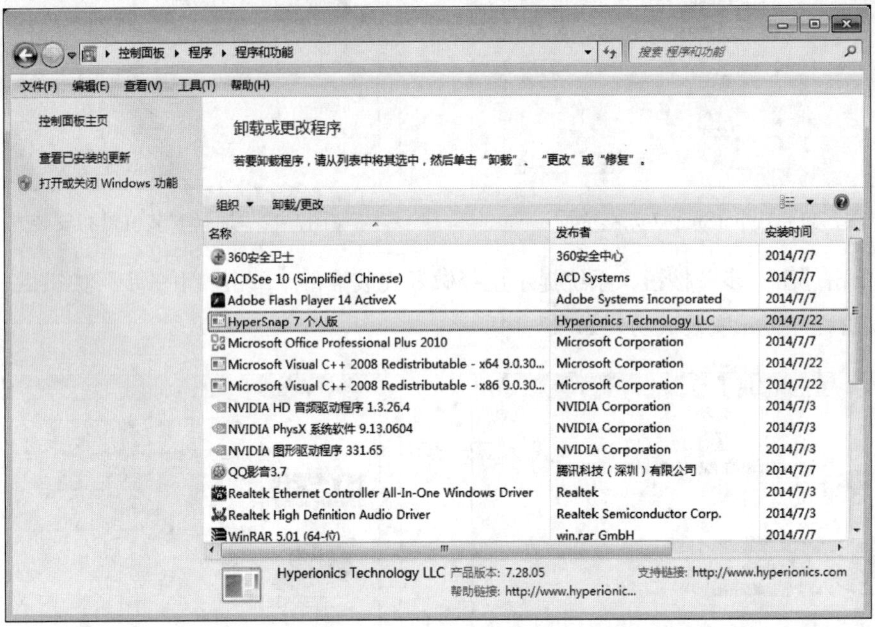

图7-17　卸载HyperSnap 7

② 单击“卸载/更改”按钮，系统提示“此操作将彻底卸载HyperSnap7。是否要继续？”，如图7-18所示。单击“是”按钮，系统开始卸载操作。至此，完成卸载工作。

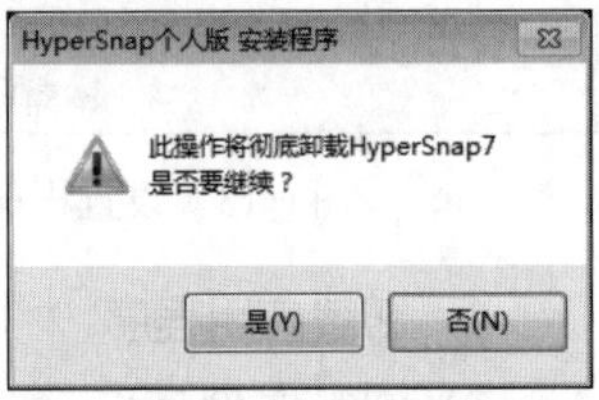

图7-18　确定卸载

练习与提高

1．应用程序有哪些作用？举例说明有哪些应用程序？

2．从网络上下载一款杀毒软件，安装到本地硬盘上，然后再卸载此款软件。

3．从网络上下载一款自己喜欢的小游戏，安装到本地硬盘上，然后再卸载此款软件。

单元 3 软件维护技术

本单元讲解系统软件和个人数据的维护备份方法，以及各种常用工具软件的分类使用等相关内容。学习系统备份的重要性，练习Ghost软件的使用方法和技巧。了解和掌握个人数据的重要性和必要性，明确知道哪些个人数据需要备份，以及个人数据的一些备份还原方法和技巧。学习掌握常用的系统维护优化方法及其相关软件，介绍一些常用工具的分类、作用以及使用方法。从而创建最佳使用环境，提高工作效率。

单元设计

学习领域：微机组装与维护		
学习单元：软件维护技术		
主要内容：实训8　系统备份与还原　　实训9　个人数据备份与还原 实训10　系统实用维护技术　　实训11　常用工具软件使用		
学习目标： 1．知识目标 ①学习系统备份的重要性，练习Ghost软件的使用方法和技巧；②学习个人数据的重要作用，了解和掌握哪些个人数据需要备份，以及数据的备份还原方法；③学习操作系统自带维护工具，掌握使用方法和技巧，能够使用这些工具对系统进行简单维护；④懂得什么是工具软件，以及工具软件的简单分类和使用方法。 2．能力目标 ①能够熟练使用Ghost软件，掌握软件的各种使用方法和技巧；②能够准确定位重要个人数据，并能够对个人数据进行相应的备份和还原；③能够熟练掌握系统自带维护工具，能够利用这些工具对系统进行简单维护；④学习常用工具软件的使用，利用工具软件优化工作过程，提高工作效率。 3．素质目标 ①懂得怎么做，并思考怎么做能做得更好；②具有查阅资料、自我学习和举一反三的能力；③培养严谨的工作作风，团队互补合作的精神。		
教　学　资　源	教　学　方　法	考核与评价
1．课程教材及教参 2．教学课件 3．实训用微机及相关软件	1．演示示教法 2．实践操作法 3．小组讨论法 4．教学做一体，启发互动式教学	1．课堂考核为主 2．过程考核为重 3．知识目标评价 4．能力目标评价 5．素质目标评价

单元考核

<table>
<tr><td colspan="3">单元名称：</td><td colspan="3">时间：</td></tr>
<tr><td>姓名</td><td></td><td>班级</td><td></td><td>学号</td><td colspan="2"></td></tr>
<tr><td>序号</td><td colspan="2">评 价 内 容</td><td>分数</td><td>得分</td><td>备注</td></tr>
<tr><td>1</td><td rowspan="4">知识目标</td><td>明白本单元的学习内容和目标</td><td>9</td><td></td><td></td></tr>
<tr><td>2</td><td>学会所讲授的操作方法和手段</td><td>9</td><td></td><td></td></tr>
<tr><td>3</td><td>交流讨论、触类旁通、自我完善</td><td>9</td><td></td><td></td></tr>
<tr><td>4</td><td>应用所学知识指导、检查实践</td><td>9</td><td></td><td></td></tr>
<tr><td>5</td><td rowspan="5">能力目标</td><td>能够熟练使用Ghost软件</td><td>9</td><td></td><td></td></tr>
<tr><td>6</td><td>准确定位个人数据，并能进行备份还原</td><td>14</td><td></td><td></td></tr>
<tr><td>7</td><td>能够利用简单软件进行系统维护</td><td>9</td><td></td><td></td></tr>
<tr><td>8</td><td>学习常用工具的使用优化系统</td><td>14</td><td></td><td></td></tr>
<tr><td>9</td><td>能够举一反三、灵活应用</td><td>9</td><td></td><td></td></tr>
<tr><td>10</td><td>素质目标</td><td>在学习过程中表现出的积极性、主动性、参与程度和发挥的作用</td><td>9</td><td></td><td></td></tr>
<tr><td>11</td><td>完成时间</td><td>提前完成（ ）</td><td colspan="2">按时完成（ ）</td><td>未按时完成（ ）</td></tr>
<tr><td rowspan="3">个人评价</td><td>好的方面</td><td colspan="4"></td></tr>
<tr><td>不满意的方面</td><td colspan="4"></td></tr>
<tr><td>需要完善的方面</td><td colspan="4"></td></tr>
<tr><td>同学评价</td><td colspan="5"></td></tr>
<tr><td>教师评价</td><td colspan="5"></td></tr>
</table>

实训8

系统备份与还原

实训描述

通过前面的实训学习，我们搭建了一个适合于自己工作、学习、娱乐的软硬件平台，至此就能够进行日常工作学习了。但是，如果由于病毒破坏，人为操作失误导致系统崩溃，频繁蓝屏死机，那么通过以前学习的内容，就需要重复系统安装、驱动安装以及应用软件的安装操作。这样不仅浪费时间，还会降低工作效率。此时可以通过系统备份与还原的方法来解决这一问题。本实训的任务就是学习系统备份的重要性，练习Ghost软件的使用方法和技巧。

实训分析

理解系统数据的重要性，熟练掌握利用Ghost软件对系统进行备份、还原及硬盘（或分区）之间克隆的方法、技巧。

备份/还原工作的核心之一就是要搞清楚“数据”的“来龙去脉”，即要备份哪个盘、哪个分区，要保存到哪里、叫什么名字。其二，“还原（恢复）”只能还原到备份时的状态。为了更好地练习操作过程，应人为制造一些差异，例如修改桌面背景图片、桌面图标数量、显示分辨率等，比较还原前后桌面效果。

实训资讯

1. 系统的备份/还原

稳定安全的操作系统是计算机正常运行的基础。以前，当操作系统出现问题或崩溃时，用户唯一能做的就是重装操作系统。然而，安装系统是一件费时费力的事，装完系统后还要安装各种驱动程序和应用软件，用户的系统环境也需要重新设置。Ghost软件的出现轻松地解决了这一问题。只要安装完操作系统、设备驱动程序、应用软件，对系统进行优化之后，利用Ghost软件对系统分区进行备份，就可以在系统出现问题后，利用事先做好的镜像文件快速将其还原到备份时的状态。

2. 什么情况下应该备份/还原系统

完成操作系统及各种驱动程序的安装，将常用的应用软件安装到系统盘，对系统进行优化和设置后，即可用Ghost软件制作系统盘的镜像文件。当然，在其他任何时候进行数据备份都是可以的。

当系统崩溃，或者感觉系统运行缓慢，或感染病毒而不能清除时，就可以进行还原，使系统回到备份时的状态。

3. Ghost软件概述

Ghost软件是美国赛门铁克公司推出的一款出色的硬盘备份/还原工具，可以实现FAT16、FAT32、NTFS、OS2等多种分区及硬盘的备份/还原。

利用Ghost软件可以将分区备份为镜像文件，利用镜像文件还原分区，实现分区间的复制，将整个硬盘备份为镜像文件，从硬盘的镜像文件还原整个硬盘数据以及两个硬盘间的复制等。

> **提示**：使用Ghost软件，备份/还原的是"带有格式"的磁盘信息，一方面备份了磁盘上的数据信息，另一方面备份了数据信息的保存格式，正因为如此，才能使用Ghost软件对系统进行备份/还原操作。就如同在银行开户，一定要使用身份证的复印件，而不能是手写的身份信息。此时，不带格式的信息是没有意义的信息。

4. Ghost软件界面介绍

Ghost 8.0有Windows和DOS两个版本，操作界面相同。DOS版Ghost只能在DOS环境下运行。在Ghost.exe文件所在路径下，输入Ghost，然后按【Enter】键启动。需要特别指出的是，DOS版Ghost虽然支持NTFS格式，但必须在非NTFS分区上运行。Windows版Ghost可以在Windows操作系统下运行，启动时可直接双击Ghost.exe文件。

Ghost操作界面如图8-1所示，各操作选项的含义如下：

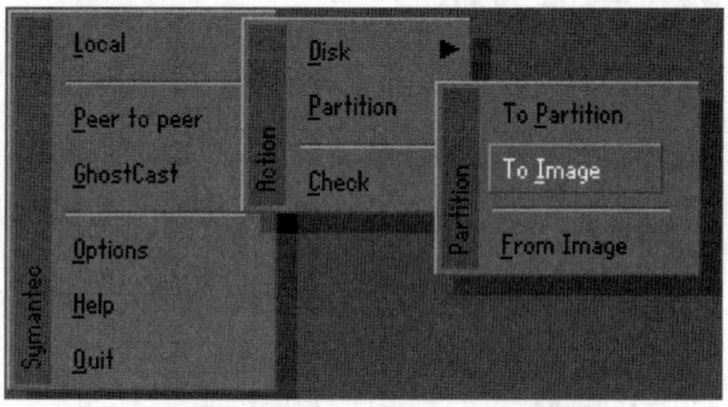

图8-1　Ghost软件的操作选项

① Local：本地。

② Disk：硬盘，指整个物理硬盘。

③ Partition：分区，即在前面实训中划分的逻辑磁盘，分别对应着一个盘符。

④ Image：镜像，指Ghost存放硬盘或分区中内容的特殊格式的文件，扩展名为.gho。

⑤ To：到，即为"备份到……"的意思。

⑥ From：从，即为"从……还原"的意思。

⑦ Source：源，和"From"相对应。

⑧ Destination：目标，和"To"相对应。

例如，选择"Local" | "Partition" | "To Image"命令，表示要把指定分区（可以同时选取多个分区）做成镜像文件，存放到指定地点。

> **提示**：Ghost备份方式有硬盘（Disk）和分区（Partition）两种。在菜单中选择"Local"（本地）菜单项，在级联菜单中有三个子菜单项，其中"Disk"表示对整个硬盘复制/备份/还原，"Partition"表示对硬盘单个分区复制/备份/还原，"Check"表示对硬盘/镜像文件进行检查。分区备份对个人用户保存系统数据（特别是复制/备份/还原系统分区）具有实用价值，而硬盘复制/备份/还原在机房维护中应用广泛。

5. 硬盘保护卡

硬盘保护卡又称还原卡，主要功能是还原硬盘上的数据。此外，还有其他的一些功能，如网络克隆、远程唤醒、底层管理、远程管理、鼠标和键盘锁定等。而且，大部分保护卡有对全盘或自定义分区还原两种方式，还可以设置为每次开机还原、手动还原或定期还原，用户可以根据实际需求做相应的设置。硬盘保护卡可以让硬盘的部分或者全部分区还原到先前的内容。换句话说，任何对硬盘受保护分区的修改都是无效的，这样就起到了保护硬盘数据的作用。目前，市场上主要的硬盘保护卡品牌有武汉噢易保护卡、北京蓝芯保护卡、海光蓝卡、南京远志以及三茗等。

硬盘保护卡使用方便、快捷，在学校机房和网吧中应用广泛，个人用户很少使用。使用硬盘保护卡后减少了对计算机的维护，基本无须担心病毒、误操作等问题。当然，如果硬盘发生了物理性损坏，硬盘保护卡是无能为力的。对于个人而言，如果使用硬盘保护卡需要注意将个人数据存储到不还原（及不保护）分区，否则个人数据会被保护卡还原删除。在安装更新应用软件时，还需要解开保护，但是在解开保护的时候又会给系统带来安全隐患，所以不建议个人用户使用。

实训实施

1. 分区镜像文件的制作

在安装完操作系统和应用软件后，为系统分区制作镜像文件，当系统出现问题时就可以方便、快捷地将系统还原到备份时的状态。

① 运行Ghost后，选择“Local”|“Partition”|“To Image”命令，如图8-1所示，然后按【Enter】键。

> **技巧：** *怎样启动DOS版的Ghost呢？用户可以使用带系统启动项的系统光盘或可引导U盘，选择DOS模式，进入DOS环境，然后运行Ghost，或者进入WinPE系统，启动Ghost。*

② 出现“选择本地源硬盘号”（源硬盘就是要做备份的那个分区所在的硬盘）对话框，如图8-2所示。如果计算机中只安装了一块硬盘，直接按【Enter】键即可。如果安装了多块硬盘，需谨慎选择硬盘，以免错选造成数据损失。本例中安装了两块硬盘，则先选择硬盘，然后按【Enter】键。

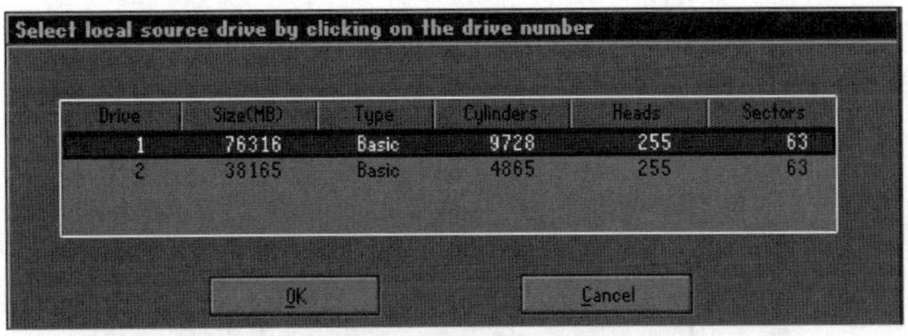

图8-2 选择源硬盘

③ 在“选择源分区”（源分区就是要做备份的那个分区）对话框（见图8-3）中，选择

要制作镜像文件的分区，按【Enter】键确认要选择的源分区（可以重复此操作选择多个源分区），如图8-3所示，选择“OK”按钮，按【Enter】键继续。

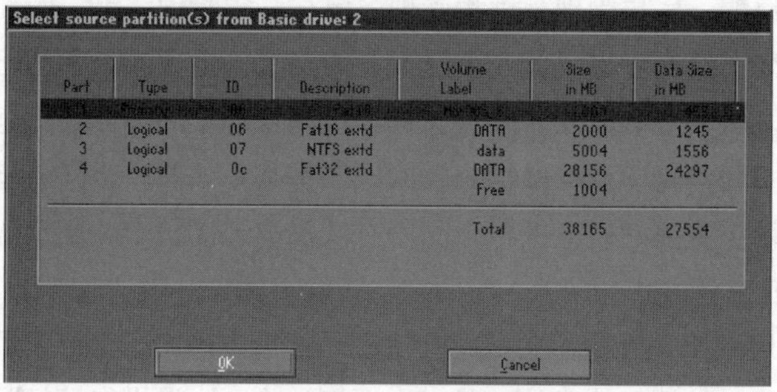

图8-3　选择源分区

④ 在图8-4所示的对话框中，在“Look in（选择镜像文件保存的分区）”下拉列表框中选择文件存放路径，在“File name”文本框中输入镜像文件名，还可以在“Image file description”文本框中输入镜像文件的描述说明，选择“Save”按钮，按【Enter】键确定。

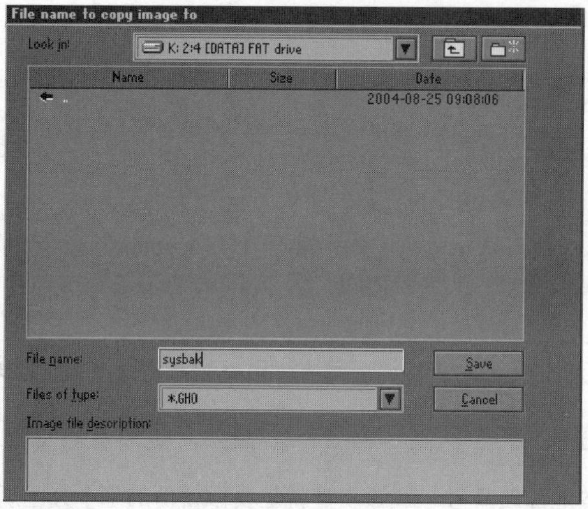

图8-4　选择镜像文件保存位置

⑤ 接着提示选择压缩镜像文件的模式，如图8-5所示。有“No（不压缩）”“Fast（使用较快的速度和较低的压缩率备份）”“High（使用较高的压缩率和较慢的速度备份）”三种模式，压缩比越低，保存速度越快，但是镜像文件占用空间较大，反之亦然。用户可根据自己的需要选择相应的按钮，按【Enter】键确定。

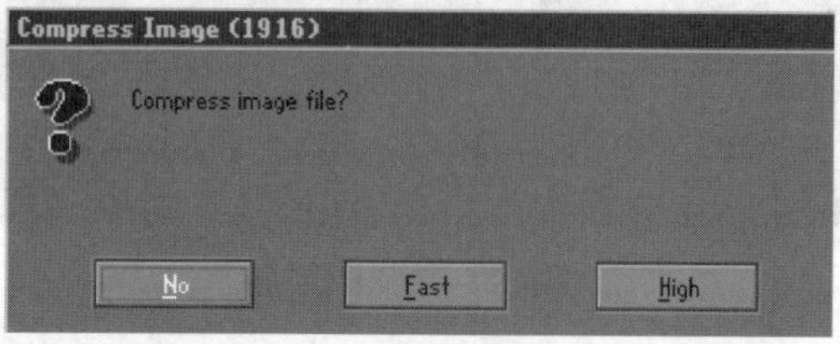

图8-5　选择压缩模式

⑥ 最后出现图8-6所示的对话框，询问是否真的要创建分区镜像，选择“Yes”按钮，按【Enter】键确定。

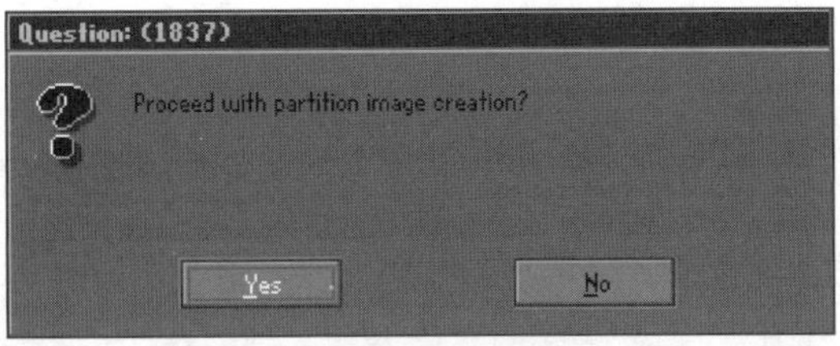

图8-6　确认创建镜像

⑦ Ghost开始制作镜像文件，从进度条可以观察创建进度、速度和时间等情况，如图8-7所示。在此界面可以按【Ctrl+C】组合键中止操作。

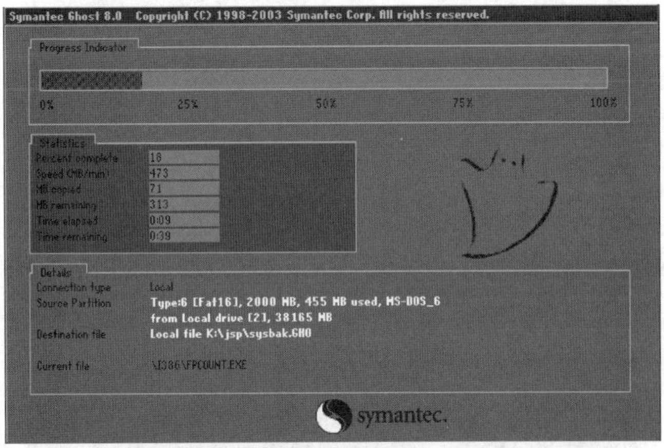

图8-7　创建镜像文件过程

⑧ 建立镜像文件成功后，会提示创建成功，如图8-8所示。按【Enter】键返回Ghost主界面。

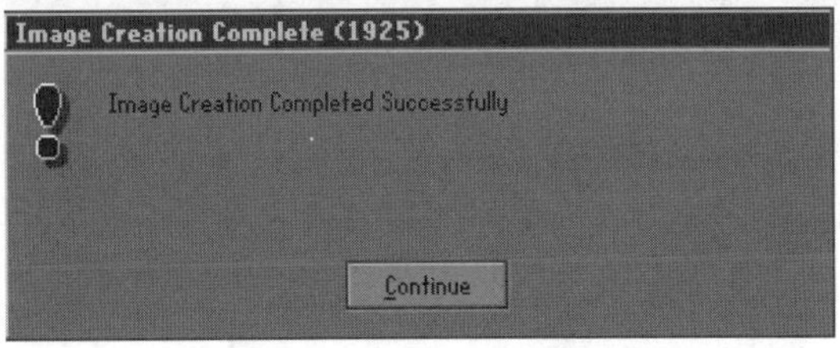

图8-8　镜像文件创建完成

镜像文件创建完成之后，就可以重新启动系统，到此系统备份完成。

2. 利用镜像文件还原分区

制作好镜像文件后，系统一旦出现问题，用户可以利用镜像文件方便、快捷地将系统还原到备份时的状态。操作步骤如下：

① 出现Ghost主菜单后，选择“Local”|“Partition”|“From Image”命令，如图8-9所示，

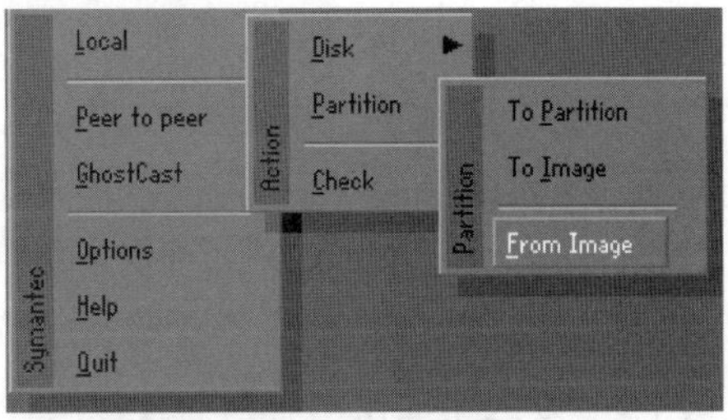

图8-9　选择“From Image”命令

然后按【Enter】键。

② 在“镜像文件还原”对话框（见图8-10）中，选择镜像文件所在分区、路径、文件名，选择“Open”按钮并按【Enter】键。

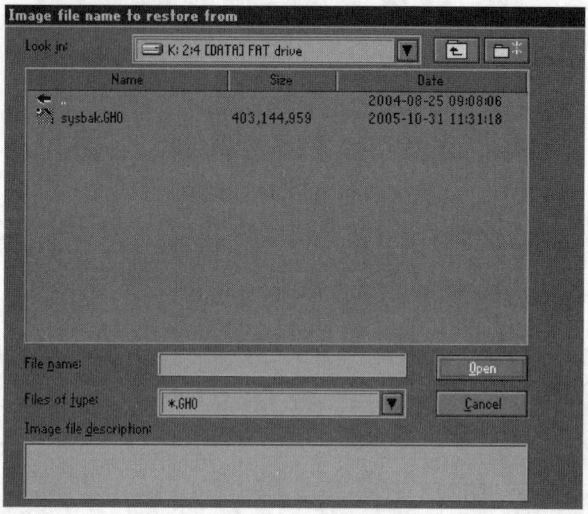

图8-10　选择镜像文件

③ 在“从镜像文件中选择源分区”对话框中，选择镜像文件中需要还原的分区，如图8-11所示，按【Enter】键。

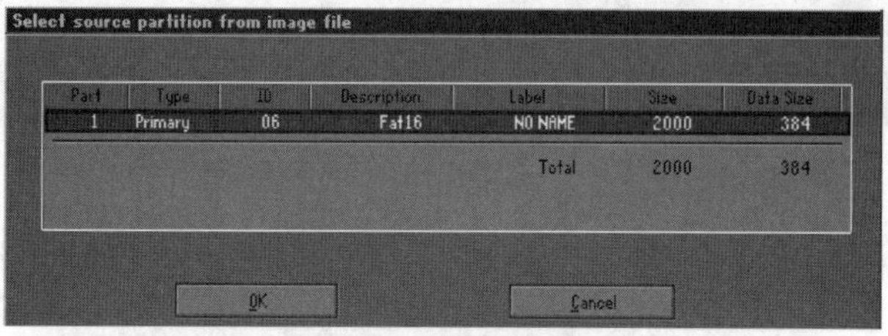

图8-11　选择镜像文件中的源分区

技巧：在对硬盘分区作备份时，可以同时选定多个分区做成一个镜像文件（也就是分区镜像文件中可以包含多个分区），但是一次还原操作只能还原镜像文件中的一个分区到硬盘的一个分区。

④ 在“选择本地目标硬盘号”对话框中，选择本地目标硬盘号，如图8-12所示，选择“OK”按钮，按【Enter】键确定。

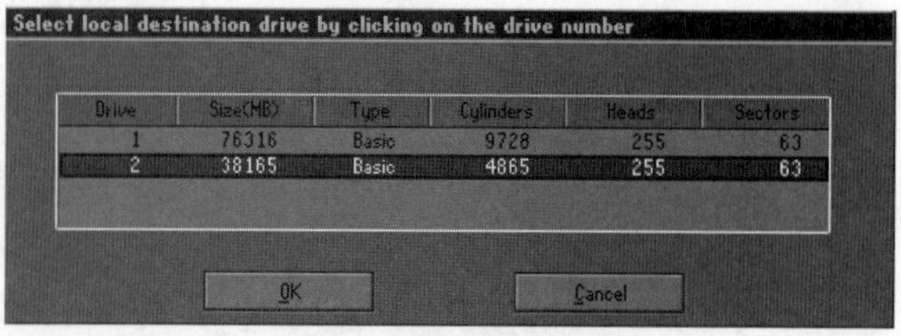

图8-12　选择目标硬盘

⑤ 在“从硬盘选择目标分区”对话框中，选择目标分区（即要还原到哪个分区），如图8-13所示，按【Enter】键。图中灰色分区表明这些分区不能做此操作，其中3号分区不能使用是因为镜像文件中

要还原的分区格式为FAT16（最大容量不能超过2 GB），而3号分区容量为5 GB，4号分区因为保存着镜像文件而不能使用。

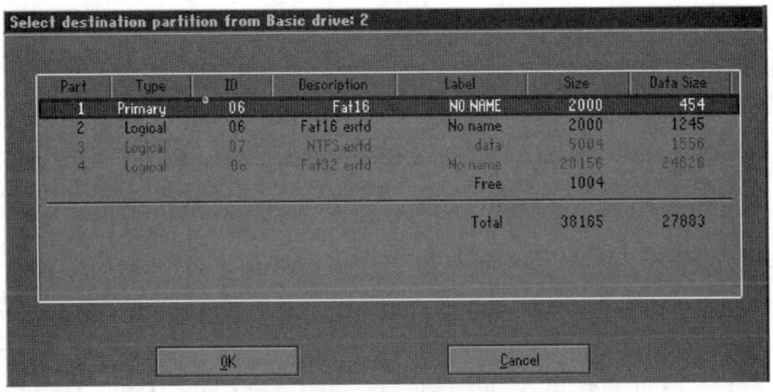

图8-13　选择目标分区

> **提示**：由于Ghost在还原时是按扇区来进行复制，所以在操作时一定要小心，不要把目标盘（分区）弄错了，不然目标盘（分区）的原有数据就会被全部覆盖掉，而没有恢复的机会，所以用户在操作时一定要谨慎。

⑥ 程序提示如果继续操作会将目标分区中的数据覆盖，如图8-14所示，选择“Yes”按钮，按【Enter】键确定，Ghost开始还原操作。

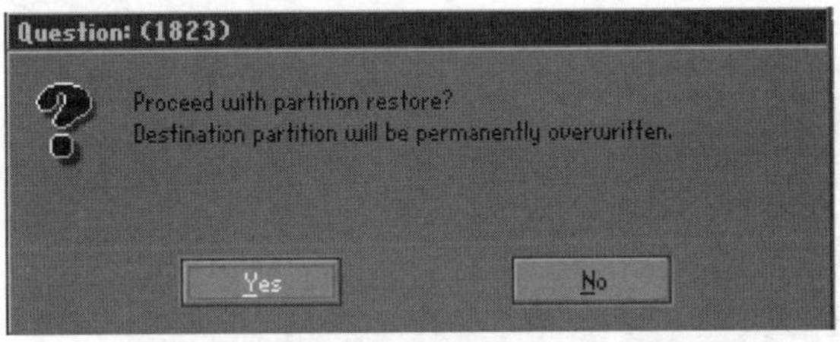

图8-14　确认还原

⑦ Ghost还原镜像文件时，从进度条可以观察还原进度时间等情况，如图8-15所示。

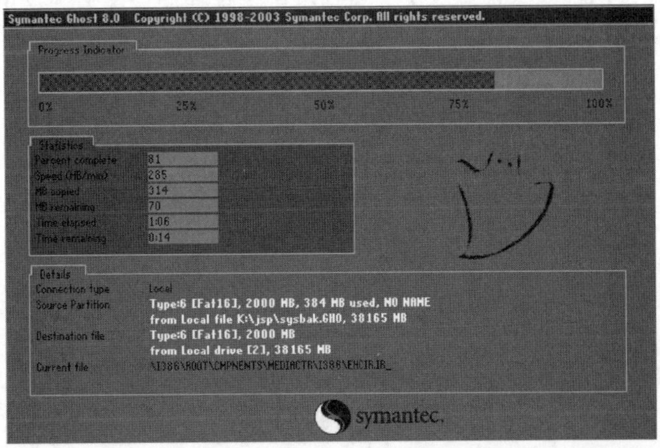

图8-15　正在还原镜像文件

⑧ 还原操作完成后，程序提示还原已完成，如图8-16所示。选择“Continue”按钮继续使用Ghost，选择“Reset Computer”按钮重启计算机。这里选择的就是重启计算机。

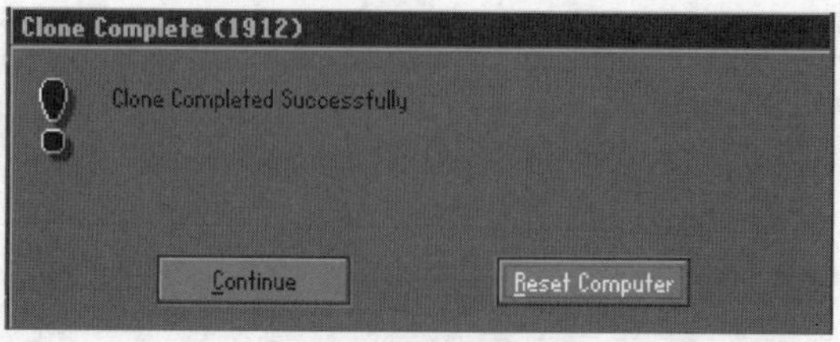

图8-16　还原完成

3. 两个分区之间的复制

如果两台或者更多台计算机的配置相同，但系统分区以外的分区有大量个人数据，用整个硬盘复制的方式就不太适合。这时，用户可以选择两块硬盘系统分区（C盘）之间的复制。为了方便操作，这里以同一块硬盘两个分区的复制为例。

① 在Ghost主菜单中，选择“Local”|“Partition”|“To Partition”命令，如图8-17所示，然后按【Enter】键继续。

② 在“选择本地源硬盘号”对话框中，选择源分区所在的硬盘号。这里选择2号硬盘，如图8-18所示，按【Enter】键继续。

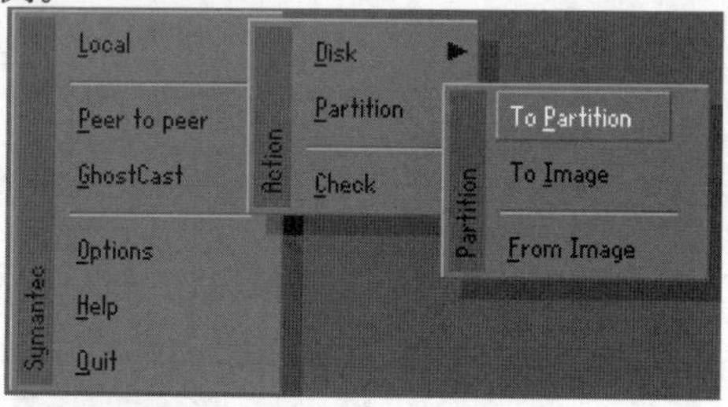

图8-17　选择“To Partition”命令

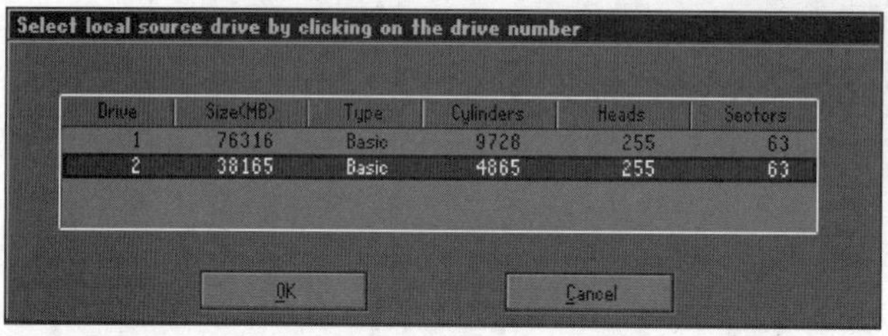

图8-18　选择源硬盘

磁盘（分区）间复制

③ 在“从源硬盘中选择本地源分区”对话框中，选择源分区号。这里选择1号分区，然后按【Enter】键继续，如图8-19所示。

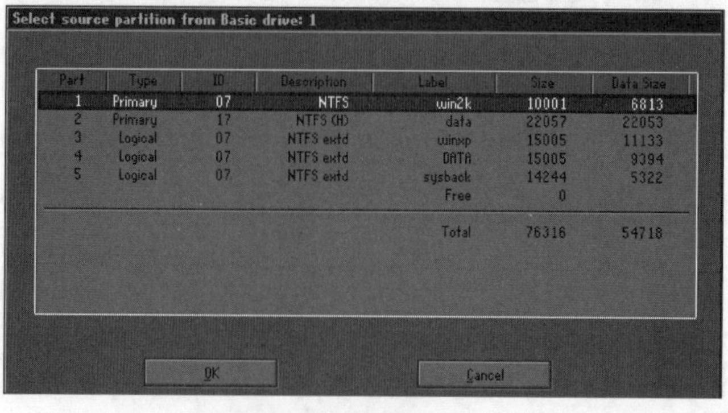

图8-19　选择源系统分区

④ 在“选择本地目标硬盘号”对话框中，选择目标分区所在的硬盘。这里仍选择2号硬盘，按【Enter】键继续，如图8-20所示。

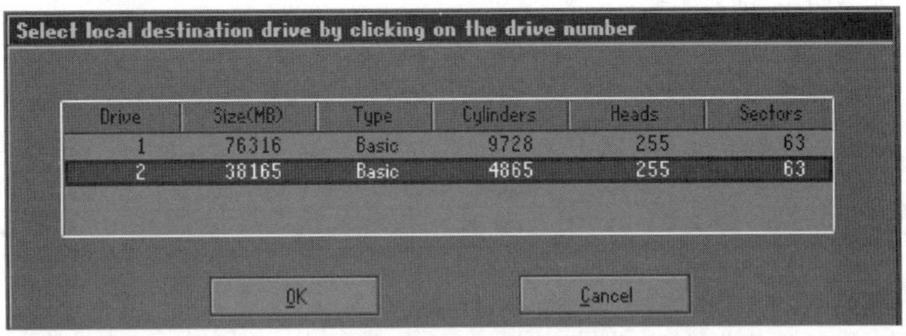

图8-20　选择目标硬盘

⑤ 在“选择目标分区”对话框中，选择目标分区。这里选择2号分区，如图8-21所示，按【Enter】键继续。

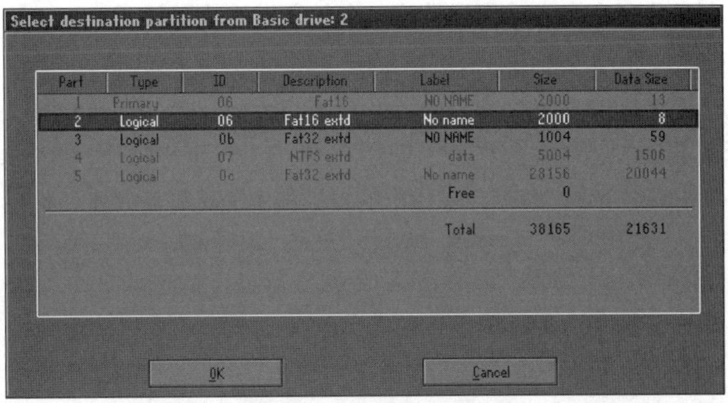

图8-21　选择目标分区

⑥ 在图8-22所示的对话框中，程序询问是否覆盖目标分区中的数据。选择“Yes”按钮，按【Enter】键继续，此时界面中显示完成进度，完成操作。

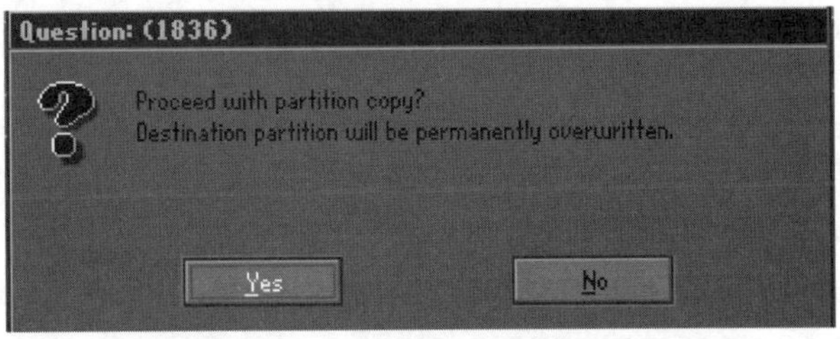

图8-22　询问是否覆盖目标分区中的数据

4. 整个硬盘数据的备份/还原

在实际工作中，除了用Ghost对分区复制/备份/还原外，对整个硬盘复制/备份/还原也很常见。例如，在机房中多台计算机的配置完全相同的情况下，可以先在一台计算机上安装好操作系统及应用软件，然后用Ghost的硬盘复制功能为多台计算机快速安装系统。

1）将整个硬盘做成镜像文件

利用Ghost可以把整个硬盘内容（连同分区信息）做成一个镜像文件，不过此时需要在计

算机中安装其他的存储介质，如硬盘、刻录光盘（刻录机）等，把硬盘的内容做成一个镜像文件存放到其他的存储介质中。操作步骤是：在Ghost窗口中，选择“Local”|“Disk”|“To Image”命令，按照提示完成操作。

> **提示**：Ghost支持各种存储介质，如对等LPT接口、对等USB接口、对等TCP/IP接口、SCSI磁带机、便携式设备（JAZ、ZIP、MO等）、刻录机（CD-R、CD-RW）等，这些存储介质不需要任何外带的驱动程序。如今，刻录机和刻录盘都十分便宜，非常适合用来备份。

2）用镜像文件还原整个硬盘

上述的操作生成了硬盘镜像文件，在需要的时候，用户可以利用这个镜像文件对整个硬盘（或某一分区）还原。操作步骤是：在Ghost中，选择“Local”|“Disk”|“From Image”命令，按照提示完成操作。

3）两个硬盘之间的复制

硬盘之间复制又称硬盘克隆，作用是将一个硬盘中的数据和硬盘分区及其格式等信息复制到另一块硬盘中。

关闭计算机，把目标硬盘装入已经安装好系统的计算机内，连好电源线及数据线。启动计算机，在BIOS设置中扫描硬盘后，进入DOS环境，启动Ghost软件。在Ghost窗口中，选择“Local”|“Disk”|“To Disk”命令，在弹出的对话框中先选择源硬盘，然后选择要复制到的目标硬盘。

> **提示**：目标硬盘和源硬盘容量不一定完全一样。在选择目标硬盘时，用户可以对目标硬盘的分区大小进行手动调整。当然，如果按照默认方式，Ghost也可以自动对目标硬盘按照源硬盘分区比例进行划分。

5. 用命令行自动完成备份/还原

其实Ghost的功能远远不止主程序中显示的那些，Ghost可以通过在命令行中添加参数来实现更多的功能。命令行参数的使用颇为复杂，不过用户可以将命令行写进批处理文件（文件扩展名为.bat的文件），从而“一劳永逸”（类似于无人值守的安装操作系统）。这需要用户了解一些常用的参数。

1）常用参数说明

① –rb：操作结束自动重启计算机。

② -fx：操作结束退出时自动返回到DOS提示符。

③ -sure：对所有要求确认的提示或警告一律做肯定回答。此参数只建议高级用户使用。

④ -split=x：将备份包划分成多个分卷，每个分卷的大小为x MB。这个功能非常实用，用于将大型备份包复制到移动式存储设备上，例如将一个1.9 GB的备份包复制到三张刻录盘上。

⑤ -z：将磁盘或分区上的内容保存到镜像文件时进行压缩。-z或-z1为低压缩率（快速），-z2为高压缩率（中速），-z3～-z9压缩率依次增大（速度依次减慢）。

⑥ -clone：这是实现Ghost无人备份/还原的核心参数。语法为：

```
-clone,MODE=(operation),SRC=(source),DST=(destination),[SZE(size),
SZE(size)...]
```

此参数的语法较为复杂，且各参数之间不能含有空格。其中“operation”为操作类型，其值可取：copy，硬盘对拷；load，把镜像文件还原到硬盘；dump，把硬盘备份成镜像文件；pcopy，硬盘分区对拷；pload，把镜像文件中的某一分区还原到某一硬盘的某一分区；pdump，把某硬盘的一个或多个分区备份成一个镜像文件。表8-1所示为Ghost的6种基本操作。

表8-1　Ghost操作、操作类型对照表

操作类型		参数
Disk	To Disk	copy
	To Image	dump
	From Image	load
Partition	To Partition	pcopy
	To Image	pdump
	From Image	pload

Source为操作源，其值可取：硬盘号，从1开始；文件名，需要写出绝对路径。

Destination为目标位置，值可取：硬盘号，从1开始；文件名，需要写出绝对路径；@CDx，刻录机，x表示刻录机的驱动器号，从1开始。

2）举例说明

① 分区镜像文件的制作，例如：

```
ghost.exe -clone,mode=pdump,src=1:1,dst=2:4\sysbak.gho -sure -fx
```

把1号硬盘的1号分区（所在硬盘的物理位置）制作成镜像文件，保存在K盘（2号硬盘4号分区）根目录。

> **提示：**如果分区格式为NTFS，Ghost会将镜像文件保存路径的分区以“X:X”的形式表示（如1:1）。本例中，可以把命令行中“dst=2:4\sysbak.gho”改写为“dst=K:\ sysbak.gho”。

② 镜像文件还原到分区，例如：

```
ghost.exe -clone,mode=pload,src=2:4\sysbak.gho:1,dst=1:1 -sure -rb
```

将2号硬盘4号分区中镜像文件（sysbak.gho）中的1号分区还原到1号硬盘的1号分区。

③ 两个分区之间的对拷，例如：

```
ghost.exe -clone,mode=pcopy,src=2:1,dst=2:2 -sure -rb
```

将2号硬盘的1号分区复制到2号硬盘的2号分区。

④ 硬盘复制，例如：

```
ghost.exe -clone,mode=copy,src=1,dst=2 -sure -rb
```

将1号硬盘复制到2号硬盘。

⑤ 整个硬盘镜像文件的制作，例如：

```
ghost.exe -clone,mode=dump,src=1,dst=G:\jsj.gho -sure -rb
```

为1号硬盘制作镜像文件（jsj.gho），保存到另一存储介质（G盘）中。

⑥ 利用硬盘镜像文件还原硬盘，例如：

```
ghost.exe -clone,mode=load,src=g:\jsj.gho,dst=1 -sure -rb
```

将硬盘镜像文件还原到1号硬盘。

> **提示：** 把Ghost命令行保存为批处理文件，文件名为Autoexec.bat，放在启动盘的根目录，可以让此启动盘成为自动完成备份/还原的工具。

6. Ghost Explorer浏览器的使用

Ghost Explorer浏览器采用类似于Windows资源管理器的界面，如图8-23所示，只能运行于Windows环境中。使用Ghost 浏览器可以打开镜像文件，并对镜像文件进行一系列的操作，如查找、提取、载入、剪切、复制、粘贴、删除、添加等。

查找：在镜像文件中查找包含所查找内容的文件和文件夹。

提取：将需要的文件或者文件夹从镜像文件中提取出来。

载入：直接打开镜像文件中的所选文件。

剪切：同Windows下的“剪切”操作，适用于FAT32分区格式。

复制：同Windows下的“复制”操作，适用于FAT32分区格式。

粘贴：同Windows下的“粘贴”操作，适用于FAT32分区格式。

添加：在镜像文件中添加新的文件或者文件夹，适用于FAT32分区格式。

图8-23　Ghost Explorer界面

这里以将镜像文件中的文件释放到硬盘上为例，操作步骤如下：

① 双击“Ghostexp.exe”文件，启动Ghost浏览器。

② 单击“打开”按钮（或者选择“文件”|“打开”命令），打开需要操作的镜像文件，如图8-24所示。

图8-24　“打开”对话框

③ 打开镜像文件后，选中需要的文件，如图8-25所示，右击并在弹出的快捷菜单中选择“提取”命令，在弹出的“浏览文件夹”对话框中选择保存文件的路径，单击“确定”按钮，如图8-26所示。或者在快捷菜单中选择“复制”命令，然后在目标文件夹中单击“粘贴”按钮。

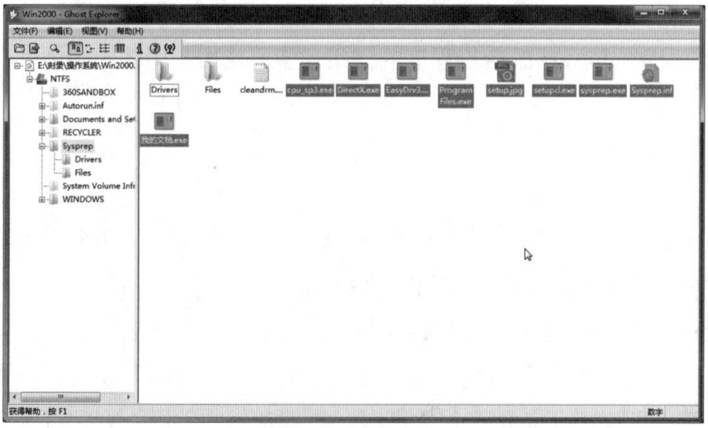

图8-25　镜像文件中的文件

图8-26　选择文件保存路径

提示： Ghost Explorer浏览器所具有的操作功能给我们一个启示，在系统瘫痪必须重新格式化安装操作系统，而系统分区又存在重要数据时，可以先对原来的系统进行备份，妥善保存镜像文件，待安装好新系统后再用Ghost浏览器将数据提取出来。

练习与提高

1．简述系统备份的重要性。

2．为什么使用Ghost可以备份/还原系统分区，而使用复制/粘贴不能备份/还原系统分区？

3．练习使用Ghost软件备份和还原系统分区。

4．练习使用批处理自动完成备份和还原系统分区。

5．使用Ghost Explorer可以完成哪些操作？

实训9

个人数据备份与还原

实训描述

通过前面的实训学习，我们基本掌握了个人计算机平台的搭建和系统备份还原操作，此后就可以开始我们的日常工作和学习操作了。在我们日常工作学习过程中，会产生大量个人数据。如果这些个人数据由于意外原因导致数据丢失，会对我们接下来的工作学习带来很大不便，尤其是一些珍贵个人数据丢失将不能恢复。所以本实训的内容就是学习数据备份的重要性、必要性，知道哪些数据需要备份，掌握常用备份软件的使用及用户数据备份/还原的方法与技巧。理解备份的原则；学习Windows系统备份程序的使用；学习使用常用软件提供的备份与还原功能。

实训分析

本实训重点是用户个人数据的备份和还原，首先要充分认识个人数据对单位和个人的工作、学习的重要性，其次要掌握操作系统及常见应用软件提供的备份方法。

在实训8中，我们学习了备份工作的核心要点，讨论了带格式复制。备份个人数据同样要理清数据的“来龙去脉”，不同的是个人数据通常为不带格式复制。从结果的角度看，只要产生了数据的副本，并妥善保管，即完成了备份工作。所以，数据备份的手段、方式可以非常灵活。

实训资讯

1. 认识个人数据

在讲解个人数据备份之前，首先要明白哪些数据被称为个人数据。一般来说个人数据没有严格的定义，凡是经过耗费人力物力搜集、建立、整理得来的数据，都可以看做是个人数据。我们这里所说的个人（用户）数据更多强调的是，对于个人或组织有用的而且是不易重建或恢复的数据，这些数据都应该用相应的方法与手段建立相应的备份。例如，公司的各种报表、数据库、源程序，个人的文件、书稿、电子邮件、通讯录等。

2. 备份的意义

个人数据对于计算机使用者至关重要，有的企业最大的财富就是公司的数据，数据甚至决定一个企业的生死存亡。然而，硬件故障、软件损坏、病毒侵袭、黑客骚扰、错误操作以及其他意外原因都有可能使宝贵的数据以及长时间积累的资料在不经意间化为乌有。那么，有没有办法可以避免造成这样的损失呢？答案是肯定的，这个行之有效，甚至是唯一的办法就是备份。

备份不仅可以防范意外事件的破坏，而且还是历史数据保存归档的最佳方式。换言之，即便系统正常工作，没有任何数据丢失或破坏发生，备份工作仍然具有非常大的意义——为用户进行历史数据查询、统计和分析以及重要信息归档保存提供了可能。

3. 备份的原则

备份应遵循的原则是：备份的数据应放在相对安全的地点。大型企业备份的数据应该放在专用的备份服务器上，单机用户不要把备份数据放在操作系统所在分区。如果有条件应将特别重要的数据尽量备份到其他存储器上，如光盘或其他外部存储设备中。互联网上一些网站提供的网络硬盘也是个人数据备份的可用选择之一，但网络硬盘通常容量很小，安全性也难以得到保证，只适应于备份小数据量且不涉及个人隐私、不涉密、不重要的数据。对于日常数据的备份，复制、压缩等也是不错的手段。

实训实施

1. 通过备份还原向导或直接复制的方式将数据另存到第三方

个人制作和编辑的文件，如各种文档、程序代码、数字作品、数码照片、数字视频等，从光盘、网络等媒体上复制的文件，如有重要用途的软件、需要收藏的文献资料等，这是重要的个人劳动果实，是需要进行重点备份的对象。尽管数据量小，备份频率低，但要真正做到"有备无患"，也必须掌握一定的方法和技巧。

个人数据备份

对于这些个人数据，我们通常采用无格式的备份方法，如复制、压缩、刻录光盘、上传到网络等。浏览这些备份文件不需要专门的工具，如IE收藏夹备份文件，只要联网，就可以任意浏览已收藏的网页。Windows系统也自带备份程序，根据备份向导实现常用数据的备份与还原。

1）Windows 7 自带备份程序的使用

Windows 7提供了比Windows XP更加简便的备份解决方案，可使备份工作变得非常简单、方便。

（1）利用备份工具备份

① 在Windows 7中选择"开始"|"控制面板"|"系统和安全"|"备份和还原"|"设置备份"命令，即可运行备份程序，弹出Windows 7"设置备份"程序界面，如图9-1所示。

首先需要选择保存备份的位置，这里已经列出了所有可供选择的位置，例如硬盘上的其他非系统分区、光盘刻录机，或通过USB接口连接的移动存储设备。如果在运行该向导之前尚未连接移动存储设备，请立刻连接，然后单击"刷新"按钮。根据实际情况进行选择即可（注：选择备份位置时，备份保存空间一定要大于备份数据量）。

如果希望将备份保存在其他Windows计算机的网络共享文件夹中，则需要单击"保存在网络上"按钮，然后选择要使用的共享文件夹，并提供网络凭据。这里需要注意，所用的网络位置必须具有读取和写入的权限。

② 设置好保存位置后，单击"下一步"按钮，随后向导会询问要备份哪些内容，如图9-2所示。虽然这里提供了"让Windows选择"这一选项，但建议不要使用该选项，因为哪

些文件是重要的，只有用户自己知道，不应该让Windows代替用户做决定，尤其是如果有重要文件分散保存在硬盘的不同位置时，更不建议使用该选项，因此请直接选择“让我选择”单选按钮，然后单击“下一步”按钮。

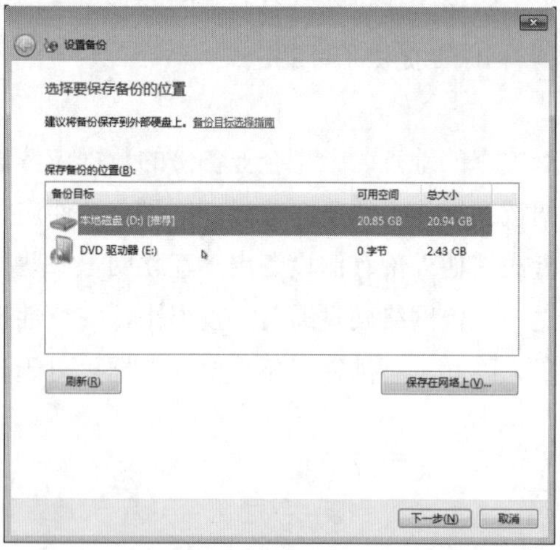

图9-1　设置备份

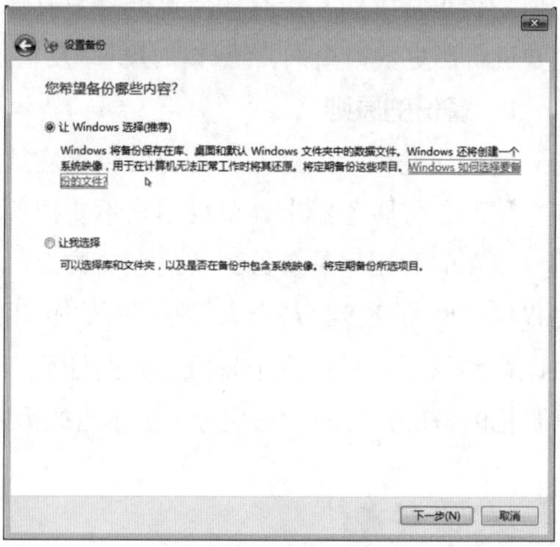

图9-2　备份内容

③ 随后会看到图9-3所示的界面，在这里需要选择要备份的内容。Windows 7的备份工具可直接备份用户的库，因此如果重要文件都保存在库中，或包含重要文件的文件夹都已经包含在库中，在这里就可以直接选择每个用户的库（库包括用户的文档、音乐、图片、视频等）。或者单击每个用户名称前的箭头，将库节点展开，选择性地备份其中的某个或某些库。

如果除了包含在库中的内容，还有其他内容需要备份，则可以展开“计算机”节点，随后可以看到所有本地硬盘分区，从中可以选择所有需要备份的文件夹。最后在窗口底部，有一个“包括驱动器 系统保留（C：）的系统映像”复选框，如果选中该复选框，那么在文件的备份中，也将包含对操作系统的备份。通常建议将操作系统和文件分别进行备份，这样可以更好地利用备份介质的存储空间，因此这里建议撤销该选项，如果进行系统备份可以按照实训8的操作进行。根据实际情况进行选择即可。

通常备份工作只需要设置一次，就可以按时自动进行，因此这就容易导致一个问题：如果在设置好备份之后，才新建了用户账户，如何确保新用户的文件也可以被自动备份?因此，这里可以选择“为新建用户备份数据”复选框，这样在设置好备份后，如果新建了账户，该账户的库也会被自动包含到备份中，而不需要手工调整备份。

④ 设置好要备份的内容后，单击“下一步”按钮，会看到图9-4所示界面，备份向导会列出备份摘要信息，在这里可以查看所有摘要，并确定是否可以满足自己的需要。但这里还有一个比较重要的问题，默认情况下，该备份工具会每周日进行一次备份。但这个计划并非对所有人都是合适的。例如，公司用户每天都需要处理大量文件，而每周一次备份，这就意味着如果硬件故障或文件被破坏，使用备份只能恢复到一周前的状态。对于这些人，这种备份方式是无法接受的，因此可以根据实际需要调整自动备份的时间和频率。

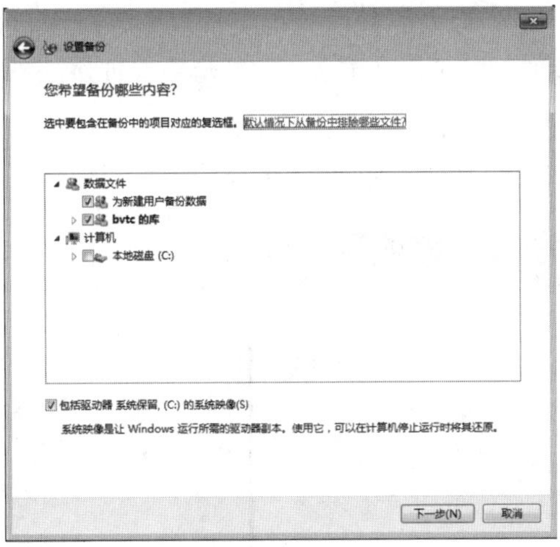

图9-3　备份内容选择

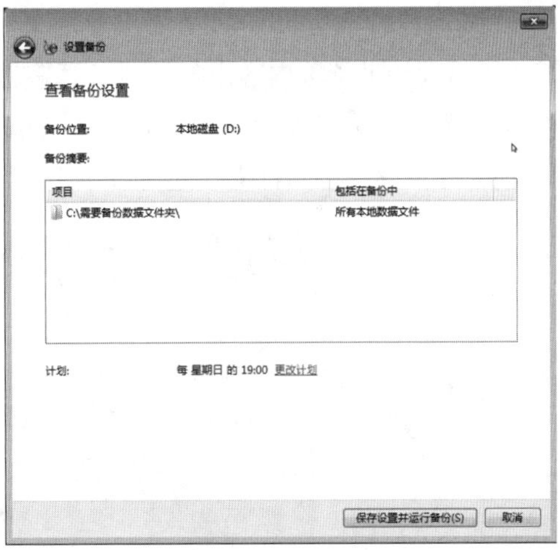

图9-4　查看备份设备

⑤ 如果需要更改备份计划，可以单击“更改计划”按钮，随后可以看到图9-5所示的界面，在这里可以调整备份的频率和时间。Windows 7系统下自带的备份工具可支持每天、每周以及每月进行一次备份，同时可决定每次备份的进行时间。例如，如果自己硬盘上的重要文件变动非常频繁，那么可以设置每天进行一次备份，并在下班前进行备份。这样每天离开办公室之前，就可以进行备份。而一旦遇到故障，丢失的可能仅仅是一天的工作内容。为此可在“频率”下拉列表框中选择“每天”选项；由于每天都需要进行备份，因此“哪一天”选项将不可用，随后还需要在“时间”下拉列表框中选择相应的时间。设置完毕后单击“确定”按钮。如果备份是一次性的，那么取消选择“按计划运行备份（推荐）”复选框即可。

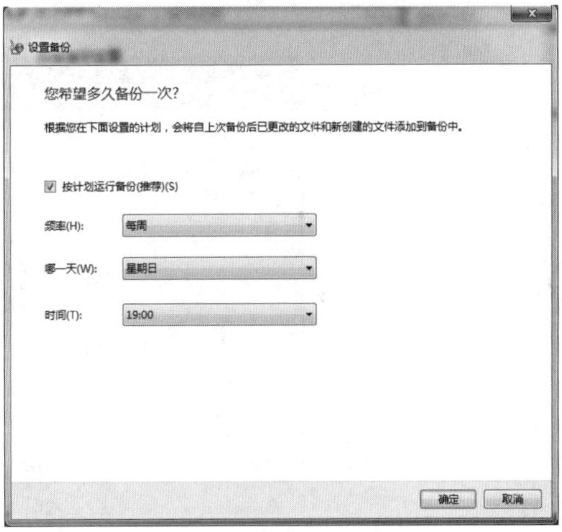

图9-5　备份计划

⑥ 更改备份计划后，单击“保存设置并运行备份”按钮，随后系统就会将配置信息保存起来，并开始进行首次备份。备份所需的时间取决于要备份的数据总量，以及所用备份介质的写入速度。随后在备份和还原窗口中，还可以看到有关此次备份的信息，如果是按计划备份还可以看到下次备份的详细信息，如图9-6所示。经过上述操作，只要不发生问题或故障，就可以将备份这一工作彻底遗忘，因为Windows会在后台帮助用户处理好所有问题。但也需要注意，如果设置将备份保存在可移动存储设备上，还需要记得在开始备份之前将该设备连接到计算机。如果在计划备份时间内设备没有连接到计算机，备份将会失败。

到此，备份工作就告一段落了，如果没有更改，系统会按照设置进行自动备份。如果需要临时立即备份，还可以单击“立即备份”按钮，Windows 7就会按照备份设置立即进行备份操作，如图9-7所示；如果备份空间不足或者需要进行文件更改等操作，可以单击“管理空间”按钮，进行备份位置的浏览、备份文件的查看，以及系统映像的更改设置等操作，如图9-8所示；如果备份内容或备份地点等信息有修改，则单击“更改设置”按钮，重新设置备份操作即可；如果需要停止计划备份，可以单击窗口左上角的“禁用计划”按钮，将备份计划取消；如果继续启用计划，还可以单击“启用计划”按钮，如图9-9所示。

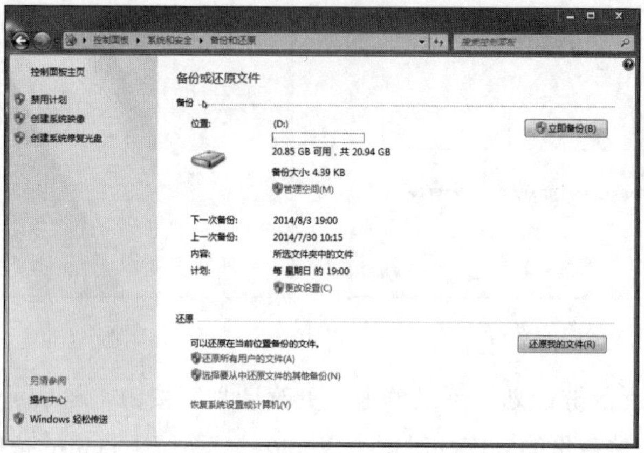

图9-6　备份信息

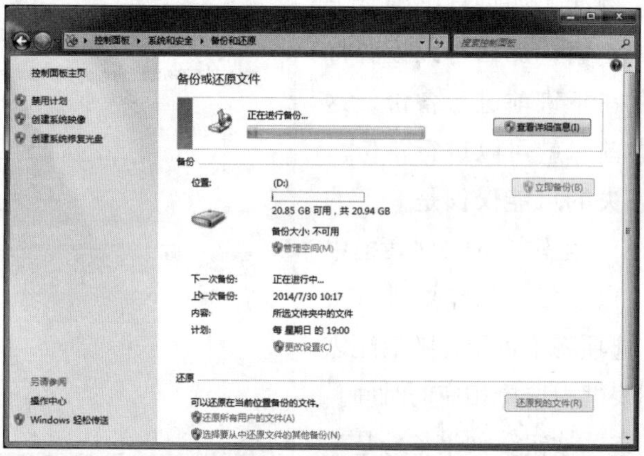

图9-7　立即备份

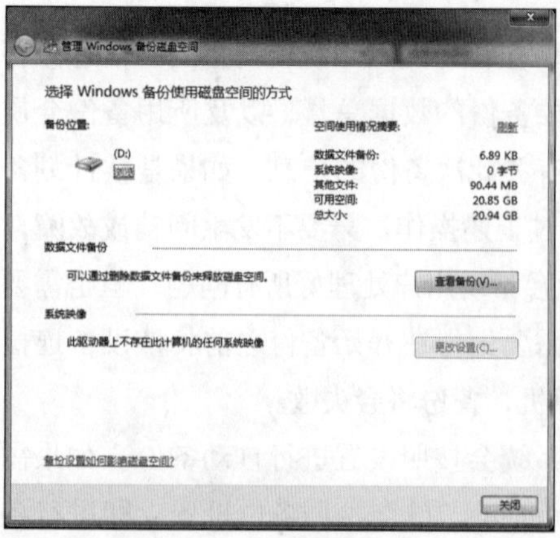

图9-8　备份空间管理

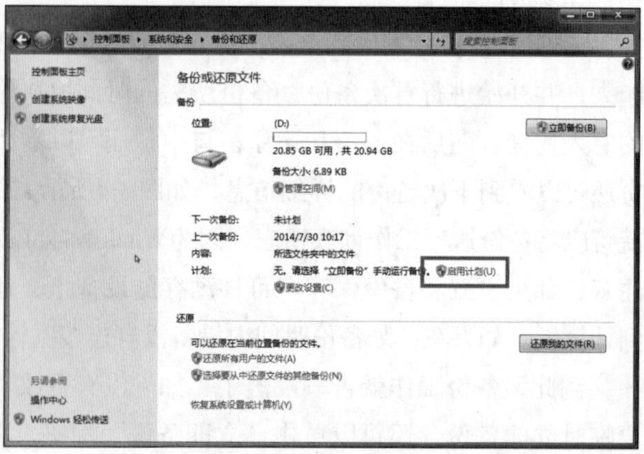

图9-9　启用备份计划

（2）利用备份还原工具还原

有了数据备份，我们还需要能够将备份数据进行还原操作，Windows 7系统自带的备份还原工具操作非常简单方便，下面我们将介绍、学习如何将其备份的数据进行还原，即如何利用向导程序还原数据。

① 首先需要打开备份还原工具。当进行过备份操作之后，再进入到备份设置里面，在底部就可以看到有还原入口了，如图9-10所示，在还原选项右侧即可看到“还原我的文件”按钮，这就是Windows 7的还原入口。只要是上次有备份，后期就可以在这里单击该按钮进行还原，前提是不能将之前的备份文件删掉，这点希望大家留意。单击该按钮后，会弹出“还原文件”对话框，如图9-11所示。

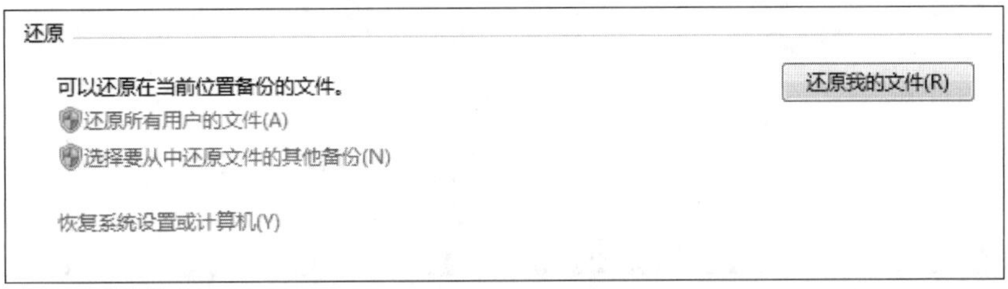

图9-10　还原入口

② 在“还原文件”对话框中可以通过搜索、浏览文件和浏览文件夹的方式进行还原数据的选择，如果错误选择了还原数据，还可以通过“删除”和“全部删除”按钮进行备份选择的删除操作。根据用户需要进行选择操作后，单击“下一步”按钮。

还原工具还原的数据都是最新版本的，如果想还原到稍早版本，可以单击“选择其他日期”按钮，在弹出的“还原文件”对话框中根据需要进行选择，其中有“上星期”“最近1个月”“最近6个月”“最近12个月”和“全部”5个选项，在选择好相应选项后，下面会显示出相应选项下的备份日期和时间，如图9-12所示，根据需要进行选择操作，然后单击“确定”按钮即可。

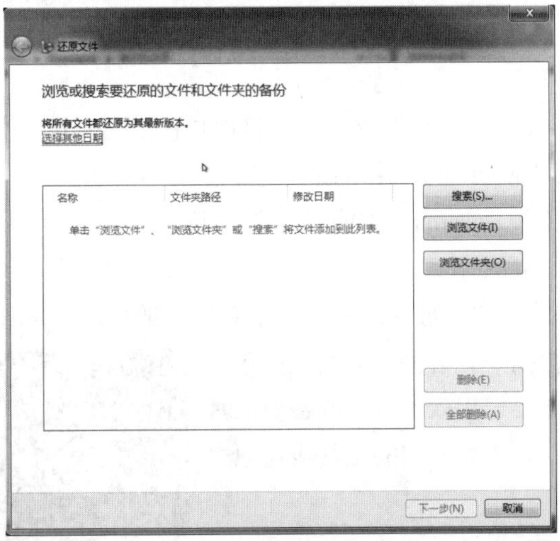

图9-11　浏览还原文件

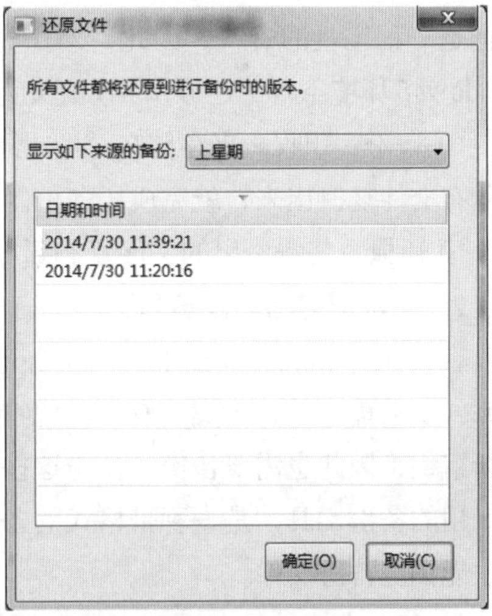

图9-12　还原日期选择

③ 弹出还原文件保存位置对话框，如图9-13所示。系统默认是选择原始位置还原，还可以选择指定还原位置或选择“将文件还原到它们的原始子文件夹”。根据用户需要进行相应选择操作后，单击“还原”按钮完成还原操作，如图9-14所示。完成后还可以通过单击“查看还原的文件”按钮来查看还原的数据等。

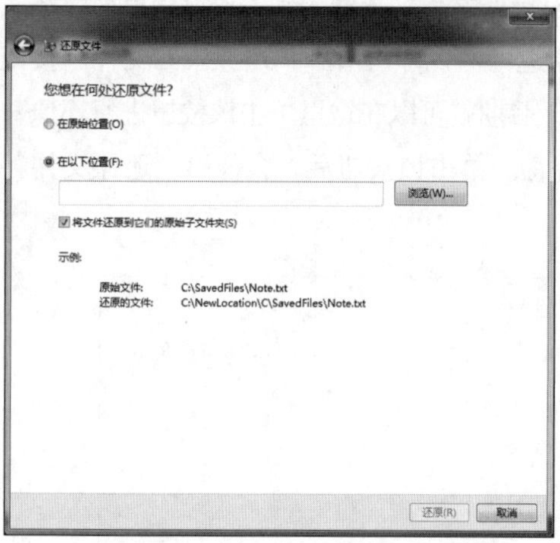

图9-13　还原保存位置

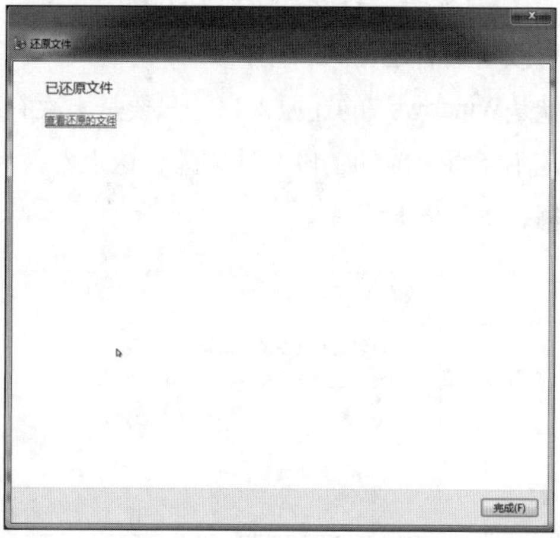

图9-14　完成还原

还原时还可以通过选择“还原所有用户的文件”或“选择要从中还原文件的其他备份”选项进行操作，如图9-10所示，操作方法同还原文件类似，在此不再赘述。

2）通过直接复制方式进行数据备份与还原

对于一般用户来说，上面的备份方法过于复杂，大多数的文件或文件夹的个人数据，最好使用相对更加简便易用的方法，即直接复制法。直接复制方式适用于所有以单一文件或文件夹格式存放的个人数据。对于该类个人数据，用户可以直接找到数据存放位置，将其复制粘贴到其他驱动器中，即可进行备份。还原方式同备份方式一样，也是通过复制粘贴的方式进行操作，如个人简历、照片、文档、表格等。

对于个人用户使用的计算机来说，IE收藏夹是长期积累的，从某种意义上来说，收藏夹也是一种宝贵的资料。因此，对IE收藏夹的备份就等于是对个人资料的备份，所以这里以Windows 7环境下备份还原IE 8收藏夹为例进行介绍。

① 备份：IE收藏夹存储在“C:\用户\%username%\收藏夹”中。将用户收藏夹所处文件夹的所有文件复制出来，就完成了备份。注意：%username%指的是当前登录的用户名。

② 还原：将备份出的文件复制到 “C:\用户\%username%\收藏夹”即可。

2. 将数据导出另存到第三方

在使用计算机的过程中，系统自动生成或用户添加形成的个人信息，如通讯录、输入法词库、驱动程序等，这类具有个性化特征的数据一旦丢失，需要花费精力重新组织，因此也需要备份。备份这些数据需要借用软件自带的备份工具或专用的备份工具，是一种带格式的备份方法，需要专门的工具或还原之后才能浏览备份文件。

IE收藏夹备份还原

1）IE收藏夹的导入/导出备份与还原方法

在前面的学习中，了解了IE收藏夹可以通过直接复制的方式进行数据的备份还原操作，但是那种方式需要用户清楚地记忆IE收藏夹的具体存放地址，如果由于某些原因最终导致找不到或记起具体存放地址，可使用导入/导出法。操作步骤如下：

① 备份：打开IE浏览器，选择“文件”|“导入和导出”命令，弹出“导入/导出设置”对话框，选择“导出到文件”单选按钮，如图9-15所示，单击“下一步”按钮，进入导出内容选项框，如图9-16所示，选择“收藏夹”复选框，单击“下一步”按钮。选择需要导出收藏夹的文件夹，如图9-17所示，单击“下一步”按钮。

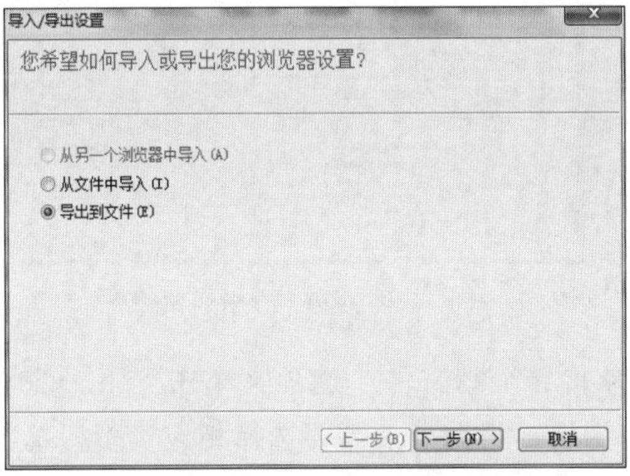

图9-15　导入/导出设置

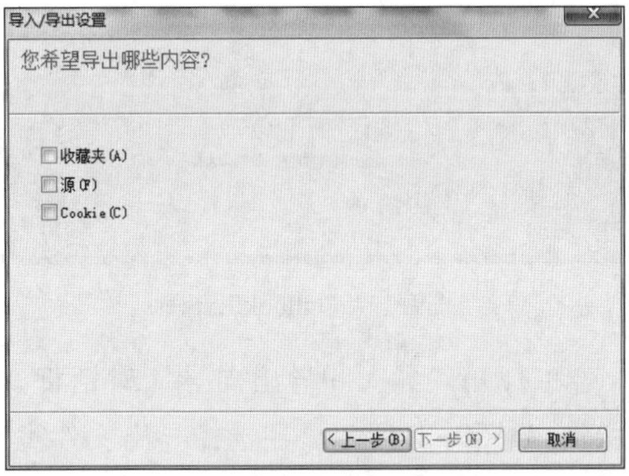

图 9-16　导出内容选择

在弹出的“您希望将收藏夹导出至何处”对话框中，设置好保存路径和保存名称后，单击“导出”按钮，如图9-18所示，IE收藏夹就成功导出。

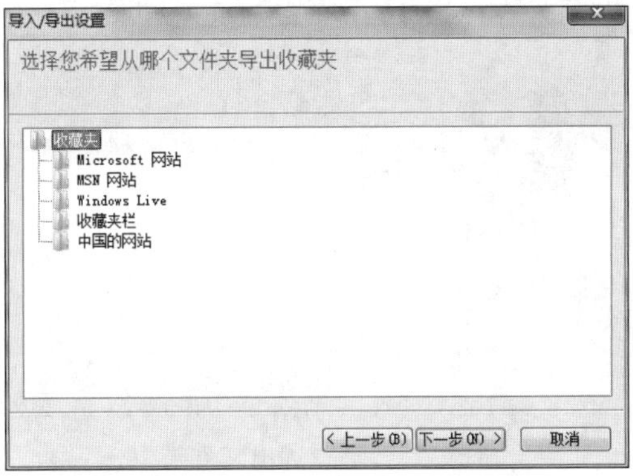

图 9-17　导出收藏夹选项

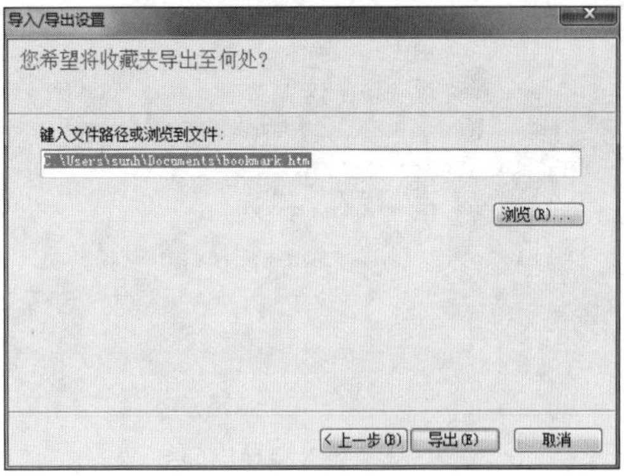

图9-18　设置保存路径

② 还原：打开“导入/导出”设置对话框，如图9-15所示。选择“从文件中导入”单选按钮，根据系统相关提示，将备份的收藏夹进行导入即可。

2）Outlook Express中数据的备份与还原

Outlook Express是Windows中自带的邮件客户端软件，可以让用户在接收和发送邮件、管理通讯簿等方面更方便、快捷。此类工具软件中重要的数据有邮件和通讯簿，这些数据的备份和还原是通过导出与导入操作实现的。下面以Outlook Express2010为例，演示如下：

Outlook数据备份还原

（1）通讯簿的备份

① 在Outlook Express窗口中，选择“文件”|“选项”命令，如图9-19所示。

② 在“Outlook选项”窗口中选择“高级”命令，在右面窗口找到“导出”项，单击“导出”按钮，如图9-20所示。

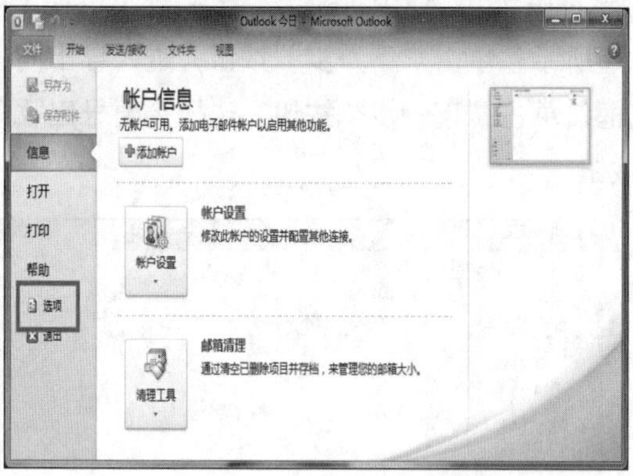

图9-19 Outlook Express

图9-20 导出通讯簿

③ 打开“导入和导出向导”对话框，选择“导出到文件”选项，单击“下一步”按钮，如图9-21所示。在选择导出文件类型对话框，根据个人需要选择相应类型，单击“下一步”按钮，如图9-22所示。在选择导出文件夹的位置处选择“联系人”选项，单击“下一步”按钮，如图9-23所示。设置导出文件存储路径，单击“下一步”按钮，如图9-24所示，在弹出的对话框中单击“完成”按钮即可。

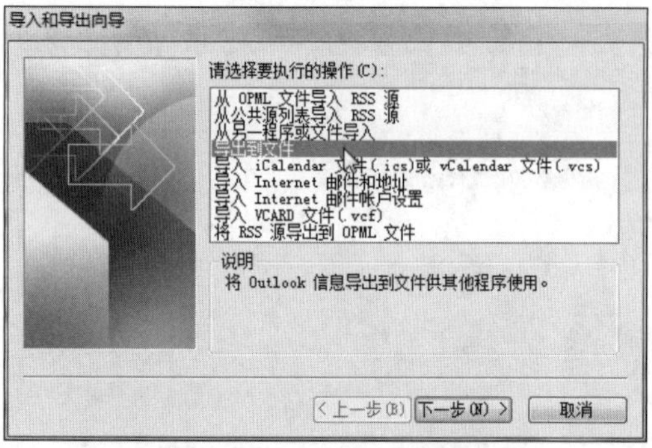

图9-21 导入和导出向导

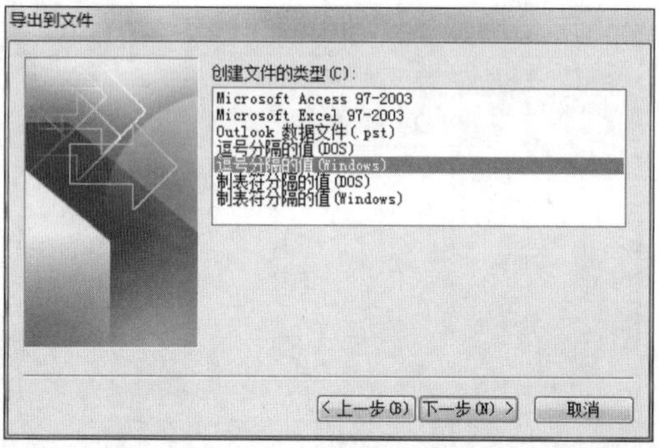

图9-22 选择导出文件类型

图9-23 选择导出联系人

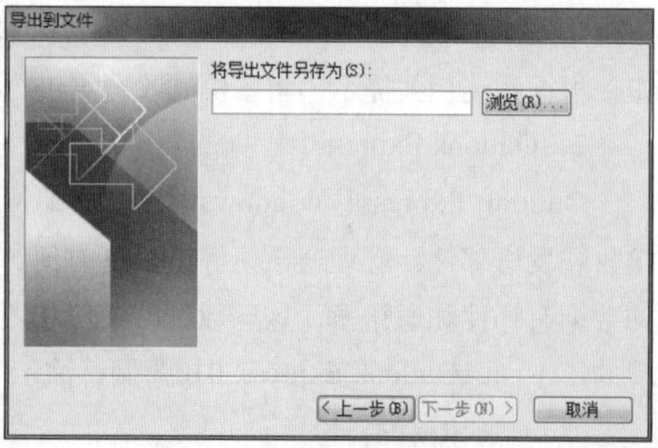

图9-24 选择导出路径

（2）通讯簿的还原

在Outlook Express中微软将导入/导出功能统一到同一向导内，所以只需要打开导入/导出向导对话框，如图9-21所示。选择“从另一个程序或文件导入”命令，单击“下一步”按钮，在弹出的选择导入文件类型对话框中选择相应备份文件类型，如图9-25所示，单击“下一步”按钮。在弹出的对话框选择导入文件位置，根据个人需要在“选项”中进行选择，然后单击“下一步”按钮，如图9-26所示，选择“联系人”后单击“下一步”按钮，如图9-27所示，在弹出的对话框中单击“完成”按钮即可。

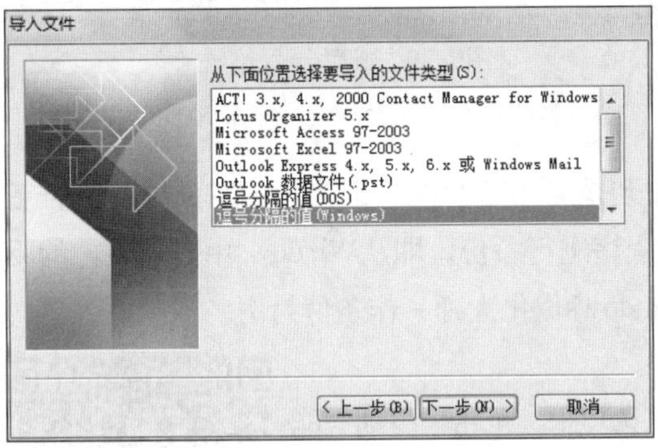

图9-25　选择导入文件类型

图9-26　选择导入文件路径

（3）邮件的备份

Outlook Express中邮件的备份和还原也是通过导入/导出向导操作实现，邮件的导出与联系人的导出方法类似，但是邮件只能单一导出“发件箱”“收件箱”和“草稿箱”等类型邮件，如果需要全部导出，则需重复导出，如图9-28所示。在设置导出位置和导出数据类型后，邮件备份完成。

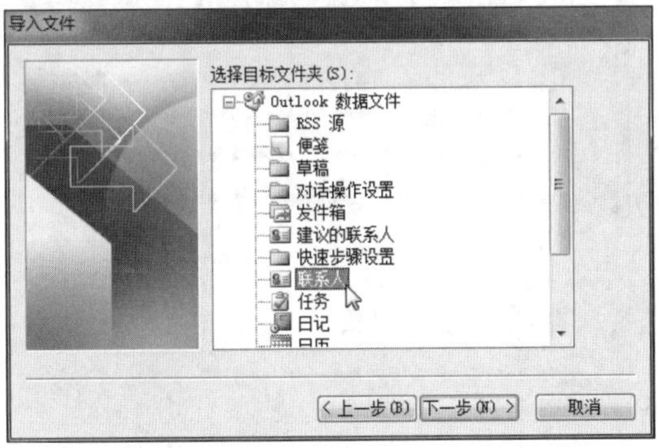

图9-27　选择联系人

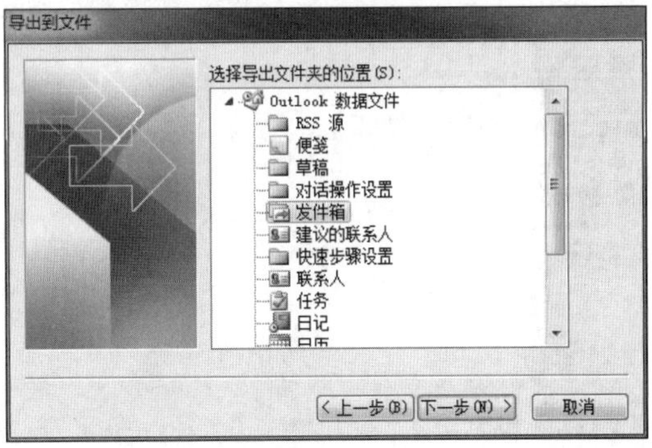

图9-28　导出发件箱

（4）邮件的还原

Outlook Express邮件导入也是通过导入/导出向导操作完成，方法同联系人导入方法类似，但是邮件导入同导出一样只能单一导入“发件箱”“收件箱”和“草稿箱”等类型邮件，如果需要全部导入，则需重复导入。在设置导入文件位置（见图9-29）后，还要选择导入邮件到“发件箱”“收件箱”还是“草稿箱”之中，如图9-30所示。单击“下一步”按钮，导入完成。

图9-29　设置导入文件位置

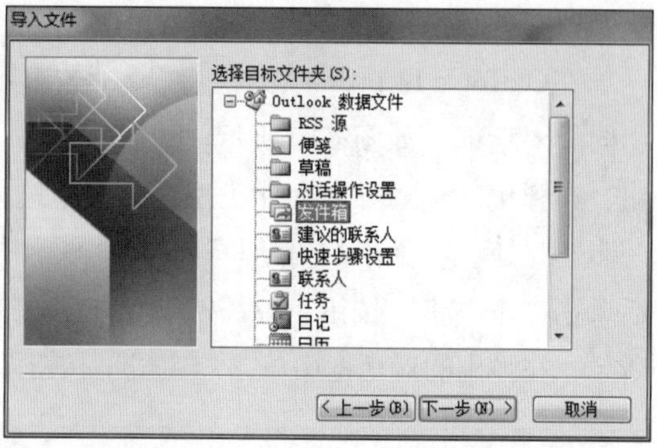

图9-30　邮件导入位置

3）驱动程序的备份与恢复

在重装操作系统时，各种硬件驱动程序的安装是必不可少的，因为这关系到硬件能否正常地工作。在重装系统前最好事先将硬件的驱动程序进行备份，即从Windows中提取硬件的驱动程序，对其进行备份。这里以用工具软件（Windows优化大师）作备份为例。

（1）备份

① 运行Windows优化大师，选择“系统维护”选项卡，单击“驱动智能备份”按钮，程序自动将建议备份的驱动程序罗列了出来，如图9-31所示。

② 选择所需备份驱动内容，然后单击“备份”按钮，Windows优化大师将自动备份，完成驱动备份工作。

③ 备份路径设置：通过单击“恢复”按钮，在“备份与恢复管理”对话框中选择“备份选项”选项卡，如图9-32所示，其中“Windows优化大师总是将文件备份到下面指定的目录”即为备份目录，可以通过右面的浏览图标进行更改设置。

驱动备份还原

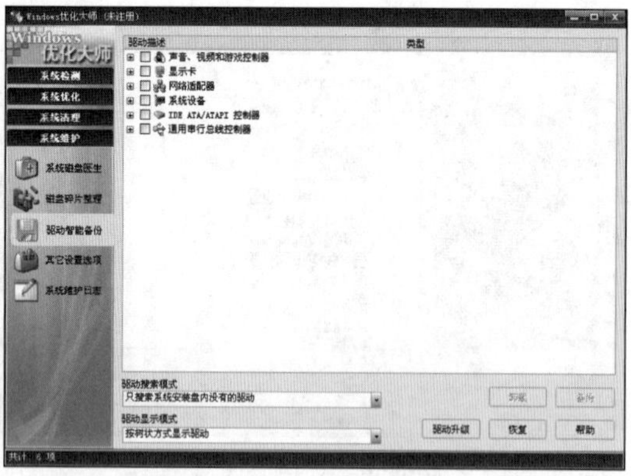

图9-31　驱动程序备份工具

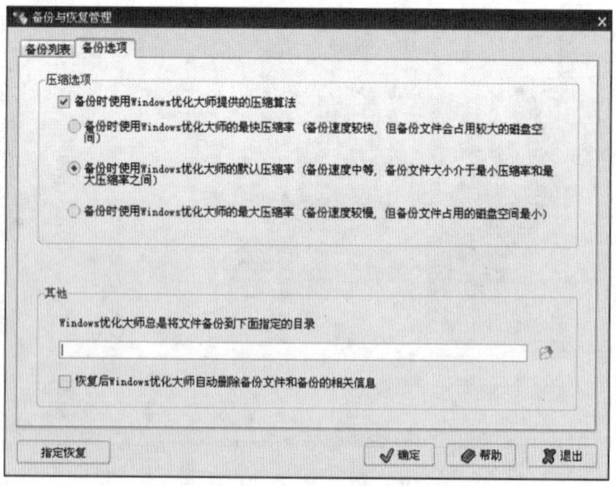

图9-32　备份选项

（2）恢复

① 在设备管理器中找到需要安装驱动的设备（以显卡为例）。右击“视频控制器（VGA兼容）”，如图9-33所示，在弹出的快捷菜单中选择“更新驱动程序软件”命令。

② 弹出“更新驱动程序软件-标准VGA图形适配器”对话框，选择其中的“浏览计算机以查找驱动程序软件”选项，如图9-34所示。

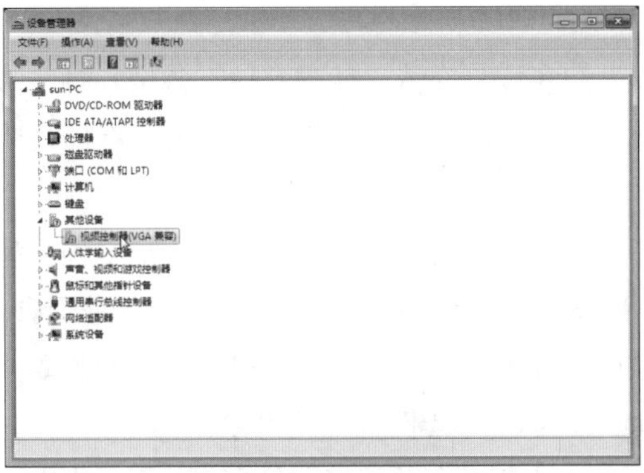

图9-33 设备管理器

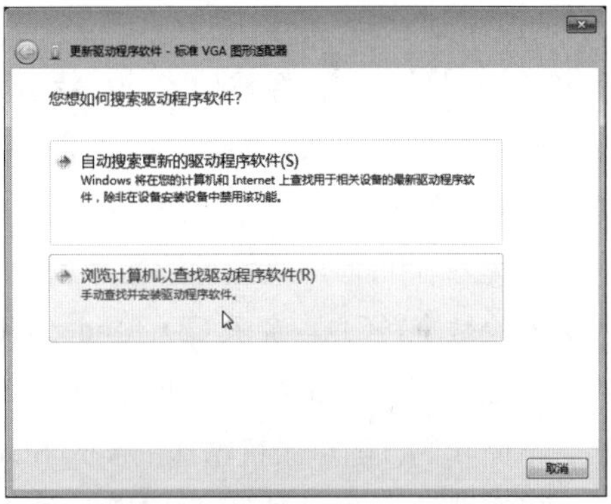

图9-34 选择驱动的安装方式

③ 在弹出的“浏览计算机上的驱动程序文件”对话框中，单击“浏览”按钮找到所备份驱动的文件夹，如图9-35所示。单击“下一步”按钮进行驱动程序的自动安装。

④ 当出现“Windows已经成功地更新驱动程序文件”对话框时说明显卡驱动安装完成，单击“关闭”按钮即可，如图9-36所示。

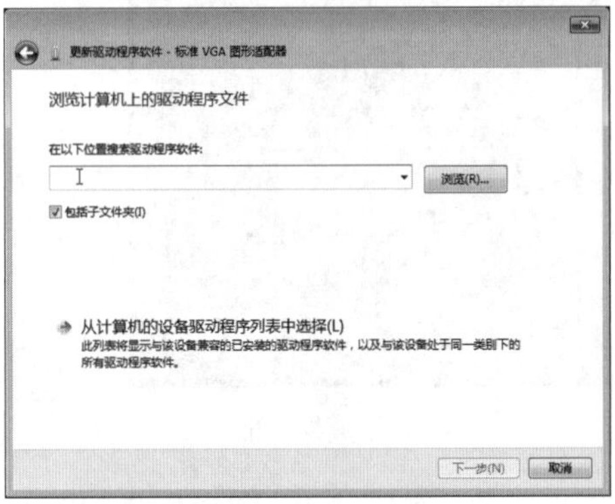

图9-35 浏览驱动位置

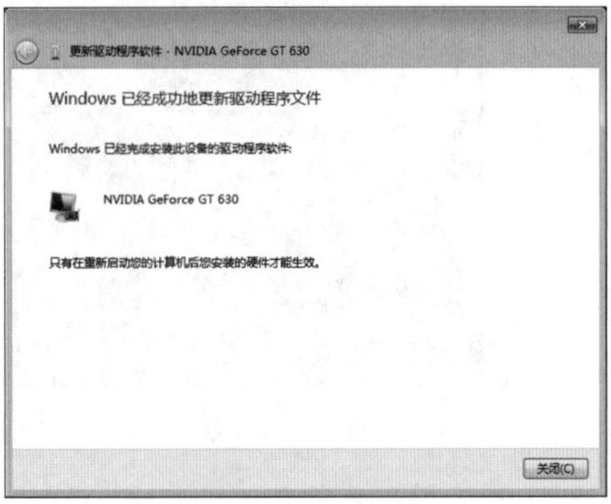

图9-36 完成驱动安装

⑤ 更新完成硬件驱动系统会弹出“系统设置改变”对话框，提示需要重新启动计算机以加载更新驱动的设备，如图9-37所示，建议单击“是”按钮重新启动计算机，如果还有其他驱动需要安装也可单击“否”按钮，将所有驱动都安装完毕后统一重启。

⑥ 当重新启动计算机后，打开设备管理器可以看到显卡驱动安装完成，如图9-38所示。

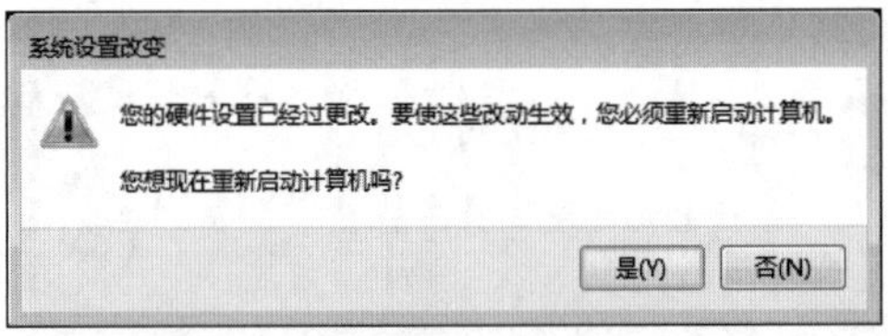

图9-37 系统提示重启计算机

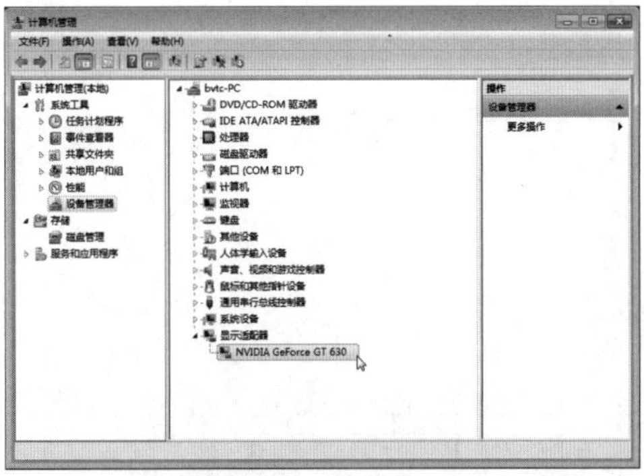

图9-38 设备管理器

3. 使用刻录机备份数据

随着数码设备和多媒体技术的广泛普及，人们在信息交流、数据存储（备份）时所涉及的数字信息量越来越大。光盘刻录设备和光盘刻录技术成为人们进行信息交流和存储最为常用的方式和手段。

Nero是一个目前广泛流行的光盘刻录程序，支持中文长文件名刻录，可刻录多种类型的光盘。不论是资料CD、音乐 CD、Video CD、Super Video CD或是 DVD，使用 Nero 都可以制作完成，而且操作界面友好，使用方便。Nero软件有多个版本，用户可根据自己的需要灵活选用。下面我们以随刻录机赠送的Nero StartSmart Essentials为例进行说明。

启动Nero StartSmart刻录程序后，在主界面的中上部是菜单图标，每个菜单图标代表一类操作。根据选择的项目类型和 Nero StartSmart处于默认模式还是专家模式，各个类别中提供的任务范围会有所不同。将鼠标指针悬停在类别图标上时，会以菜单图标形式显示可用任务。图9-39所示为“收藏夹界面”，图9-40所示为“数据界面”。

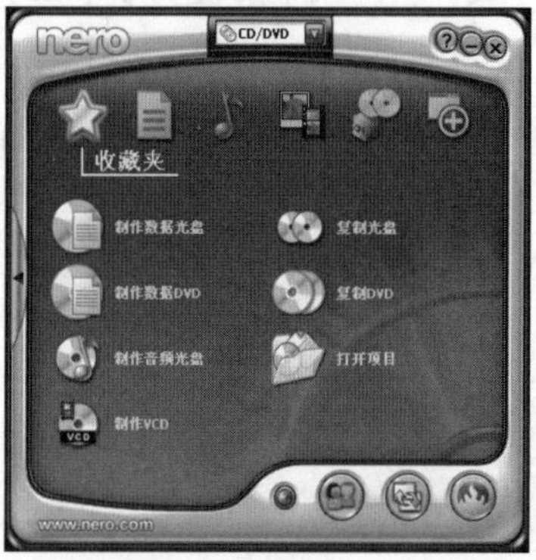

图9-39　收藏夹界面

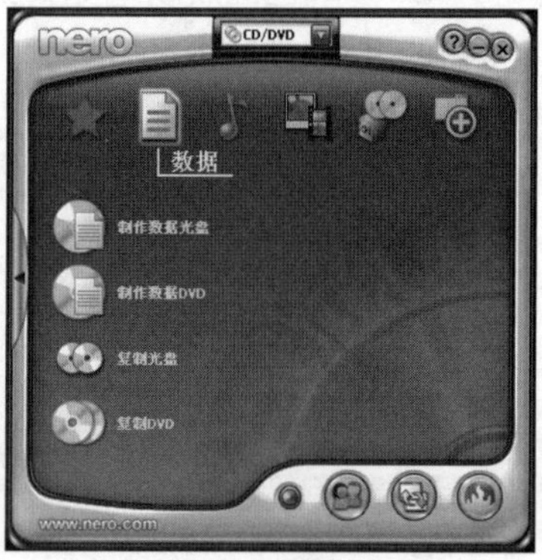

图9-40　数据界面

① 启动Nero刻录软件，在收藏夹界面或在数据界面的任务区域中选择“制作数据光盘”选项，弹出添加刻录内容对话框，如图9-41所示。

② 单击右边的“添加”按钮，弹出图9-42所示的对话框，找到将要刻录的数据并单击“添加”按钮，然后列表中就可以看到已经添加的数据，如图9-43所示。我们可以继续添加或删除。在下面通过标尺显示数据的整体容量，数据总量一定不要超过刻录盘的指定容量（红线），否则将无法进行刻录。

图9-41　添加刻录内容对话框

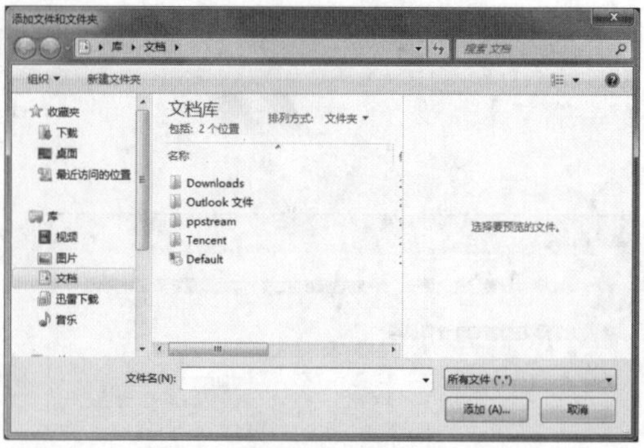

图9-42　选择添加内容对话框

③ 单击“下一步”按钮，在图9-44所示对话框中，选择当前的刻录机，为刻录光盘命名，设定刻录份数，然后单击“刻录”按钮，开始刻录光盘，如图9-45所示。刻录重要数据时，应选中“刻录后检验光盘数据”复选框，以保证刻录数据的可靠性。

图9-43　添加的刻录文件

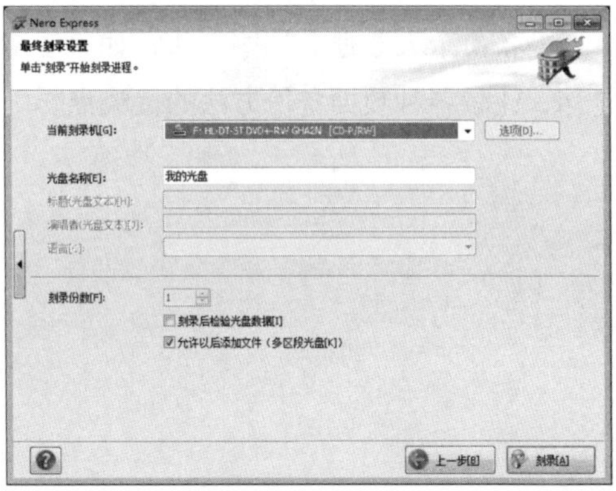

图9-44　设置刻录选项

④ 光盘刻录完成后自动出仓，取出光盘后，完成刻录工作。单击“确定”按钮，如图9-46所示，软件询问是否打印报告，如图9-47所示。若不打印报告则直接单击“下一步”按钮即可。

图9-45　开始刻录

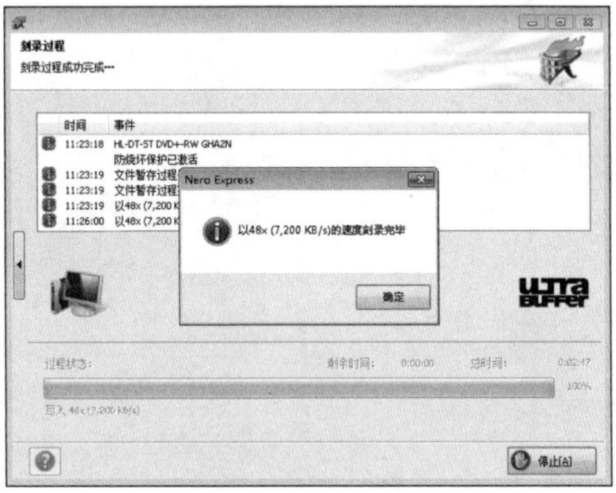

图9-46　完成刻录

⑤ 弹出建立新项目对话框，如图9-48所示。若要建立新项目，单击“新建项目”选项即可，否则直接关闭对话框，退出刻录软件，完成当前刻录工作。

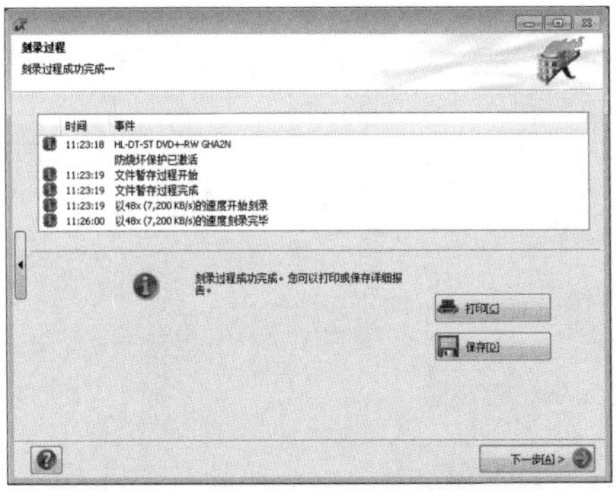

图9-47　是否打印报告图

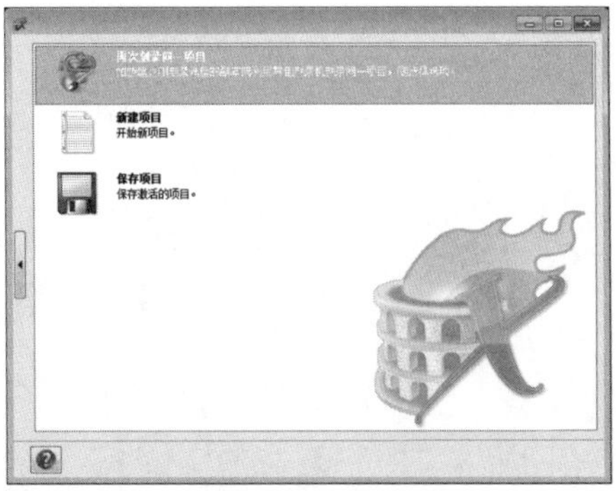

图9-48　选择新建项目

练习与提高

1．试述备份数据的重要性及原则。

2．分析说明哪些个人数据需要备份。

3．备份个人数据有哪些方法？如何使用？

4．比较各种数据备份方法的优缺点。

实训10

系统实用维护技术

实训描述

通过本实训，读者可以掌握Windows系统的定制方法，达到创建最佳环境、提高工作效率的目的。常用的定制项目有：定制桌面、定制“开始”菜单栏、定制鼠标和输入法等。练习使用Windows操作系统下的磁盘扫描程序、磁盘清理程序、磁盘碎片整理程序等维护工具对系统进行维护。学习利用工具软件，如360安全卫士、Windows优化大师等软件对系统进行优化。

实训分析

更改系统环境设置时，要有计划地以便于个人操作为目的去设置，在更改原有设置之前还要做好默认设置的记录工作，不可随意更改，否则不仅不能达到定制系统、优化环境的目的，反而使系统不如从前，甚至造成系统死机。一旦出现问题，应立即恢复到原来的设置或采取实训8所讲方法进行恢复。

防患于未然——平时做好系统维护和数据备份，比出了严重故障后进行维修，要重要得多，也容易得多。

在做好个人环境设置后，也可以再次备份系统（参照实训8），以便于系统崩溃或出问题时恢复成最佳状态，使系统恢复后可以立即投入到工作、学习之中。

实训资讯

通过前面的实训，我们学习了软硬件的安装、系统备份、数据备份等工作，总体上讲我们可以进行相关的工作、学习等操作了。但是，新安装的系统属于大多数人使用的通用环境，会给个人操作带来一定的不便。因此，我们要打造一个属于个人的Windows系统环境。Windows系统环境设置的好坏会直接影响到微机使用，在下面的“任务实施”中将会详细讲解怎样自定义桌面、“开始”菜单，定制鼠标及输入法等内容。

本实训的另一个重点是怎样对系统环境进行维护和优化。通常对系统进行维护和优化可以采取两种办法：一种方法是利用系统自身提供的维护、优化工具，另一种方法是使用第三方工具对系统进行维护和优化。目前，用户多采用第三方工具对系统进行维护和优化。

1. 认识桌面

桌面是打开计算机并登录到Windows之后看到的主屏幕区域。就像实际的桌面一样，桌面是用户工作的平面。打开程序或文件夹时，它们便会出现在桌面上，还可以将一些项目

（如文件和文件夹）放在桌面上，并且随意排列它们，以便随手取用。

通常桌面定义更为广泛，包括任务栏和Windows边栏。任务栏位于屏幕的底部，显示正在运行的程序，并且可以在它们之间进行切换。它还包含“开始”按钮，使用该按钮可以访问程序、文件夹和计算机设置。对桌面环境的重新定义，是打造一个属于我们个人的Windows系统环境的重要环节。

2. 利用系统工具进行系统维护

用户在使用微机的过程中，定期对系统进行必要的维护，可以降低出现软件故障的概率。Windows操作系统自带的系统工具，如磁盘扫描程序可以对硬盘起到很好的保护作用；磁盘清理程序可以清除系统的垃圾文件，提高磁盘利用率；磁盘碎片整理程序可以整理零碎的磁盘空间，使磁盘性能得到优化。但使用这些工具进行维护所需时间比较长，特别是目前硬盘容量越来越大，过长的维护时间，给用户的维护工作带来了些许的不便。

3. 使用第三方工具维护系统

微软公司的Windows操作系统以直观友好、使用简便的操作界面与强大的功能给用户提供了极大的便利，但是用户在使用过程中还是会遇到这样那样的问题。此外，由于Windows操作系统功能非常多，对大多数用户来说，很多功能是用不上的，所以为了提高系统的性能，可以考虑关闭系统的一些不常用的功能。上述这些问题可以通过修改Windows的设置或是通过修改注册表等操作来实现，但是对于一般用户来说，修改Windows设置或修改注册表等操作却是一个可想而不可及的事情。维护工具软件的出现，解决了这个矛盾，利用工具软件对Windows系统进行维护、优化是一个很好的选择。现在针对Windows系统维护、优化的软件非常多，下面就以360安全卫士和Windows优化大师为例进行练习。

360安全卫士是一款安全类辅助软件，拥有查杀恶意软件、插件管理、病毒查杀、诊断及修复四大主要功能，同时还提供弹出插件免疫、清理使用痕迹以及系统还原等特定辅助功能。360安全卫士运用云技术，在查杀木马、防盗号、保护网银和游戏的账号密码安全等方面表现出色，深受用户欢迎。

Windows优化大师是一款功能强大的系统辅助软件，它提供了全面有效且简便安全的系统检测、系统优化、系统清理、系统维护四大功能模块及数个附加的工具软件。使用Windows优化大师，能够有效地帮助用户了解自己的计算机软硬件信息；简化操作系统设置步骤；提升计算机运行效率；清理系统运行时产生的垃圾；修复系统故障及安全漏洞；维护系统的正常运转。2010年6月24日，Windows优化大师发布V7.99，免费版与收费版合并，全免费，极大方便了计算机用户获取和使用该软件。

实训实施

1. 定制个性化系统环境

1）定制桌面

（1）定制桌面背景

定制桌面背景

① 右击桌面空白区域，在弹出的快捷菜单中选择“个性化”命令，在弹出的“更改计算机上的视觉效果和声音”窗口中，单击“桌面背景”按钮，或打开“控制面板”窗口中的“更改桌面背景”命令，出现图10-1所示的“选择桌面背景”窗口。

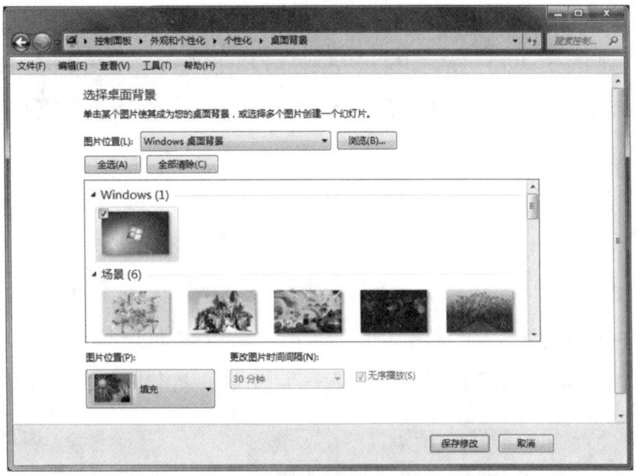

图10-1　桌面背景

② 在“选择桌面背景”窗口中，可以根据个人喜好选择相应的背景图片，在Windows 7下可以设置多个背景图片在一定时间间隔内进行变化，赋予一种动态背景的效果，在设置完成后单击“保存修改”按钮即可。

> **技巧：** 通过单击“浏览”按钮，可以将个性化的图形文件，如位图(.bmp)、GIF(.gif)和JPEG(.jpeg)等格式的照片或图像用作桌面背景。如果要用小墙纸图像覆盖整个屏幕，在“图片位置”下拉列表框中选择“平铺”选项就可实现。要使墙纸居中，则选择“居中”选项。

（2）设置屏幕保护程序

当显示器长时间显示同一画面时，高亮度显示的部分易使显示器老化。为了解决这个问题，Windows提供了屏幕保护程序，若在设定的时间内屏幕显示未作任何改变，屏幕保护程序即被激活，起到保护显示器的作用。

设置屏保

① 右击桌面空白区域，在弹出的快捷菜单中选择“个性化”命令，弹出“更改计算机上的视觉效果和声音”窗口，在该窗口中单击“屏幕保护程序”按钮，然后在图10-2所示的“屏幕保护程序”下拉列表框中选择要使用的屏幕保护程序。此时，可以在对话框上方模拟显示出相应的效果。

② 单击“设置”按钮，可对选定的屏幕保护程序进行参数设置。当计算机空闲时间超过“等待”文本框中指定的时间时，屏幕保护程序便会启动。在屏幕保护程序启动后想要将其停止，只要移动一下鼠标或按一下键盘、鼠标的任何键即可。

（3）定制桌面外观

桌面上的窗口、菜单、标题、滚动条及消息框等屏幕对象的外观称为Windows的桌面外观。定制桌面外观的操作步骤如下：

图10-2　“屏幕保护程序”选项卡

① 打开“更改计算机上的视觉效果和声音”窗口，单击“窗口颜色”按钮，弹出图10-3（a）所示的“更改窗口边框、「开始」菜单和任务栏的颜色”窗口。可以根据用户不同的喜好，选择不同颜色效果的窗口和按钮样式。

定制桌面外观

② 通过是否“启用透明效果”和调节颜色浓度设置，可以增加格式变化状态。

③ 单击“显示颜色混合器”按钮，还可以进行“色调”“饱和度”和“亮度”的调节。

④ 如果这些设置都不能够完全满意用户需求，还可以通过单击“高级外观设置”按钮，在弹出的“窗口颜色和外观”对话框中进行进一步设置，如图10-3（b）所示。

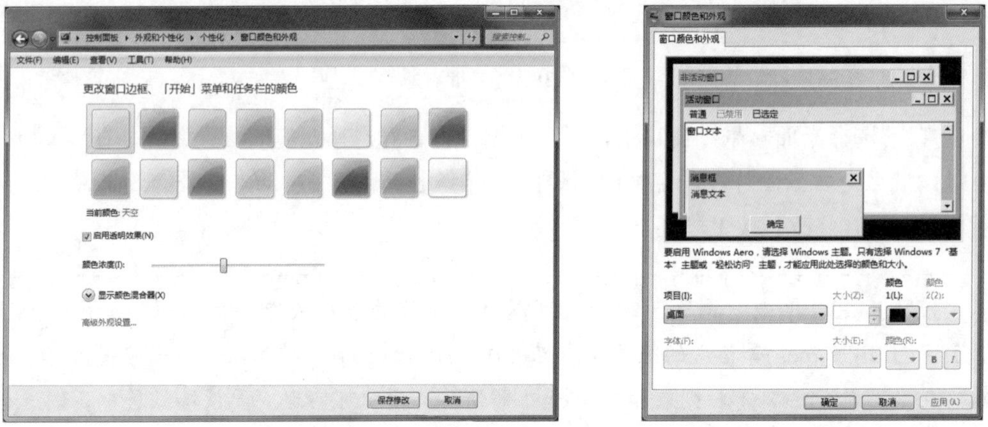

（a）“外观”选项卡　　（b）“窗口颜色和外观”对话框

图10-3　设置外观

⑤ 修改完毕后，单击“保存修改”按钮，完成定制桌面外观设置操作。

（4）更改显示器外观

由于液晶显示器的逐渐普及，以前需要设置的显示颜色数、屏幕区域显示的像素数等属性都不需要进行设置了，现在需要的仅仅是分辨率和显示方向的设置，具体操作步骤如下：

更改显示器外观

① 在桌面空白处右击，在弹出的快捷菜单中选择“屏幕分辨率”命令，或打开“控制面板”，单击窗口中的“调整屏幕分辨率”命令，出现图10-4（a）所示的设置界面。

② 在“显示器”下拉列表框中选择相应连接的显示器，具体正在设置哪台显示器可以通过上面的“识别”按钮进行确定。

③ 在“分辨率”下拉列表框中可选择屏幕分辨率，像素值越大，屏幕显示的内容越多，而文字与图标等变得越小。用户可以通过拖动滑块进行选择，通常17英寸的显示器，设置为1 024×768像素使用效果最佳。液晶显示器根据不同的屏幕尺寸和宽、高、比，厂家会提供最佳分辨率，用户据此设置，即可确保最佳显示效果。

④ 在“方向”下拉列表框可以设置显示器显示图像的方向，一般多显示器用户会用到该设置，根据具体需要设置即可。

⑤ 如果用户需要进行更高级的更改设置，可以单击“高级设置”按钮，进入高级设置窗口，在该窗口就可以看见显示器分辨率和颜色的相关设置。这些设置对于一般液晶用户可以忽略，但是对于老款CRT显示器来说，还是需要进行设置，建议屏幕刷新率在85 Hz以上，选择的颜色位数越多，显示的颜色质量越好。

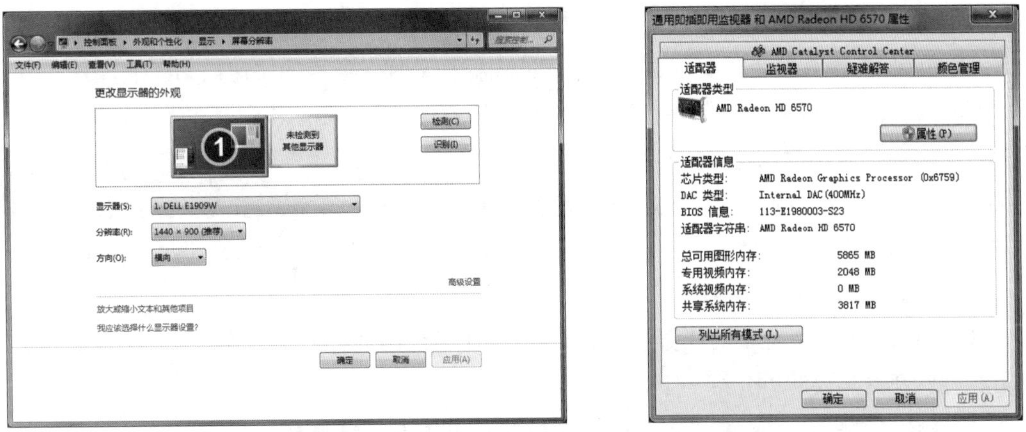

（a）调整屏幕分辨率　　　　（b）“高级设置”对话框

图10-4　设置屏幕分辨率、颜色质量和屏幕刷新频率

> **提示：**选择分辨率和刷新频率要依据显卡和显示器的档次而定，过高可能加速显示器的老化。

2）自定义任务栏和“开始”菜单

（1）添加快速启动栏和在“快速启动”栏中添加程序

快速启动栏是任务栏中“开始”按钮附近的区域，其中显示的是最常使用的应用程序的图标，将这些图标放在快速启动栏中的好处是不管打开多少窗口，这些图标都不会被应用程序窗口遮住，用户可以随时启动这些应用程序。但是在Windows 7系统下没有像Windows XP一样默认就有快速启动栏，所以需要手动添加。

自定义任务栏和开始菜单

在任务栏上添加快速启动栏，具体操作步骤如下：

① 在任务栏空白位置右击，在弹出的快捷菜单中选择“工具栏”|“新建工具栏”命令。

② 在弹出的“新工具栏-选择文件夹”对话框右上角搜索栏中输入“Quick Launch”，在窗口左侧搜索范围选择本地磁盘（C：），进行搜索，如图10-5（a）所示。

③ 在搜索结果中选择当前用户路径下的Quick Launch，单击“选择文件夹”按钮，这时快速启动栏被添加到任务栏中，如图10-5（b）所示。

（a）查找“快速启动”　　　　（b）添加快速启动栏成功

图10-5　添加快速启动栏

在快速启动栏中添加程序快捷方式图标，具体操作步骤如下：

① 用鼠标左键直接将需要创建快捷方式的图标拖动到任务栏的快速启动栏中。

② 用鼠标右键将桌面上的快捷方式图标拖到任务栏的快速启动栏中，在弹出的快捷菜单中选择“在当前位置创建快捷方式”命令。图10-6所示为将360安全卫士、QQ影音、迅雷等程序快捷菜单放到快速启动栏后的效果。

图10-6 “快速启动”工具栏

（2）自定义任务栏

现在Windows 7系统下的任务栏同Windows XP系统还是有很大不同的，那么如何自定义任务栏呢？在这里要简单介绍一下。

① 在任务栏空白位置右击，在弹出的快捷菜单中选择“属性”命令，弹出“任务栏和「开始」菜单属性”对话框，如图10-7所示。在“任务栏”选项卡中可以设置“锁定任务栏”“自动隐藏任务栏”“屏幕上的任务栏位置”和“任务栏按钮”等选项。

② 如果要自定义设置“通知区域”中出现的图标和通知，可以单击“自定义”按钮，打开“选择在任务栏上出现的图标和通知”窗口，如图10-8所示。

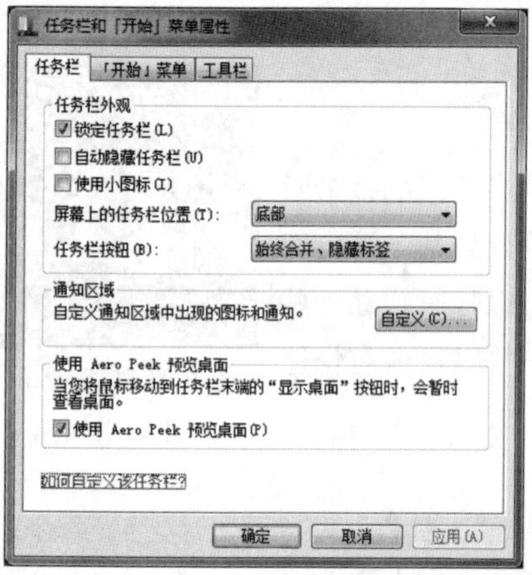

图10-7 任务栏属性

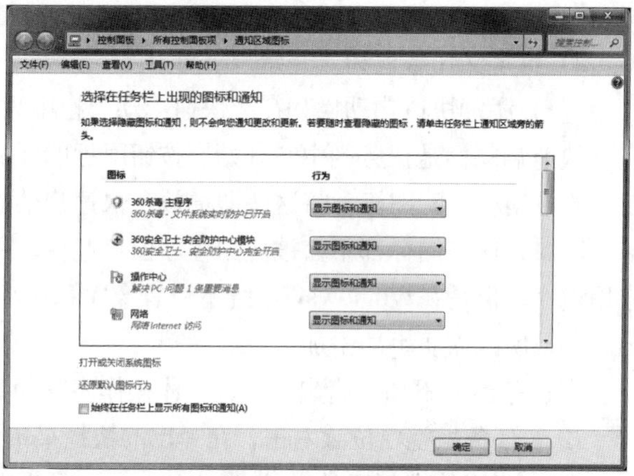

图10-8 自定义任务栏图标

如果选中“始终在任务栏上显示所有图标和通知”复选框，那么只能选择“打开或关闭系统图标”。在默认情况下，系统图标除了电源选项，其他默认图标都是开启状态，可以通过单击打开对应的下拉菜单选择打开或关闭。如果选择关闭，任务栏中的系统图标会被隐藏，反之亦然。

如果未选中“始终在任务栏上显示所有图标和通知”复选框，那么任务栏右边图标就会被折叠，此时每个图标的行为状态都是可以更改的，如果选择“显示图标和通知”，此时程序图标一直显示且不被折叠；如果选择“隐藏图标和通知”，此时程序图标会被折叠隐藏，即使有通知也不会显示；如果选择“仅显示通知”，此时程序图标会被默认折叠隐藏，当有通知时会显示出来。

（3）自定义“开始”菜单

Windows 7的自定义“开始”菜单同Windows XP的自定义“开始”菜单内容不太相同，在Windows XP下的自定义“开始”菜单主要指的是对程序选项进行添加、删除和更改的操作，然而Windows 7的自定义“开始”菜单主要指的是对非“所有程序”部分进行的操作。图10-9中方框标注部分为Windows 7自定义“开始”菜单的操作部分。具体操作方法如下：

① 在任务栏空白位置右击，在弹出的快捷菜单中选择“属性”命令，弹出“任务栏和「开始」菜单属性”对话框，如图10-7所示。选择“「开始」菜单”选项卡，在该选项卡中有“电源按钮操作”选项，该选项指的是按下计算机开关按钮后计算机默认的操作；还有“隐私”选项，用于确定是否显示用户最近打开或运行的文件和程序，用户可以根据实际需要进行相应选择；除了这两部分还有对“开始”菜单进行自定义设置的“自定义”按钮。

② 单击“自定义”按钮，弹出“自定义「开始」菜单”对话框，如图10-10所示。在该对话框用户可以自定义“开始”菜单上的链接、图标以及菜单的外观和行为。我们以“计算机”选项为例简单介绍，计算机选项下面有“显示为链接”“显示为菜单”和“不显示此项目”三个选项。系统默认下的选项为“显示为链接”，那么“计算机”项目在“开始”菜单中显示为图10-11（a）所示状态；如果选择“显示为菜单”，那么“计算机”项目在“开始”菜单中显示为图10-11（b）所示状态。不同用户根据自己需要可以对“计算机”“控制面板”等选项进行相应的更改和操作。

图10-9　自定义“开始”菜单部分

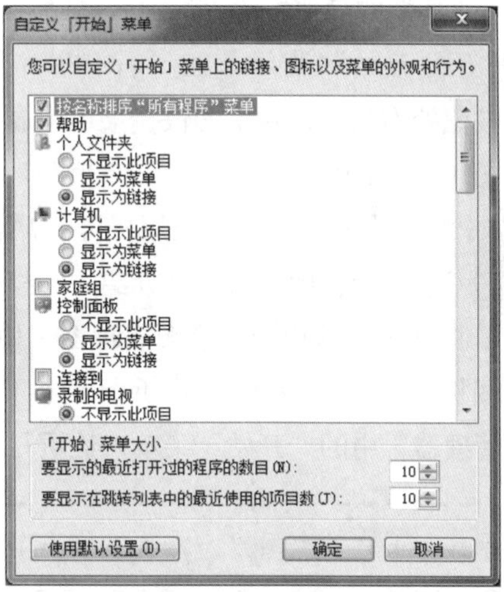

图10-10　自定义开始菜单

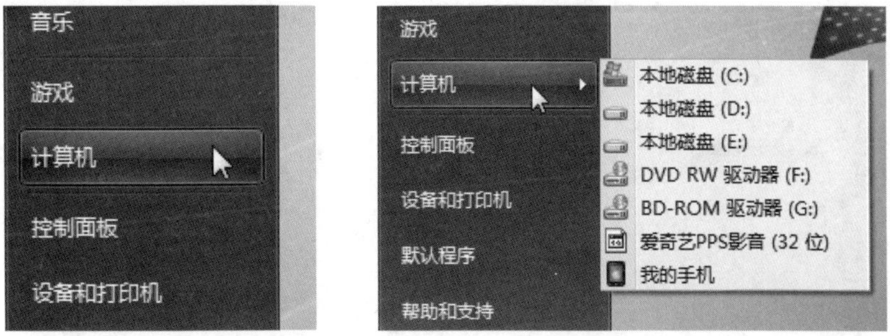

（a）显示为链接　　　　（b）显示为菜单

图10-11　自定义“计算机”按钮

③ 除了对“按钮”行为的操作外，还可以设置“按名称排序‘所有程序’菜单”、是否

"突出显示新装程序"以及是否显示"运行命令"等选项。

本部分内容只起到一个抛砖引玉的作用，读者可以根据自己需求举一反三地进行更改设置。如果各种设置被更改混乱了，可以选择"使用默认设置"来恢复。还可以通过设置显示程序数目的方式来自定义"开始"菜单的大小，系统默认为10个。

3）整理"开始"菜单中的"所有程序"部分

Windows系统中的"开始"菜单是一切应用程序的总调度，除了借助桌面上的快捷方式外，大部分应用程序都是通过选择"开始"菜单中的"所有程序"来运行的。这就出现了一个问题，如果计算机中安装了很多应用软件，打开"所有程序"菜单时就会出现一个很长的下拉菜单，给寻找需要的软件带来了困难，怎么才能使"所有程序"变得简洁有序呢？这就需要对"所有程序"菜单进行整理。

整理开始菜单新建快捷方式

在Windows XP下系统提供的自定义任务栏和"开始"菜单的功能，可以让用户轻松地设置任务栏和"开始"菜单。但是，在Windows 7下系统没有提供相应快捷操作，那么如何整理"所有程序"中的快捷方式呢？在此介绍一种适用于所有Windows环境的简便方法。

① 打开"开始"菜单，在"所有程序"或者"返回"按钮处右击，在弹出的快捷菜单中显示三个命令，如图10-12所示。

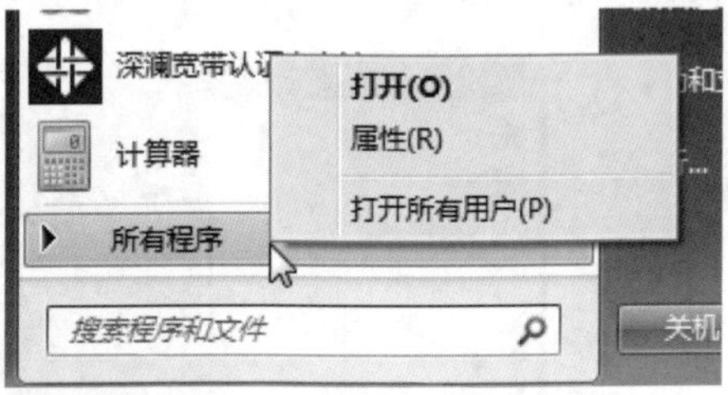

图10-12 "所有程序"快捷菜单

② "属性"命令指的就是调用任务栏属性对话框，如图10-7所示，在此不再详细介绍。"打开"命令实际上是打开了当前用户"资源管理器"中的"开始"菜单，如图10-13（a）所示。双击"程序"图标，打开图10-13（b）所示的窗口。"打开所有用户"命令实际上是打开公共用户"资源管理器"中的"开始"菜单，性质与"打开"命令相同，只是打开的用户不同。

提示：如果有多个用户，需要切换多个用户进行设置。

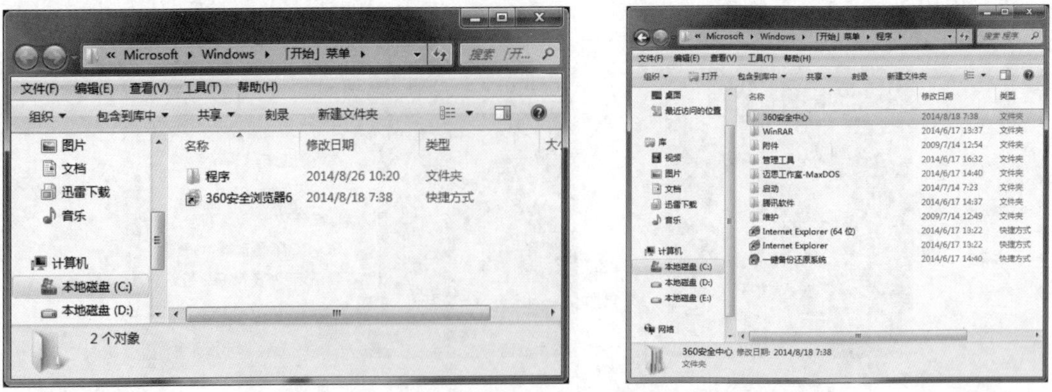

（a）当前用户"开始"菜单　　（b）当前用户"开始"菜单程序部分

图10-13 当前用户开始菜单

③ 在“程序”窗口内新建一个文件夹，命名为“工具”，然后把“360安全中心”“WinRAR”“腾讯软件”等图标拖动到“工具”文件夹内。再次打开“开始”菜单的“所有程序”菜单，程序中出现“工具”菜单，而“360安全中心”“WinRAR”“腾讯软件”等程序在“工具”的级联菜单中，如图10-14所示。

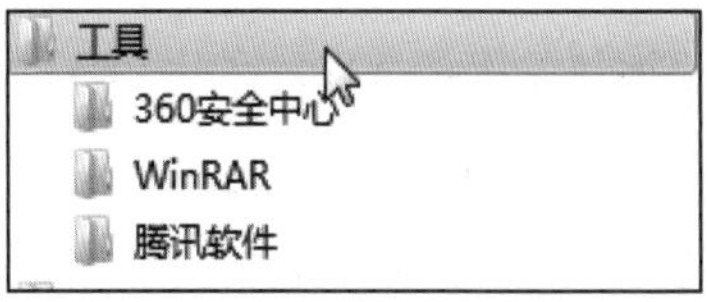

图10-14 整理后的“开始”菜单

技巧： 用户可以根据自己的需要把“开始”菜单的内容按功能分类，如可以分为办公软件、设计软件、工具软件等，建立相应的分类文件夹。建立文件夹后，把“开始”菜单中的程序选项拖动到相应的分类文件夹内，完成对“开始”菜单的整理。

4）在桌面上建立快捷方式

（1）在桌面上建立文件夹的快捷方式

Windows中的文件和文件夹实在太多了，如每次都到“资源管理器”或“计算机”中查找，费时费力，而利用“快捷方式”就像电视遥控器一样，不管文件或文件夹隐藏得多深，只要双击相应的快捷方式就能快速打开。

① 在桌面上右击，在弹出的快捷菜单中选择“新建”|“快捷方式”命令。

② 在弹出的对话框中，单击“浏览”按钮，查找要建立快捷方式的文件夹，然后单击“下一步”按钮，将新建的快捷方式命名为“新编教材”，单击“完成”按钮。

③ 可以看到在桌面上新建了一个名为“新编教材”的快捷方式，双击此快捷方式可以直接打开“新编教材”文件夹，如图10-15所示。

（2）在桌面上建立打印机的快捷方式

在日常办公中，打印机是使用最多的外设。用户可以在桌面创建一个指向打印机的快捷方式。

① 选择“开始”|“设备和打印机”命令，打开“打印机和传真”窗口，在需要建立快捷方式的“打印机”图标上右击。

② 在弹出的快捷菜单中选择“创建快捷方式”命令，在桌面上即出现打印机的快捷方式，如图10-16所示。

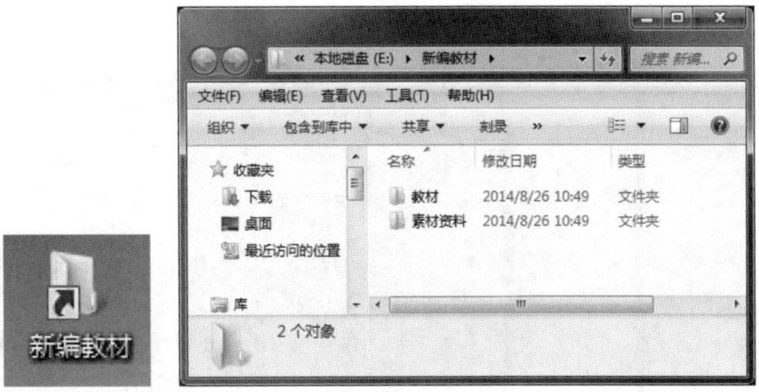

图10-15 “新编教材”文件夹的快捷方式及打开后的效果

图10-16 打印机快捷方式

技巧：在桌面建立打印机快捷方式后，用户可以很方便地访问打印机。只要把文档拖到打印机快捷方式上，Windows就会按照当前的页面设置自动打印该文档的全部内容。

5）定制鼠标和输入法

（1）定制鼠标

选择“开始”|“控制面板”|“硬件和声音”命令，出现控制面板的硬件和声音窗口。单击“鼠标”按钮，弹出“鼠标属性”对话框，如图10-17所示。设置鼠标的左右手习惯、击键速度、鼠标指针形状、鼠标光标移动速度等选项。

定制鼠标及输入法

① 在“鼠标键”选项卡中，在“鼠标键配置”选项区中，可配置鼠标左右键（即左右手方式）。拖动“双击速度”选项区域的滑块或单击滑块两侧可调节鼠标双击速度。修改设置后可在右侧的测试区内进行测试，调整至满意。

② 在“指针”选项卡中的“方案”列表框中，有系统预置的多种鼠标指针方案，可从中选择应用一套自己喜欢的指针形状。

③ 在“指针选项”选项卡中，可以调整鼠标指针的移动速度。

④ 在“滑轮”选项卡中，可以调整滚动一个滚轮齿格所对应滚动屏幕的行数。

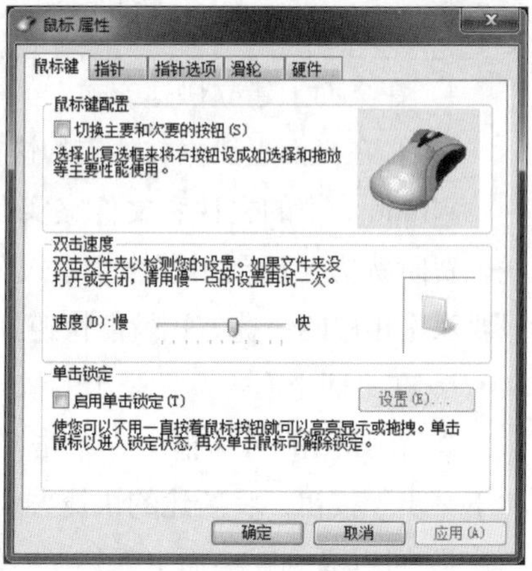

图10-17　定制鼠标

（2）定制输入法

用户在工作中，若对系统预置的输入法不满意，可进行添加和删除输入法、设置激活热键等操作。在Windows 7系统环境下，选择“控制面板”|“时钟、语言和区域”|“更改显示语言”命令，在弹出的“区域和语言”窗口选择“键盘和语言”选项卡，单击“更改键盘”按钮，或右击屏幕右下角的键盘图标，在弹出的快捷菜单中选择“设置”命令，弹出“文本服务和输入语言”对话框，如图10-18所示。

① 添加输入法：单击“添加”按钮，可在输入法提示框中添加所需要的系统提供的输入法，如图10-19所示。

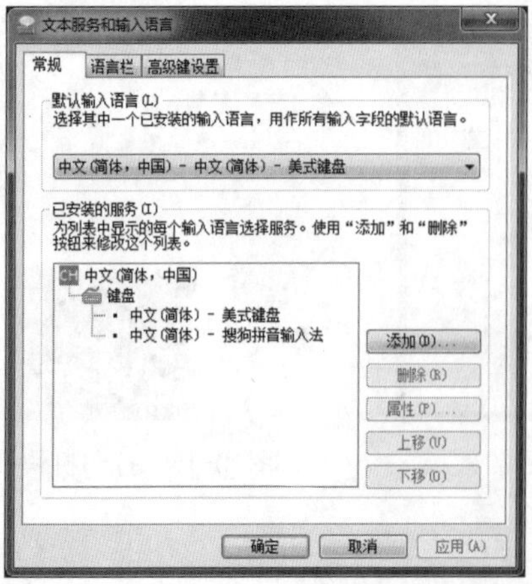

图10-18　定制输入法

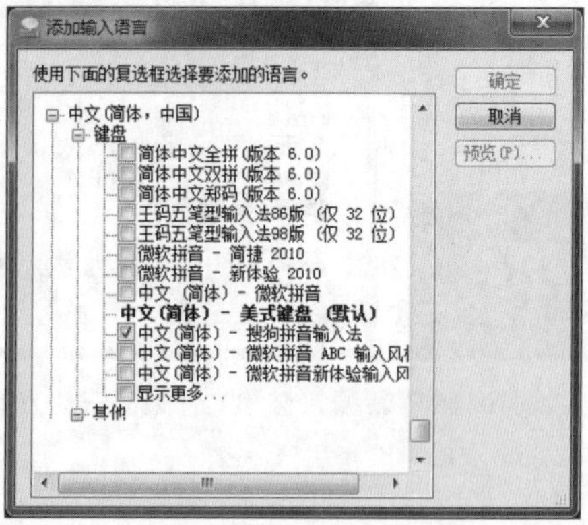

图10-19　添加输入法

② 删除输入法：在“已安装的服务”选项区中选中待删除的输入法，如图10-20所示，单击“删除”按钮即可。

③ 更改调用输入法按键：在“文本服务和输入语言”对话框的“高级键设置”选项卡中，选中待修改输入法，如图10-21所示，单击“更改按键顺序”按钮，根据提示进行设置即可。

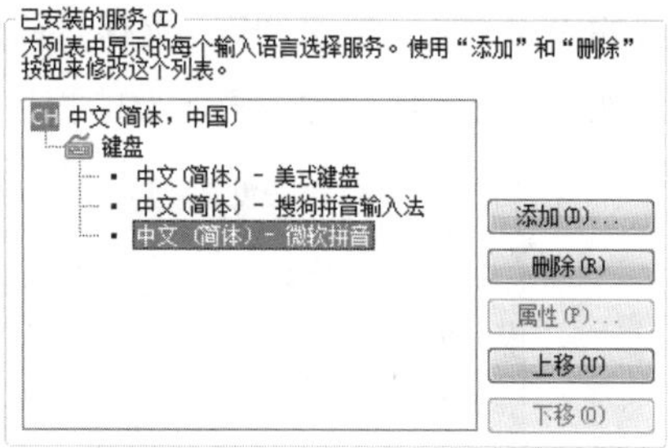

图10-20　删除输入法

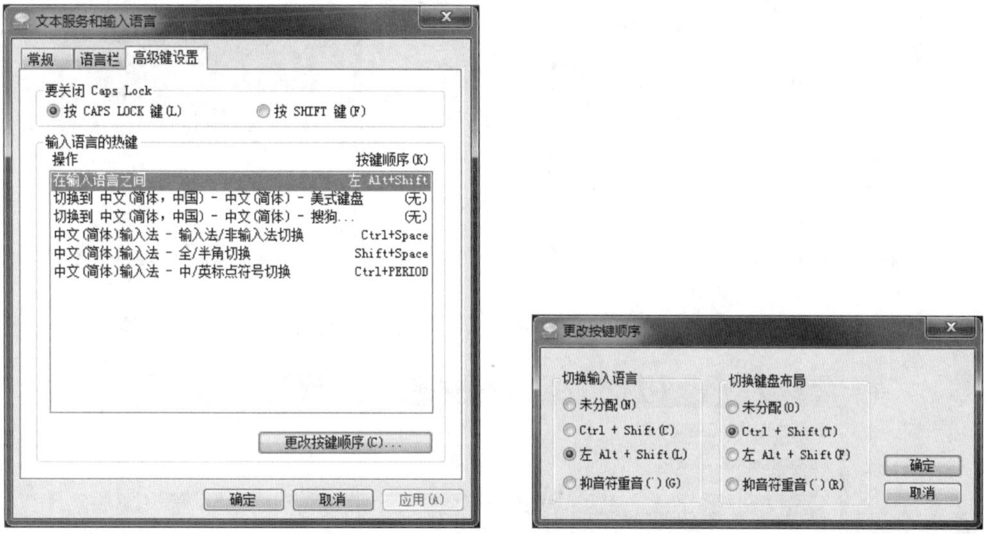

图10-21　更改调用输入法按键

2. 利用系统工具进行系统维护

1）磁盘扫描

在系统正常运行时进行磁盘扫描的步骤如下：

① 在“计算机”窗口中，在某一驱动器上右击，在弹出的快捷菜单中选择“属性”命令，打开“磁盘属性”对话框，选择“工具”选项卡，如图10-22所示。

磁盘扫描、清理和碎片整理

② 单击“查错”选项区的“开始检查”按钮，出现“检查磁盘”对话框，如图10-23所示，可以选中“自动修复文件系统错误”和“扫描并尝试恢复坏扇区”复选框。然后单击“开始”按钮，系统开始检查磁盘。检查完毕会弹出“已成功扫描您的设备或磁盘”提示框，单击“关闭”按钮结束，如图10-24所示。

> **提示：**如果用户没有正常退出系统，下次启动系统时，系统会自动扫描相应的磁盘文件，并将丢失的磁盘信息保存成文件。执行磁盘检查之前必须关闭所有文件，如果磁盘目前正在使用，则屏幕上会出现一条信息询问是否在下次启动系统时重新安排磁盘检查。这样，在下次重新启动系统时，将运行磁盘检查程序。

2）磁盘清理

Windows的磁盘清理程序可以清除Internet临时文件（即网络浏览器的缓存文件）、已下载的程序文件、脱机的Web文件、程序运行后留下的临时文件并清空回收站，另外，通过磁盘清理程序还可以删除不再需要的程序和Windows组件。

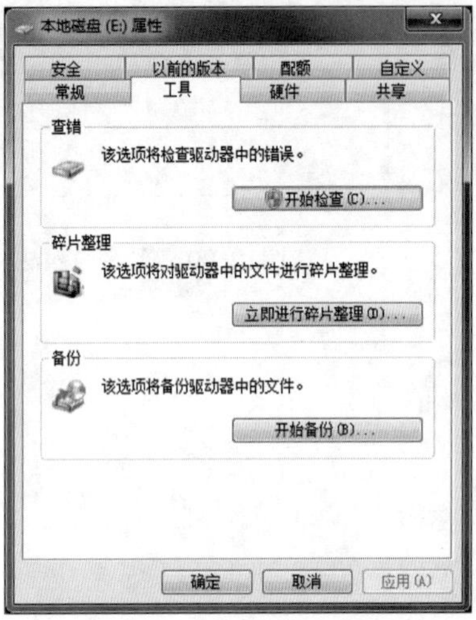

图10-22 “磁盘属性”对话框中的“工具”选项卡

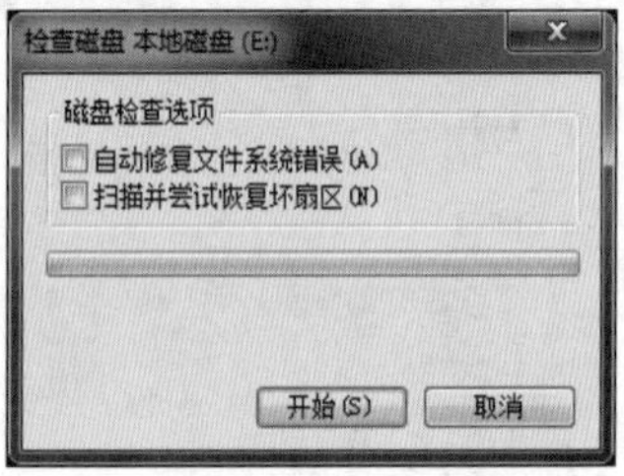

图10-23 开始磁盘检查

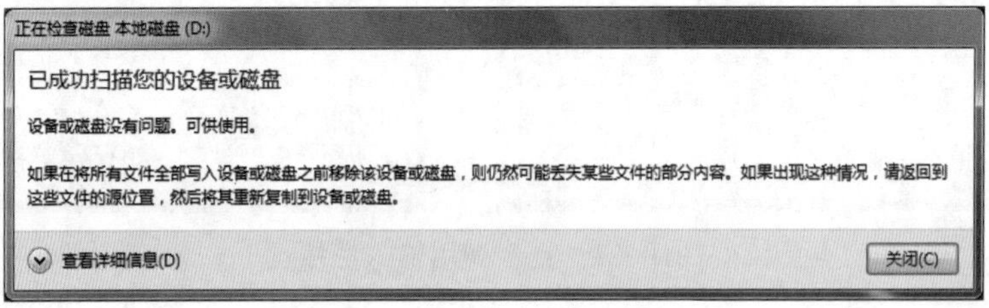

图10-24 完成磁盘检查

① 选择“开始”|“所有程序”|“附件”|“系统工具”|“磁盘清理”命令，这时会打开“磁盘清理：驱动器选择”对话框，如图10-25所示。

② 选择驱动器，单击“确定”按钮后，系统首先计算在选定的驱动器上有多少可以释放的空间。然后打开磁盘清理对话框，如图10-26所示，其中列出了系统认为需要清理的文件。

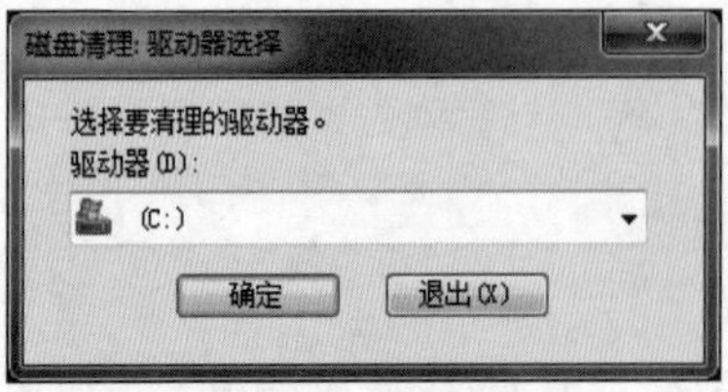

图10-25 选择要清理的驱动器

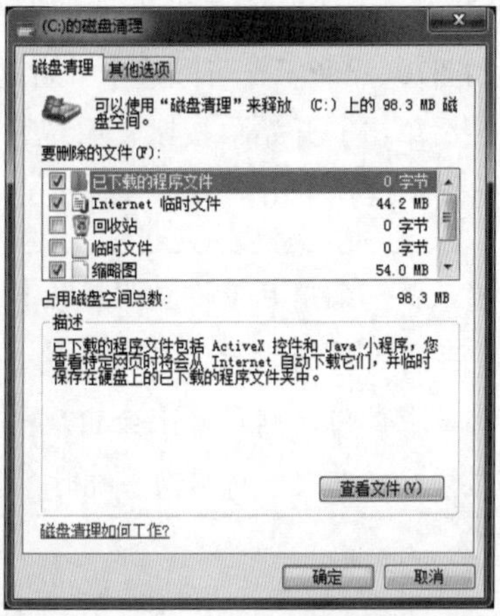

图10-26 “磁盘清理”对话框

③ 单击“确定”按钮，系统首先询问是否要永久删除这些文件，如图10-27所示，单击“删除文件”按钮，系统开始磁盘清理，如图10-28所示。

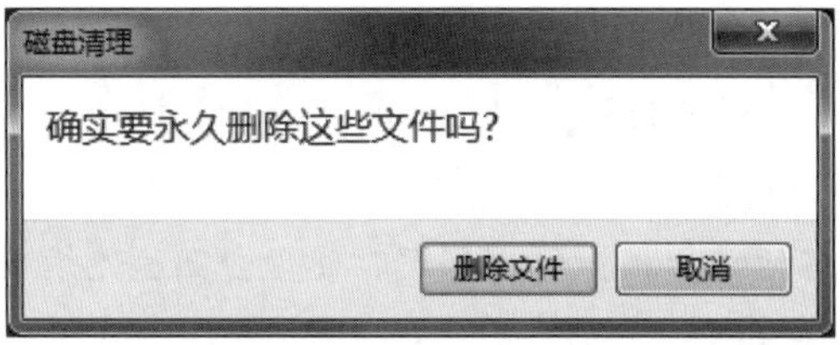

图10-27　确认是否删除文件

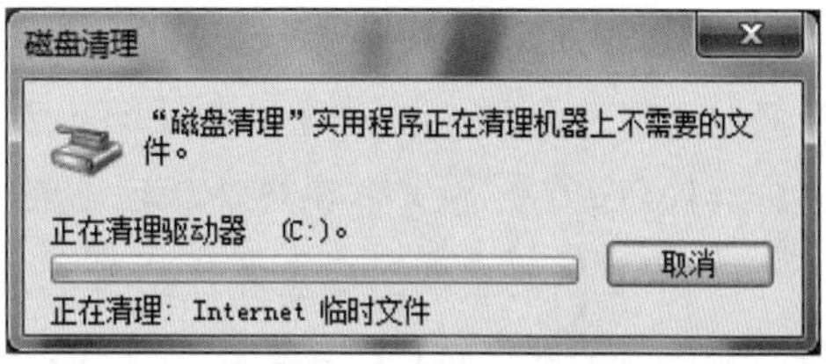

图10-28　开始磁盘清理

3）整理磁盘碎片

磁盘碎片是指同一磁盘文件的各个部分分散在磁盘的不同区域。当用户创建和删除文件和文件夹、安装新软件或从网络下载文件时，磁盘中就会开始出现碎片。当磁盘中包含大量碎片文件和文件夹时，Windows访问它们的时间会增长，原因是它需要进行一些额外的磁盘驱动器读操作才能收集文件和文件夹的不同部分。因此，当磁盘上的可用空间是零散的时候，创建新的文件和文件夹也要慢些，磁盘中的碎片越多，计算机的文件输入/输出系统性能就越低。

① 选择“开始”|“所有程序”|“附件”|“系统工具”|“磁盘碎片整理程序”命令，或者在“计算机”窗口中某一驱动器图标上右击，在弹出的快捷菜单中选择“属性”命令，在弹出的“磁盘属性”对话框中选择“工具”选项卡，单击“立即进行磁盘碎片整理”按钮。

② 程序首先会对磁盘的使用情况进行分析，选中所需整理的磁盘，单击“分析磁盘”按钮，如图10-29所示，Windows 7的磁盘整理并不像Windows XP那样直观地用各种颜色区域来表示。Windows 7系统只给出了一个碎片的百分比。

③ 如果用户要进行磁盘碎片整理，单击“磁盘碎片整理”按钮，开始碎片整理，在当前状态一栏中的“进度”标题下显示整理的进度。这个过程需要的时间长短主要取决于文件的数量和分区的大小。

④ 整理结束后，可以看到碎片百分比变为0%，如图10-30所示，单击“关闭”按钮结束。

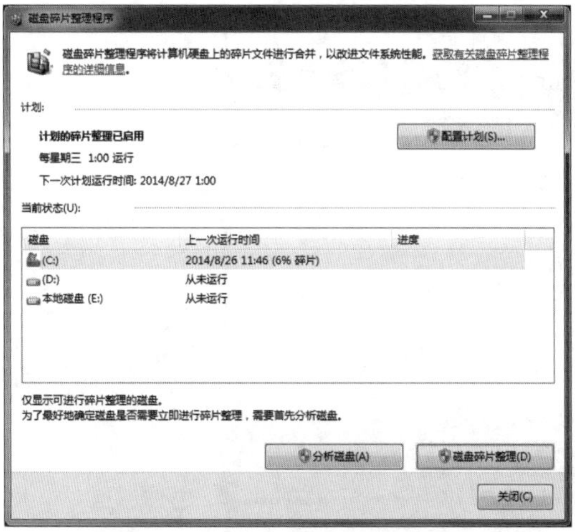

图10-29　磁盘碎片整理程序

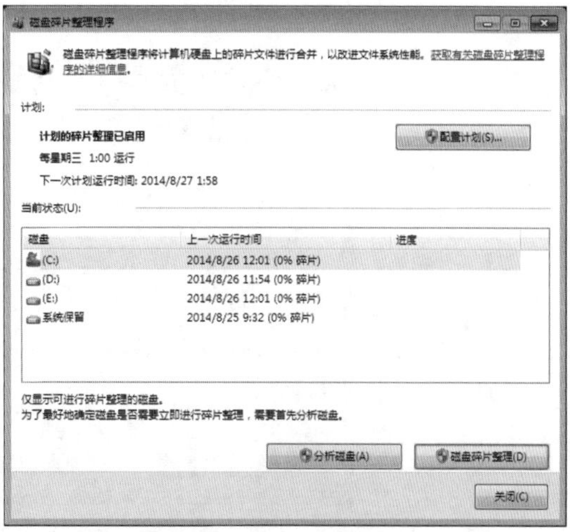

图10-30　磁盘整理完毕

> **提示：**磁盘碎片整理可以提高文件的读写速度，但是在进行磁盘碎片整理时需要注意以下事项：
>
> ① 整理期间不要进行数据读写。磁盘碎片整理需要的时间比较长，有人喜欢在整理的同时听歌、打游戏，这是很危险的，因为磁盘碎片整理时硬盘在高速旋转，这个时候进行数据的读写，很可能导致计算机死机，甚至硬盘损坏。
>
> ② 不宜频繁整理。磁盘碎片整理不同于其他计算机操作，整理时硬盘会高速连续旋转，如果频繁进行磁盘碎片整理，可能导致硬盘寿命下降。
>
> ③ 做好准备工作。在整理磁盘碎片前应该先对驱动器进行“磁盘检查”，这样可以防止系统将某些文件误认作逻辑错误而造成文件丢失。
>
> ④ 双系统下不要交叉整理。很多用户都安装有双操作系统，但是由于系统兼容性等原因，交叉进行磁盘碎片整理可能会造成文件易位、混乱甚至系统崩溃，所以建议在各自的系统分区内进行磁盘碎片整理。

4）安装系统补丁和系统更新

由于操作系统非常庞大，因此，虽然经过严格测试，但也难免仍有错误或漏洞。一个版本的操作系统在发布以后，其错误或漏洞逐渐被开发者、使用者或黑客发现。为了弥补这些错误和漏洞，其开发者向社会发布补丁（Service Pack）。用户可以从网站上下载补丁程序。Windows的系统漏洞往往会带来安全问题，如曾经著名的“冲击波”病毒就是利用了Windows 2000的RPC安全漏洞，首次发作时曾使世界上几百万台计算机受到攻击。

（1）使用下载补丁程序安装系统补丁

① 在网络上查找Windows 7补丁并下载：对于新装微机，如果没有安装系统安全补丁，很容易在上网的过程中感染病毒，建议先用其他计算机登录到微软官方网站下载系统补丁程序。图10-31所示为微软公司的下载与更新网页。

图10-31　微软官方网站的下载与更新网页

② 安装补丁程序：下载补丁程序后，双击程序图标，根据提示即可安装。在安装程序前，一般要求备份系统、关闭所有打开的程序。安装完成后，系统会提示重新启动计算机。

③ 重新启动计算机，使补丁生效。

（2）安装系统更新

Microsoft 提供的重要更新，包括安全、驱动程序和其他重要更新，它们可以帮助用户安全高效地使用计算机，防止遭受那些通过网络传播的新病毒和其他安全威胁的攻击。

Windows Update自动更新是Windows的联机扩展功能，它帮助用户及时更新操作系统。计算机开启自动更新后，每当有适用的重要更新发布时，它会及时提醒用户下载和安装。使用自动更新可以在第一时间更新操作系统、修复系统漏洞、保护计算机安全。安装系统更新的方法有：

① 打开自动更新：选择“开始”|“控制面板”|“系统和安全”|“启用或禁用自动更新”命令，系统弹出图10-32所示的“选择Windows安装更新的方法”窗口，从中设置“自动更新”的启动条件。之后，系统即可按照用户设定的自动更新条件，进行自动更新。用户还可以对更新方式进行设置：“自动安装更新”“下载更新，但是让我选择是否安装更新”“检查更新，但是让我选择是否下载和安装更新”或“从不检查更新”。

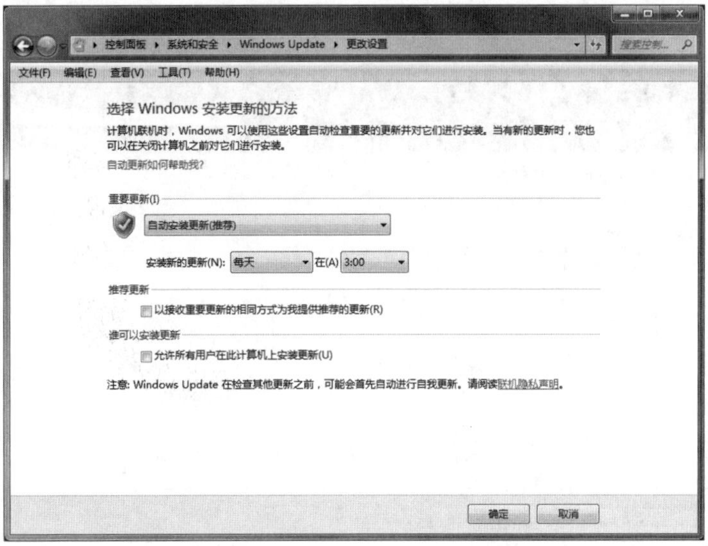

图10-32　控制面板设置自动更新

② 访问Windows Update网站：选择“开始”|“控制面板”|“系统和安全”|“检查更新”命令，系统弹出图10-33所示的“Windows Update”窗口，单击“查找详细信息”按钮，即可连接到Windows Update网站，如图10-31所示，在这里可以获取并安装最新的Windows Update软件。

③ 在Windows Update网站中，选中“我同意Microsoft更新的使用条款”复选框，然后单击“下一步”按钮，出现“选择Windows安装更新的方式”窗口，根据用户需要进行相应选择，然后单击“安装”按钮，如图10-34所示。开始自动安装，安装完成后会提示“Microsoft 更新已成功安装”，如图10-35所示。重新启动计算机，使更新生效。

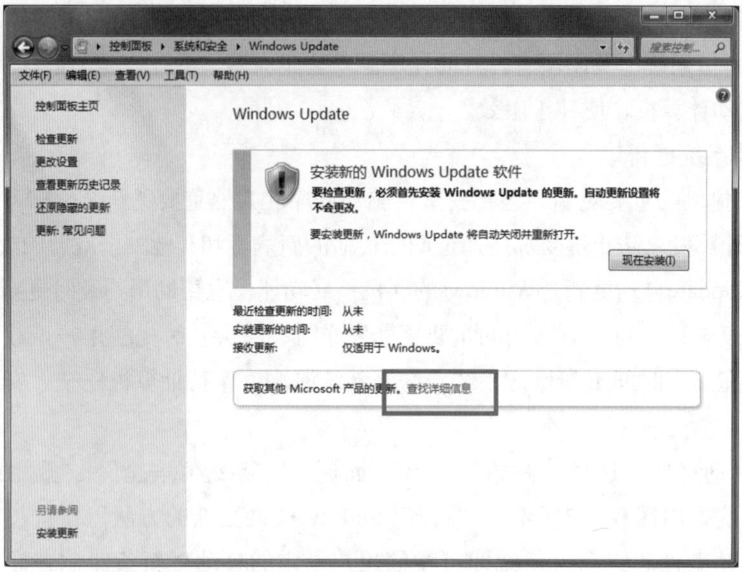

图10-33　访问Windows Update网站

图10-34　选择Windows安装更新方式

3. 使用第三方工具维护系统

1）使用360安全卫士对系统进行维护与优化

“360安全卫士”是国内著名的免费安全软件，官方下载网址为“http://www.360.cn”。网站主页如图10-36所示。

360安全卫士提供了多项维护与优化操作，下面我们将重点练习360安全卫士在系统诊断及修复方面的应用。

360

（1）漏洞补丁修复

360安全卫士的漏洞补丁修复功能是最受用户欢迎的实用功能之一，它可以根据用户系统环境，监测运行情况，分析漏洞性质，并及时给出提示。修复漏洞时，能够自动查找最适合的补丁程序修补用户系统漏洞。

图10-35　Microsoft 更新已成功安装

图10-36　360网站主页

① 查找系统漏洞：360安全卫士默认每次启动时自动对自己的“主程序”、“特征库”（病毒库）和“网址库”进行升级，如图10-37所示，单击“立即体检”按钮后，360安全卫士开始全面体检，对计算机的安全情况进行基本的检测，并在程序窗口中给出检测报告。稍后给出体检报告，提示发现的问题和发现的系统高危漏洞，如图10-38所示。

图10-37　主程序界面图

图10-38　系统检查结果

提示：系统打补丁就像人体注射“疫苗”，可以有效提升系统自身的抵抗力，是免疫木马病毒攻击最简单有效的方法。但是在实际应用中，并不是所有补丁都必须打，如果操作不当，可能会导致系统性能下降或出现不必要的麻烦。360安全卫士的“修复漏洞”功能更加智能，把补丁分为通俗易懂的三类：“高危漏洞补丁”“功能性更新补丁”和“不推荐安装补丁”，能针对用户的系统和软件环境进行个性化诊断，帮用户避免了打错补丁的风险，如图10-39所示。

图10-39　360安全卫士有选择地修复系统漏洞

② 安装360安全卫士并默认开机启动后，360安全卫士会实时监测系统漏洞情况，及时在屏幕右下角给出提示，提醒用户修复漏洞。

③ 单击系统高危漏洞信息框中的“立即修复”按钮，即可在系统的指导下方便地完成系统高危漏洞的修复工作，如图10-40所示。

图10-40 监测并修复系统高危漏洞

（2）清理恶评插件

“恶评插件”又称“广告软件”或“流氓软件”，是一种口碑极差的恶意软件。这些软件通常在用户不知情的情况下强制安装或者偷偷安装，然后会在计算机上弹出广告，或者劫持IE浏览器，自动打开广告网页或者病毒网页。这些软件通常多不提供卸载工具，使一般用户很难彻底卸载，要用流氓软件清除工具才行。

在360安全卫士主界面中单击“电脑清理”标签，系统开始扫描，稍后报告扫描结果，如图10-41所示。如果存在恶评插件或不再需要的其他插件软件或垃圾，可在报告窗口中将其选中，然后单击“一键清理”按钮。

图10-41 清理插件

（3）360安全卫士的高级应用

在360安全卫士主界面中选择“优化加速”选项卡，可以看到360为用户提供了“一键优化”“深度优化”“我的开机时间”“启动项”“优化记录与恢复”等高级工具，这些工具主要用于疑难杂症的手工排查，如图10-42所示。

① 开机启动项管理：在“优化加速”选项卡中，选择“启动项”选项，360安全卫士扫描当前设置的开机启动项目，给出是否需要开机启动建议，供用户手动设置，如图10-43所示。

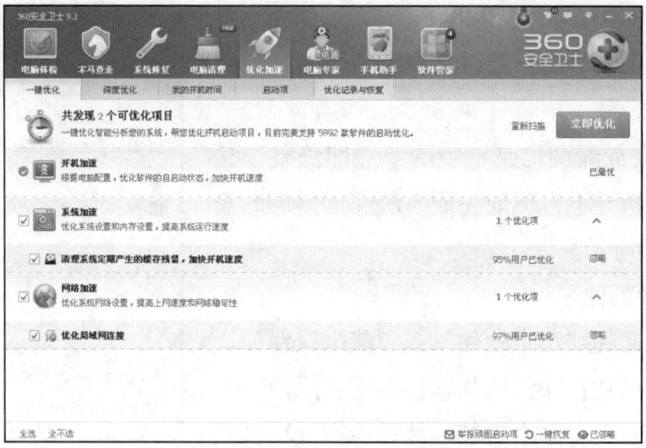

图10-42　优化加速主界面

图10-43　开机启动项管理

② 木马查杀：在“木马查杀”选项卡中，选择“快速扫描”选项，360安全卫士开始对系统进行全面诊断，并依托庞大的知识库对各项数据进行分析，发现可修复的危险项，帮助过滤出不安全的项目。系统快速扫描后会将扫描结果一一显示，360安全卫士给出提示并建议立即修复，如图10-44所示。

图10-44　全面诊断，过滤不安全项目

图10-44　全面诊断，过滤不安全项目（续）

2）使用Windows优化大师对系统进行维护与优化

Windows优化大师适用于多款流行Windows操作系统平台，能够为系统提供全面、有效、简便、安全的优化、清理和维护手段，让计算机始终保持在最佳状态。Windows优化大师启动后的界面如图10-45所示。

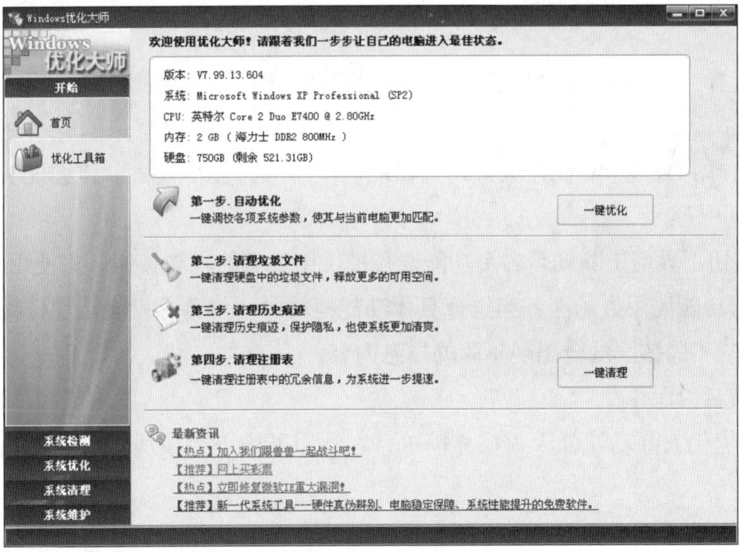

图10-45　Windows优化大师启动界面

（1）Windows优化大师的主要功能

① 详尽准确的系统信息检测：Windows优化大师深入系统底层，分析用户计算机，提供详细准确的硬件、软件信息，并根据检测结果向用户提出系统性能进一步提升建议。

② 全面的系统性能优化选项：提供磁盘缓存、桌面菜单、文件系统、网络、开机速度、系统安全、后台服务等多方面的优化选项，并向用户提供简便的自动优化向导，根据检测，分析用户计算机软件、硬件配置信息进行自动优化。所有优化项目均提供恢复功能，用户若

不满意优化结果可以一键恢复。

③ 强大的清理功能：包括注册表清理、垃圾文件清理、ActiveX/COM组件清理、冗余动态链接库清理、软件智能卸载、系统个性设置、备份恢复管理、磁盘清理功能、其他优化选项、优化维护日志等。

④ 有效的系统维护：包括驱动智能备份、系统磁盘医生、Windows内存整理、Windows进程管理、文件粉碎和加密等。

（2）Windows优化大师界面说明

Windows优化大师界面如图10-46所示。

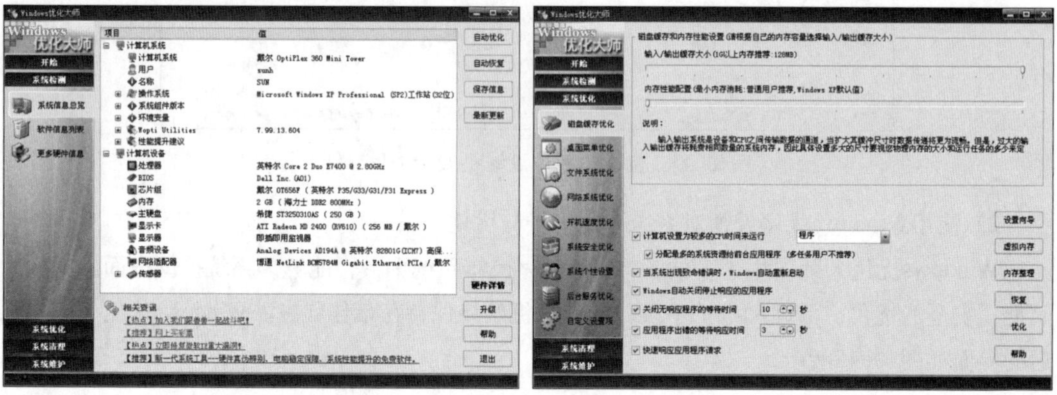

图10-46　Windows优化大师界面

① 模块选择：Windows优化大师四大功能模块，包括系统检测、系统优化、系统清理和系统维护。

② 功能选择：Windows优化大师四大功能模块下的具体小模块，详细说明请参照各模块的功能说明。

③ 功能按钮：界面上陈列着各个功能选择模块中具有的功能按钮，方便用户操作。

④ 信息与功能应用显示区：当选择具体功能模块时，屏幕上就会出现详细的模块信息；根据功能模块的不同该区域会出现不同的信息内容。

（3）系统磁盘医生

Windows优化大师功能强大，操作简单，在这以其中一个模块——“系统磁盘医生”为例进行说明。

由于死机、非正常关机等原因，Windows可能会出现一些系统故障。例如，交叉链接的文件（即文件分配表中的两个文件或目录共用同一个磁盘空间）等。为解决此问题，在DOS/Windows 9x中，Microsoft提供了Scandisk。而Windows 2000/XP/2003/Vista/7通常是在启动时发现此类问题后要求用户确定是否运行Chkdsk进行检查，进入Windows后，即便再次运行Chkdsk也无济于事，因为Windows 2000/XP/2003/Vista/7不允许在保护模式下修复故障（即使发现了故障也是如此）。同时，由于开机的检查非常耗时，一些用户在出现问题时选择了跳过检查，长此以往问题可能会越来越严重，甚至导致系统崩溃。

对此，Windows优化大师向Windows 2000/XP/2003/Vista/7用户提供了系统磁盘医生功能。它不仅能帮助用户检查和修复由于系统死机、非正常关机等原因引起的文件分配表、目录结构、文件系统等系统故障，更能自动快速检测系统是否需要做以上的检查工作，以帮助用户节约大量的时间。

① 该功能的用法非常简单，选择“系统维护”功能模块，再选择“系统磁盘医生”维护功能选项，进入系统磁盘医生界面，如图10-47所示。选择要检查的磁盘，单击“检查”按钮即可。用户可以一次选择多个磁盘（分区）进行检查，同时在检查的过程中用户也可以随时终止检查工作。

② 单击“选项”按钮，可以对系统磁盘医生的设置选项进行设置，以便确定系统磁盘医生在进行磁盘检查修复时的工作方式。

③ 选中待检查磁盘（分区），单击“检查”按钮，Windows优化大师开始对所选磁盘进行检查并尝试修复发现的错误。图10-48所示为系统磁盘医生对所选磁盘进行检查及修复后返回的报告清单，从清单中可以看到，磁盘医生提示发现问题并已尝试对所发现的问题进行了修复。

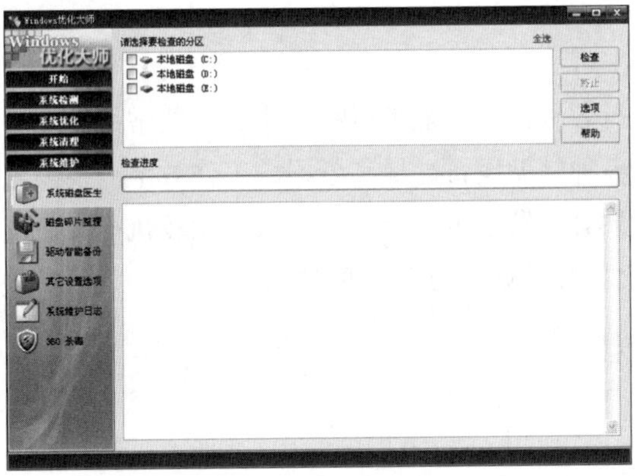

图10-47 “系统磁盘医生”窗口

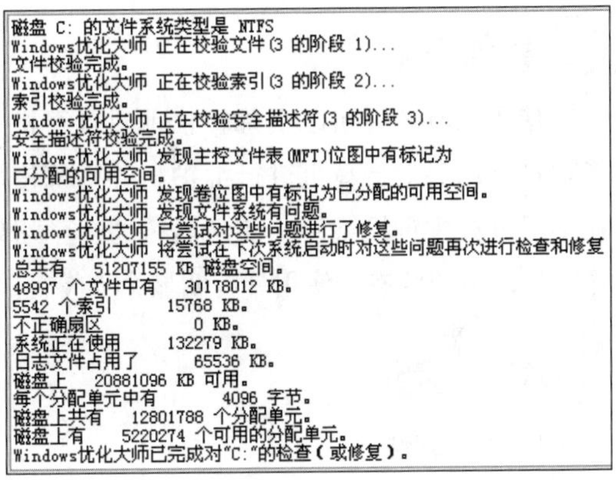
磁盘 C: 的文件系统类型是 NTFS
Windows优化大师 正在校验文件(3 的阶段 1)...
文件校验完成。
Windows优化大师 正在校验索引(3 的阶段 2)...
索引校验完成。
Windows优化大师 正在校验安全描述符(3 的阶段 3)...
安全描述符校验完成。
Windows优化大师 发现主控文件表(MFT)位图中有标记为
已分配的可用空间。
Windows优化大师 发现卷位图中有标记为已分配的可用空间。
Windows优化大师 发现文件系统有问题。
Windows优化大师 已尝试对这些问题进行了修复。
Windows优化大师 将尝试在下次系统启动时对这些问题再次进行检查和修复
总共有 51207155 KB 磁盘空间。
48997 个文件中有 30178012 KB。
5542 个索引 15768 KB。
不正确扇区 0 KB。
系统正在使用 132279 KB。
日志文件占用了 65536 KB。
磁盘上 20881096 KB 可用。
每个分配单元中有 4096 字节。
磁盘上共有 12801788 个分配单元。
磁盘上有 5220274 个可用的分配单元。
Windows优化大师已完成对"C:"的检查(或修复)。

图10-48 “系统磁盘医生”检查修复报告单

④ 关闭Windows优化大师，完成磁盘检查修复。

练习与提高

1．磁盘检查有什么意义？怎样进行磁盘检查？

2．磁盘碎片是怎样形成的？如何消除？

3．安装系统补丁有什么意义？安装系统补丁有几种方式？

4．哪些因素影响开机速度？怎样提高开机速度？

5．Windows优化大师是从哪几个方面对系统进行优化的？

实训11

➡ 常用工具软件使用

实训描述

学习计算机工具软件及其分类，以典型工具软件为例，讲解系统类、安全类工具软件的使用方法。利用杀毒软件保护系统，避免被病毒或木马程序破坏；利用维护/优化软件对系统进行维护与优化；利用上传/下载工具把文件上传到网上，从网上下载文件；利用压缩/解压缩工具保存数据；利用数据恢复工具找回误操作删除的文件。

实训分析

使用工具软件可以更加轻松地对计算机进行各种设置，能够分析、排除一些常见故障，能够自己动手对计算机进行维护，并熟练使用各种辅助设备，提高学习、工作效率。要注意在学习过程中创设条件，使学习行为、学习效果可比较、可评价，如记录并比较执行优化操作前后的系统状态，使用具有明显个人特征的文档练习删除/恢复操作等。

实训资讯

1. 工具软件

在计算机软件系列中，有一些为了方便用户管理计算机系统而专门设计的软件，通常称为工具软件。它们是为了增强和扩充原有操作系统的某些功能而安装和使用的一种辅助软件。这些软件一般比较小，功能相对单一，但却是解决一些特定问题的得力助手。

计算机工具软件种类繁多，大多数工具软件是共享软件、免费软件、自由软件或软件厂商开发的小型商业软件。工具软件可以使用户更方便、更稳定、更安全地使用计算机。图11-1所示为某导航网站整理的常用工具软件清单。

图11-1 某导航网站列出的常用工具软件

2. 常用工具软件的分类

根据工具软件使用领域的不同，可以把它们划分为系统类、图像类、多媒体类、网络类等。需要说明的是，对于常用工具软件目前并没有一个科学统一的分类标准，这种按用途所进行的分类是基于广大用户的经验和使用习惯。

① 系统工具：主要用于增强或扩展计算机系统性能，包括系统增强、系统测试、系统备份、桌面工具、磁盘工具、数据备份、卸载清除工具等。

② 安全工具：计算机安全是计算机技术中非常重要的内容，所以将安全工具从系统工具中单独列出，其中包括与系统安全、网络安全、病毒防治、加密等有关的一些工具。

③ 网络工具：主要用于在网络环境下增强系统对网络下载速度、邮件管理、某些特别对象的下载管理，包括上传下载工具、邮件检测与处理工具、网络共享工具等。

④ 联络工具：是在网络环境下使用的工具软件，由于其自身的特殊性和使用的广泛性，将其进行单独分类。常见的有网络电话、腾讯QQ、MSN Messenger、信使工具、传真工具等。

⑤ 多媒体工具：是与计算机的多媒体应用有关的工具软件，包括媒体播放、媒体管理、音频处理、视频处理、音频转换、视频转换、网络电视、桌面制作、媒体制作等。

⑥ 图形图像工具：也属于多媒体范畴，但由于图形图像处理的特殊性，这类工具软件一般单独列出分类。图形图像工具包括图像浏览与管理工具、图像格式转换工具、图像捕捉工具、图像制作与合成工具等。

⑦ 应用工具：是一些常用的小工具软件，包括文件解压缩、文件分割、电子阅读、虚拟光驱、转换翻译、刻录工具等。

3. 获取常用工具软件的途径

获取常用工具软件的途径多种多样，Internet上有大量下载链接，但是，用户最好到所需工具软件的官方网站下载，获取免费软件或采用适当的方式获得使用授权。

4. 常用工具软件的安装

常用工具软件的安装与软件的发布方式有关，自带安装程序的软件与其他各类软件的安装方法基本一致，即启动安装程序后，在安装向导的指引下应答必要的数据信息，如注册码、安装位置、设置参数等，相关操作可参考实训7。而绿色软件可在解压缩后直接使用，没有上述的安装过程。

实训实施

1. 查杀病毒软件的使用方法

随着计算机应用技术的普及，特别是网络应用的普及，计算机病毒和黑客恶意攻击等问题日显突出，因此，如何保护好计算机系统，使它处于良好的工作状态，把病毒、木马等恶意软件对计算机系统的危害降到最低，已成为任何一名计算机用户所必备的知识。了解计算机病毒的概念、病毒传染和发作机制，并进一步利用好防、杀病毒软件，掌握提高Windows系统安全性的技术是每个人必须掌握的基本技能。

1）计算机病毒概述

（1）病毒的概念

《中华人民共和国计算机信息系统安全保护条例》对计算机病毒的定义是："编制或者在计算机程序中插入的破坏计算机功能或者毁坏数据，影响计算机使用，并能自我复制的一组计算机指令或者程序代码。"

提示：计算机病毒作为一种特殊的程序，具有隐蔽性、传染性、潜伏性、可触发性、破坏性等特征。

（2）病毒的分类

① 引导区病毒：这类病毒隐藏在硬盘或软盘的引导区，当计算机从感染了引导区病毒的硬盘或软盘启动，或当计算机从受感染的软盘中读取数据时，引导区病毒就开始发作。一旦它们将自己复制到机器内存中，马上就会感染其他磁盘的引导区，或通过网络感染其他计算机。

② 文件型病毒：文件型病毒寄生在其他文件中，常通过对它们的编码加密或使用其他技术来隐藏自己。文件型病毒劫夺用来启动主程序的可执行命令，用作它自身的运行命令。同时还经常将控制权还给主程序，以伪装成计算机系统正常运行。一旦运行感染了病毒的程序文件，病毒便被激发，执行大量的操作，并进行自我复制，同时利用附着在系统其他可执行文件上的方法伪装自身，并留下标记，以后不再重复感染。

③ 宏病毒：是一种寄存在文档或模板的宏中的计算机病毒。宏的功能十分强大，相当多的软件包中都引入了宏，一旦打开这样的文档，其中的宏就会被执行，这样便给了宏病毒可乘之机。宏病毒被激活，转移到计算机上，并驻留在Normal模板上。之后，所有自动保存的文档都会"感染"上这种宏病毒，而且如果其他用户打开了感染病毒的文档，宏病毒又会转移到其计算机上。

④ 脚本病毒：脚本病毒依赖脚本语言（如VBScript、JavaScript等）起作用，同时需要主软件或应用环境能够正确识别和翻译这种脚本语言中嵌入的命令。脚本病毒在某方面与宏病毒类似，但脚本病毒可以在多个产品环境中运行，还能在其他所有可以识别和翻译它的产品中运行。

⑤ 网络蠕虫程序：网络蠕虫程序是一种通过间接方式复制自身的非感染型病毒。有些网络蠕虫拦截E-mail系统向世界各地发送自己的副本；有些则出现在高速下载站点中传播自身。它的传播速度相当惊人，成千上万的病毒感染会造成众多邮件服务器崩溃，带来难以弥补的损失。

⑥ 木马程序：木马程序通常是指伪装成合法软件的非感染型病毒，它不进行自我复制。有些木马可以模仿运行环境，收集用户的信息。木马程序常常用于窃取用户名和密码或者从众多的互联网服务提供商（ISP）盗窃用户的注册信息和账号信息。

提示：简单地说，病毒破坏用户的信息，而木马窃取用户的信息。要预防病毒、木马，首先要提高警惕，不要轻易打开来历不明的可疑的文件、网站、邮件等。要及时为操作系统打上补丁，安装上防火墙，还要有一个可靠的能及时升级病毒库的杀毒软件。

（3）病毒的表现形式

计算机受到病毒感染后，会表现出不同的症状，下面是一些经常遇到的现象。

① 机器不能正常启动，或者可以启动，但启动时间比原来变长了。在运行时出现异常出错信息，系统突然出现黑屏或经常出现“死机”现象。

② 以前运行正常的程序现在运行时会出现内存不足、系统运行速度降低、存取数据的时间比原来长的状况。

③ 磁盘空间迅速变小，磁盘出现大量坏扇区，什么程序都无法使用。

④ 文件内容和长度有所改变，文件内容无法显示，或无故增加了一些乱七八糟的文件。

⑤ 外围设备工作异常，如打印机无法使用或打印速度非常慢，还经常出错。

（4）病毒的预防

因为计算机病毒对计算机和其中的数据有很大的破坏作用，所以应该提高对计算机病毒的防范意识，及时预防计算机病毒。杀毒软件的实时监控对已知病毒的防范有一定作用，但对未知病毒特别是新病毒可能会力不从心，所以平常使用计算机时应注意以下几点。

① 定期备份重要数据，防患于未然。

② 及时更新系统补丁，加强系统自身防护能力。

③ 选用优秀杀毒软件，并且要定期升级更新，开启杀毒软件的实时监控功能。

④ 上网时，不浏览不健康的网站，不打开来路不明的邮件。

（5）病毒的清除

一般使用杀毒软件清除病毒。杀毒软件能扫描内存和硬盘，清除病毒，且对微机中的正常数据没有影响。一旦发现病毒，应立即用最新的杀毒软件对系统进行病毒扫描和清除。

目前，国内外的杀毒软件种类很多，例如360杀毒、金山毒霸、江民KV系列、瑞星、诺顿、Kill等。各公司的产品杀毒技术都有自己的特色，都能对新出现的病毒做出快速反应，病毒库的升级也较及时。

> **提示：**值得注意的是，不能过多依赖杀毒软件，因为病毒总是出现在杀毒软件升级之前，靠杀毒软件来防范病毒，本身就处于被动的地位，要想提高系统安全性，根本上要首先提高自己的安全意识，对病毒做到预防为主、查杀为辅。

2）杀毒软件——360杀毒

360杀毒

360杀毒提供了简洁、友好的操作界面，使用非常方便。

（1）病毒查杀

病毒查杀主要是对计算机的各种杀毒操作，360在主界面上提供了“快速扫描”“全盘扫描”和“自定义扫描”三个快捷按钮，如图11-2所示。可以通过这三个按钮进行相应的病毒查杀操作。

① 快速扫描：快速扫描是对计算机关键位置进行的一种扫描方式，如图11-3所示。主要对于引导区、内存系统文件等进行扫描操作。这些关键位置是当前系统正在调用的数据信息，如果这些位置发现病毒，说明计算机中的病毒已经被激活，系统处于极度危险状态，需

要杀毒软件立刻进行查杀。由于扫描位置较少，所以可以在非常短的时间内完成扫描操作，从而为用户节省大量的时间。但是，对于一些没有隐藏在关键位置并且没有被激活的病毒，快速扫描是没有办法清除的。

图11-2　360杀毒主界面

图11-3　360杀毒扫描界面

② 全盘扫描：全盘扫描是对所有存储设备进行的扫描方式。它是快速扫描的一个补充，通过全盘扫描，所有存储设备中的任何病毒威胁，都可以进行相应的扫描并进行杀毒。所以这种方式是比较彻底的扫描杀毒方式。但是，由于用户文件越来越多，存储量逐渐增大，这种扫描方式会占用大量用户时间，推荐这种扫描方式在晚上或用户长时间不用设备时进行。

③ 自定义扫描：自定义扫描是对用户指定的存储位置进行的一种扫描方式。用户的自由度较高。通过用户的选择，对选定位置进行扫描，如图11-4所示。

无论使用何种方式扫描，扫描界面都是基本相同的。扫描完成后，无论是否扫描到威胁都会出现相应对话框，如图11-5和图11-6所示。

图11-4　360杀毒指定扫描界面

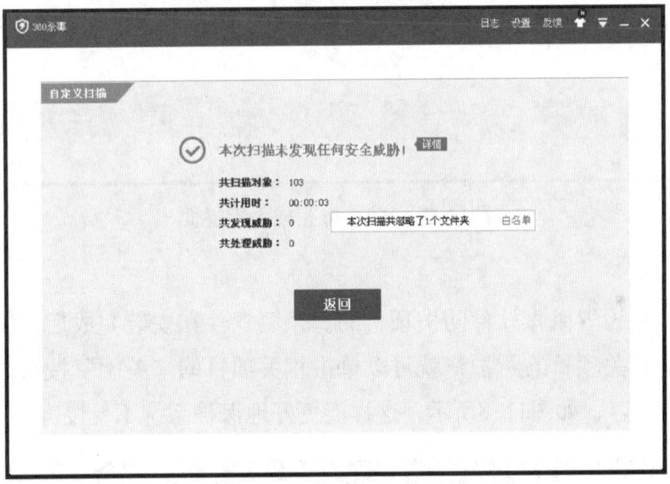

图11-5　360杀毒扫描安全界面

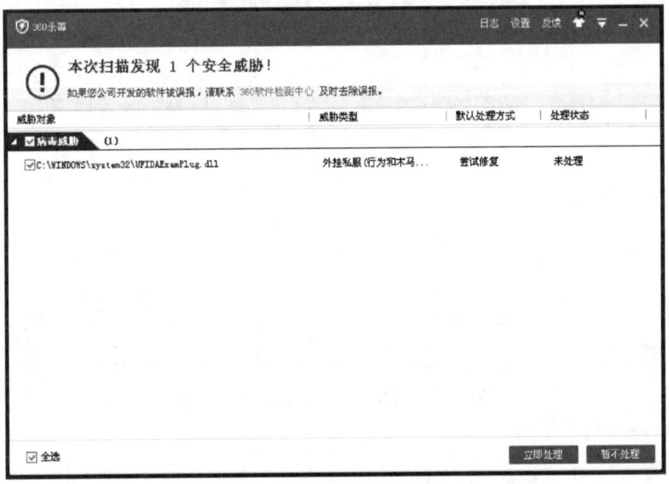

图11-6　360杀毒扫描威胁界面

对于没有扫描出威胁的提示，直接单击“完成”按钮，返回主界面即可。但是对于扫描出威胁的提示来说，一般用户直接选择“全选”选项，然后单击“开始处理”按钮，对扫描出的威胁进行处理即可。对于一些高级用户来说，只要选中个人认为有危险的威胁对象，单击“开始处理”按钮，进行处理即可。处理完成会提示用户，已成功处理所有安全威胁，如图11-7所示。单击“确认”按钮返回主界面即可。

图11-7　360杀毒完成杀毒界面

（2）实时防护

实时防护是用来设置杀毒软件防护项目的。杀毒软件在安装完成后，实时防护是全部开放的，如果想停止相关项目的防护，就可以单击相关项目的“关闭”按钮，退出防护即可。推荐启用所有防护内容，如图11-8所示，这样能更好地保护系统不受侵害。

图11-8　360杀毒实时防护界面

（3）产品升级

对于每一个杀毒软件来说，都需要进行病毒库升级的操作，如图11-9所示。如果杀毒软件没有自动更新，或者用户需要进行更新，可以手动对病毒库进行升级。如果升级完成或不需要升级，会出现相应提示，如图11-10所示。

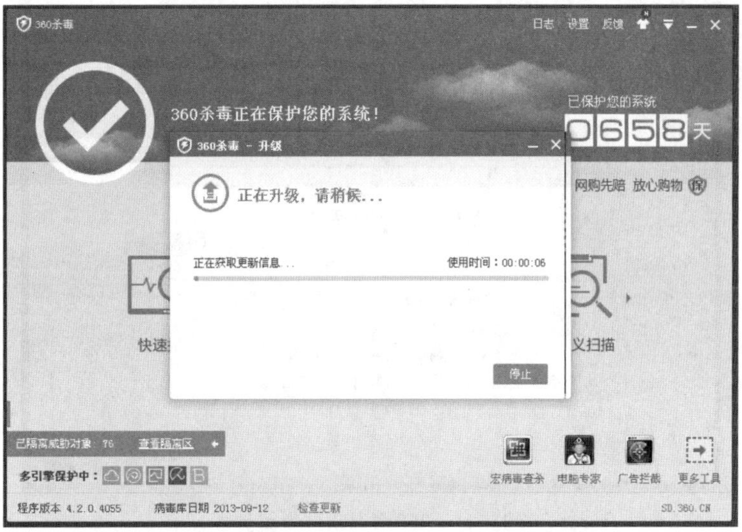

图11-9　360杀毒升级界面

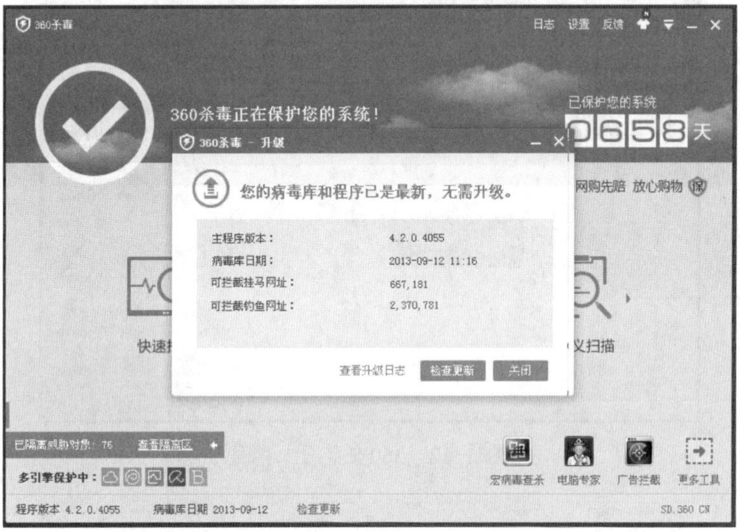

图11-10　360杀毒升级完成界面

（4）产品信息设置

360杀毒除了上面的内容外，还有一个设置主菜单，如图11-11所示。通过设置主菜单可以进行常规设置、病毒扫描设置、实时防护设置、嵌入式扫描、升级设置、白名单设置、免打扰模式和系统修复设置等操作。对于普通用户来说，这些菜单都已默认设置完成，不用进行相应的修改。

（5）相关工具介绍

360公司除了杀毒软件以外还推出了360安全卫士和360安全浏览器等工具，如图11-12和图11-13所示。这些工具配合使用效果会非常出色。

图11-11　360杀毒软件设置界面

图11-12　360安全卫士界面

图11-13　360浏览器界面

只要运行360安全卫士，该软件就会对现有系统进行相关检测，检测结果通过分值反映给用户，分值越低说明系统安全漏洞越多。检测完成后可以单击“一键修复”按钮，对系统进行自动修复。或者通过后面的选项卡进行单一选项的修复工作。用户使用360浏览器可以防止上网过程中有可能被植入的木马、病毒或恶意插件，保护系统不受侵犯。

2．磁盘分区管理工具——Acronis Disk Director Suite

Acronis Disk Director Suite（简称ADDS）是一款硬盘管理和分区工具，由Acronis公司开发。该工具可以在不破坏硬盘数据的前提下改变分区大小，可使各分区在FAT16、FAT32和NTFS格式之间转换，还可以隐藏现有分区、复制分区、格式化分区、更改分区卷标等操作。在使用ADDS前，需要对重要的数据进行备份，因为任何对于硬盘分区的操作都是有危险性的。

分区工具

下面以在Windows 7环境中运行的Acronis Disk Director Suite 10为例介绍其常用操作。

1）Acronis Disk Director Suite 10界面信息

Acronis Disk Director Suite 10的主界面如图11-14所示。主界面的左侧为动作面板，分为“向导”“操作”“高级”“工具”和“详细信息”5部分。

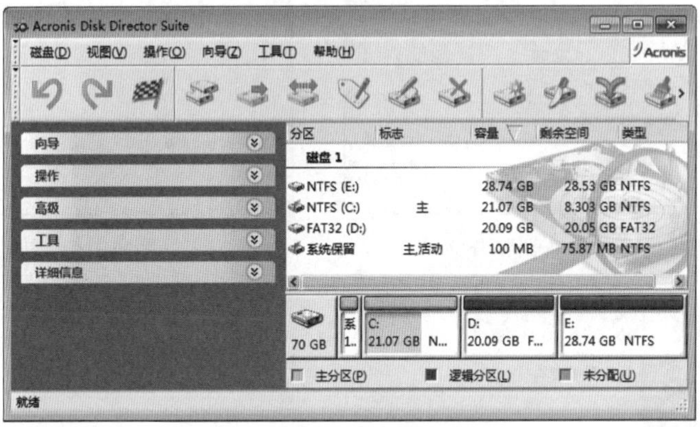

图11-14　ADDS主界面

在“向导”选项下面列出了多个具体任务，选择其中任何一个都会弹出向导来帮助完成任务操作；在“操作”和“高级”选项区列出了对磁盘分区的各项操作，用户只须单击相应的选项就可以了；在“工具”和“详细信息”主要显示了一些操作日志和磁盘信息等内容；用的最多的就是前三项内容。

主界面的右侧显示了磁盘的分区情况，不同的颜色表示了不同的分区信息，这些颜色代表的内容可以在窗口下边的状态栏中看到。

2）调整分区容量

有时由于原来分区时考虑欠周，经过一段时间的使用后，会出现某个分区容量不够的情况，特别是安装操作系统的逻辑分区剩余空间不足，这时就可以用ADDS调整分区容量。

① 选择分区并调整：在ADDS主界面右边选中需要调整大小的分区，然后选择左面的“操作”|“重新调整”命令。弹出“重新调整分区”对话框，如图11-15所示。在该对话框会显示出当前硬盘的容量和允许的最小和最大容量以及分区上的剩余空间等信息，用户可以在“分区大小”文本框中输入改变后的分区大小。注意最大最小值不能超过上面提到的最大最小容量。用户

还可以在该分区前后任意设置空余容量。或者通过拖动图例的方式设置调整分区，设置完成后图例和下面的各项数值都会发生变化，确认无误后单击“确定”按钮回到主界面。

② 执行操作：以上的操作还只是对于分区调整做了一个规划，所有操作并没有真正被执行。上述操作确认无误后，单击动作面板下面的“提交”按钮，如图11-16所示，此时会弹出一个应用挂起的对话框，里面记录了本次所有操作步骤以及磁盘变化等信息。如果显示操作信息有误，可以单击“取消”按钮回到主界面，并单击动作面板下面的“撤销”按钮取消本次所有操作。如果确认无误，单击“继续”按钮，开始进行调整，此时会弹出“操作进度”对话框，如图11-17所示，其中有两个进度条显示操作过程。完成后会有提示操作完成对话框，如图11-18所示，单击“确定”按钮完成操作回到主界面，重新启动计算机。

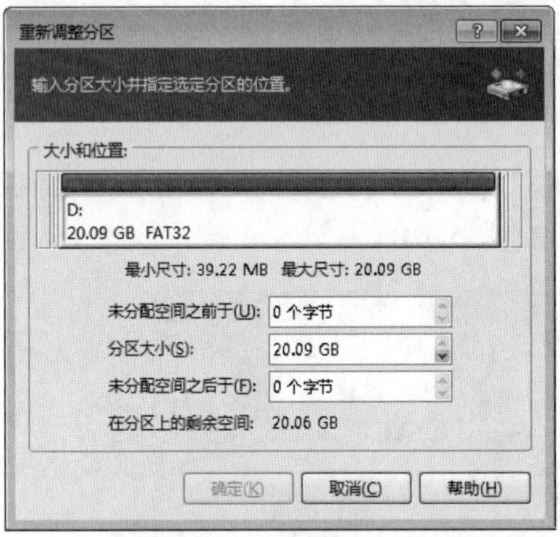

图11-15 重新调整分区

图11-16 应用挂起

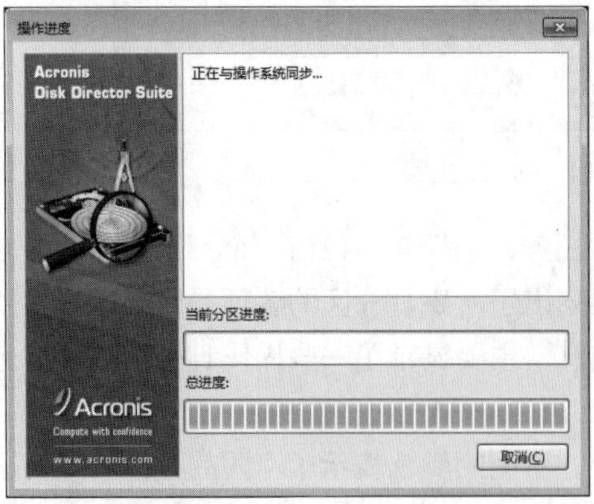

图11-17 操作进度

图11-18 提示完成

> **提示**：如果调整的分区有重要数据，切记要先备份。调整过程中，不要对正在执行操作的分区进行读写操作，如果是非系统分区可以不用重启。

3）无损合并/分割分区

如果硬盘的多个分区都比较小，不能适应现在的应用需求，就可以使用ADDS将两个邻近的分区合并成一个分区，一个分区将扩大，把另一个分区包含进来，第二个分区中的数据将合并成为第一个分区中的一个文件夹。如果分区过大，也可以用ADDS将它分割成几个较小的分区。这些操作除了可以通过选择左边栏中的命令并根据操作向导进行操作外，还可直接选择要操作的分区，通过右击弹出的快捷菜单来进行。

① 合并分区：在ADDS主界面中，首先选中要被合并到其他分区中的分区，然后右击，在弹出的快捷菜单中选择“合并”命令，打开“合并分区”对话框，如图11-19所示。在“选择你要追加选定分区的分区”选项区中选择要合并的分区，单击“下一步”按钮，弹出“选择一个空文件夹或新建一个文件夹用来包含追加分区的所有数据”对话框，如图11-20所示。在该对话框中选择一个空文件夹（注意必须是空文件夹），单击“确定”按钮返回主界面。确定无误后，单击“提交”按钮，按提示操作完成合并分区工作。

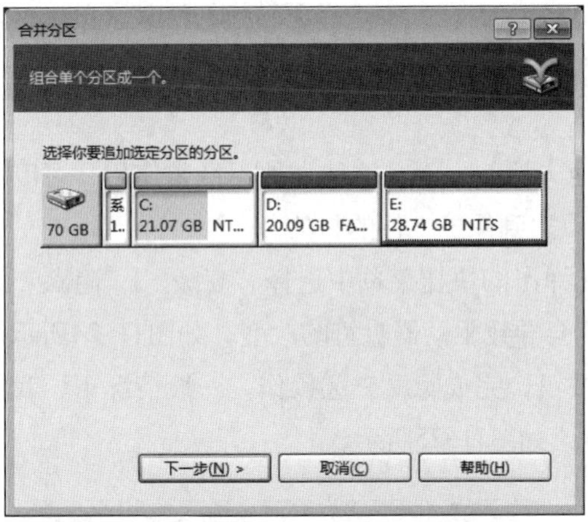

图11-19　合并分区

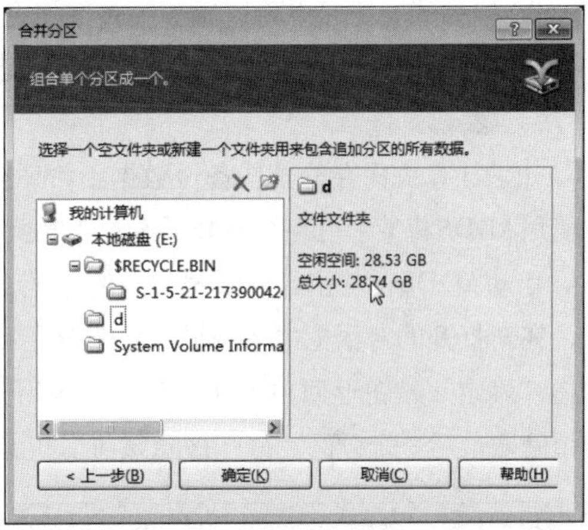

图11-20　选择分区文件放置位置

② 分割分区：操作与合并类似，选择要分割的分区右击，在弹出的快捷菜单中选择“切分”命令，打开“切分分区”对话框，如图11-21所示。首先选择需要移动到新分区中的数据文件，单击“下一步”按钮，弹出“切分比例”对话框，如图11-22所示。设置新分区占原有分区的百分比，注意分割分区后分区容量一定要大于该分区的数据容量。操作完成单击“确定”按钮返回主界面。确定无误后，单击“提交”按钮，按提示操作完成分割分区工作。

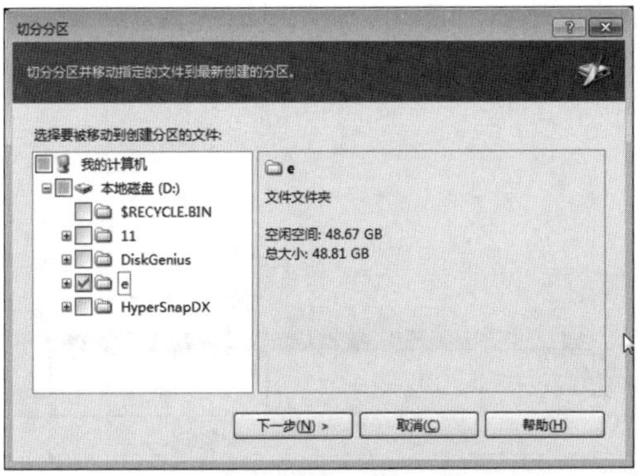

图11-21　选择移动的数据文件

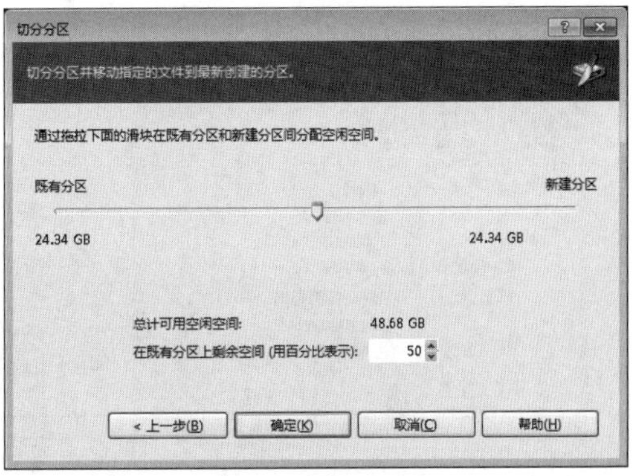

图11-22　切分比例设置

> **提示：** 虽然ADDS可以实现数据的无损合并/分割分区操作，但是建议用户在做分区操作时尽量不要操作数据，我们可以先将数据复制到一个分区再进行合并，或者先分割分区然后再将数据复制过去。无论是否为无损数据操作，都有一定风险，建议大家操作前将重要数据备份。

4）转换格式

分区的文件系统有多种类型，如常见的FAT16、FAT32、NTFS等，用户可以使用ADDS来实现分区格式的转换。

右击要转换分区的盘符，在弹出的快捷菜单中选择“高级”|“转换”命令，弹出“转换分区”对话框，如图11-23所示，ADDS支持文件格式和磁盘格式转换两种功能，可以将NTFS转换为FAT格式，也可以将逻辑分区转换为主DOS分区，在其中选择要转换的格式，单击“确定”按钮返回主界面。确定无误后，单击“提交”按钮，按提示操作完成转换分区工作。

5）隐藏分区

如果计算机保存的某些备份数据不希望被他人访问，而且这些文件不经常使用，可以考虑使用ADDS将某个已存在的分区设置为隐藏，以达到保护文件的目的。

启动ADDS，右击希望隐藏起来的分区，在弹出的快捷菜单中选择“高级”|“隐藏”命令，在新打开的对话框中系统提示隐藏分区可能会导致驱动器盘符的改变，如图11-24所示。单击“确定”按钮返回主界面，单击“应用”按钮，完成隐藏分区操作。一般情况下，我们应该隐藏最后一个分区。分区被隐藏前后状态对比如图11-25所示。

图11-23　转换分区

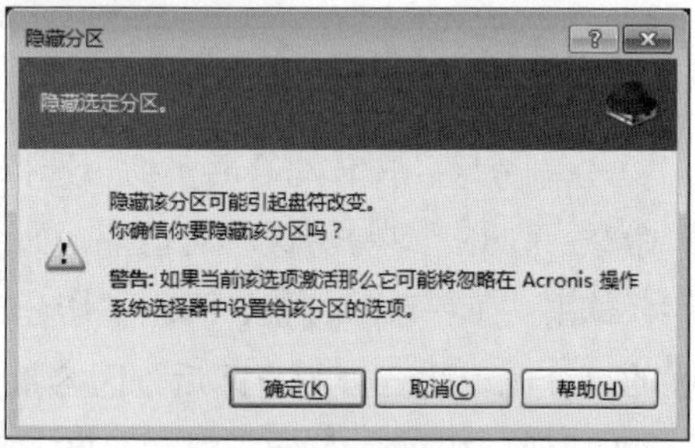

图11-24　隐藏选定分区

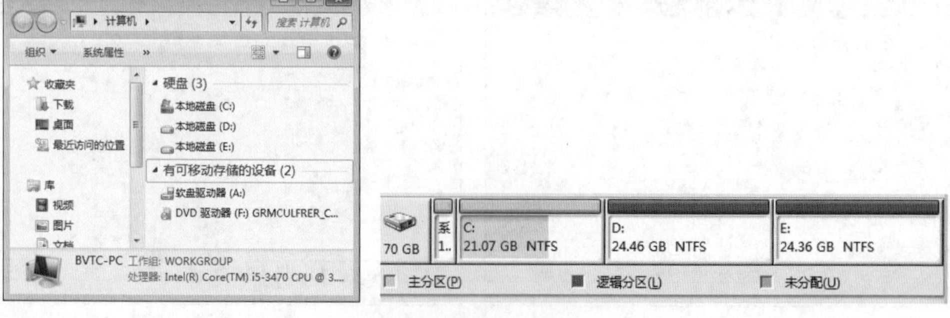

（a）执行隐藏分区命令前

图11-25　隐藏前后对比

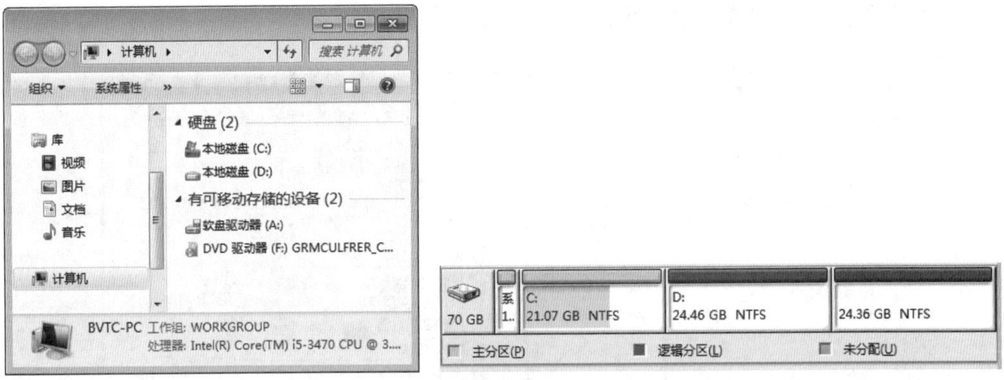

（b）执行隐藏分区命令后

图11-25 隐藏前后对比（续）

3. 上传/下载工具

1）上传/下载工具——CuteFTP

CuteFTP是一个简单易用的FTP管理工具。功能特点有：下载文件支持断点续传，可下载或上传整个目录，不会因闲置过久而被服务器踢出；可以上传/下载队列，上传支持断点续传；整个目录覆盖和删除等。CuteFTP的远程编辑功能使用户能够在服务器上直接修改文件，而不需要为了修改主页再做下载、编辑、保存、上传等烦琐的工作。CuteFTP的其他功能还包括站点之间对传、传输列表、MP3和文件搜索。

CuteFTP

CuteFTP是一个优秀的上传/下载工具。在目前众多的FTP软件中，CuteFTP因为其使用方便、操作简单而备受青睐。在CuteFTP中建立站点管理后，就可以添加一些常用的网站，并可以通过这些网站上传和下载文件了。

（1）运行CuteFTP建立站点

① 运行CuteFTP，打开“FTP站点管理”，其工具栏如图11-26所示，单击最左边的“站点管理器”按钮。

图11-26 CuteFTP工具栏

② 在弹出的“站点管理器”窗口中右击，在弹出的快捷菜单中选择“新建”|“FTP站点”命令，弹出图11-27所示的对话框，填写好相应项目就可以连接了。

③ 在“标签”文本框中输入FTP站点的名称，如“文件下载FTP”。

④ 在“主机地址”文本框中输入站点的地址或者服务器的IP地址，如“vod.bvtc.com.cn”。

提示： 这个地址不能带有“ftp://”之类的字头，也不能带有文件夹的路径，而必须是站点本身的地址。

⑤ 在“用户名”和“密码”文本框中分别输入登录所需要的用户名和密码。如果登录站点不需要密码，则在“登录方法”选项区域中选择“匿名”单选按钮。

⑥ 如果需要更改FTP登录地址端口，可以在“类型”选项卡中的“端口”文本框进行更

改，默认值是21，从而完成一个FTP站点的创建。

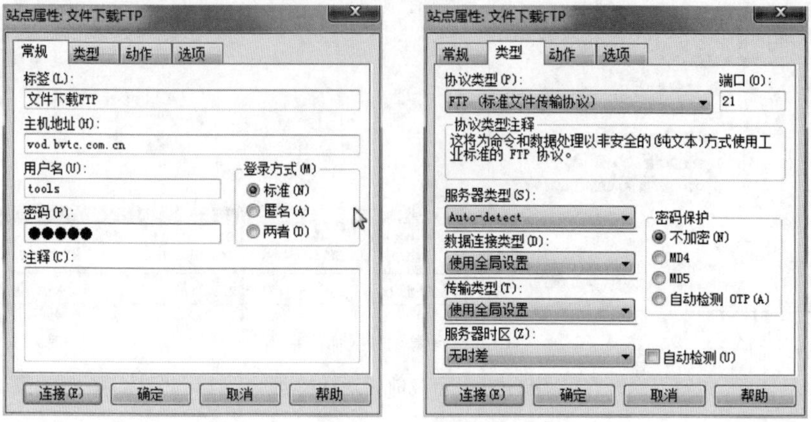

图11-27　创建站点

（2）上传和下载文件

添加了站点之后，在“站点管理器”窗口中选择一个FTP站点（只能选择一个FTP站点），与之建立连接。连接到服务器以后，CuteFTP的窗口被分成左右两个窗格。左边的窗格显示本地硬盘的文件列表，右边的窗格显示远程硬盘上的文件列表。文件列表的显示方式和Windows的资源管理器一样，如图11-28所示。上传和下载都可以通过拖动文件或者文件夹的图标来实现。将右侧窗格中的文件拖动左侧窗格中，就可以下载文件；将左侧窗格中的文件拖动到右侧窗格中，就可以上传文件。

提示：FTP账号是有权限设置的，如果想要上传文件需要账号有相应权限，否则一般只能下载文件，账号权限在FTP服务器中设置。

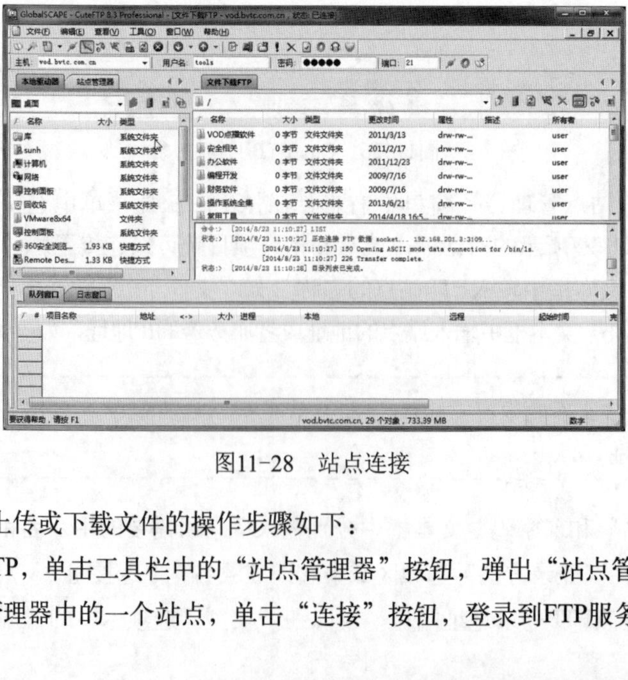

图11-28　站点连接

使用CuteFTP上传或下载文件的操作步骤如下：

① 运行CuteFTP，单击工具栏中的“站点管理器”按钮，弹出“站点管理器”窗口。

② 选择站点管理器中的一个站点，单击“连接”按钮，登录到FTP服务器。

③ 在程序窗口左边的窗格中选择本地硬盘的一个文件夹，或者在右边窗格中选择远程硬盘的一个文件夹。

④ 单击工具栏中的“上载”或“下载”按钮，上传或下载文件。

⑤ 上传或下载完成以后，在工具栏上单击“断开”按钮。

(3) 快速连接和重新连接

① 有些临时的站点可能只需要连接一次，所以不需要将它们添加到站点列表中。此时可以选择“文件”|“连接”|“快速连接”命令或按【Ctrl+F8】组合键，在弹出的工具栏中填写FTP服务器的地址，进行连接。

② 如果由于某些原因，与FTP服务器的连接被中断，则可以选择“文件”|“重新连接”命令，重新登录FTP服务器，进入刚才断开的文件夹。

> **提示**：常用的FTP软件除了CuteFTP还有FlashFXP、IglooFTP、BpFTP、LeapFTP、网络传神等软件，使用方法大同小异。

2）下载工具——迅雷

网络上的许多资料需要下载到本地计算机上才能使用。在有限的带宽下，怎样提高下载速度呢？下载后文件又如何管理呢？网络上提供了很多优秀的下载工具软件，如迅雷、FlashGet（网际快车）等。它们都是采用多线程技术，把一个文件分割成几个部分同时下载，从而成倍地提高下载速度；同时，大多数下载工具可以为下载文件创建不同的类别目录，从而实现下载文件的分类管理，且支持拖动、更名、查找等功能，使管理文件更加得心应手。下面以迅雷7为例进行简单介绍。

(1) 常用设置

启动迅雷软件，其主界面如图11-29所示。窗口最上面是菜单栏和工具栏，左侧是文件管理部分，可以对正在下载和已下载的文件进行管理。右侧是文件的详细信息，选中正在下载的文件时，显示的是文件名、大小、完成数、百分比、速度、块数、重试次数、URL等信息。

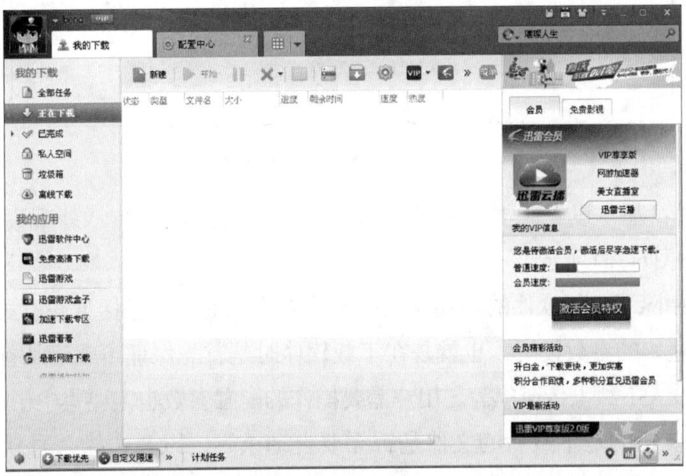

图11-29　迅雷主界面

要想更好地使用下载软件，可以在使用之前对其进行相关设置。迅雷的设置主要是通过右上角菜单栏中的“配置中心”菜单来实现的，如图11-30所示。在选择“配置中心”命令后，迅雷主界面弹出配置中心设置窗口。该窗口主要由两部分组成，一部分称为“基本设置”，一部分称为“我的下载”，如图11-31所示。在完成各种设置之后还需要单击右上角的“应用”按钮，使设置生效，个别设置还需要重新启动迅雷。

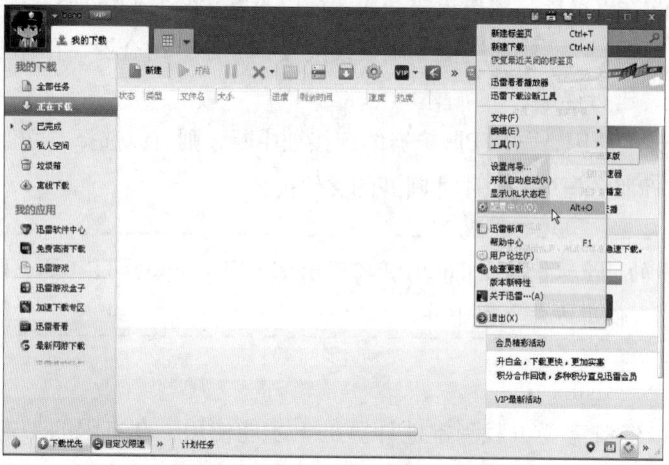

图11-30 “默认下载属性”对话框

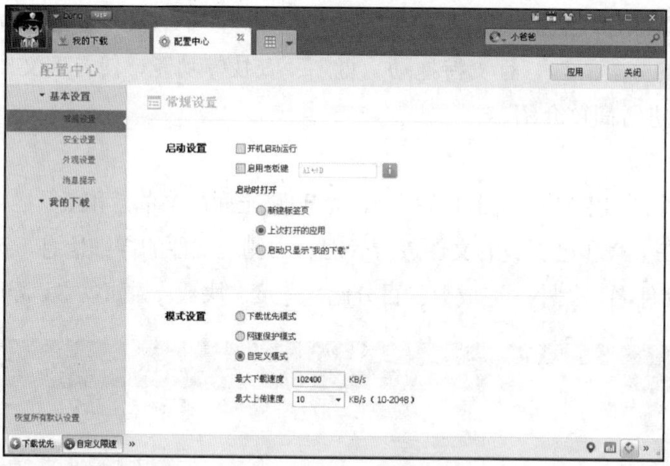

图11-31 迅雷配置中心

① 基本设置：基本设置主要包括“常规设置”“安全设置”“外观设置”和“消息提示”4个选项，如图11-31所示。

在常规设置中除了包括软件的启动、老板键等常规设置，还包括下载模式设置。下载模式主要是针对下载速率的参数设置，也就是在下载软件时是首先保证下载还是首先保证网络，还可以自定义设置最大下载上传速率等。用户需要操作的配置参数也主要集中于此。

安全设置主要指的是下载后的文件是否需要自动杀毒，以及选择杀毒软件和文件格式等参数。

外观设置主要指的是软件特效字体等设置，还包括悬浮窗的设置。用户可以根据自己的需要进行配置。

消息提示主要指的是下载软件在下载过程、下载完成后以及软件退出时是否有消息提示，避免误操作。

② 我的下载：我的下载菜单栏项目较多，包括“常用设置”“任务默认属性”“监视设置”等参数的配置，如图11-32所示。

图11-32　配置中心“我的下载”菜单

在常用设置选项中，主要有“启动设置”“任务管理”“磁盘缓存”和“连接管理”等选项，个人用户操作较多的是“任务管理”选项，该选项主要设置同时下载文件数量，由于下载总速率基本恒定不变，所以同时下载文件少，单个文件下载速率就快，反之亦然。

任务默认属性选项中，主要设置下载文件的存储目录等。

监视设置主要指的是在浏览网页等操作时监视浏览器、剪贴板等，发现指定下载类型软件后，自动启动下载软件，方便用户下载。

其他设置选项如“BT设置”“eMule设置”等，用户可以根据自己需要进行详细设置，在此不再一一描述。

（2）文件下载

① 单击下载：平常从网络下载文件最常见的操作就是直接在浏览器中单击相应的链接进行下载。下载工具最大的便利在于它可以监视浏览器中的每个点击动作，一旦它判断出点击符合下载要求，便会拦截该链接，并自动添加到下载任务列表中，如图11-33所示。当然，也可以在右击弹出的快捷菜单中选择“使用迅雷下载”命令下载链接，如图11-34所示。迅雷会自动打开“新建任务”对话框，自动把文件链接添加到引用文本框中，用户单击“立即下载”按钮即可开始下载。

图11-33　“新建任务”对话框

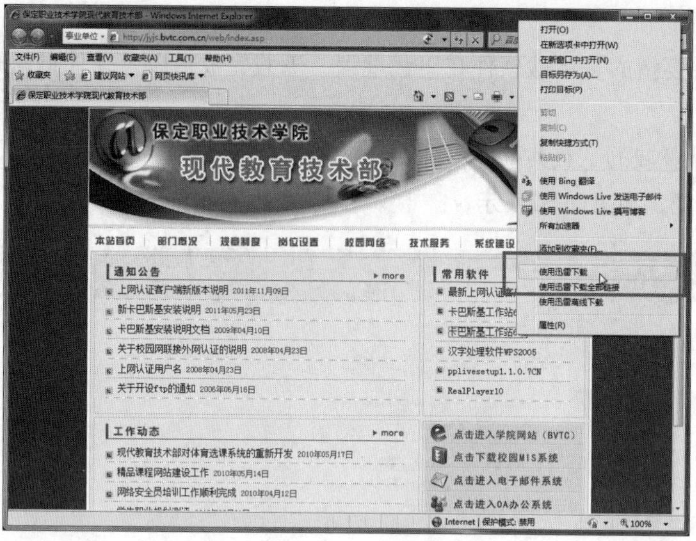

图11-34　利用快捷菜单下载文件

② 多个文件下载：迅雷支持多个文件同时下载。利用上述单个文件下载的方法，可以添加多个任务，迅雷默认支持同时下载5个文件，多于5个下载任务时，等待正在下载的任务完成后会逐一添加。当然，可以通过迅雷配置中心设置，支持同时下载任务数多于5个，但会影响单个文件下载速度。

③ 手动下载：有时用户通过其他途径获取了某个文件的下载链接，比如说某本杂志介绍了一款软件，同时附上了下载链接，当遇到这种情况时，必须在迅雷主界面单击“新建”按钮，在弹出的“新建任务”框中手动输入下载链接的地址，如图11-35所示。

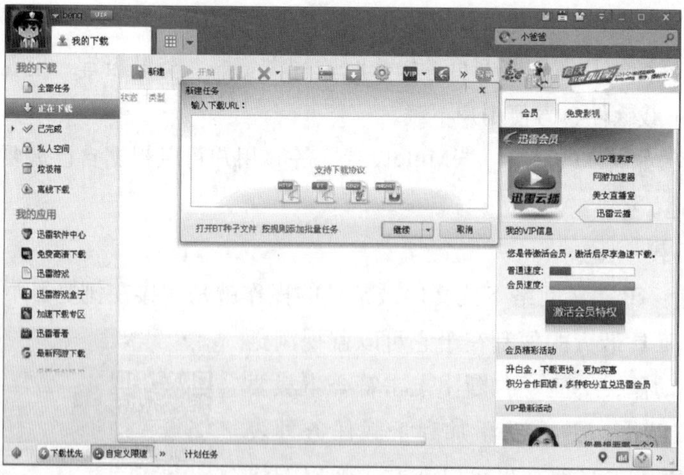

图11-35　“新建任务”对话框

4. 压缩/解压缩工具——WinRAR

为方便文件的传输和携带，很多时候用户会压缩文件。所谓压缩，实际上是把文件中重复的部分简短地描述出来。目前文件的压缩格式很多，常见的有ZIP、CAB、RAR、ACE、ARJ等。

WinRAR

WinRAR是目前常用的压缩工具，其优点是：界面友好，使用方便，压缩率大，速度快，可支持非RAR压缩文件，压缩率高达50%以上。WinRAR既可以解压ZIP格式的压缩文件，又可以生成ZIP格式的压缩文件。针对WAV、BMP声音及图像文件，其独特的多媒体压缩算法大大提高了压缩率。WinRAR不但能解压多数压缩格式，且不需外挂程序支持就可直接建立ZIP格式的压缩文件，对受损压缩文件有极强的修复能力。对于在网上下载的因头部受损而不能打开的ZIP、RAR文件，用WinRAR调入后，只须单击界面中的“修复”按钮就可轻松修复，成功率极高。它还能建立多种方式的全中文界面的全功能（带口令）多卷自解包，并可以通过“锁定压缩包”功能来防止人为添加、删除等操作，保持压缩包的原本状态。WinRAR还可通过命令行方式执行批处理命令。

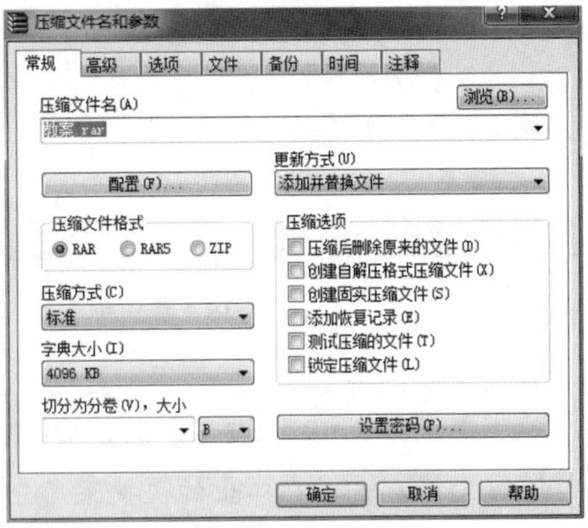

图11-36　“压缩文件名和参数”对话框

解压缩与压缩相反，是把压缩文件还原。常用的压缩软件一般都同时具有压缩和解压缩功能。

1）压缩文件

① 压缩文件：选择“开始”|“所有程序”|“WinRAR”|“WinRAR”命令启动WinRAR。在WinRAR主窗口中，找到要压缩的文件或文件夹，然后单击“添加”按钮，弹出“压缩文件名和参数”对话框，如图11-36所示。

提示：利用WinRAR软件压缩文件的另一个方法是右击需要压缩的文件或文件夹，在弹出的快捷菜单中选择“添加到压缩文件”或“添加到XX.rar”命令（XX表示压缩的文件或文件夹名称），如图11-37所示。

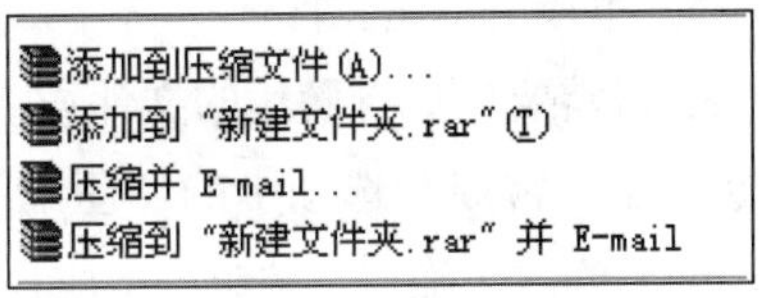

图11-37　WinRAR快捷菜单

② 在“常规”选项卡中可以设置压缩文件的名称、路径（通过单击“浏览”按钮来更改压缩后文件的存储路径，默认路径为要压缩的文件所在路径）、类型（RAR和ZIP）和方式等。在“高级”选项卡中可以进行系统设置、密码设置等；在“文件”选项卡中可以添加或取消其他要压缩的文件，以及设置文件要保存路径的方式等。用户根据自己的实际情况进行设置后，单击“确定”按钮开始进行文件压缩。

提示：WinRAR软件支持鼠标拖动，用户可以把一个或多个文件拖动到一个已经存在的压缩文件中，从而实现在已有压缩文件中添加新文件。

2）解压缩文件

① 双击打开压缩文件，在WinRAR主窗口的文件列表中，就列出了压缩文件中包含的文件，如图11-38所示，用户可以选择一个、多个或全部文件。然后，单击工具栏中的“解压到”按钮。

② 在“解压路径和选项”对话框中，设置解压缩后文件的存放目录等项目，如图11-39所示，单击“确定”按钮，完成文件的解压缩。

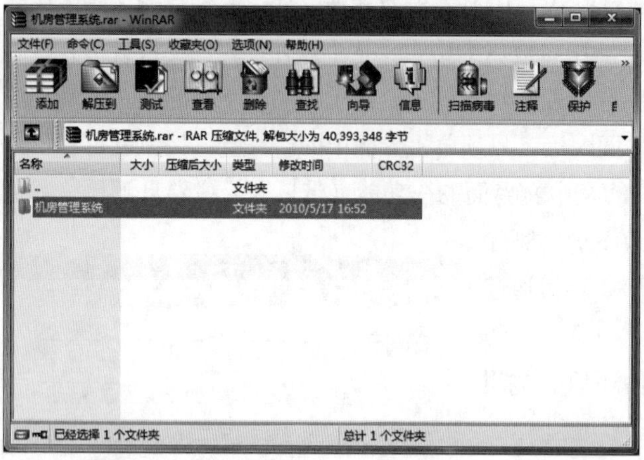

图11-38 解压缩文件

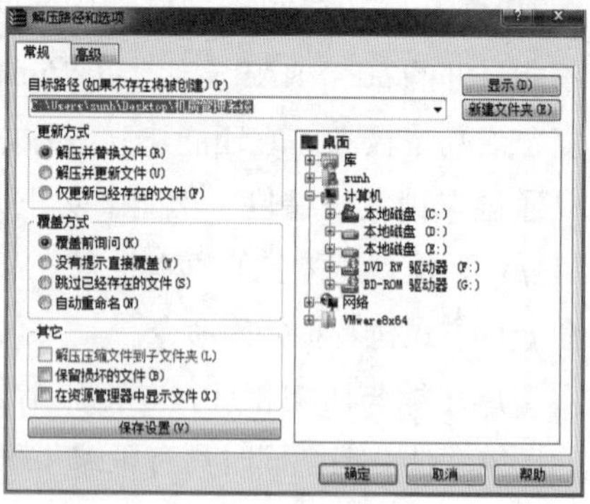

图11-39 “解压路径和选项”对话框

> **提示：**WinRAR安装以后，WinRAR命令会出现在右击弹出的快捷菜单中，所以选中压缩文件右击，在弹出的快捷菜单中选择“解压文件”命令，同样会弹出“解压路径和选项”对话框；如果选择“解压到当前文件夹”命令，则解压缩到当前目录中。

3）生成自解压文件

右击需要生成自解压的文件或者文件夹，在弹出的快捷菜单中选择“添加到档案文件”命令，在“常规”选项卡的“压缩选项”选项区中选中“创建自解压格式压缩文件”复选框，然后单击“确定”按钮，生成自解压文件。

> **提示：**生成自解压文件的好处是，即使计算机没有安装WinRAR压缩软件，自解压文件也可以在任何Windows操作系统下解压缩。

4）分卷压缩

有时需要在网络上传输一些比较大的文件或需要将一个较大的文件保存到较小的存储介质中，这些事情直接来做，很难完成，这时可以使用WinRAR的分卷压缩功能来实现，即将一个“大”文件（或文件夹）分卷压缩成若干便于传递或保存的“小”文件。例如，学生可以将图文并茂的暑期社会实践报告压缩成3 MB以下的分卷，上传到老师的邮箱；也可以将硬盘分区数据压缩成630 MB以下的分卷刻录到光盘，以便将完成硬盘数据备份。

① 分卷压缩文件：分卷压缩操作非常简单，在图11-36所示对话框中，设置好其他项目后，再在左下角“压缩分卷大小”处输入分卷大小即可。需要特别注意的是，WinRAR默认分卷单位是“字节”，这个单位太小了，所以为防止操作错误，应该在输入分卷大小数值的同时直接将分卷单位一起输入。压缩完成后，生成扩展名是.part1.rar、.part2.rar……的系列文件。

② 解压缩：将压缩后生成的所有分卷，放到一个文件夹下，右击任何一个分卷，在弹出

的快捷菜单中选择解压命令，即可开始解压操作。

5. 数据恢复工具——FinalData

日常使用计算机过程中，难免遇到这样的情况：自己费了好多精力和时间写的文章被自己或他人误删除了；小工具软件突然不翼而飞了……这时候应该怎么办？其实有好多工具可以把数据给恢复回来，如FinalData、RecoverMyFiles、EasyRecovery等。

FinalData数据恢复软件具有恢复速度快、恢复能力强等优点，用户可以按照物理硬盘或者逻辑分区来进行扫描，还可以通过对硬盘的扇区来扫描分区表，找到丢失的分区。FinalData在对硬盘扫描之后会在窗口的左侧显示出文件的各种信息，并且把找到的文件状态进行归类。FinalData还支持不完整文件名的模糊查询或通过扩展名来进行同类文件的搜索，极大方便了用户进行的数据恢复工作。

下面以利用FinalData 2.0 OEM恢复误删除的闪存盘数据为例介绍数据恢复工具。

1）需要注意的问题

① 在安装过程中选择安装路径时会出现图11-40所示的对话框。如果安装到含有要恢复数据的驱动器上，数据可能会被永久覆盖从而不可能被恢复。所以最好安装到没有要恢复数据的驱动器中。

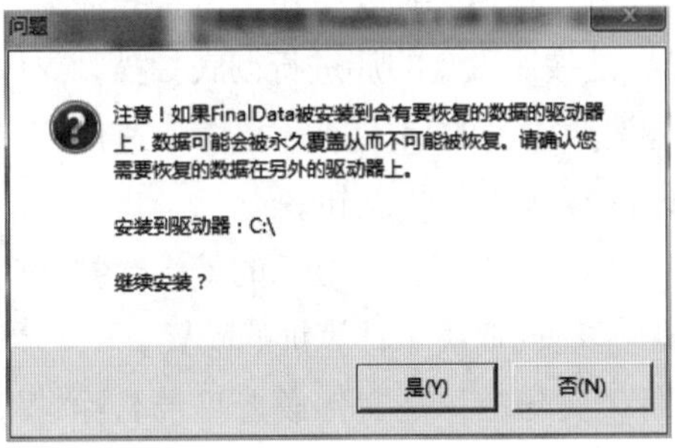

图11-40　选择安装路径

② 当发现数据丢失后，应该立即关机。尽量不要对驱动器进行任何操作，尤其是写操作，不然可能导致数据不能恢复。

2）恢复数据

将闪存盘和计算机正确地连接起来。启动FinalData 2.0 OEM软件，界面如图11-41所示。

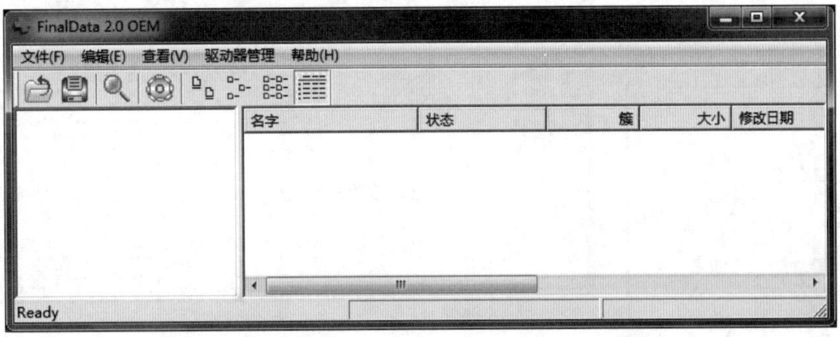

图11-41　FinalData 2.0 OEM主界面

① 单击“打开”按钮，或者选择“文件”|“打开”命令，弹出图11-42所示的对话框，驱动器列表中出现了“本地磁盘(E:)”选项，选择该选项并单击“确定”按钮。

② 弹出图11-43所示的“扫描根目录”对话框。程序在快速扫描磁盘内的正常及删除的目录和文件单击“跳过”按钮，弹出图11-44所示的对话框。

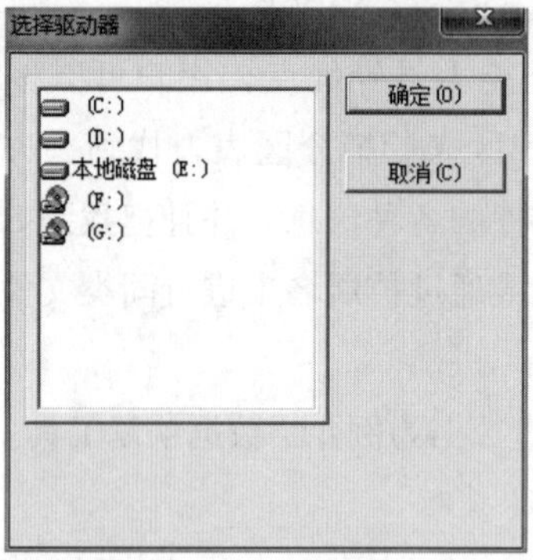

图11-42　选择驱动器

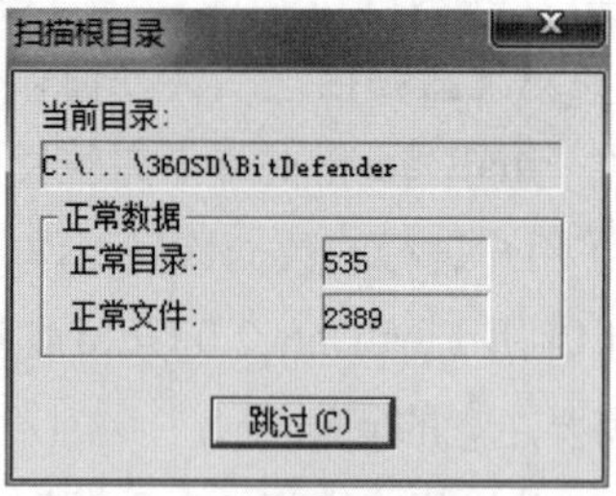

图11-43　“扫描根目录”对话框

③ 在“选择查找的扇区范围”对话框中调整开始和结束的范围，单击“完整扫描”或者“快速扫描”按钮。两种扫描方式的区别是：“完整扫描”是按照磁盘的簇进行彻底扫描，速度较慢；“快速扫描”是按照磁盘的扇区进行扫描，速度快，但不彻底。在这里，单击“完整扫描”按钮。

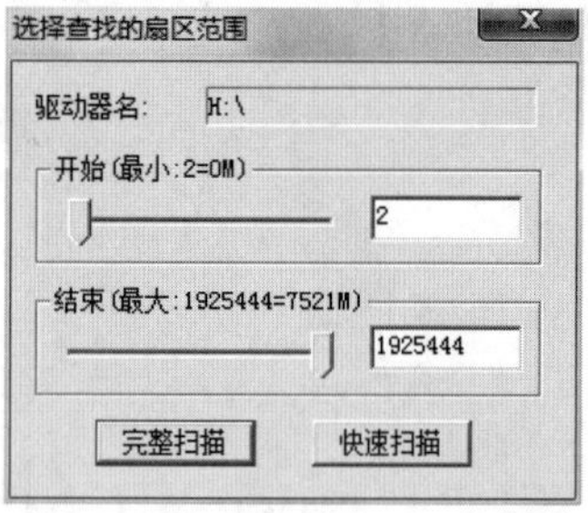

图11-44　选择查找的扇区范围

④ 扫描过程中弹出图11-45所示对话框，显示的是当前扫描闪存盘中簇的状态。扫描所需时间取决于计算机的配置。

⑤ 当一个文件被删除时，实际上只是文件或者目录名称的第一个字符被删除，FinalData就是通过扫描子目录入口或者数据区来查找被删除的文件。经过几分钟等待后，FinalData程序查找到了丢失的目录和文件，并将它们列在“丢失的目录”和“丢失的文件”项目内，如图11-46所示。

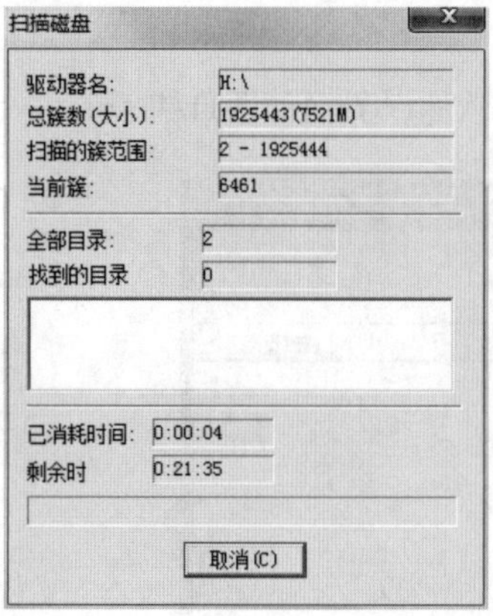

图11-45　“扫描磁盘”对话框

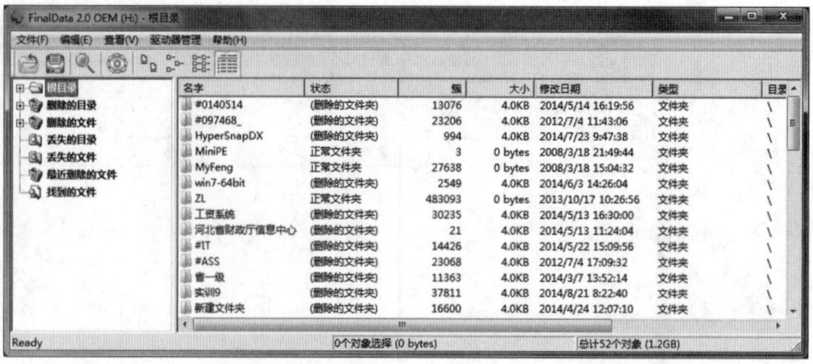

图11-46　扫描结果

⑥ 其中的目录信息通常包括文件和目录的详细信息，如文件名称、创建日期、文件大小等，如图11-47所示。如果目录信息被破坏，数据将不能使用，簇扫描之后发现的文件将被设为默认大小，FinalData用#号加文件所在簇号作为该文件的名称。将找到的目录逐个打开，最终查找到丢失的文件。

⑦ 找到文件后，怎样恢复丢失的目录及文件呢？只要先选中“丢失的目录”项目中的所需文件或者文件夹，然后单击工具栏中的“保存”按钮或者选择“文件”|“恢复”命令，弹出“选择目录保存”对话框，如图11-48所示。

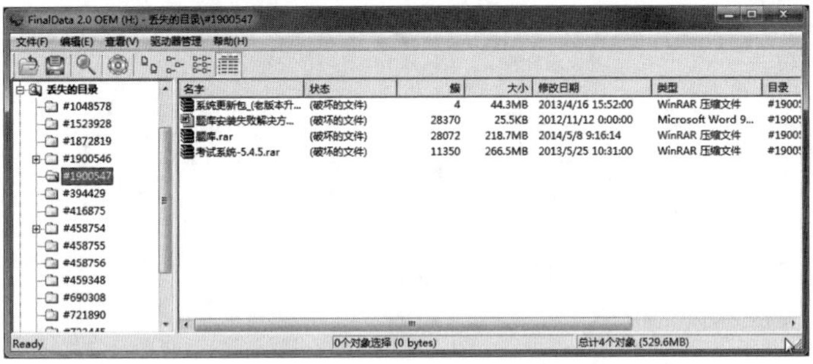

图11-47 找到所需数据

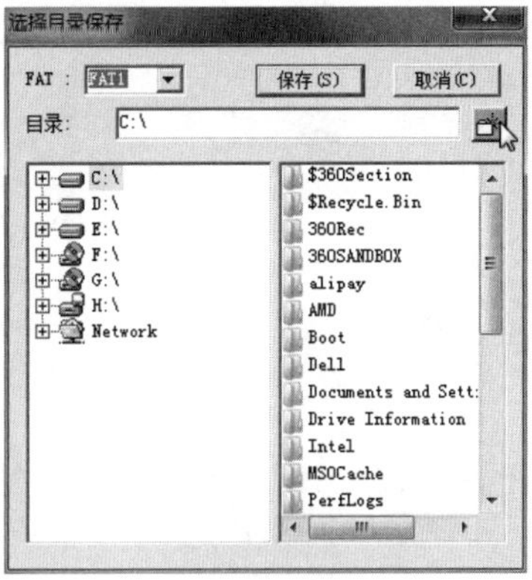

图11-48 “选择目录保存”对话框

⑧ 选择文件保存的目录，如“D:\”，单击“保存”按钮，这样文件就又恢复回来了。

提示：如果知道想恢复的文件或者文件夹的名称，文件在所在磁盘中“簇”的大致位置，创建、修改的日期，用户可以利用FinalData软件提供的查找功能来快速查找。单击工具栏上的“查找”按钮或者选择“文件”|“查找”命令，弹出“查找”对话框，如图11-49所示，进行相关设置后，单击“查找”按钮，很快会帮助用户找到文件或者文件夹。

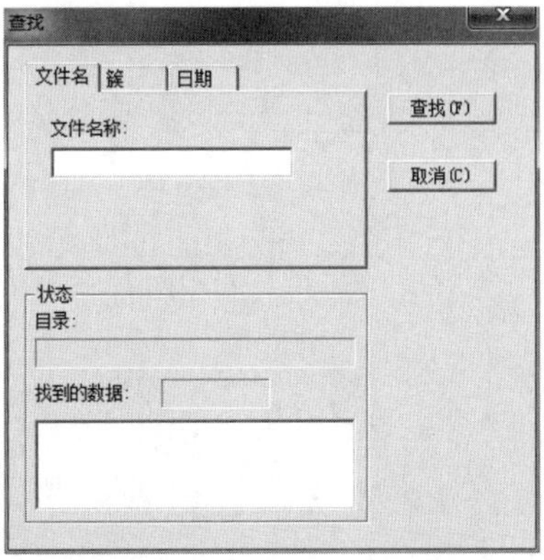

图11-49 “查找”对话框

练习与提高

1. 什么是计算机病毒？它有什么特征？

2. 计算机感染病毒后会有什么症状？预防计算机病毒有哪些措施？

3. 练习使用常用的防病毒软件进行查杀病毒操作。

4. ADDS有哪些功能？

5. 练习使用WinRAR对文件进行压缩和解压缩。

单元 4 日常维护与维修

“零售后，免维护”是人们追求的目标。计算机系统最大的使用特点是其具有良好的交互性，正因为如此，也就更容易被破坏，所以正确的使用、合理的维护就显得尤其重要。

计算机是现代办公活动中的关键设备，没有计算机就谈不上办公自动化，而计算机的精彩是通过连接外围设备才得以表现出来的。本单元重点讲解打印机、扫描仪的使用与维护知识和微机硬件系统的维护、维修知识。

单元设计

<table>
<tr><td colspan="3">学习领域：微机组装与维护</td></tr>
<tr><td colspan="3">学习单元：日常维护与维修</td></tr>
<tr><td colspan="3">主要内容：实训12　常见外设使用与维护　　实训13　微机系统日常维护与维修</td></tr>
<tr><td colspan="3">学习目标：
1．知识目标
①学习常用办公外设的分类与作用，建立桌面办公系统的概念；②学习常用办公外设的使用、维护方法、技巧；③学习系统维护、维修方法。
2．能力目标
①能够安装、使用常用办公外设，并进行简单维护；②能够根据微机运行状况、故障现象，分析问题原因，确定故障点，并采取适当方法进行处理。
3．素质目标
①懂得怎么做，并思考怎么做能做得更好；②具有查阅资料、自我学习和举一反三的能力；③培养严谨的工作作风，团队互补合作的精神。</td></tr>
<tr><td>教　学　资　源</td><td>教　学　方　法</td><td>考核与评价</td></tr>
<tr><td>1．课程教材及教参
2．教学课件
3．实训用外设、微机等</td><td>1．演示示教法
2．实践操作法
3．小组讨论法
4．教学做一体，启发互动式教学</td><td>1．课堂考核为主
2．过程考核为重
3．知识目标评价
4．能力目标评价
5．素质目标评价</td></tr>
</table>

单元考核

<table>
<tr><td colspan="4">单元名称：</td><td colspan="3">时间：</td></tr>
<tr><td>姓名</td><td></td><td>班级</td><td></td><td>学号</td><td colspan="2"></td></tr>
<tr><td>序号</td><td colspan="3">评 价 内 容</td><td>分数</td><td>得分</td><td>备注</td></tr>
<tr><td>1</td><td rowspan="4">知识目标</td><td colspan="2">明白本单元的学习内容和目标</td><td>9</td><td></td><td></td></tr>
<tr><td>2</td><td colspan="2">学会所讲授的操作方法和手段</td><td>9</td><td></td><td></td></tr>
<tr><td>3</td><td colspan="2">交流讨论、触类旁通、自我完善</td><td>9</td><td></td><td></td></tr>
<tr><td>4</td><td colspan="2">应用所学知识指导、检查实践</td><td>9</td><td></td><td></td></tr>
<tr><td>5</td><td rowspan="5">能力目标</td><td colspan="2">正确安装、使用办公设备并进行简单维护</td><td>14</td><td></td><td></td></tr>
<tr><td>6</td><td colspan="2">判断微机故障并进行处理</td><td>9</td><td></td><td></td></tr>
<tr><td>7</td><td colspan="2">是否有危险动作、违禁行为</td><td>9</td><td></td><td></td></tr>
<tr><td>8</td><td colspan="2">分析、解决操作中出现的问题</td><td>14</td><td></td><td></td></tr>
<tr><td>9</td><td colspan="2">能够举一反三、灵活应用</td><td>9</td><td></td><td></td></tr>
<tr><td>10</td><td>素质目标</td><td colspan="2">在学习过程中表现出的积极性、主动性、参与程度和发挥的作用</td><td>9</td><td></td><td></td></tr>
<tr><td>11</td><td>完成时间</td><td>提前完成（　　）</td><td colspan="2">按时完成（　　）</td><td colspan="2">未按时完成（　　）</td></tr>
<tr><td rowspan="3">个人评价</td><td>好的方面</td><td colspan="5"></td></tr>
<tr><td>不满意的方面</td><td colspan="5"></td></tr>
<tr><td>需要完善的方面</td><td colspan="5"></td></tr>
<tr><td>同学评价</td><td colspan="6"></td></tr>
<tr><td>教师评价</td><td colspan="6"></td></tr>
</table>

实训12

常见外设使用与维护

实训描述

打印机和扫描仪是计算机的重要外设，已经成为人们日常工作和生活中必备的设备。本实训简单介绍打印机和扫描仪的组成和工作原理。分组练习为针式打印机更换色带架和色带、为喷墨打印机更换墨盒、为激光打印机更换硒鼓，安装和使用平板式扫描仪，使用多功能一体机进行打印、复印、扫描。牢记打印机、扫描仪和一体机的使用注意事项，并学会日常的维护和保养。

实训分析

打印机、扫描仪等外设已成为桌面办公系统的基本配置，成为人们生活工作中的必需品。对打印机和扫描仪的工作原理做简单了解，重点通过分组练习，掌握打印机和扫描仪的使用方法以及日常的维护和保养方法，养成合理使用外设并善待外设的好习惯。

实训资讯

1. 针式打印机

打印机按照工作方式不同，可分为击打式打印机和非击打式打印机；按照是否可以打印彩色效果，可分为彩色打印机和黑白打印机。

针式打印机属于击打式打印机，工作时出针击打印字介质，通过点阵集合实现印字，这一工作特点使得它目前主要应用于打印报表、发票等岗位。针式打印机在票据、报表打印等方面，具有其他类型打印机不可替代的功能。

打印头、色带、打印胶辊是最直接的成字部件，要重点掌握它们的保养、维护工作。

1）针式打印机的特点及分类

（1）针式打印机的特点

针式打印机的特点是：结构简单、技术成熟、形式多样、适用面广、消耗费用低。针式打印机虽然存在噪声较高、分辨率较低、打印针易损坏等问题，但近年来由于技术的发展，较大地提高了针式打印机的打印速度、降低了打印噪声、改善了打印品质，并使针式打印机向着专用化、专业化方向发展，使其在银行存折打印、财务发票打印、记录科学数据连续打印、快速跳行打印和多份复制打印等应用领域具有其他类型打印机不可取代的功能。

（2）针式打印机的分类

① 按打印宽度分：有窄行（80列）打印机和宽行（132列）打印机。

② 按接口类型分：有并口打印机和USB接口打印机。

③ 按使用特点分：有平推式打印机和滚筒式打印机。

2）针式打印机的组成和工作原理

（1）针式打印机的组成

针式打印机主要由机械装置和电气系统两大部分组成。

① 机械装置：主要包括打印头、字车机构、走纸机构、传动机构、色带机构、机壳和机架。

② 电气系统：主要包括打印头控制及驱动电路、主控电路、走纸电动机控制与驱动电路、字车控制与驱动电路、操作面板控制电路、检测电路、电源电路等。

③ 机械部分主要完成打印头横向左右移动、打印纸纵向移动以及打印色带循环移动等任务。电气控制部分主要完成从计算机接收传送来的打印数据和控制信息，将计算机传送来的ASCII码形式的数据转换成打印数据，控制打印针动作，并按照打印格式的要求控制字车步进电机和输纸步进电机动作，对打印机的工作状态进行实时检测等。

图12-1所示为针式打印机组成示意图。

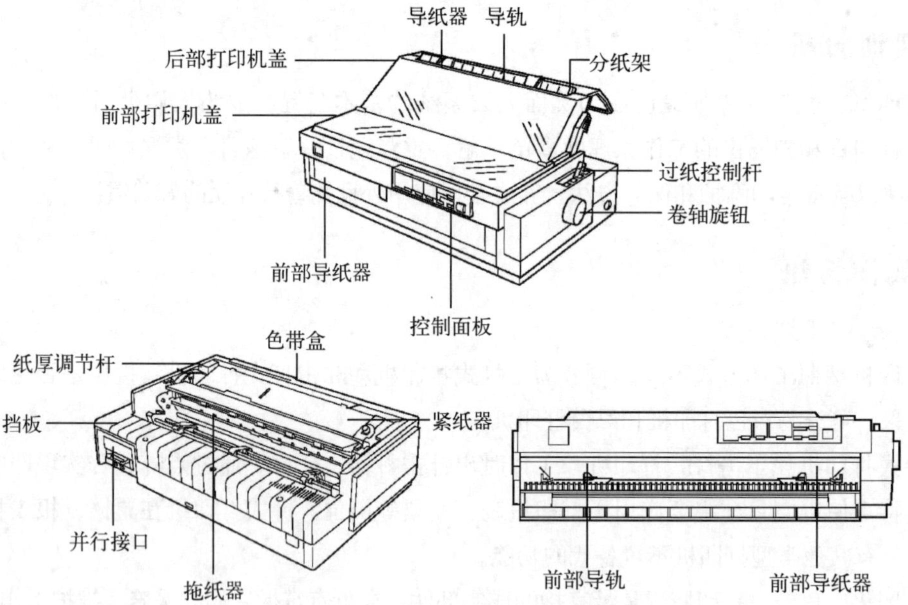

图12-1　针式打印机示意图

（2）工作原理

打印头印字工作原理如图12-2所示。打印头是由纵向排列成单列（如9针）或交叉排列成双列（如24针）的打印针及相应的电磁线圈构成的。当针式打印机处于联机状态时，通过接口接收主机发送的打印控制命令、字符打印命令或图形打印命令，经打印机的CPU处理后，从字库中找到与该字符或图形相对应的图像编码首列地址（正向打印时）或末列地址（反向打印时），然后按顺序一列一列地调出字符或图

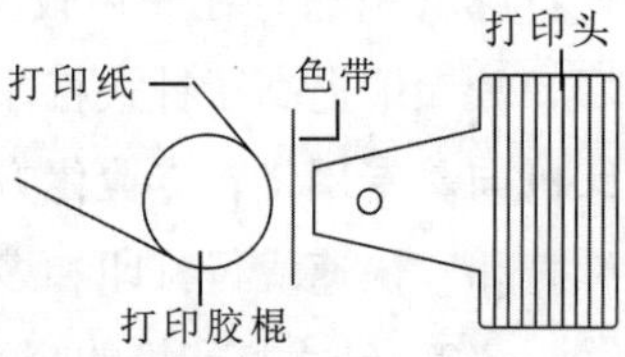

图12-2　打印头印字原理图

形的编码，送往打印头控制与驱动电路，电磁线圈通电激活后，相应的打印针出针，向外撞击色带，把色带的墨迹打印到纸上，在打印纸上印出所需要的字符（汉字）/图形，从而实现打印任务。

2. 激光打印机

激光打印机是采用电子照相技术，集光学、电子、机械于一身的打印输出设备，具有打印速度快、无噪声、采购及使用费用适中、稿件清晰美观等特点，是办公打印的首选机型。随着技术的进一步成熟，其价格越来越低，目前已广泛应用在办公、商用等领域。

1）激光打印机的特点及分类

（1）激光打印机的特点

① 高清晰度：激光打印机的打印分辨率最低为300 dpi，还可打印600 dpi、1 200 dpi以及2 400 dpi和4 800 dpi等高分辨率。

② 速度快：激光打印机的打印速度一般为20 ppm左右，有些激光打印机的打印速度可以达到50 ppm以上。

③ 噪声低：一般在53 dB以下，非常适合在安静的办公场所使用。

④ 处理能力强：激光打印机可以进行复杂的文字处理、图像处理、图形处理，这是针式打印机与喷墨打印机所不能完成的，也是页式打印机与行式打印机的区别。

（2）激光打印机的分类

① 按打印速度分：有低速打印机和中、高速打印机。

② 按接口类型分：有并口打印机和USB接口打印机。

③ 按打印色彩分：有单色打印机和彩色打印机。

④ 按打印幅面分：有A4幅面打印机和A3幅面打印机。

（3）激光打印机的主要性能指标

激光打印机的主要性能指标有：分辨率、打印速度、最大打印能力、最大打印幅面、硒鼓寿命等。

此外，打印机的内存容量，是否支持双面打印、网络打印等指标，也是中高档打印机的重要指标。

2）激光打印机的组成和工作原理

（1）激光打印机的组成

激光打印机内部结构如图12-3所示，其主要部件如下：

① 墨盒：包括感光鼓（硒鼓）、显影辊、墨粉、充电电极、清扫装置等器件。

② 激光扫描系统：包括激光发生器、光调制器、扫描器、偏转器和同步器等光电器件。

③ 机械系统：包括取纸/送纸区、定位/传输区和出纸区三部分（又称打印纸传递机构）。

④ 一些重要的传感器：主要有电阻传感器、机械传感器和光传感器三大类。

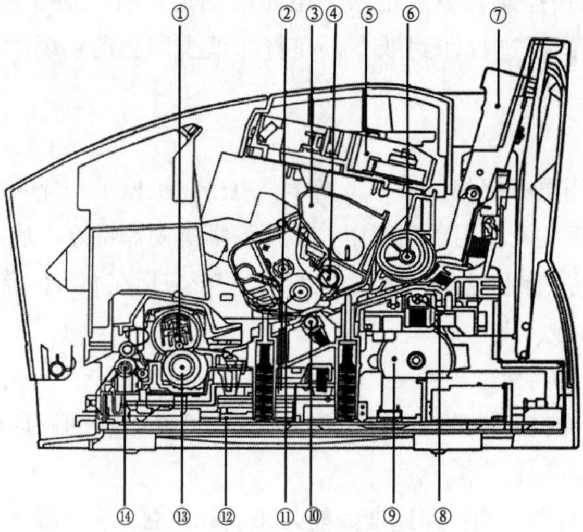

图12-3　激光打印机内部结构图

①—定影加热片单元；②—主充电辊；③—墨粉盒；④—显影圆筒；⑤—激光扫描单元；⑥—拾纸辊；⑦—多功能托盘；⑧—供纸辊；⑨—主电机；⑩—转印充电辊；⑪—感光鼓；⑫—打印机控制器PCB；⑬—下定影辊；⑭—定影单元排纸器

（2）工作原理

激光打印机工作过程包括主充电、扫描曝光、显影、转印/分离、定影、鼓清洁6步，如图12-4所示。

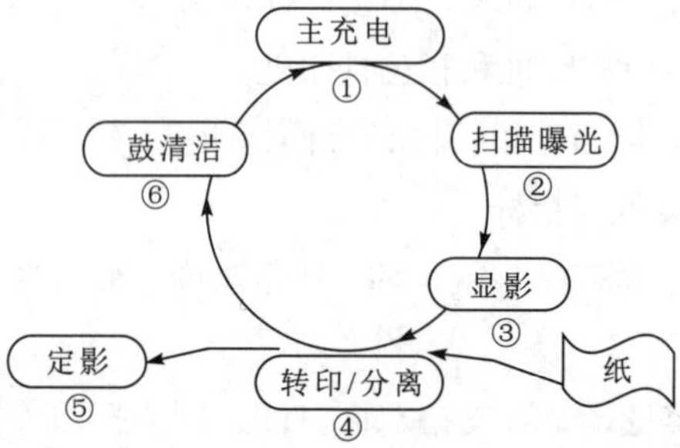

图12-4　激光打印机工作过程示意图

激光打印机是将激光扫描技术和电子照相技术相结合的非击打式打印输出设备，具有打印精度高、无噪声等特点。它可直接将计算机输出的二进制信息进行高频调制，再由数据控制系统转换成字符点阵。利用半导体激光器产生激光，载有字符信息的激光束，经过光学系统聚焦，并通过匀速旋转的、由反射镜组成的旋转扫描器反射出去；然后，经过聚光透镜校正扫描失真；最后，激光束沿着感光鼓的轴线匀速地扫描在感光鼓上，从而形成与输入信息对应的静电潜像，这就是曝光过程。曝光后的感光鼓在鼓面经过带电荷的墨粉时，感光部分即吸附上墨粉——显影。此时打印纸同步运动到感光鼓下方，将墨粉转印到纸上，纸上的墨粉经加热熔化——定影，便形成永久性的字符与图形，完成整个打印过程。

（3）一体化（鼓）粉盒和单鼓

① 一体化（鼓）粉盒：一体化（鼓）粉盒是由一定量的显影剂（俗称碳粉或墨粉）及各

易耗件组成的一个相对独立的盒子，包含所有成像显影部件，主要部件包括OPC鼓、粉仓、磁辊、出粉刀、清洁刮板、废粉仓、充电辊等。一体化（鼓）粉盒结构紧凑，可靠性很高，在当前办公事务型激光打印机中最为常见。

提示： 一体化（鼓）粉盒在设计结构上不允许用户添加墨粉，用过后整体更换，但在实际工作中，普遍存在多次注粉的做法。如果进行多次注粉，要注意观察感光鼓、清洁刮板等器件的使用情况，必要时要进行更换。

② OPC鼓（即感光鼓、单鼓）：OPC是有机光导体（Organic Photoconductor）的简写。OPC鼓是利用OPC材料涂覆在导电铝筒表面而形成一种光电转换器件，它是激光打印机的核心部件。OPC鼓应避免高温、高湿和近火、多光环境，同时不良的触摸、划痕都会对鼓面涂层造成永久性伤害。另外，如果连续打印时间过长，也会引起感光鼓疲劳，导致打印色浅。

3. 喷墨打印机

简单地讲，喷墨打印就是通过将细微的墨水颗粒按照一定的要求喷射到打印纸上，从而成像并完成输出。喷墨打印机适用的打印介质非常广泛：相片纸、喷墨打印纸、信封、其他材质转印纸，甚至光盘都是它打印的对象，除打印相片外，也可以打印黑白、彩色图文混排文档。

重点保养、维护部件：喷头、墨盒、清洁机构、小车部分和送纸系统。

1）喷墨打印机的特点及分类

（1）喷墨打印机的特点

喷墨打印机具有体积小、重量轻、工作噪声低、产品种类多、价格便宜、可打印彩色等特点。目前喷墨打印机已成为家庭打印机的首选机型，更是广告、装潢等设计单位的必需设备。使用彩色喷墨打印机是家庭和普通办公环境下实现精美彩色打印的最简单、价廉、实用的手段。

（2）喷墨打印机的分类

① 按打印幅面分：有A4幅面打印机和A3幅面打印机。

② 按接口类型分：有并口打印机和USB接口打印机。

③ 按墨盒颜色分：有四色、六色、八色打印机。

④ 按使用用途分：有普通喷墨打印机和专用喷墨打印机。

（3）喷墨打印机的主要性能指标

喷墨打印机的主要性能指标有：打印质量、打印速度、墨盒类型、介质类型等。

2）喷墨打印机的结构

（1）喷墨打印机的基本结构

喷墨打印机种类繁多，但基本结构大同小异，可分为机械和电气两部分。

① 机械部分主要由喷头、墨盒、清洁装置、小车部分和送纸系统组成。

② 电气部分主要由主控电路、驱动电路、传感器检测电路、接口电路和电源组成。

（2）喷头清洁装置

① 喷墨打印机的喷头由许多非常小的喷嘴所构成，如果灰尘、杂物等掉进喷嘴中，则喷

嘴无法正常喷出墨水或者喷出不良。喷墨打印机为了防止打印不良，利用清洁装置来清洁和保护喷头。该装置实现打印头的维护，包括密封和清洗。

② 清洁装置有一个专门用于防止墨盒喷墨头堵塞及墨水干涸的盖帽装置，这个装置实际上就是将墨盒上的打印头完全地密封起来，保护喷墨头，防止空气及灰尘进入使喷墨头堵塞，以使喷墨头能够很好地保存起来。喷墨打印机在正常关机的时候，清洁装置都会对墨盒进行盖帽操作，即清洁装置的盖帽紧紧抵住喷墨头的表面以防止墨盒内的墨水干涸或渗漏。如果是非正常关机或在关机以后又重新用手拉动小车，那会使小车处于非正常的位置，墨盒就没有正常地盖帽，可能会因为墨盒干涸或者堵头等情况发生而损坏墨盒。故在打印机使用完毕之后，必须正常关机，才能够保持墨盒正常地盖帽，达到墨盒保存完好的目的。

③ 清洗打印头时，借助抽墨泵的抽吸，可将喷嘴中的墨水抽吸到泵中，通过废墨槽流至废弃墨水吸收海绵内。抽吸操作的目的是抽出喷嘴中的旧墨水，代之新鲜墨水，以去除旧墨水中的气泡、杂质、灰尘等，确保喷嘴内墨水流动畅通，进而保证较好的打印质量。

3）喷墨打印机的工作原理

喷墨打印机的工作过程是：当纸张通过喷头时，在打印信号的驱动下，通过强磁场加速形成高速墨水，喷到纸上，实现字符及图形的打印。按照墨水的喷射方式不同，可分为随机式和连续式两种。早期的喷墨打印机和当前大幅面打印机采用的都是连续式喷墨方式，而当今流行的大多数喷墨打印机采用的是随机式喷墨方式。

4. 扫描仪

一直以来，在传统图像信息的采集和摄取方面，扫描仪可以说是最为可靠的工具，得到了广泛的应用。

通常以传统纸张或胶片记录的图形、图像信息，都可以通过扫描仪扫描，然后以数字图像的形式存储到计算机中，以便保存、处理或再以其他的形式输出。例如，利用扫描仪可以大大提高超市收银、图书馆出纳图书、评阅标准化试卷等工作的效率和精度；还可以利用扫描仪配合OCR软件，将杂志或报纸上精彩的文章输入计算机作永久保存，免去了收集杂志或报纸的麻烦；以及可以扫描各种图片，建立自己的电子相册，或再以其他形式输出。扫描仪使办公、学习、商务、娱乐既提高了效率又增加了乐趣。

1）扫描仪的种类

根据不同的分类标准，扫描仪可以有不同的划分结果。图12-5所示为扫描仪外观图，上部分为平板扫描仪和手持扫描仪，下面的是大幅面工程扫描仪和滚筒扫描仪。

图12-5　扫描仪外观示意图

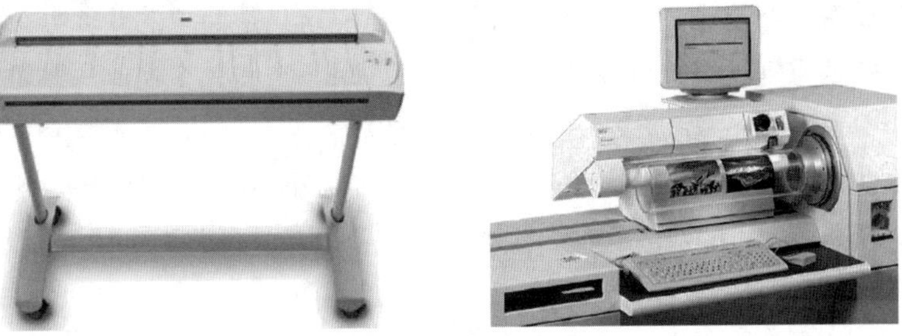

图12-5　扫描仪外观示意图（续）

① 按扫描图像幅面的大小划分：可分为小幅面的手持式扫描仪，中等幅面的台式扫描仪和大幅面的工程图扫描仪。

② 按扫描图稿的介质划分：可分为反射式（纸材料）扫描仪和透射式（胶片）扫描仪以及既可扫反射稿又可扫透射稿的多用途扫描仪。

③ 按用途划分：可分为用于各种文稿输入的通用型扫描仪和专门用于特殊图像输入的专用型扫描仪（条码读入器、卡片阅读机）等。

④ 按接口方式划分：有SCSI接口扫描仪、并口扫描仪、USB接口扫描仪等。

⑤ 按扫描器件不同划分：可分为滚筒式扫描仪、平板式扫描仪和近几年才有的小巧玲珑的笔式扫描仪。

2）扫描仪的结构

平板式扫描仪主要由上盖、原稿台、光学成像部分、光电转换部分和机械传动部分组成。

① 上盖：主要是将要扫描的原稿压紧，以防止扫描灯光线泄露。

② 原稿台：主要是用来放置扫描原稿的地方，其四周设有标尺线以方便原稿放置，并能及时确定原稿扫描尺寸。

③ 光学成像部分：俗称扫描头，即图像信息读取部分，它是扫描仪的核心部件，其精度直接影响扫描图像的还原逼真程度。它包括以下主要部件：灯管、反光镜、镜头以及扫描仪的核心——电荷耦合器件（Charge Couple Device，CCD）。

④ 光电转换部分：它是一块安置有各种电子元件的印刷电路板，是扫描仪的控制系统，在扫描仪扫描过程中，它主要完成CCD信号的输入处理、对信号的A/D转换，以及对步进电机的控制，将读取的图像以任意的解析度进行处理或变换所需的解析度。

⑤ 机械传动部分：主要包括步进电机、驱动皮带、滑动导轨和齿轮组。

3）扫描仪的工作原理

扫描仪的工作原理非常简单。它是一个图像信号输入设备，对原稿进行光学扫描，然后将光学图像传送到光电转换器中转变为模拟信号，又将模拟信号转变成数字信号，最后通过计算机接口送至计算机中。在整个扫描过程中，有两个元件起着关键作用：一个是CCD，它将光信号转换为电信号；另一个是A/D转换器，它将模拟信号转变为数字信号。这两个元件的性能直接影响扫描仪的整体性能。

5. 多功能一体机

信息化办公时代，要求办公室中除了有计算机之外，还要选购传真机、打印机、扫描仪、复印机等设备，才能满足办公自动化需求，虽说这只是简单的几件办公设备，但单独购买这些设备无疑是重复投资，既花费了资金，又占用了空间。多功能一体机的出现满足了小型办公用户办公环境的设备需求，提高了办公效率，节约了办公成本。多功能一体机将扫描、打印、传真等多种任务功能集于一身，大大方便了小型办公和SOHO一族。

目前，多功能一体机的品牌众多，主要有惠普、联想、爱普生、佳能、夏普等。

1）按打印方式分类

虽然多功能一体机有多种功能，但是从目前来看，打印技术仍是多功能一体机的基础功能，因为无论是复印功能还是接收传真功能的实现都需要打印功能支持才能够完成。因此，多功能一体机可以根据打印方式分为“激光型产品”和“喷墨型产品”两大类。图12-6所示为常见多功能一体机外观图。

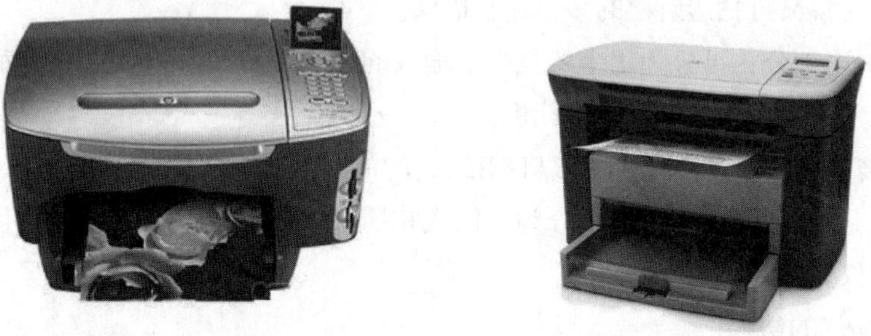

（a）喷墨型多功能一体机　　（b）激光型多功能一体机

图12-6　多功能一体机外观图

① 激光型多功能一体机及特性：激光型多功能一体机的核心技术是电子成像技术，核心部件是一个可以感光的硒鼓，其打印原理与激光打印机相同。采用激光打印方式的多功能一体机具有大负荷、高速度、高品质的特点，能够满足打印量较大的办公需要，且使用时的单位成本比喷墨型低得多。激光打印方式下的输出分辨率一般为600 dpi或1 200 dpi，因此可以获得非常稳定的输出质量。由于彩色激光打印价格昂贵，所以目前的激光多功能一体机中一般只提供黑白输出。从这点讲，经常需要打印彩色文档的用户，应该考虑购买喷墨型产品。

② 喷墨型多功能一体机及其特性：喷墨型多功能一体机的结构相对比较简单，体积小巧者居多，工作中噪声比较低，而且无异味释放，对环境和用户而言都显得比较环保，能够放置在桌面上近距离使用。同普通喷墨打印机一样，喷墨型多功能一体机的采购成本低，同时能够以较低的价格实现彩色打印，性价比突出。这对于日常办公有彩色文本或文字图像混合处理需求且质量要求不高的小型办公用户是一个不错的选择。喷墨型多功能一体机受限于工作原理，打印速度和月负荷量较低，不适合大打印量用户。

2）按功能种类分类

除了可以根据打印技术来进行分类之外，多功能一体机还可以根据产品的功能来进行分类。目前，市场上出现的多功能一体机一般都是在某项主要功能的基础上扩充而来，通常生产厂商会从其最擅长的技术领域入手，推出能充分展现自己技术优势的多功能机产品，一般情况下可以分为打印主导型、复印主导型、传真主导型，而扫描主导型的产品还不多见。当然也有些全能性的产品，它的各个功能都非常完善，不过价格也相对贵一些。

实训实施

1. 针式打印机的使用与维护

1）正确安装针式打印机

安装针式打印机时应注意以下问题：

① 打印机应安装在清洁、无腐蚀、无震动、远离热源的地方。

② 在打印机周围留出足够的空间，以便操作和维护。

③ 避免日光直晒，环境温度应保持在5～40 ℃之间，不能突变。

④ 保证交流电输入有良好接地，一定要将打印机三芯插头插在具有接地处理的电源插座上（机壳接地）。

⑤ 避免使用与大型电机或其他能够引起电压波动的电器在同一回路的插座。

2）针式打印机的使用方法与技巧

（1）针式打印机的控制面板

针式打印机的控制面板如图12-7所示，上面的指示灯用于指示打印机目前的状态，操作键用于控制打印机的各种操作和调整打印机各项设定值。

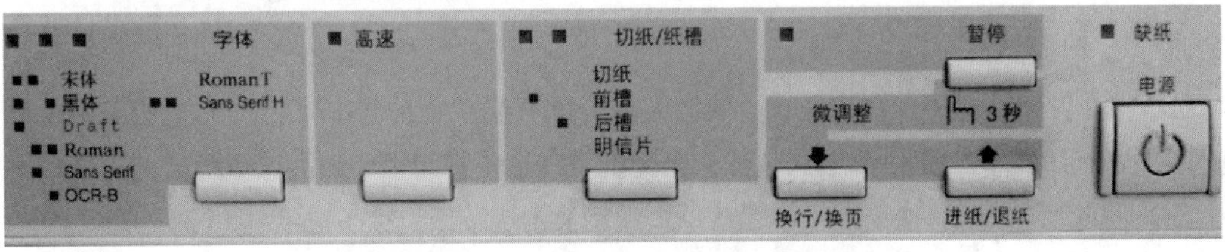

图12-7　Epson LQ-1600K3打印机控制面板

① 指示灯：

缺纸（红色）：当打印机无纸或卡纸时此灯亮。

暂停（橙色）：当打印机没有收到打印数据、纸用尽、夹纸或者按下暂停键来暂停打印时此灯亮。当使用微调整功能或打印头太热时，此灯闪烁。

切纸／纸槽（双灯，绿色）：切纸／纸槽选择状态由双灯显示。

字体（三灯，绿色）：控制面板上的三个字体指示灯显示字体选择状态。

高速（绿色）：选择高速方式打印时，此灯亮。

② 操作键：

电源：按下该键可打开或关闭打印机。

暂停：按下该键可暂时停止打印，或恢复打印。

进纸/退纸：按下此键可使单页纸或连续纸进纸到装入位置。打印机一般情况下自动进纸。如果单页纸已在装入位置，按下此键可退出此页纸；如果连续纸在装入位置或切纸位置上，按下此键可反向进纸到打印纸准备位置。

换行/换页：短暂按下此键可使打印纸走一行。按住该键可以退出一页单页纸或使连续纸走到下一页的顶部。

切纸/纸槽：按下该键可使打印纸走到切纸位置，再按一下该键，可使下一页纸走到页顶位置。

字体：按下该键可选择宋体、黑体、draft、roman、sans serif、ocr-b、roman-t、sans serif h等字体。

高速：按下该键可选择高速打印方式。默认设定值中的高速模式为关时，可实现两倍高速打印。高速草体方式为开时，可实现三倍高速中文打印。

（2）从顶部装入单页纸

① 将过纸控制杆放在单页纸位置。滑动左侧导轨到导纸器上的箭头（起始）标志位置，然后调节右侧导轨使两导轨之间距离与打印纸宽度相匹配，如图12-8所示。

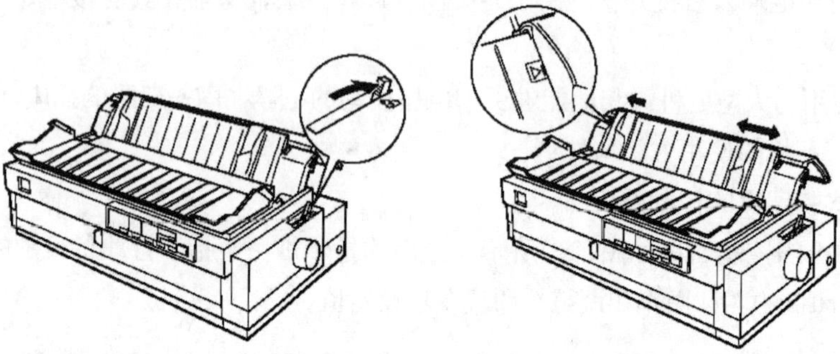

图12-8　选定纸路，设定纸张导轨位置

② 打开打印机电源。在两导轨之间插入一页单页纸，使其自然滑下直到遇到阻力为止。几秒后，打印机自动将纸进到装入位置。至此就可以准备打印了，如图12-9所示。

③ 切换到连续纸。按照以下步骤从单页纸切换到连续纸，按下进纸/退纸键，将依然在打印纸通道中的单页纸退出，将过纸控制杆移到连续纸拖纸器位置。

（3）使用连续纸——从后部推动式拖纸器装纸

① 确认打印机为关机状态，取下打印机盖和导纸器，确保过纸控制杆在后部推动式拖纸器位置，如图12-10所示。

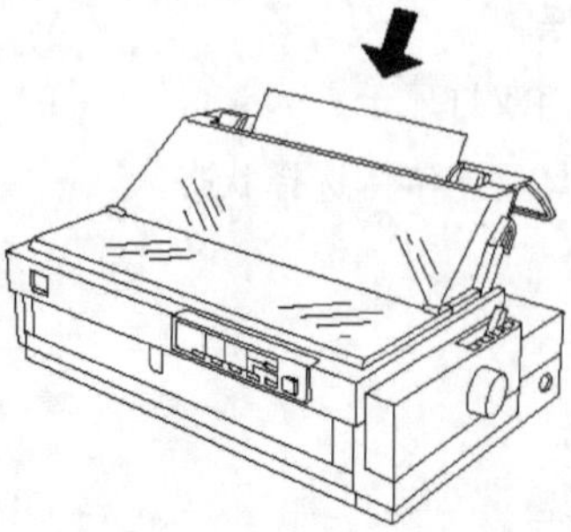

图12-9　从顶部装入单页纸

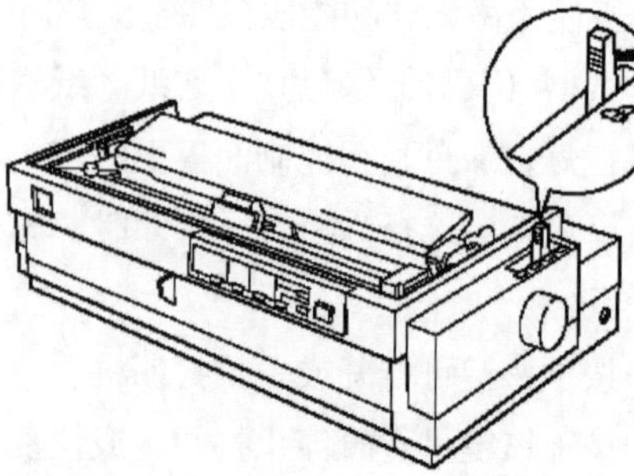

图12-10　设定过纸控制杆到后部推动式拖纸器位置

② 向前推链齿锁定杆使得链齿松开，滑动左右链齿到适当位置，并将托纸块滑动到两个链齿中间，如图12-11所示。

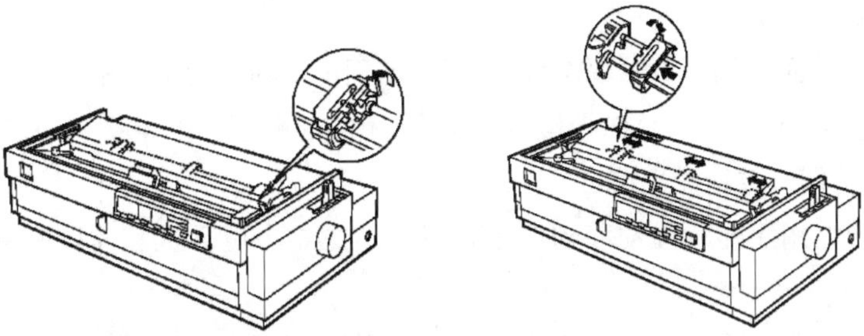

图12-11　调整左右链齿和托纸块到适当位置

③ 确认打印纸的边缘干净平整。打开链齿盖，将连续纸的孔穿入链齿的齿上，然后关上链齿盖。滑动右链齿直到将纸拉平，并将右链齿固定在此位置上，如图12-12所示。

④ 装配打印机盖和导纸器，滑动左右导轨到出纸通道的中央，打印机开机。当打印机接收到数据时，自动进纸打印。

⑤ 切换到单页纸。按照以下步骤从连续纸切换到单页纸。按下切纸/纸槽键将纸进到切纸位置，撕下打印好的页，再次按下进纸/退纸键，连续纸退回到打印纸准备位置。然后，移动过纸控制杆到单页纸位置。

（4）调节纸厚调节杆

根据不同打印介质，灵活调节纸厚调节杆，确保打印效果，以减少打印头磨损，如图12-13所示。

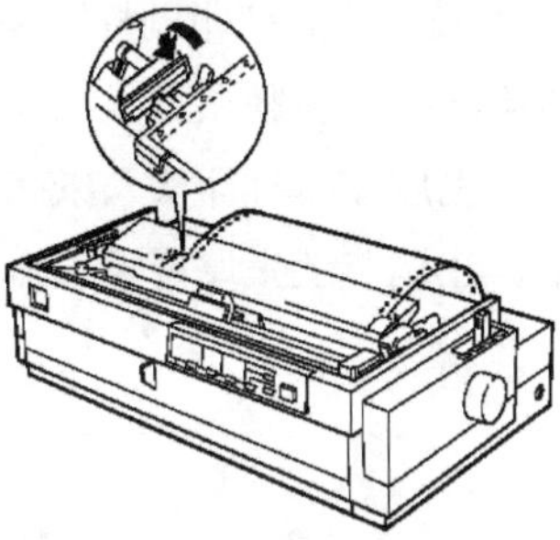

图12-12　安装连续纸

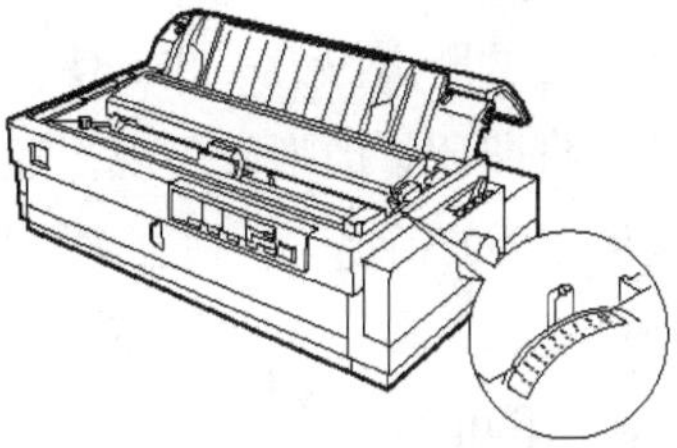

图12-13　根据不同打印介质灵活调节纸厚调节杆

常见打印纸类型与纸厚调节杆位置的对应关系如表12-1所示。

表12-1　打印纸类型与纸厚调节杆位置对应关系

打 印 纸 类 型	调 节 杆 位 置
薄纸	0或1
普通纸（单页纸或连续纸）	0
多层拷贝纸（无碳）	
2页（原件+1页拷贝）	1
3页（原件+2页拷贝）	2
4页（原件+3页拷贝）	3
5页（原件+4页拷贝）	5
不干胶标签、明信片	2
信封	1～6

（5）注意事项

① 使用前要详细阅读打印机操作手册，了解所用机型的技术指标和使用方法。

② 正确连接打印机，不允许带电插拔打印机和主机之间的电缆线（特别是并口打印机），以免造成打印机或计算机接口电路故障。

③ 不允许带电用手随意横向移动字车，以免造成字车电动机和其控制驱动电路部分的故障。

④ 避免带电手动进纸、退纸或打印时手动调节纸的行距，否则易造成走纸电动机、电动机控制驱动电路及打印针等方面的故障。

⑤ 不使用过厚、过硬或表面凹凸不平的纸张，以免造成打印头断针故障。

（6）使用技巧

① 打印薄纸：有时需要在一些特殊的纸张上打印，如打印薄纸或小幅面纸张，直接打印这些纸张，容易造成卡纸或无法打印等情况，这时可用标准打印纸带着这些纸张打印。方法：将标准打印纸（A4纸）一端折起1 cm，然后将特殊介质摆放到适当的位置，一起进纸用标准打印纸带着这些纸张进行打印。

② 习惯使用撕纸键：经常看到一些用户在打印完票据后用手柄将打印纸旋出，然后撕下来，这样做是不对的。正确的做法是，首先按下撕纸键，打印纸走出至撕纸位置，撕掉打印页，然后再按一下撕纸键，打印纸自动回卷到当前页第一打印行位置。

③ 根据纸张类型、厚度灵活调整纸张厚度手柄：为确保针式打印机打印头与打印纸张的表面始终处于合适的距离，要熟练操作纸张厚度调节器。打印多联票据或较厚的纸张时，要将打印头与纸张表面的距离拉大一些；使用新色带时，也应该将打印头与纸张表面的距离稍微拉大一些，确保打印质量清晰、美观。通常情况下，在调节纸张厚度调节器时，应该在确保打印效果能满足需要的前提下，适当采取能大就大的做法。

3）保养维护方法

（1）保养维护需知

① 进行保养维护时，除必须在通电状态下才能进行的项目外，必须先将电源断开，再进行保养维护操作。

② 进行保养维护操作时，不要使用具有腐蚀性的清洁剂，也不要使用尖锐的物体刮划金属触点。

③ 使用清洁剂或清水擦拭机器内外时，要特别注意不要有滴落、遗漏等，清洁完毕，要待机器干燥后，再通电使用。

④ 做好定期检查，在日常使用中应随时注意打印机的工作状态，如检查色带是否有破损、转动是否自如，打印字迹是否清晰；打印头与打印胶辊间隙是否合适；字车导轨是否光滑，字车移动是否灵活；走纸机构是否通畅；打印机各部件是否松动等。

（2）针式打印机的清洁保养

针式打印机应注意定时清洁保养，以延长其使用寿命，其部分结构如图12-14所示。

① 打印机表面的清洁。使用拧干的柔软湿布，也可蘸上中性洗涤剂，对打印机表面进行清洁，待自然干燥后再使用。

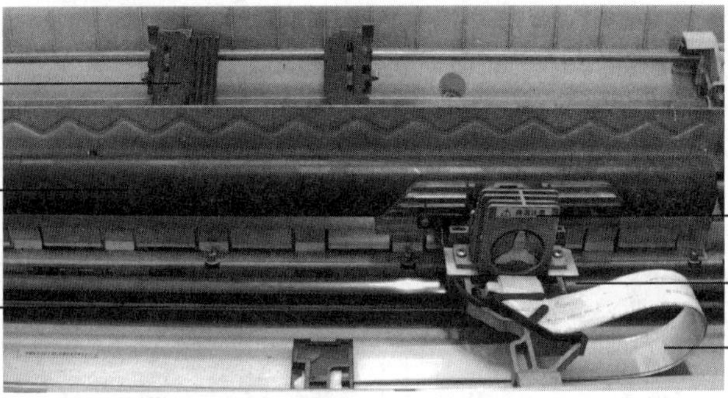

图12-14　打印机胶辊、字车导轨、字车

② 打印胶辊的清洁。打印胶辊经过一段时间的使用后会附着一层由色带油墨、灰尘及蜡纸上的石蜡等构成的污垢，因此要用柔软的布蘸上无水酒精，将打印胶辊上的污垢清除掉。对于经常打印蜡纸的用户，更要注意此项清洁工作。

③ 字车导轨的清洁。字车导轨上的油污要及时清洗，否则会影响字车的正常移动。方法是用脱脂棉将字车导轨表面的油污擦净，然后加注适量润滑油。

④ 打印头的清洁。将打印头从字车上卸下，让打印头脱离字车，但打印头电缆仍连接在打印头上，将打印头浸入液面高度不高于2 cm的无水酒精中（用酒精试剂瓶的瓶盖即可），浸泡2～3 min，打开电源，让打印机打印一页幅面较窄的文章，如对于宽行打印机可打印A4幅面以下的文章，尽量不要进行自检打印（自检打印是宽行打印），务必注意打印过程中不要使字车碰到打印头电缆；然后换干净的酒精反复几次，即可将打印头清洗干净。也可以不卸下打印头，只卸下色带，装上打印纸，用滴管滴一些无水酒精，让打印机自检或打印一段文章，打印时向打印头慢慢地滴加酒精。这样，随着打印机不断地打印，就可将打印头内的油污清洗干净了。这种方法在油污较少的情况下效果较好，操作中要注意控制酒精的用量。清洗完打印头之后，一定要在打印针导板内及时滴加少量润滑油。

⑤ 打印机内部的清洁。对打印机内部的纸屑、灰尘等杂物要及时清除，尤其是电路板上的灰尘，有条件的可使用吸尘器将纸屑和灰尘吸掉，无条件的可用毛刷或皮老虎将灰尘除去。

（3）打印自检测试页

当出现打印故障时，需要通过打印自检测试页来判断故障原因。

① 在Windows环境下联机打印测试页。选择“开始”|“设备和打印机”命令，右击需要测试的打印机图标，在弹出的快捷菜单中选择“打印机属性”命令，弹出属性对话框，在常规选项卡下方单击“打印测试页”按钮，即可打印测试页。

② 脱机打印自检页。如果问题较严重，则需要脱机打印自检页。开机，上好打印纸；关机，然后按住换行（或换页）键再开机。此时，打印机开始打印自检页。需要说明的是，按住换页键打印汉字符号自检页，按住换行键打印英文符号自检页，如图12-15所示。以上两种自检页均按宽行格式打印，打印过程中，可随时按联机键终止打印，打印进行中不可强行关机。

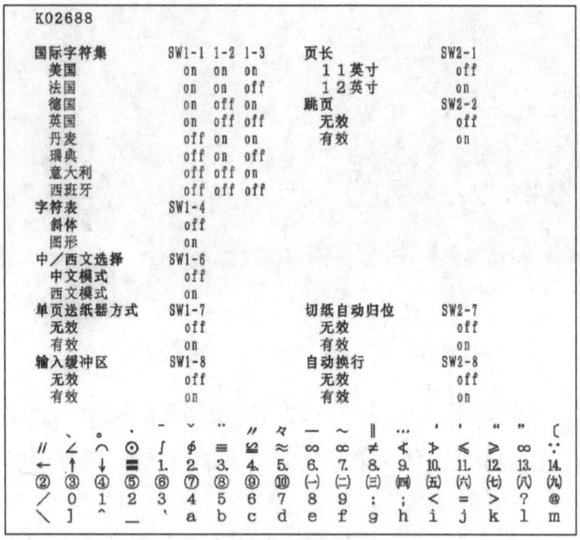

K02688

国际字符集	SW1-1 1-2 1-3	页长	SW2-1
美国	on on on	11英寸	off
法国	on on off	12英寸	on
德国	on off on	跳页	SW2-2
英国	on off off	无效	off
丹麦	off on on	有效	on
瑞典	off on off		
意大利	off off on		
西班牙	off off off		
字符表	SW1-4		
斜体	off		
图形	on		
中／西文选择	SW1-6		
中文模式	off		
西文模式	on		
单页送纸器方式	SW1-7	切纸自动归位	SW2-7
无效	off	无效	off
有效	on	有效	on
输入缓冲区	SW1-8	自动换行	SW2-8
无效	off	无效	off
有效	on	有效	on

、 。 · ˉ ˇ ¨ 〃 々 — ～ ‖ … ‘ ’ “ ” 〔
// ∠ ⌒ ⊙ ∫ ∮ ≡ ≌ ≈ ∽ ∝ ≠ ≮ ≯ ≤ ≥ ∞ ∵
← ↑ ↓ ■ 1. 2. 3. 4. 5. 6. 7. 8. 9. 10. 11. 12. 13. 14.
② ③ ④ ⑤ ⑥ ⑦ ⑧ ⑨ ⑩ ㈠ ㈡ ㈢ ㈣ ㈤ ㈥ ㈦ ㈧ ㈨
／ 0 1 2 3 4 5 6 7 8 9 : ; < = > ? @
＼] ^ _ ` a b c d e f g h i j k l m

图12-15　LQ1600K脱机自检样张

（4）更换色带盒

以Epson LQ-630K为例。

① 关闭打印机电源，打开前盖。向外轻轻拉动压纸杆，然后向上搬动将压纸杆立起，如图12-16所示。

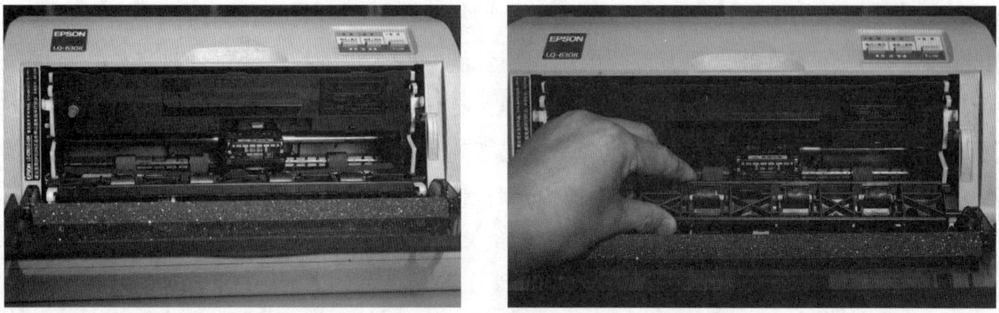

图12-16　关闭打印机后轻轻拉出并立起压纸杆

② 将打印头移动到中部以便于色带盒的拆卸和安装。单手捏住打印头下部两端，向外轻拉，卸下色带导引罩，然后用手捏住色带盒上的凸起部分向外平拉取下色带盒，如图12-17所示。

图12-17　卸下色带导引罩后取出色带盒

③ 卸下色带盒后，即可将新购买的色带盒按照上面拆卸操作相反的操作步骤，进行安装更换。

（5）更换色带芯

以Epson LQ-630K为例。

发现打印字迹浅淡、色带起毛等情况时，应及时更换色带。如果发现色带盒有异常，应整体更换，否则只更换色带芯即可，色带架内部结构如图12-18所示。更换色带芯操作步骤如下：

① 将色带架从打印机上卸下，抠开卡扣，注意不要弄折定位销钉。

② 仔细观察原有色带绕行结构，将旧色带拆下。

③ 打开新色带包装，握住新色带盒，将新色带倒扣在色带架内，注意不要弄散色带。

④ 分开齿轮，将色带放入中间，然后将色带沿导槽依次理顺。

⑤ 观察色带是否有拧、皱的地方，调整正常后，合上盖子，转动旋钮数圈。

⑥ 将色带盒装回打印机。一手捏住打印头，匀速移动打印头几个来回，同时另一手的手指扶住色带旋钮，体会色带旋钮转动是否平稳。如有问题，务必调整好后，再使用打印机打印。否则，极易导致挂色带、断针等情况。

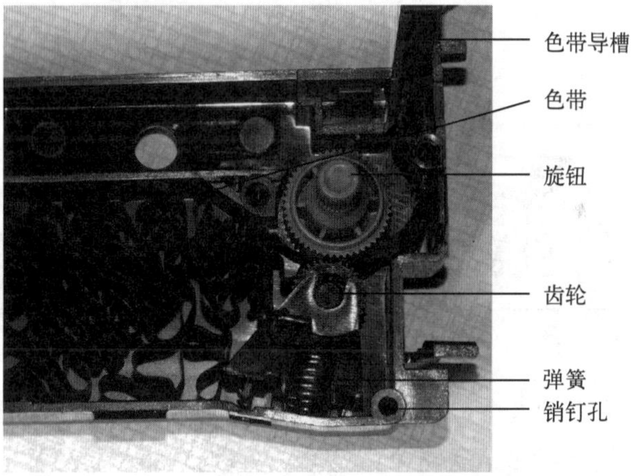

图12-18　色带架内部结构

2. 激光打印机的使用与维护

1）正确安装激光打印机

激光打印机的工作环境：

① 机房内应通风良好，激光打印机应水平放置，摆放牢固，不能直接受阳光照射。

② 电源电压要稳定，打印机要有良好的接地。

③ 避免在高温、高湿、低温、多尘的场所使用。一般温度应在10～35 ℃之内，相对湿度范围为20%～80%，不能突然变化。

④ 避免在有各种腐蚀性气体的环境中使用。

2）激光打印机的使用方法与技巧

（1）认识激光打印机

Canon LBP2900激光打印机外观结构如图12-19所示。

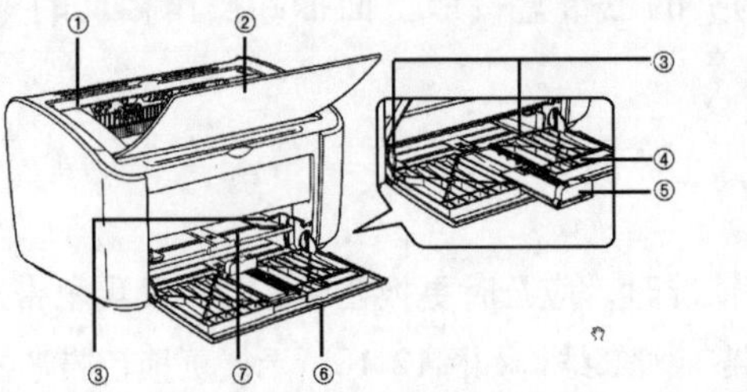	① 顶盖 ② 输出托盘 ③ 导纸器 ④ 小导纸器 ⑤ 后导纸器 ⑥ 多功能托盘 ⑦ 手动送纸托盘
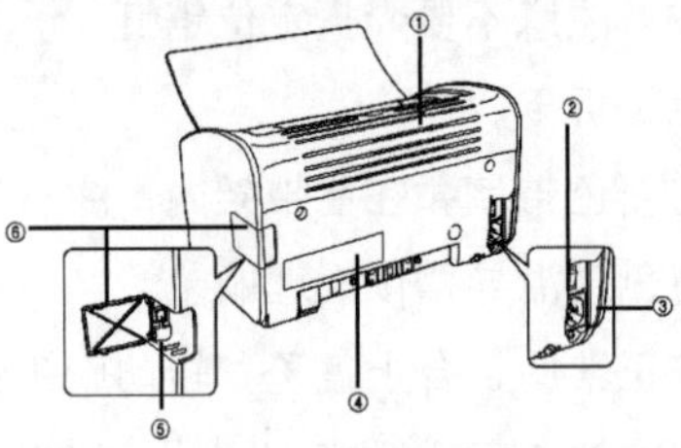	① 通风槽 ② 电源开关 ③ 电源插孔 ④ 铭牌 ⑤ USB连接器 ⑥ USB盖
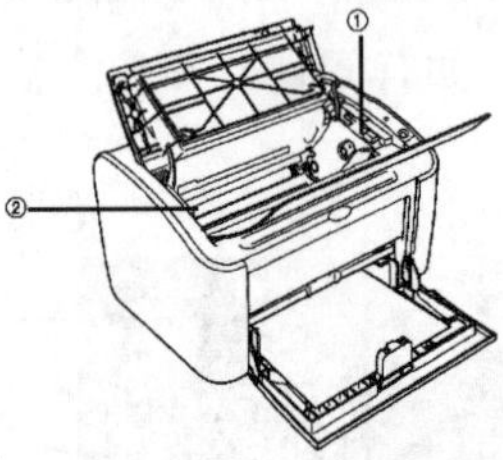	① 硒鼓导板 ② 传输滚筒
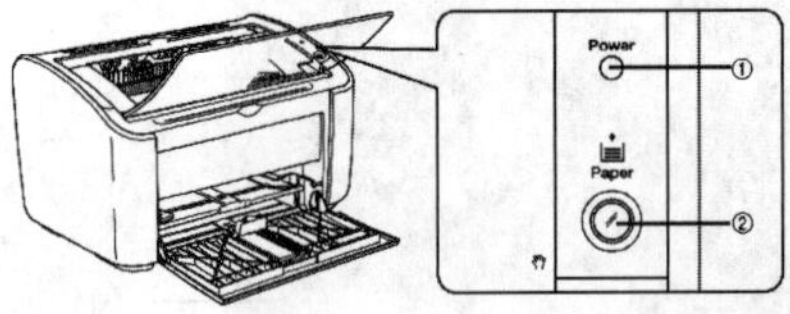	① Power指示器 ② Paper指示器/Paper键

图12-19　Canon LBP2900打印机外观结构

其中：多功能托盘为主进纸纸路，约容纳150张普通纸。手动送纸托盘为优先进纸纸路。两个纸路均可打印普通纸、重磅纸、透明胶片、标签纸、信封，但只能将索引卡片送入手动送纸托盘。打印机缺纸或进纸不正确时，Paper键指示器将闪烁，在纸张托盘中添加纸后，按此键可重新开始打印。

（2）安装打印纸及设置打印选项

① 准备导纸器：拉出后导纸器，外推侧面导纸器，使其比实际纸张宽度略宽少许，如图12-20所示。

（a）拉出后导纸器

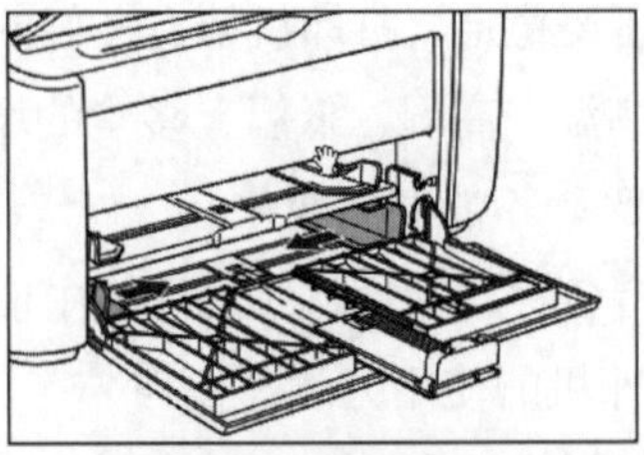

（b）外推侧面导纸器

图12-20　准备导纸器

② 准备打印纸：将从包装袋中新取出的纸张捻开，对齐边角。否则，打印中易造成卡纸、双页进纸等情况，如图12-21所示。

③ 轻轻放入纸张，打印面向上，直至纸张触及托盘后沿。滑动导纸器，使其贴近纸叠的两侧。将后导纸器调整到与纸张对齐，如图12-22所示。

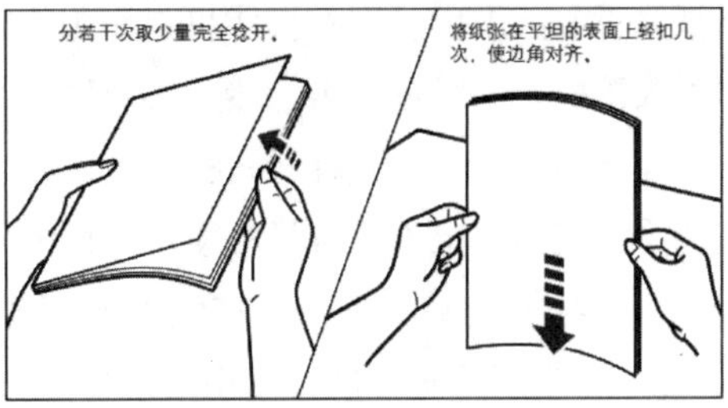

图12-21　准备打印纸

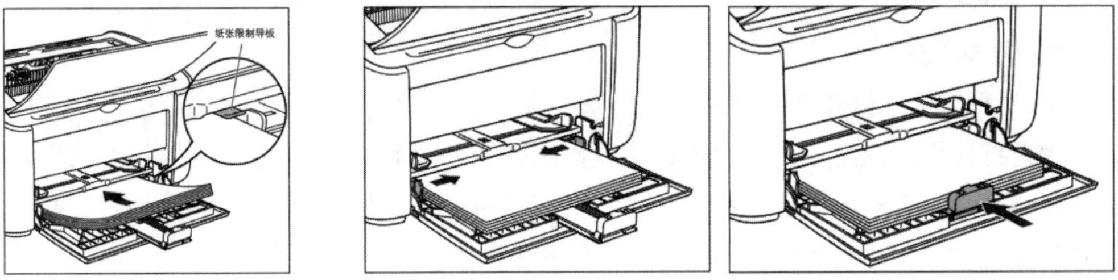

(a) 纸张到位　　(b) 移动导纸器

图12-22　将打印纸装入托盘

④ 开始打印前打开位于打印机顶部的输出托盘，平稳托住打印输出的介质，如图12-23所示。

⑤ 在打印机名称栏内正确选取联机打印机，确定打印页面范围、打印份数等相关打印参数，然后单击“确定”按钮，即可将在应用程序中完成各项编辑工作的文档打印输出。

⑥ 如有特殊打印需求，可在打印机的“打印首选项”对话框中设置要求，如设置不同的页面尺寸，可选择信封、索引卡片等；设置页面布局，可选择海报等，还可以设置是否手动缩放，选择纸张来源等，如图12-24所示。

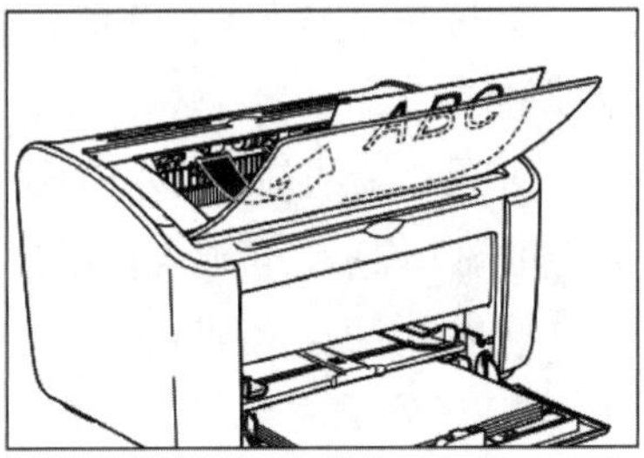

图12-23　打开输出托盘

(a) “页面设置”选项卡　　(b) “纸张来源”选项卡

图12-24　设置特殊打印选项

(3) 使用注意事项

激光打印机是可靠性很高的打印输出设备，一般很少发生故障，但使用中应注意以下几个方面：

① 处理卡纸等故障时，拆装器件不要用蛮力，要看清结构适度用力，卡住的纸张应尽量

沿纸路正方向取出。有的打印机有压力释放钮（如HP 6L左侧的绿色扳钮），处理卡纸时，应先将扳钮松开，释放压力，然后再取出卡纸。

② 当从打印机中取出墨粉盒时，应把它放在一个洁净平滑的表面上，注意不要划伤或触摸感光鼓表面，也不要盲目触摸打印机内部的其他部件。

③ 要避免把感光鼓暴露在强光下，也不要长时间暴露墨盒。

④ 应使用手册中推荐使用的消耗材料，不要使用劣质代用墨粉。新墨粉盒使用前需将碳粉摇晃均匀，稍放片刻再用。

⑤ 避免使用变形、褶皱、潮湿、过厚或过薄的打印介质，必须打印特殊纸张时，应使用打印纸衬带特殊纸张进行打印。

3）激光打印机的保养维护方法

对激光打印机应该定期清洁保养，这是因为使用一段时间后，空气中的灰尘和纸张碎屑在机器内部积聚，会对机器造成磨损，影响打印质量和打印机寿命。通常每次更换墨盒或打印约6 000张图文后，应对激光打印机进行内部维护清洁。

（1）保养维护须知

① 进行保养维护时，除必须在通电状态下才能进行的项目外，必须先将电源断开，再进行保养维护操作。

② 进行保养维护操作时，不要使用具有腐蚀性的清洁剂，也不要使用尖锐的物体刮划金属触点。

③ 使用清洁剂或清水擦拭机器内外时，要特别注意不要有滴落、遗漏等，清洁完毕后，要待机器干燥后，再通电使用。

（2）打印自检测试页

当出现打印故障时，需要通过打印自检测试页来判断故障原因。

① 在Windows环境下联机打印测试页：选择“开始”|“设备和打印机”命令，在弹出的窗口中右击需要测试的打印机图标，在弹出的快捷菜单中选择“打印机属性”命令，弹出图12-25所示的属性对话框，在“常规”选项卡下方单击“打印测试页”按钮，打印测试页。

② 脱机打印自检页：如果不能联机打印测试页，或问题较严重，则需要脱机打印自检页。以HP LaserJet 1010打印机为例，按住面板上的“绿色”按键5 s，打印测试页，如图12-26所示。

图12-25　联机打印测试页

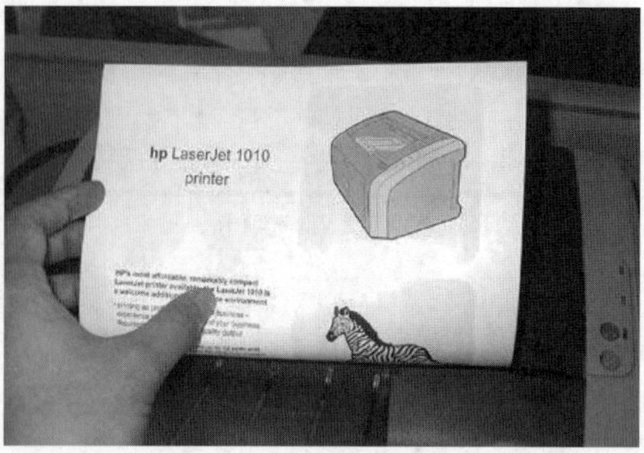

图12-26　脱机打印测试页

> **提示**：不同的打印机执行脱机打印自检测试页操作的操作键不同，有些打印机的操作键设置在打印机后部，有些打印机不支持脱机打印测试页的操作。

（3）对重点部位进行清洁维护

① 清洁感光鼓：感光鼓是激光打印机最重要的部件，一般情况下无须清洁。若要清洁，只能用软毛刷轻轻扫除，重点扫除鼓两端、清洁辊、废粉仓口这些部位。若鼓上不慎沾上了手印或油污，可用高级镜头纸（或脱脂棉）蘸墨粉沿一个方向擦除，或蘸无水酒精（现场多用，但不推荐）擦除。清洁感光鼓时应特别小心，避免手指甲或尖锐物体划伤鼓表面。

② 清洁取纸滚筒：取纸滚筒又称搓纸轮，将纸张从纸槽拖动到打印机的内部，在这个过程中，纸张上沾污的杂质、灰尘等会在滚筒上沉淀，长时间不清洗就会导致送纸错误，这也是激光打印机最容易出现的故障。清洁时用蘸有清水的软布（拧干，不能滴水）擦净即可（搓纸轮的拆装方法参考后面的图12-34和图12-35）。

③ 清洁打印机定影滚筒：有些打印机带有自动清洁功能，可实现某些特殊部位的自动清洁，如佳能LBP 2900可自动进行定影滚筒清洁。当发现打印文档出现脏污或更换新感光鼓后，应清洁打印机定影滚筒，具体操作如图12-27所示。

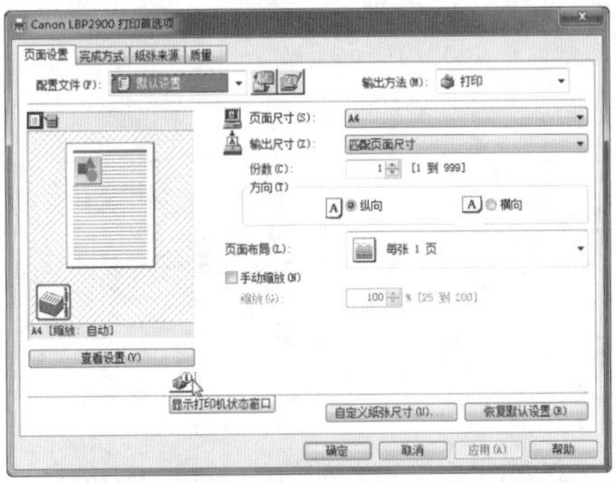	操作步骤： ① 开机，放好A4打印纸，准备好打印机。 ② 在打印机“打印首选项”|“页面设置”选项卡中的左下部位单击图标，打开打印机状态窗口
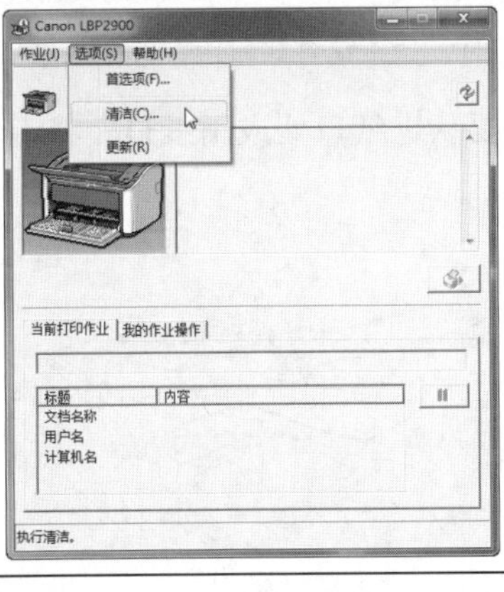	操作步骤： ① 在打印机状态对话框中，选择“选项”|“清洁”命令，打印机弹出清洁对话框，等待确认。 ② 单击“确定”按钮后，执行清洁操作。 ③ 整个清洁过程大约需要3 min，中间不能中断。纸张完全输出后，完成清洁工作

图12-27　执行打印机清洁任务

（4）为激光打印机换硒鼓

下面介绍如何为激光打印机换硒鼓。

① 打开机盖，将旧硒鼓从打印机内取出。

② 取出新硒鼓，左右晃动若干下，使粉仓内的碳粉均匀分布，如图12-28所示。

③ 将硒鼓上的彩色封条轻轻拉出，如图12-29所示，然后将硒鼓装入打印机内，如图12-30所示。打印测试页，完成更换硒鼓工作。

图12-28　将取出的新鼓左右晃动若干下

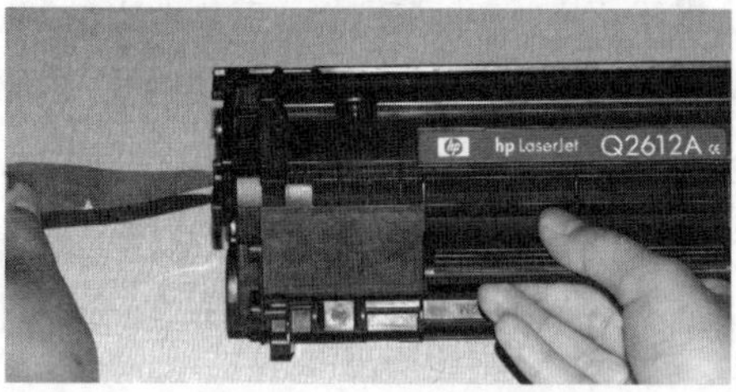

图12-29　拉出彩色封条

图12-30　将硒鼓装入打印机内

（5）取出卡纸

① 打开前盖，取出硒鼓。释放压力手柄（有的打印机没有此手柄），如图12-31所示。

② 观察卡纸情况，用两手抓住露出的介质前沿（尽量多抓住一些），沿走纸正方向，小心地将其从打印机中拉出，如图12-32所示。

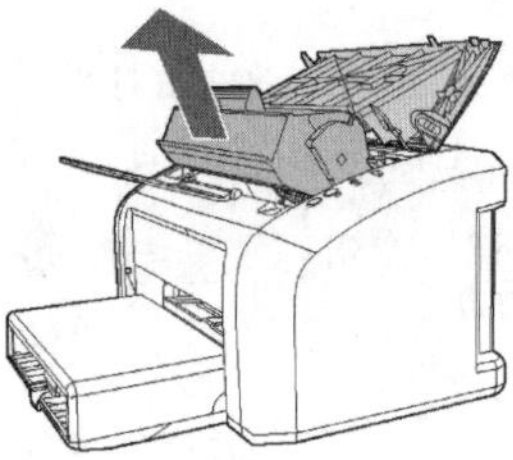

图12-31　取出打印机硒鼓

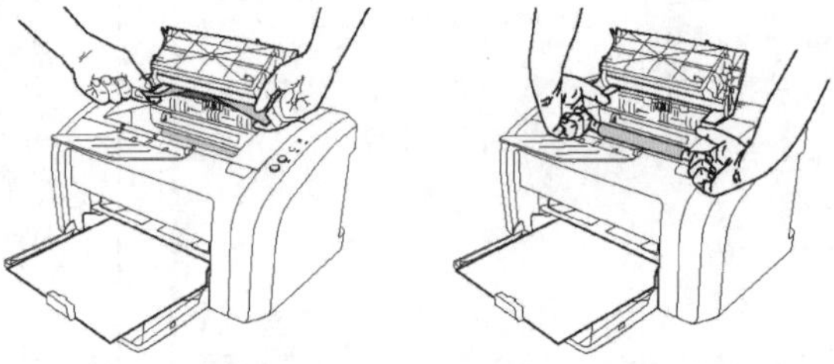

（a）两手抓住介质前沿　（b）拉出介质前沿

图12-32　从打印机内部取出卡纸

③ 如果打印纸被卡在供纸部或出纸部，则需要从进纸口处或出纸口处将卡住的纸张拉出，如图12-33所示。

（a）从进纸口处拉出纸　（b）从出纸口处拉出纸

图12-33　从打印机外部取出卡纸

④ 取出卡纸后，把硒鼓装好，盖上前盖，恢复打印工作。打印机发生卡纸后，可能会污染打印机内部，造成打印的下一张纸张沾上过多的墨粉，通常不用处理，继续打印几张后就

会正常。或参考图12-27所示的方法，利用打印机自清洁功能进行清洁。

> **提示**：处理卡纸时，一定注意不要将纸张拉撕，在打印机内部留下残片，如果出现这种情况，一定要将残片取出，必要时拆开打印机取出残片。

（6）更换取纸滚筒

如果打印机经常发生取纸错误（供纸不畅或一次送入多页），则应清洁或更换取纸滚筒。

① 拔下打印机电源线，打开打印机前盖，取出打印机硒鼓。

② 找到取纸滚筒，松开两边的白色小卡扣，向前端旋转取纸滚筒，轻轻地将取纸滚筒提起并拉出，如图12-34所示。

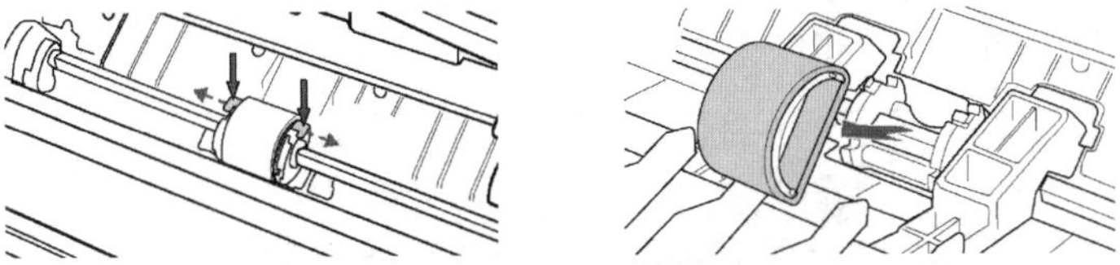

（a）松开白色小卡扣　　（b）取出滚筒

图12-34　卸下旧搓纸轮

③ 将新的或已清洁的取纸滚筒放入先前安装取纸滚筒的插槽中，逆向旋转，直到其两侧都卡入到位为止，如图12-35所示。

④ 重新安装好硒鼓，盖上前盖，插上电源后开机，恢复打印。

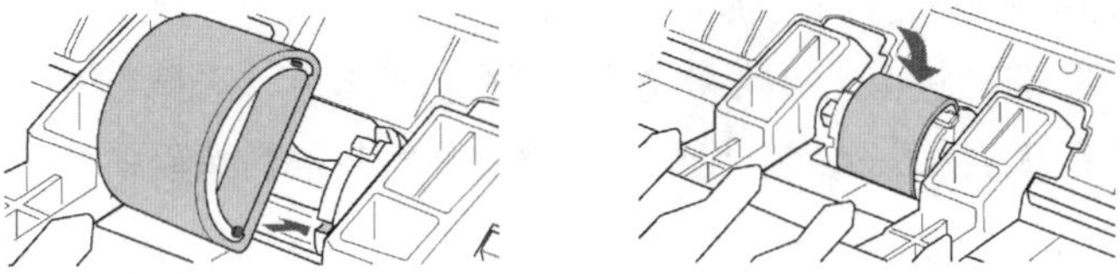

（a）对齐卡销　　（b）安装入位

图12-35　安装新搓纸轮

3. 喷墨打印机的使用与维护

1）喷墨打印机的使用方法与技巧

（1）认识喷墨打印机（以Canon IP2000为例）

① 前视图，如图12-36所示。

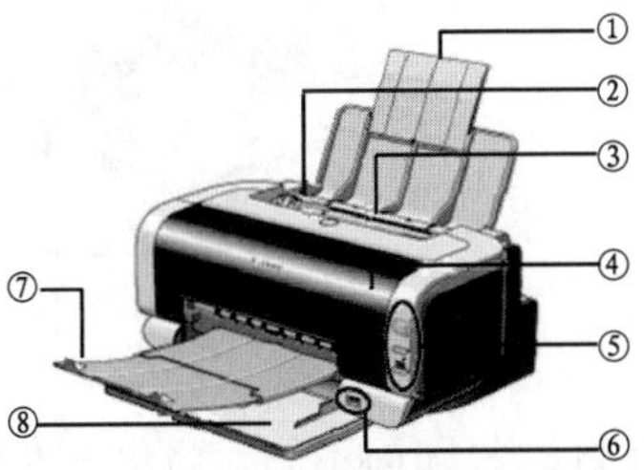

①—靠纸架；
②—纸张导片；
③—自动供纸器；
④—前盖；
⑤—操作面板；
⑥—照相机/直连打印端口；
⑦—出纸托盘；
⑧—前端供纸器

图12-36　打印机前视图

② 后视图，如图12-37所示。

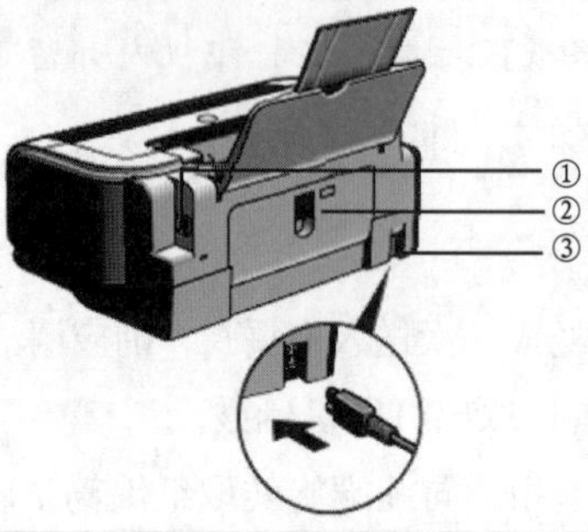

①—USB端口；
②—后盖；
③—电源线连接

图12-37　打印机后视图

③ 打印机内部，如图12-38所示。

①—纸张厚度杆；
②—打印头锁定杆；
③—打印头支架

图12-38　打印机内部图

（2）安装打印纸及设置打印选项

① Canon IP2000打印机有上纸路和前纸路两个供纸纸路，选择合适纸路，打开供纸器托板，装入纸张。将纸张放入供纸器，捏紧纸张挡片并将其推靠到紧靠纸叠的每一侧（参考激光打印机装纸方法）。

② 打开前盖并调整纸张厚度杆。对于普通纸，将纸张厚度杆置于左端（□）。仅对于T恤转印介质，将纸张厚度杆移动到右端（✉）。然后，拉出出纸托盘，准备打印，如图12-39所示。

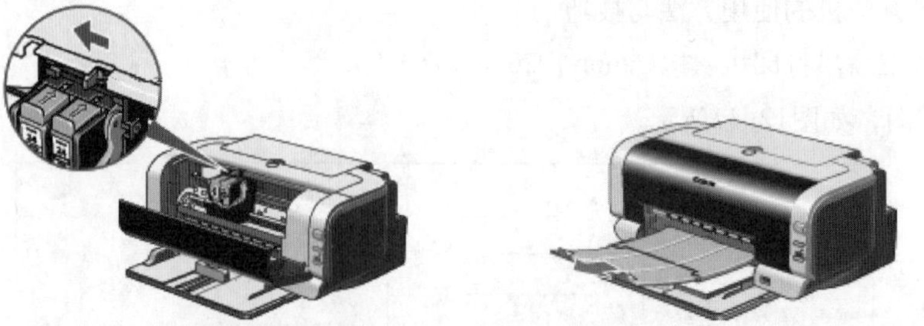

（a）调整纸张厚度杆　　（b）拉出出纸托盘

图12-39　准备打印

③ 放好打印纸并选择正确的纸路。纸路不同，打印面不同，将单面专用打印纸装入供纸器时，应注意检查放纸方向，确保在介质正确的一面打印，如图12-40所示。

（a）选择供纸纸路　　（b）检查放纸方向

图12-40　选择纸路并正确放置打印纸

④ 根据材料特点，在打印机属性对话框中设置打印参数。如介质类型、打印质量等参数，如图12-41所示。通常打印办公文档时，参数设置为普通纸、标准质量。

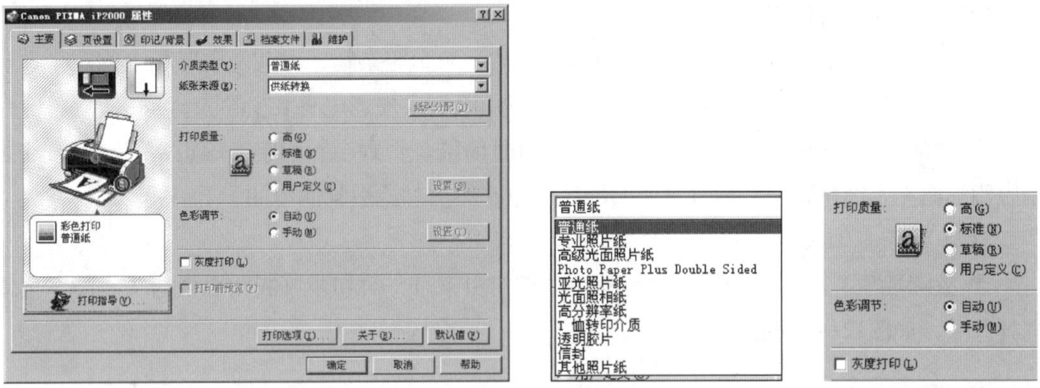

（a）打印机属性对话框　　（b）选择介质类型　　（c）设置打印质量

图12-41　设置打印参数

（3）使用注意事项

① 保持清洁适宜的环境。如果灰尘太多或者高温、干燥，容易造成喷头污染、堵塞，影响打印质量，并且还易造成字车导轨润滑不好，使字车移动受阻，导致不能正常打印。

② 正常关机。如果非正常关机（如直接关闭插座电源开关），则容易造成字车不能正常回到初始位置。字车如在初始位置，将受到保护罩的密封保护，使喷头不易被阻塞，另外还可避免下次开机时重新清洗而造成墨水的浪费。

③ 不可用手移动字车、墨盒及墨盒支架。如果强行移动字车、墨盒或墨盒支架，易引起机械部分的损坏。有些打印机必须在开机状态下更换墨盒，通过按键操作，将字车从初始位置移出到适当位置，然后再进行更换墨盒的操作。

④ 相比其他两类打印机来说，喷墨打印机对纸张的要求是最高的，并且只有使用喷墨打印机专用纸张，才能打印出精美的图片。

（4）使用技巧

① 高速省墨打印。输出文本清样时，可以选择打印质量为草稿方式（经济打印模式）进行打印，这样可以大大提高打印速度，同时还可以节省墨水。

② 打印无边距照片。如果想打印无边距照片，可在介质类型中选取高光相纸等介质，同时在属性对话框的“页设置”选项卡中选择“无边距打印”选项。

③ 减少清洗墨头次数。当检测到打印机状态变更时，打印机会自动进行清洗墨头，这

一过程非常费墨，使用中应尽量避免不必要的清洗动作。如打印完毕后，及时关闭打印机电源，使墨头得到有效保护；不随意打开打印机上盖，很多打印机上盖都控制着门开关，打开上盖，自动进入维护状态，关闭上盖后打印机要进行初始化、清洗墨头等动作。

2）喷墨打印机的保养维护方法

喷墨打印机与针式打印机不同，它含有高精密元件，如果使用维护不当，不仅会减少打印机的使用寿命，严重时还会损坏打印机以至不能正常工作。因此，使用维护喷墨打印机时，要严格按照说明书的操作规范进行。

（1）做好日常维护

① 清洁打印机表面。使用拧干的柔软湿布，也可蘸上中性洗涤剂，对打印机表面进行清洁，待自然干燥后再使用。

② 清洁打印机内部。清除打印机内部的纸屑、灰尘等杂物，尤其是电路板上的灰尘，有条件的可使用吸尘器将纸屑和灰尘吸掉，通常可用毛刷或皮老虎将灰尘除去。

③ 清洁字车导轨。字车导轨上的油污要及时清洗，否则会影响字车的正常移动。方法是用脱脂棉蘸无水酒精将字车导轨表面的油污擦净，然后加注适量润滑油。

（2）清洗打印头

① 故障现象。当打印的材料出现断线或横向白条时，可初步判断为出现堵头故障，要清洗打印头，如图12-42所示。

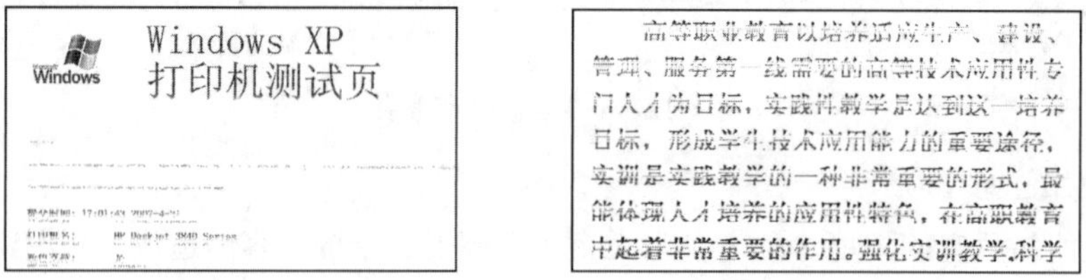

（a）断线　　（b）横向白条

图12-42　堵头故障现象

② 清洗方法。在打印机属性对话框中选择“维护”选项卡，单击清洗图标，选择打印头清洗操作。清洗完毕后，打印自检页或文档，检查清洗效果。必要时可进行多次清洗，甚至进行深度清洗，以便清洗疏通堵塞的打印头，如图12-43所示。

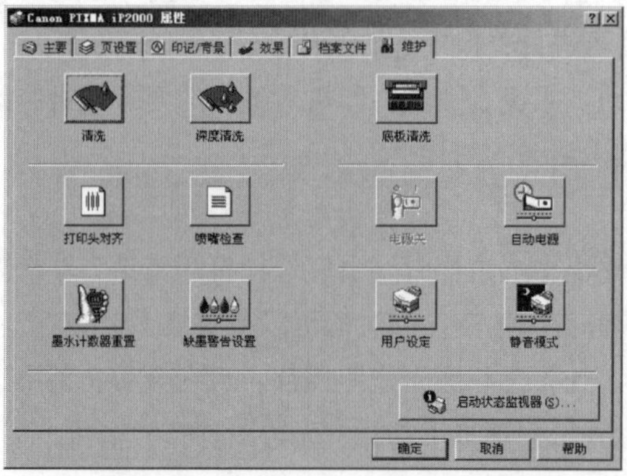

图12-43　使用打印机自带工具软件清洗打印头

提示：清洗打印头的操作非常浪费墨水。平时一定要养成良好的使用、维护习惯，以及不使用劣质代用墨水，避免出现堵头现象。

③ 根据打印情况检查清洗效果。清洗完毕后，打印自检页或进行喷嘴检查操作，检查清洗效果。对于主要打印文档的打印机，建议通过打印文档检查效果，如图12-44所示。

[illegible]
管理、服务第一线需要的高等技术应用性专
门人才为目标，实践性教学是达到这一培养
目标，形成学生技术应用能力的重要途径，
实训是实践教学的 种非常重要的形式，最
能体现人才培养的应用性特色，在高职教育

（a）清洗过程中

高等职业教育以培养适应生产、建设、
管理、服务第一线需要的高等技术应用性专
门人才为目标，实践性教学是达到这一培养
目标，形成学生技术应用能力的重要途径，
实训是实践教学的一种非常重要的形式，最
能体现人才培养的应用性特色，在高职教育

（b）清洗完成后

图12-44　检查清洗效果

（3）更换墨盒

通常在打印机盖板内侧，贴有更换墨盒流程图，如图12-45所示。用户只要按照图示操作即可。目前常用喷墨打印机更换墨盒时，移出字车更换墨盒有以下两种做法：

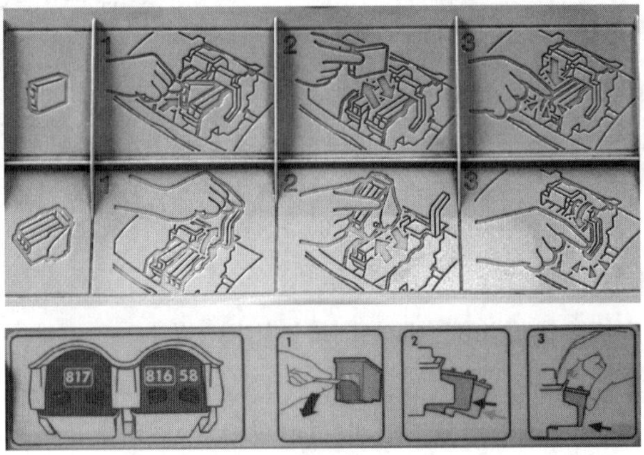

图12-45　更换墨盒流程图

① 掀开上机盖，字车自动移动到中间位置，按图示更换，换好墨盒后，盖好机盖，清洗、打印自检页即可。

② 有些打印机需要操作面板按键移出字车。掀开上机盖，按住指定按键2～3 s，字车移动到换墨位置，按图示更换，换好墨盒后，盖好机盖，清洗、打印自检页即可。

③ 更换墨盒图例，如图12-46、图12-47、图12-48所示。

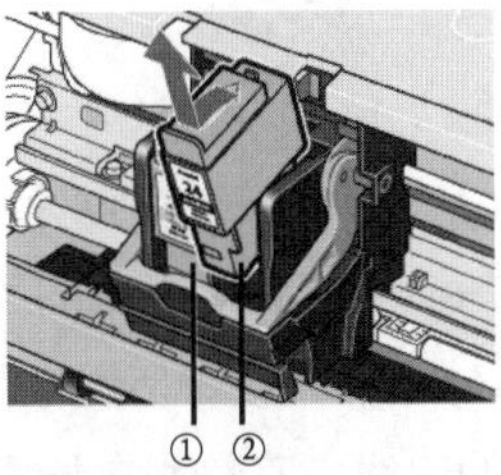

（a）取出用完的墨水盒

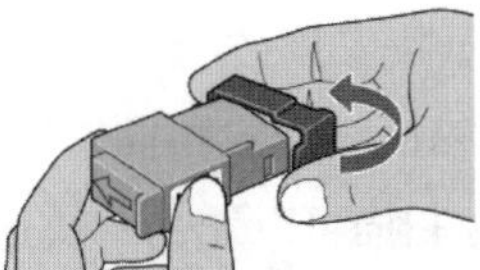

（b）拆开新墨水盒的包装，并取下橙色保护盖

图12-46　Canon IP2000更换墨水盒示意图

（c）把墨水盒插入插槽

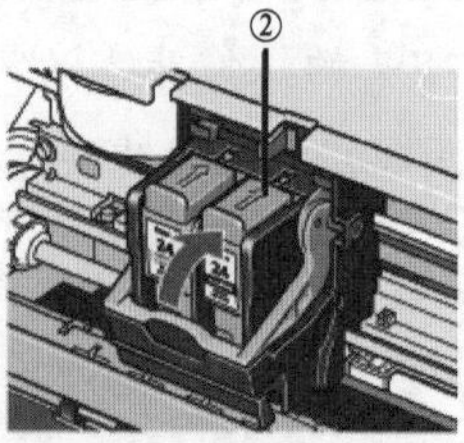

（d）按着手柄直至墨水盒锁定到位

图12-46　Canon IP2000更换墨水盒示意图（续）

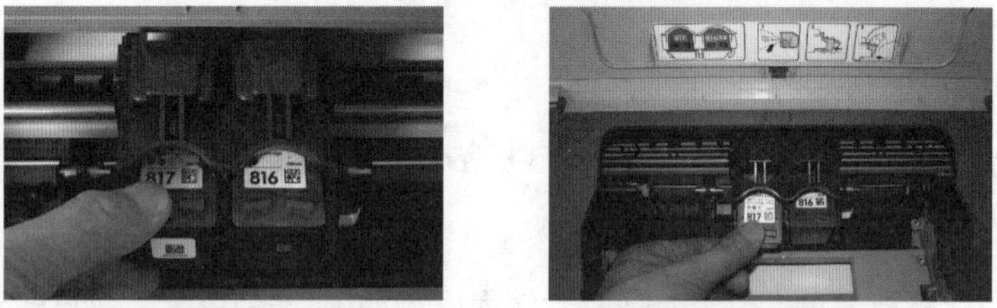

图12-47　HP DeskJet 3848打印机更换墨盒示意图

图12-48　Canon BJC 6200打印机更换墨盒示意图

4. 扫描仪的使用与维护

以常用的办公型平板扫描仪为例说明扫描仪的使用及维护。

1）扫描仪的使用

① 放置原稿：将扫描原稿正面朝下放在扫描仪的稿台玻璃上，以扫描对象为准，尽量摆正（大角度旋转，会造成图像质量下降）。摆放原稿时，注意保持稿台玻璃的清洁，不要划伤玻璃表面，特别是进行实物扫描时，更要特别小心，如图12-49所示。

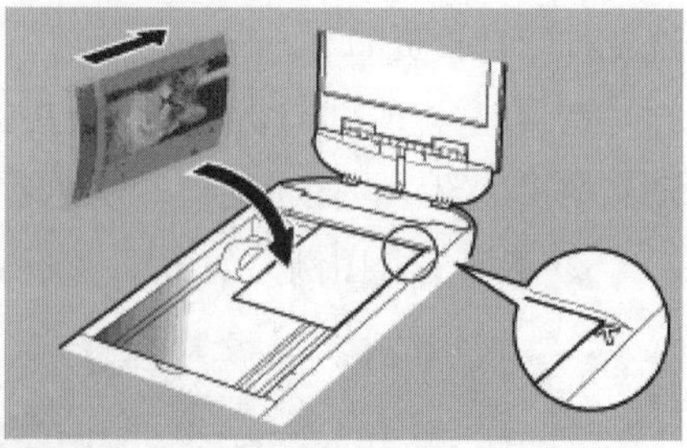

图12-49　放好原稿

② 确定合适的扫描方式：一般扫描仪都提供黑白、灰度、彩色等几种扫描方式。其中黑白方式适用于白纸黑字的原稿或OCR识别；灰度方式则适用于既有图片又有文字的图文混排稿件；照片或实物扫描可以用彩色方式扫描。这些参数既可以在“基本模式”中定性的选择，也可以在“高级模式”中定量的设置，如图12-50所示。

③ 预览：即预扫描。一般扫描软件都提供显示扫描台面整体情况的预览模式，即扫描界面的预扫描功能。预扫描可以让用户快速地查看图像外观，大致评估图像信息。

④ 选择扫描区域：在预览图像上通过拉伸方框的边线或直接用鼠标重新选取，得到精确的扫描区域。

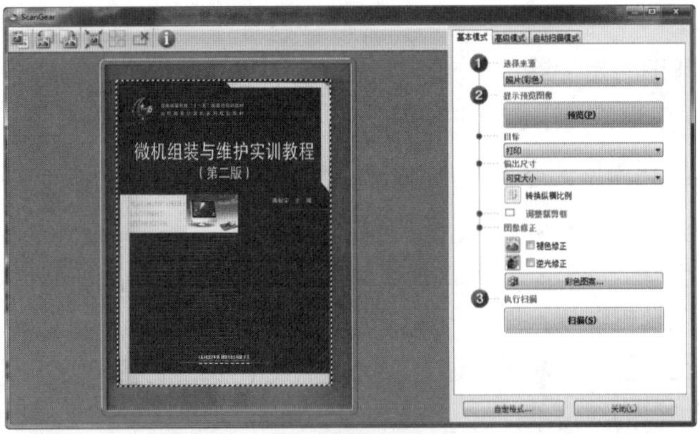

（a）基本模式

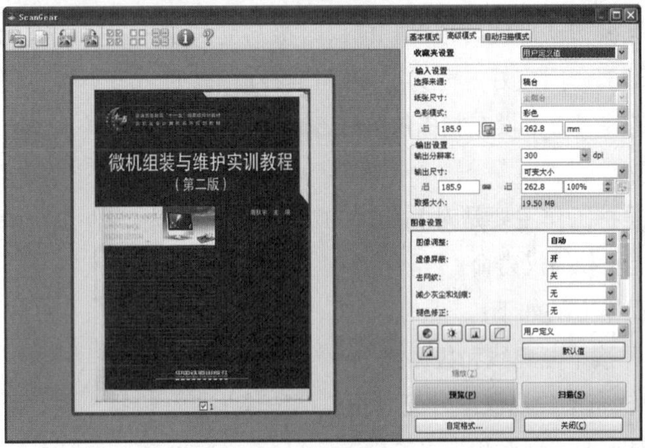

（b）高级模式

图12-50　扫描界面的两种模式

⑤ 优化扫描分辨率：扫描分辨率越高，得到的图像越清晰，同时占用的资源也越多。扫描时应将扫描分辨率、图像大小、扫描品质、图像用途等因素综合考虑。表12-2所示为几种典型的分辨率设置。

表12-2　几种典型的分辨率设置

用　途	扫描分辨率	色　深	格　式
在显示屏上显示（Web、E-mail）	72 dpi或100 dpi	8位	JPEG
打印输出快照	200 dpi或300 dpi	30位	TIFF
扩大快照或打印输出大幅照片	最高分辨率	30位	TIFF

⑥ 保存：扫描并选择正确的文件格式进行保存。所有设置都调整完毕后，单击“扫描”按钮，即开始扫描。保存文件时，使用的图像处理软件总是会指定几种存储采用的文件类型，可以采用多种压缩格式来减少扫描生成图像文件占据的硬盘空间。

提示：在多种存储文件类型当中，TIFF和GIF格式采用的是“无损伤”压缩技术，适合用来打印输出的图像保存。而JPEG格式是一种“有损伤”的压缩格式，虽然生成的文件更小，传输快，但是会丢失一些图像细节。如果打算在线使用图像，建议采用JPEG格式。

2）扫描仪的维护

扫描仪由非常精细的光学器件构成，即使十分细小的灰尘也会影响扫描效果。为确保其扫描精度，在日常使用中，应注意以下事项。

① 扫描仪应放置在温度、湿度适宜的环境中（具体要求可参阅扫描仪手册）。桌面应保持稳固，避免震动。

② 保证安全、可靠的供电。

③ 放置原稿时应轻提轻放，保护扫描仪稿台玻璃。

④ 液体、腐蚀性、易燃、易爆、过重的物体不要作为扫描原稿。

⑤ 定期进行扫描仪的清洁维护。

⑥ 安装、移动或清洁维护扫描仪时，一定要记住使用扫描仪上的锁紧装置。扫描仪内部有许多光学器件、机械传动部件，移动扫描仪时极易受到挤压碰撞。因此，必须及时将扫描仪的易碎部分、活动部分固定好，尤其要注意在移动翻转时千万不要忘记将扫描仪的导轨、镜组固定锁紧。锁紧装置通常设在扫描仪的底部或背部。

3）扫描仪的清洁

扫描仪的清洁维护工作主要是对扫描仪的镜头组件、机械部件进行清洁、维护，保证扫描仪的扫描质量、延长扫描仪寿命。

扫描仪清洁的操作方法如下：

① 关闭扫描仪并拔下电源线和数据线。

② 先拿一块干软布把扫描仪的外壳（不包括玻璃平板）擦拭一遍，除去表面的浮尘；然后再用一块拧干的湿布细擦，对积垢多的地方，可蘸一些清洁剂擦拭，如图12-51所示。

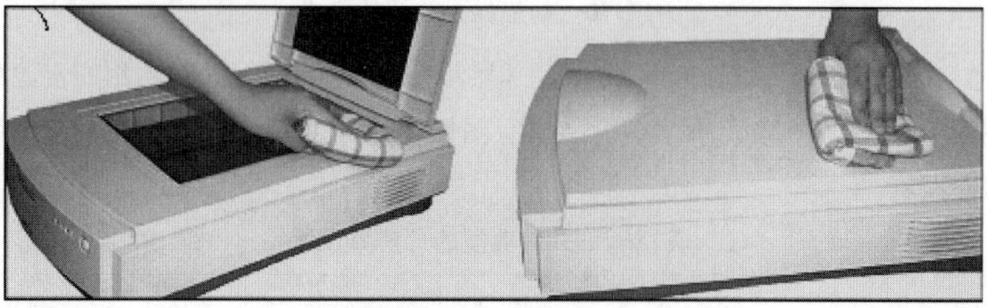

图12-51　清洁扫描仪外部

③ 将扫描仪原稿盖板取下来，用干净的干布擦拭稿台玻璃上面和稿台盖板内面。

④ 打开扫描仪的外壳后，用干净的干布仔细清洁稿台玻璃内面和基准白，然后妥善放好。如果发现里面的灰尘比较厚，可用拧干的湿布小心擦拭，注意不要擦拭光学器件和电子器件。若有小型吸尘器，用吸尘器除尘效果会更好。

⑤ 除尘完毕后，在扫描仪的光学组件中找到它的发光管、反光镜，将脱脂棉蘸少许蒸馏水或专用清洁剂（干湿程度以挤压后不出水为好），然后小心地在发光管和反光镜上擦拭，注意一定要轻，不要按压改变光学配件的位置或划伤镜头和透镜，如图12-52所示。

⑥ 检查导轨是否干涩，如果导轨有干涩现象或上面附有油泥，用酒精棉清洁干净，然后涂抹少许高级润滑油。

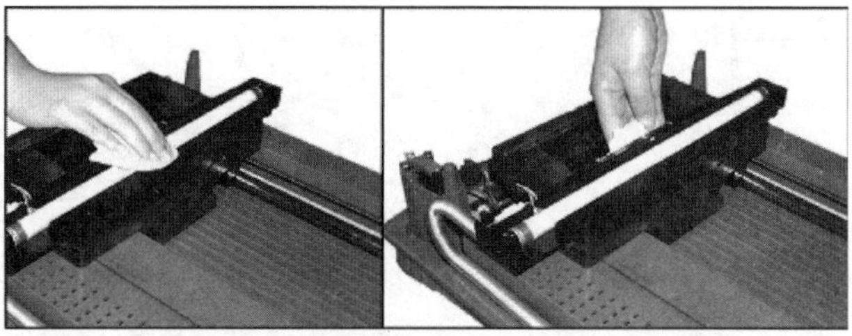

图12-52　清洁扫描仪内部

⑦ 清洁完仪器内部，待完全干燥后，把上罩装好，最后再用一块干净的布把扫描仪重新擦拭一遍，接上电源，验证扫描仪工作是否正常。至此，全部工作结束。

提示： 扫描仪内部是一个完全封闭的空间，不容易被污染，平时只做外部清洁即可，必要时才拆开外壳清洁内部。

5. 多功能一体机的使用与维护

1）使用一体机打印、复印、扫描

（1）认识一体机

HP LaserJet M1005多功能一体机各部组成如图12-53所示。

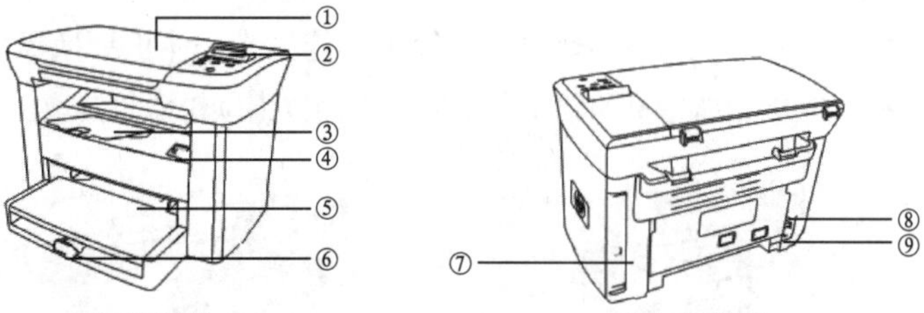

（a）前视图　　（b）后视图

图12-53　LaserJet M1005一体机前视图与后视图

①—平板扫描仪盖板；②—控制面板；③—碳粉盒挡门释放按钮；④—出纸槽；⑤—优先进纸盘；⑥—纸盒1；⑦—高速USB 2.0接口；⑧—电源开关；⑨—电源插孔

（2）打印

用多功能一体机打印文件时，只需在计算机中设置好打印参数即可打印，与普通激光打印机使用方法相同。

（3）复印

① 提起扫描仪盖板，然后将需复印的文档面朝下装入（每次一张），文档左上角放在稿台玻璃板的右下角，如图12-54所示。

② 根据原稿浓度调整复印对比度，设置复印的份数。

③ 按设备控制面板上的“开始复印”按钮复印。

图12-54　放置复印原稿

（4）扫描

① 提起盖板，将书籍或需扫描的纸张文字面朝下，对齐起始位置放在稿台玻璃上，如图12-55所示。

② 轻轻合上扫描盖板，适当用力按压，使书籍紧贴稿台玻璃板表面，如图12-56所示。

图12-55　放置扫描原稿

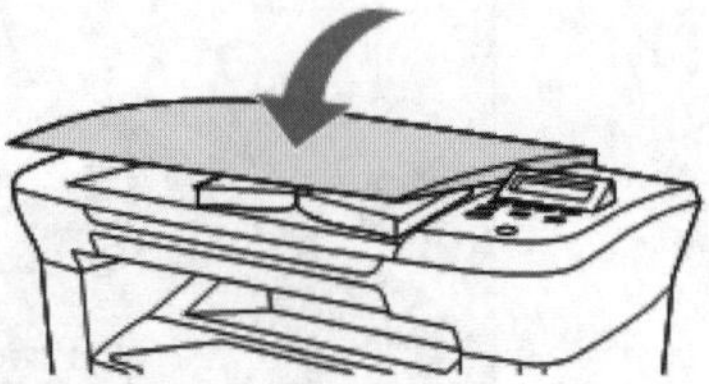

图12-56　使书籍紧贴稿台玻璃板表面

③ 启动计算机中的扫描程序进行扫描并保存。

④ 如需编辑已扫描图片中的文字，配合使用光学字符识别（OCR）软件进行操作。

2）维护一体机

（1）清洁保养

多功能一体机虽然有多种功能，但是打印功能是多功能一体机的基础功能，因为无论是复印功能还是接收传真功能的实现都需要打印功能支持才能够完成。所以，对于多功能一体机的清洁保养工作，除进行日常项目的保养（如清洁外观、清洁稿台玻璃等）外，应重点关注打印组件的工作状态，及时进行保养维护。具体维护方法参考激光打印机或喷墨打印机的维护方法。

（2）更换打印碳粉盒

当发现一体机出现打印缺陷后（激光型出现竖向浅淡无字，喷墨型出现横向白线缺笔画），应检查是否缺墨所致。HP LaserJet M1005多功能激光一体机更换墨盒步操作骤如下：

① 打开一体机上盖板，抓住打印碳粉盒手柄，直接拉出碳粉盒将其取出，如图12-57所示。

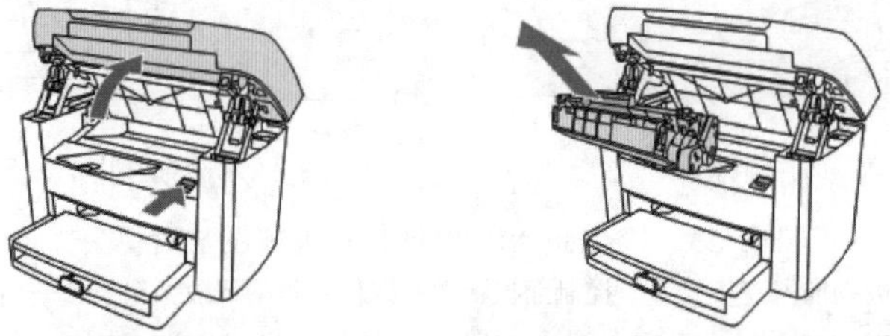

（a）打开上盖　（b）取出旧粉盒

图12-57　打开上盖，取出旧粉盒

② 从包装中取出新的打印碳粉盒，取下打印碳粉盒上的遮盖，轻轻晃动四五下，然后平直拉出标签，撕下密封胶带，并将碳粉盒沿两侧导轨放入设备，直至其稳固就位，如图12-58所示。

③ 关闭一体机上盖板，完成更换工作。

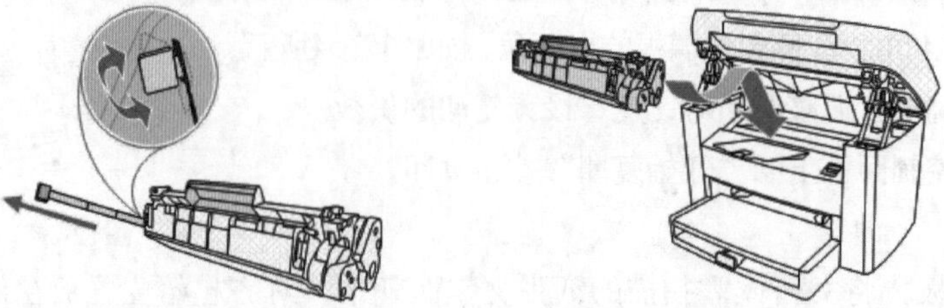

（a）拉出标签，撕下胶带　（b）放入碳粉盒

图12-58　装入新粉盒

3）多功能一体机的选购建议

现在一体机的种类繁多，不是任何一类产品都能适合自己，不同的用户购买一体机的实际使用需求是不同的，明确自己的实际需求，是最基本也是最重要的一点。除此之外，在实际选购时还应该从价格、主导功能、性能、品牌、售后服务等几个方面进行综合考虑。

提示：特别需要说明的是，多功能一体机与单独的打印机、复印机等是不同的两个概念，对于工作量大的用户，应首先考虑购买单独设备。

① 首先根据自己的需要确定一体机种类。工作量小且对彩色文本、图片有打印要求的用户可以考虑喷墨式；工作量较大且对速度有一定要求的用户应考虑激光式。

② 在选购喷墨一体机时，复印、扫描和传真功能的技术参数同样重要。一般来说，打印的分辨率在1 440 dpi以上的产品才能保证优良的图像效果；复印的分辨率要在600 dpi以上才能确保复印出来的文稿质量；扫描的分辨率要达到1 200 dpi以上。

③ 选购时还要了解一下耗材的价格，以免发生“买得起马，买不起鞍”的情况。

④ 对扫描功能有特殊要求的用户还要看机器是否支持彩色扫描，如果某机型宣称只支持灰度扫描，那么它就不具有彩色扫描功能，而支持彩色扫描的机型一般会注明支持24位彩色扫描。考察扫描精度的指标是该机型所能达到的最高光学分辨率，有些机型常常会在宣传广告上标出一个增强分辨率，它实际上是在光学分辨率的基础上进行插值计算的结果，对扫描精度并没有实质性的提高。

⑤ 购买多功能一体机还有一个非常重要的因素，即品牌效应和售后服务，由于一体机的技术含量相对较高，选择国内外的知名品牌产品，不论在产品的可靠性、信誉度上都有保证。毕竟多功能一体机产品功能上具有高集成性，当在产品上一旦出现问题的时候能够得到及时的修复，所以在选购时一定要了解清楚该品牌产品厂商的服务网点的分布情况和服务质量的好坏，做到心中有数，这样即便日后机器出现问题也有相应的途径解决。

练习与提高

1．打印机有哪几种类型？各有什么优缺点？分别适合什么用户对象？

2．以Canon LBP2900打印机为例，练习换装碳粉。

3．喷墨打印机换墨时，应注意哪些问题？

4．常见扫描仪有哪几种类型？学校图书馆图书借还处应采用哪种类型的扫描仪？为什么？

5．简述多功能一体机的性能特点。

6．多功能一体机适合怎样的用户使用。

实训13

微机系统日常维护与维修

实训描述

学习引起计算机故障的常见原因，掌握常见软、硬件故障的判断方法和维修方法，理解加电自检程序提示信息的含义，根据声音提示信息、屏幕提示信息及机器运行特点，确定故障点，分析故障原因，掌握微机软、硬件调试方面的知识，具备微机软、硬件维护维修能力。

实训分析

微机故障分硬件故障和软件故障。硬件故障多是由于机械方面、电子线路、电子元件发生故障或受损，或者是由于跳线设置不当、器件安装不到位引起接触不良、数据线连接错误等原因引起，必须通过维修或更换部件才能解决。软件故障多是由于系统软件或应用软件安装不当或受损、操作人员使用不当、长期使用缺少必要的维护、配置不当或受病毒感染引起的。在处理这些故障时，要根据故障现象综合考虑。

对于新组装的微机，应该仔细检查，确认无故障后才能加电运行。根据系统表现确定系统状态，如果发现问题，应及时切断电源，进行分析处理。对于使用中出现问题的微机，根据屏幕提示信息及故障现象，分析故障原因，实施维护维修。

实训资讯

计算机也和其他电子产品一样，有时候也会出现故障。根据计算机系统硬件和软件的区分，计算机故障也分为硬件故障和软件故障。根据经验，通常硬件故障只占故障的20%左右，约80%的故障是由于种种原因引起的软件故障。计算机故障的表现是多种多样的，要想解决计算机故障，就必须了解计算机的硬件和软件方面的基础知识。

1. 引起微机故障的常见原因

① 电路故障或元器件故障：拆装元器件时要切断电源，不能使用蛮力；固定螺钉时要逐渐用力，同时不要拧得过紧，以免造成电路板局部变形，导致接触不良或人为损坏。

② 机械故障：这类故障主要发生在键盘、鼠标、扫描仪、打印机等外围设备上，主要是由于维护、保养不当，使用不正确造成的。使用这些外围设备时，要根据设备的说明来使用，加强维护保养。

③ 接触不良：接触不良是微机硬件的常见故障，主要发生在电源线、网线、打印电缆、显卡数据线等连接部位。

④ 人为操作失误：由于使用者的错误操作或没有按照操作规程的要求操作引起的，要避免出现此类故障，一定要养成良好的工作习惯，看清楚、弄明白后再操作。

⑤ 软件故障：由于系统软件或应用软件安装不当或受损、操作人员使用不当、长期使用缺少必要的维护、配置不当使得系统的工作效率降低，甚至引起死机，影响正常使用。

⑥ 病毒破坏：互联网的发展以及人们对电子商务、电子政务、数据共享的需求，都给病毒的传播带来了可乘之机，病毒破坏已经成为引起系统故障的主要原因之一。安装和使用有效的杀毒软件是防止病毒破坏的有效手段。

2. 微机故障的处理原则

① 先软件后硬件的原则：当微机出现故障时，首先应排除软件故障，然后再从硬件上逐步分析可能导致故障的原因。

② 先外设后主机的原则：当系统出现不能打印、不能上网等故障时，应首先从外设查找故障原因，检查电源线、数据线是否可靠连接，驱动程序是否正常，能否进行自检，最后再检查相关板卡、接口电路。

③ 先电源后负载的原则：微机电源是系统内所有部件的动力来源，当出现设备工作不正常时，应首先检查供电是否正常、电源是否工作正常，然后再检查设备本身。

④ 先简单后复杂的原则：处理问题时，应该先着手处理简单的问题，然后再处理复杂问题，简单问题处理完了，复杂问题可能也变简单了。

3. 利用加电自检程序（POST）诊断微机故障

微机系统从早期开发的产品开始，就配有用于硬件系统测试的自诊断程序。微机系统从加电开机到显示器显示DOS提示符和光标的过程中，首先要通过固化在ROM中的ROM BIOS硬件系统自诊断，当诊断正确后，再进行系统配置、输入／输出设备初始化，然后引导操作系统。

ROM BIOS中的自诊断（测试）程序一般简称为POST（Power On Self Test）。在测试时一般将硬件分为中心系统硬件和非中心系统硬件及配置硬件，相应的功能也按此进行划分。所测试到的中心系统硬件故障属严重的系统故障，系统无法进行错误信息的显示。其他所测试到的硬件故障属于非致命故障，系统能在显示器上显示出错代码的信息。为了方便故障诊断，BIOS程序还能根据相应故障部位给出扬声器声音信号。

在进行非中心系统和配置硬件的测试时，要求保证中心系统硬件功能正常。因此，最重要的中心系统硬件要最先测试和初始化，BIOS按下面的顺序测试和初始化中心系统硬件部件：

中央处理器（CPU）→ROM BIOS→CMOS RAM→直接内存存取（DMA）控制器→键盘控制器→基本的640 KB系统RAM→可编程中断控制器→可编程中断计时器→高速缓冲（Cache）控制器。

当系统中心硬件测试和初始化完成后，BIOS验证存储在CMOS RAM中的系统配置数据是否同实际配置的硬件一致。然后，BIOS测试并初始化640 KB以上的内存、键盘、软盘、硬盘驱动器、显示器和其他非中心系统硬件。当测试到硬件故障时，BIOS给出相应的出错编码和出错信息。

其测试和初始化非中心系统硬件和其他配置硬件的顺序为：

CMOS RAM配置数据→显示控制器→640 KB以上的RAM内存→键盘→软盘控制器→软驱A的可用性→串行接口电路→硬盘控制器→其他硬件。

从以上顺序中可以了解到开机启动期间系统故障出现时可能的硬件故障部位，无任何显示信息一般为中心系统硬件故障，其他则可根据显示信息、相应编码来判断硬件故障部位。

4. 微机硬件故障诊断方法

准确定位故障发生点非常重要，它是建立在科学判断的基础上的。由于计算机故障往往是连环的，一级故障还伴随着二级故障的出现，因此就要逐步缩小范围，确定故障点。

诊断微机故障的方法有很多，除了上面介绍的利用加电自检程序（POST）所给出的声音、屏幕提示确定故障部位的方法之外，人们还常用以下几种方法进行硬件故障的诊断和处理。

① 原理分析法：按照微型计算机的基本工作原理，根据机器启动过程中的时序关系，结合有关的提示信息，从逻辑上分析和观察各个步骤应具有的特征，找出故障点和故障原因。这是排除故障的基本方法。

② 直接观察法：直接观察法具体分为看、听、摸、闻4种形式。看：是指从外表上观察机器的各个零部件是否有异常现象。如各种连线接头是否连接可靠，插针是否弯曲；板卡、CPU、内存是否安插到位，触点有无锈蚀痕迹；机箱内是否有金属异物，芯片表面是否开裂，电路板上的电容、电阻引脚是否相碰等。听：是指通过分析扬声器及有关部件所发出的异常声音来判断故障的方法。如利用POST自检提示判断故障部位；软、硬盘读写的声音是否正常；风扇转动的声音是否正常；打印机打印的声音是否正常等。摸：是指用手触摸机器表面感觉是否有异常震动，或触摸器件表面感觉是否温度过热来判断故障部位的方法。如机器正常工作时不应有不规律震动，如果出现不规律震动并伴有噪声，则表明有机械异常，应及时断电进行处理；电子器件在通电工作一段时间后，其外壳温度一般不会超过50℃，如果某器件烫手，则表明该器件工作异常。闻：是指通电后，感觉是否有异味出现，如闻到有焦煳味或有烟雾出现，则说明有元器件或线路被烧坏。此时，应立即切断电源进行检查，在未找到故障点之前，应注意尽量不要再通电。

③ 轻按、敲击法：微机时好时坏，有时工作正常，有时又不正常，此现象多是接触不良造成的。产生接触不良的原因很多，如焊接不牢（虚焊），板卡的金手指表面氧化，板卡未插到底等。查找此类故障的故障点，可采用轻按、敲击法，对怀疑接触不良的部位或部件轻轻按压或轻轻敲击，找出故障部位。

④ 拔插法和最小配置法：拔插法是通过将插件或芯片卸下再安上，来寻找故障原因的方法；最小配置法是指当微机发生故障时，可通过不断减少系统所连接的设备数量来排查故障部位的方法。只有主板、CPU及风扇、内存、电源的系统是最基本的微机系统，在这种配置下只能通过POST提示音来判断故障部位。在实际工作中，上述两种方法多数情况下会同时使用。在拔插器件的过程中，要注意观察器件是否有接触不良的问题，器件金手指是否有锈蚀痕迹，可以使用橡皮擦拭器件的金手指，然后再重新装上，或换个扩展槽重装。

⑤ 交换法和替换法：交换法是指将怀疑有故障的器件与另一台机器中工作正常的相同器件进行互换试验，以此帮助确认器件好坏的一种方法。替换法是指用好的器件替换怀疑有故障的器件，帮助确定故障点的方法。两种方法本质相同，最适合在公共机房应用，如教学机

房、网吧等场所的机器多为同型号微机，可比性强。如果不是同型号微机，则在交换时一定要注意接口形式、引脚数量是否相同，如果不同，不能应用此法。

⑥ 升温法和降温法：有的器件热稳定性降低，在低温时工作正常，而当达到一定温度后就表现出故障现象。对于这种器件，可以采用升温法和降温法来进行诊断。升温法就是在机器未出现故障前，对怀疑有故障的器件人为进行局部升温，如用电吹风加热，观察机器是否会因此而出现故障并加剧故障表现，从而帮助确定故障器件的方法。降温法是指在机器出现故障后，对怀疑有故障的器件采取局部降温的方法，如在芯片上粘贴散热片或在芯片上放上一个酒精棉球，观察机器是否会因此而恢复正常或减轻、延缓故障表现，从而帮助确定故障器件的方法。实施此方法时，多为带电作业，应该特别注意安全防护。

5. 维修过程中的禁忌

① 在拆卸过程中要注意观察和记录原来的结构特点，严禁不顾结构特点的野蛮拆卸，以免造成更严重的损坏。

② 在维修过程中，严禁带电插拔各种板卡、芯片和各种外设的数据线（允许带电插拔的接线除外，如USB接线和1394接线）。

③ 在带电进行工作时，严禁随意操作，一定要注意做好防静电、防遗漏等防护工作。

6. 计算机主板故障诊断卡的使用

计算机主板故障诊断卡是维修中常用的辅助工具。计算机主板故障诊断卡其实是一块电路板，上面有指示灯和数码显示管，可以插在计算机主板的扩展槽上。其工作原理是利用主板中BIOS内部自检程序的检测结果，通过数码显示管把代码显示出来，结合诊断卡所附手册中的代码含义速查表就能很快地知道计算机故障所在。尤其在微机不能引导操作系统、黑屏、喇叭不出声时，计算机主板故障诊断卡更能体现其优势。真正做到一卡在手，查障无忧。

计算机主板故障诊断卡的使用流程（以最小系统法为例）如图13-1所示。

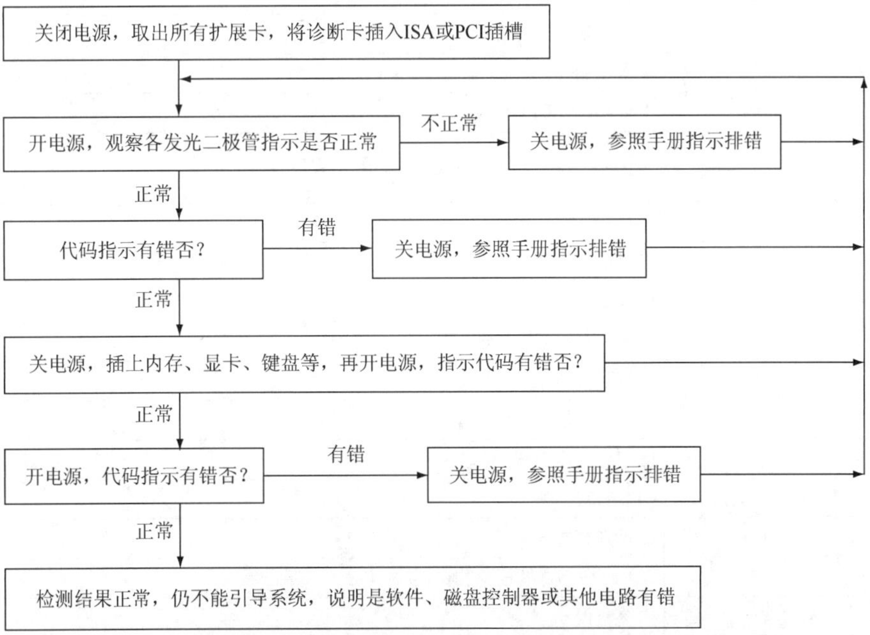

图13-1　计算机主板故障诊断卡的使用流程

常见的错误代码含义如下：

① C1：内存读写测试，如果内存没有插上，或者频率太高，会被BIOS认为没有内存条。

② 0D：视频通道测试，如果失败，则扬声器出声，表示显卡没有插好或者没有显卡。

③ 2B：测试磁盘驱动器、软驱或者硬盘控制器出现问题都会显示“2B”。

④ FF：表示对所有配件的检测都通过了。

实训实施

1. POST错误代码分析

加电自检时，若检测出故障，系统通常会用不同的声响和屏幕提示说明故障存在和故障的类型。自检时发现故障一般以初始化显示器为界限，在此之前出现的故障为致命性故障；在这以后出现的故障（有屏幕显示）为非致命性故障。出现致命性故障时系统不能继续启动，计算机通过扬声器用“嘟嘟”的报警声来通知用户，用户可以通过这些长短各异、有规则的声响来判断故障所在，以便及时排除故障。表13-1和表13-2列出的是常见BIOS响铃提示信息含义。

表13-1　AWARD BIOS响铃提示信息含义

声　音	含　义
1短	系统正常启动
2短	常规错误，进入CMOS SETUP重新设置不正确的选项
1长1短	内存或主板出错
1长2短	显示错误（显示器或显卡）
1长3短	键盘控制器错误
1长9短	主板Flash ROM或EEPROM错误（BIOS芯片损坏）
不停地响（长声）	内存未插稳或损坏
不停地响	电源、显示器未和显卡连接好
重复短响	电源出错
无声音无显示	电源出错、CPU出错

表13-2　AMI BIOS响铃提示信息含义

声　音	含　义
1短	内存刷新失败
2短	内存ECC校验错误
3短	64 KB基本内存检测失败
4短	系统时钟错误
5短	中央处理器（CPU）错误
6短	键盘控制器错误
7短	CPU异常中断
8短	显示内存错误
9短	ROM BIOS奇偶校验和错误
1长3短	内存错误
1长8短	显示测试错误

2. 开机提示信息分析

计算机的开机故障分为致命性和非致命性故障，致命性故障不允许系统继续工作，必须进行人工干预；非致命性故障允许系统继续启动，并把出错信息提示显示在屏幕上。

① POST无法运行，即机器加电后没有任何反应（没有声音，没有显示）就死机了，机器没有任何进入工作状态的表现。导致这种情况的原因有电源故障、CPU故障、内存故障、主板故障、接触故障、CMOS设置故障等。

② POST能够运行，但检测到致命错误而无法继续。此时由于显示系统还未进行检测和初始化或初始化失败，因此，POST只能以声音的长短和多少给出有关的错误信息。所以，此时的扬声器声音是唯一获取错误信息的途径，装机时一定要保证PC扬声器连接可靠，工作正常（现在多固定在主板上）。具体声音提示含义，可查阅主板说明书，也可参考表13-1。

③ 如果不存在开机致命错误，POST将通过显卡BIOS对显卡进行初始化，同时会在屏幕上显示显卡的有关信息（如生产厂商、图形芯片类型、显存容量等）以及其他设备的检测结果和信息。系统正常时，这些信息会很快闪过去，若需要查阅，可及时按【Pause】键暂停POST程序的运行。如果执行POST程序期间发生非致命性错误，则屏幕上通常会以下面格式显示错误信息，指出错误信息和说明按【F1】键继续引导。如果在BIOS SETUP程序的高级CMOS设置选项中，将“Wait for <F1> if Any Error”选项设置为“Disable”（禁止），则不出现下面第三行的提示信息。

```
ERROR Message Line 1              //错误信息行1
ERROR Message Line 2              //错误信息行2
Press <F1>OR Resume               //按【F1】键继续
```

④ 微机正常启动时显示的内容和顺序如下：

- 显卡的生产厂商、图形芯片类型、显存容量。
- 系统BIOS的类型、序列号、版本号和版权，同时屏幕底端左下角会显示主板的芯片组型号、日期、主板的识别编码及厂商代码等。
- CPU的类型、主频及CPU电压和过热保护版本。
- 内存测试。
- 硬盘驱动器（HDD）检测。
- 光盘驱动器（CD-ROM）检测。

> **说明**：软驱、串/并行端口检测正常情况下没有提示信息。

- 初始化（检测和配置）即插即用（PnP）设备，并显示该设备的名称和型号等信息，同时为该设备分配中断（IRQ）、DMA通道和I/O端口等资源。
- 至此，POST已检测和配置了所有硬件，然后会重新清屏并在屏幕上方显示系统的配置列表，其中简略地列出了系统中安装的各种标准硬件设备以及它们使用的资源和一些相关工作参数。
- 接下来系统将更新ESCD（Extended System Configuration Data，扩展系统配置数据），同时给出“Update ESCD...Success”的提示信息。ESCD是系统BIOS用来与操作系统交

换硬件配置信息的数据，这些数据存放在CMOS中。

- 最后，根据所设置的启动顺序到软驱、光驱或硬盘的固定位置读取引导程序并继续操作系统的启动。

3. 故障举例

1）开机故障举例

① 故障现象：开机时提示“Override enable-Defaults loaded”。

分析处理：该提示的意思是说“当前CMOS设定无法启动系统，载入BIOS中的预设值以便启动系统。”该故障一般是在CMOS设定出现错误时发生，进入CMOS设置选择“LOAD SETUP DEFAULTS”选项载入系统原来的设定值，然后重新启动。

② 故障现象：开机能够自检，但是无法进入Windows，出现“No system disk or disk error”提示。

分析处理：这表示引导盘为非系统盘，或者原引导盘的系统文件遭到破坏。这时先确保光驱里的光盘为系统盘，其次应注意系统盘的系统文件是否遭到破坏，如果已被破坏，可用同版本的启动盘启动，并用SYS C:命令将正确的系统文件传到启动硬盘上。

③ 故障现象：开机自检时，出现“Hard disk install failure”提示。

分析处理：该提示为“硬盘安装失败”。这是因为硬盘的电源线或数据线可能未接好或者硬盘跳线设置不当。可以检查一下硬盘的各连线是否插好，看看同一根数据线上的两个硬盘的跳线的设置是否一样，如果一样，将两个硬盘的跳线设置成不一样（一个设为Master，另一个设为Slave）。

2）系统关机故障举例

① 故障现象：Windows 7系统无法关机。

分析处理：造成Windows 7无法关机的原因有多种多样，而要找出罪魁祸首，需要一步一步地排查。

查看事件日志报告无法关机的记录。依次打开“开始”→“控制面板”→“管理工具”→“事件查看器”，在左侧控制台树窗口展开“Windows日志”→“系统”，查看记录无法关机的相关日志。

- ACPI高级电源选项设置错误。如果不确定是哪个设置导致了该问题，请重新安装主板芯片组驱动以恢复ACPI高级电源选项的默认设置。ACPI驱动在设备管理器中就可以看到，右击“计算机”图标，在弹出的快捷菜单中选择“属性”命令，在打开的系统属性窗口的左侧蓝色区域单击“设备管理器”链接，展开“计算机”项，ACPI驱动就在这里。
- 病毒木马导致的。病毒木马会修改系统文件、频繁读写硬盘，潜入驱动等，进行非法操作，导致无法关机。采取的解决办法就是将防病毒软件升级到最新版本，然后执行完整扫描并移除任何潜在的威胁。
- 防病毒软件引发的。在关机的时候，防病毒软件可能会在工作，这时候如果与用户执行的操作发生冲突或防病毒软件在进行大量的操作而导致系统失去反应，造成无法关机，可暂时退出防病毒软件。

② 故障现象：在Windows 7系统中关闭计算机，系统却变为自动重新启动，导致在操作

系统中无法关机，只能强关机。

分析处理：导致这一故障的原因，可能是由于操作系统的设置错误，或应用一些软件，修改了Windows 7系统的设置，还有就是中病毒等。解决办法：单击“开始”按钮，在弹出的“开始”菜单中选择“控制面板”命令。弹出“控制面板”窗口，单击“类别”按钮，在弹出的下拉菜单中选择“大图标”命令。在弹出的窗口中单击“系统”链接，弹出“系统”对话框，单击“高级系统设置”链接。弹出“系统属性”对话框，选择“高级”选项卡，在“启动和故障恢复”一栏中单击“设置”按钮。弹出“启动和故障恢复”窗口，在“系统失败”一栏中选择“自动重新启动”复选框，单击“确定”按钮。重新启动计算机，即可排除故障。

③ 故障现象：计算机总是自动关机。

分析处理：计算机自动关机一般原因是电源不稳，操作系统故障，中毒，机器过热或硬件故障。

首先可以先摸一下主机箱，看看是不是很烫。打开机箱盖，看看主机电源和CPU散热器风扇是不是不转了。一般计算机如果温度过高的话，硬件会开启保护措施，会自动关机。笔记本式计算机也是一样，而且笔记本式计算机这类情况很普遍。如果风扇不转了，建议立即更换。

打开机箱后，要顺便看一下，主板电容有没有被烧坏的迹象。如果电容烧坏明显，建议维修或者换主板。

在做前面两步之前，可以先试着将后面的电源线插紧，插线板如果是质量不好的那种，建议换一个，看看计算机是否还自动重启。

如果仍然自动重启，这很有可能是系统故障，建议立即重新安装系统，或对其一键还原。重新安装后，下载最新的杀毒软件，并升到最新病毒库，进行查杀。并打好最新安全补丁。

计算机自动重启还有一个很大的原因是电压不稳，如果上述步骤无效后，建议将计算机换个场合试试，有些老小区家里的电压有时不稳。如果是新小区，或者电压没问题，可以换个主机电源试试，如果主机电源换过后还是无效，那有可能是主板被电压击穿了。

另外，如果RESET键出问题了，计算机也会经常自动重启。

3）主板故障举例

① 故障现象：主板的接口，如并口、串口、硬盘接口等部分或者全部损坏了。

分析处理：出现此类故障，一般是由于用户带电插拔相关硬件造成，此时可以用多功能卡代替，但在代替之前必须先禁止主板上自带的COM口与并行口（有的主板还要禁止IDE口才能正常使用）。

② 故障现象：一台计算机使用某品牌主板，开机后显示器不亮，从光驱和硬盘的启动声音和指示灯可以判断出计算机在不停反复重启，扬声器发出“嘟嘟”的报警声。

分析处理：首先用排除法，拔掉了光驱、硬盘等设备的电源线，再次开机，扬声器还是报警，表明并非它们的问题。再用替换法，将CPU、内存、显卡换到其他计算机上试验，结果使用正常。于是将目标锁定在主板上，根据分析，怀疑是主板复位键的地方有短路现象，造成了反复重启，通过万用表测量发现没有短路现象。最后在更换了主板电池后，故障排除。

③ 故障现象：主板上灰尘太多，如何对主板进行除尘？

分析处理：主板上是积累灰尘的重灾区，所以应该定期对主板进行除尘。拔下所有插卡、内存及电源插头，拆除固定主板的螺钉，取下主板，用羊毛刷轻轻除去各部分的积尘。一定注意不要用力过大或动作过猛，以免碰掉主板表面的贴片元件或造成元件的松动以致虚焊。另外，在宽敞的地方，使用皮老虎或气泵吹掉主板上面的灰尘也是一个好办法。

4）CPU故障举例

① 故障现象：一台Intel CPU的计算机，平时使用一直正常，后来出现问题，不能正常启动。

分析处理：首先估计是显卡出现故障。用替换法检查后，发现显卡无问题。最后拔下插在主板上的CPU，仔细观察并无烧毁痕迹，但发现CPU的针脚均发黑、发绿，有氧化的痕迹和锈迹（CPU的针脚为铜材料制造，外层镀金），对CPU针脚做了清除工作，计算机又可以加电工作了。

② 故障现象：一台计算机在上网看视频时，有时会自动关机。特别是QQ视频聊天时，很容易自动关机。

分析处理：计算机不定时自动关机，多数是硬件有问题，常见的就是散热不良。打开机箱，检查发现机箱内和CPU风扇上的灰尘很多。特别是CPU风扇上的灰，凝结成团，风扇都快带不动了。怀疑计算机关机就是CPU风扇运转不灵，导致CPU温度过高而自动关机。首先，用吹风机清理机箱内灰尘，完成后，去掉固定CPU风扇的4个螺钉，用毛刷仔细清理干净上面的灰尘。又去掉CPU的散热器，用毛刷清理干净上面的灰尘 。重新安装CPU散热器和风扇，开机测试，发现风扇运转正常，开机计算机顺利启动，故障排除。CPU温度过高计算机就自动关机是CPU对自己的一种保护，保护自己不被烧坏。

③ 故障现象：一台计算机将CPU超频后，开机出现显示器黑屏现象。

分析处理：这种故障应该是典型的超频引起的故障。由于CPU频率设置太高，造成CPU无法正常工作，并造成显示器点不亮且无法进入BIOS中进行设置。这种情况需要将CMOS电池放电，并重新设置后即可正常使用。还有种情况就是开机自检正常，但无法进入到操作系统，在进入操作系统的时候死机，这种情况只需复位启动并进入BIOS将CPU改回原来的频率即可。

5）内存故障举例

（1）内存故障一般表现

分析处理：内存是集成度很高的精密半导体器件，如果质量不好或使用不当，出现故障的可能性就较大。内存故障常见的表现有：

① 如果内存损坏或安装不当，其症状表现比较明显，一般会在计算机开机时黑屏，机箱扬声器发出连续的报警声。另外，如果开机后自检时的容量与标称容量不符，也可能是内存有物理损坏或与插槽接触不良。

② 内存如果有质量问题，通常会导致注册表出错，这是很常见的故障现象。这种现象往往是因为内存工作不稳定造成的，尤其在超外频的情况下，如果内存质量不过关的话，在高外频下无法稳定工作，就可能出现数据传输错误，进而引起其他方面的问题，比如导致计算

机频繁死机及经常出现“非法操作”的提示。

（2）内存加大后系统资源反而降低

分析处理：此类现象一般是由于主板与内存不兼容引起，常见于高频率的内存条用于某些不支持此频率的内存条的主板上，当出现这样的故障后，可以试着在COMS中将内存的速度设置得低一点。

（3）内存条混插的原则

分析处理：为了更好地保证内存混插的成功性和稳定性，降低风险，一般情况下，都是将低规范、低标准的内存插入内存插槽中的第一位置DIMM1上。

6）显卡、显示器故障举例

① 故障现象：计算机是自己组装的，最近每次计算机冷却后再启动时都要重新插拔一次显卡才能正常启动。

分析处理：查看显卡插槽的地方是否有灰尘，以及显卡的金手指上是否有锈迹，把有灰尘和锈迹的地方擦干净后，一般问题就可以解决了。

② 故障现象：开机无显示。

分析处理：此类故障一般是因为显卡与主板接触不良或主板插槽有问题造成，对于一些集成显卡的主板，如果显存共用主内存，则需要注意内存条的位置，一般在第一个内存条插槽上应插有内存条。由于显卡原因造成的开机无显示故障，开机后一般会发出一长两短的蜂鸣声（对于AWARD BIOS显卡而言）。

③ 故障现象：计算机启动正常，工作一会儿后频繁出现屏幕画面抖动现象，影响使用。

分析处理：先检查显示器是否正常，安装到其他计算机上使用，工作正常。重新插拔显卡，故障依旧，排除安装问题。仔细检查显卡，发现金手指上有灰白色锈迹，推断为金属氧化物导致接触不良。使用橡皮或者软布仔细清理，即可排除故障。

④ 故障现象：重新更换硬盘后开机，自检正常，但系统却进入安全模式，并提示显卡驱动不正确。重新安装驱动程序，重启计算机，显卡仍然不正常，分辨率只能为640 dpi × 480 dpi。

分析处理：进入设备管理器，查看显卡，显示为叹号标记。再次重新安装驱动程序故障依旧，推断为硬件故障，打开机箱仔细检查，发现显卡没有完全插到位，重新插好显卡，开机正常。

> **说明：**一般情况下，显卡没有安装好系统不能启动，会有报警声提示，但在特殊情况下，显卡接触不良也能通过自检，但肯定会出现其他问题。

⑤ 故障现象：不运行大的软件没事，一运行3D游戏就花屏并死机。

分析处理：该故障可能是由于CPU或显卡芯片的温度过高造成的。用户可以打开机箱，然后查看一下CPU风扇和显卡风扇的转动是否正常，如果风扇工作不正常，则需要更换新的或更大的风扇。

⑥ 故障现象：开机黑屏或者显示Graphics card power supply shortage。

分析处理：首先查看显卡功率是多少，PCI-E一般最大供电为75 W，如果显卡功率大于75 W那么插上显卡的辅助供电，如果是高端显卡，请查看计算机电源额定功率是否满足本机额定功率。

7）硬盘故障举例

① 整理硬盘碎片注意事项：

分析处理：磁盘碎片整理可以提高文件的读写速度，可是盲目地进行整理，却有可能发生一些不必要的危险，整理时有以下4点需要注意：

- 整理期间不要进行数据读/写。进行磁盘碎片整理是个很漫长的工作，不少用户喜欢在整理的同时听歌、打游戏，这是很危险的，因为磁盘碎片整理时硬盘在高速旋转，这个时候进行数据的读/写，很可能导致计算机死机，甚至硬盘损坏。
- 不宜频繁整理。磁盘碎片整理不同于其他计算机操作，硬盘会高速连续旋转，如果频繁进行磁盘碎片整理，可能导致硬盘寿命减少，建议一个月左右整理一次。
- 做好准备工作。在整理磁盘碎片前应该先对驱动器进行“磁盘错误扫描”，这样可以防止系统将某些文件误认为作逻辑错误而造成文件丢失。具体操作方法是（以Windows 7为例）：在“计算机”中选择要整理的驱动器右击，在弹出的快捷菜单中选择“属性”命令，切换到“工具”选项卡，单击“查错”栏中的“开始检查”按钮，然后按提示操作。
- 双系统下不要交叉整理。很多用户都安装有双操作系统，但是由于系统兼容性等原因，交叉进行磁盘碎片整理可能会造成文件易位、混乱，甚至系统崩溃，所以建议在当前操作系统中整理当前操作系统的分区。

② 故障现象：硬盘0扇区损坏，系统提示“TRACK 0 BAD，DISK UNUSABLE”。

分析处理：对于硬盘0扇区损坏处理的基本思路是设法把损坏的0扇区屏蔽，并且用1扇区来代替。可以试试使用PCTOOLS 9.0中的DiskEdit。运行DiskEdit，打开“Select”菜单，这时会出现Partition Table，选中并进入，之后出现硬盘分区表信息。1分区就是C盘，该分区是从硬盘的0柱面开始的，那么，将1分区的Beginning Cylinder的0改成1就可以了。保存后退出。重新启动计算机，按【Delete】键进入CMOS设置，重新执行“IDE AUTO DETECT”，保存后退出，重新分区、格式化即可恢复。

③ 故障现象：机器硬盘噪声特别大。

分析处理：如果硬盘和机箱之间的固定螺钉接合不紧密，通常会导致共振产生较大的噪声。所以，建议首先检查一下固定硬盘的螺钉是否有松动现象，如果排除故障后仍不能解决问题，建议在DOS下用ScanDisk检测一下硬盘是否有坏道，如果存在请用相应的DM（低级格式化）程序处理。

8）其他常见硬件故障举例

① 故障现象：鼠标的左键失灵了，但暂时又不想去购买新的鼠标。

分析处理：按键不起作用，一般是微动开关损坏。在鼠标故障中，微动开关的损坏率是比较高的，仅次于鼠标移动不灵活故障，特别是左键下面的微动开关由于频繁使用，很容易损坏。鼠标每一个按键下均有一个微动开关，三键鼠标在实际应用中，中间那一个按键一般不使用，右边那个按键也用得较少。因此，当左边按键下方的微动开关损坏后，可将中间那个不用的微动开关或很少使用的右边的微动开关拆下来，替换掉损坏的开关，对鼠标的使用基本上无影响。若所使用的应用软件只用到鼠标的一个键，在应急处理时，也可以采用软件方法将右手鼠标改为左手鼠标，即可用右键代替原来的左键使用，从而避开损坏的键。

② 故障现象：计算机用无线网卡上网，而且用的是无线键盘鼠标，每次使用无线键盘时，只要一插上无线接收器，网速就变得很慢，一拔下接收器，网速马上恢复正常。

分析处理：上述问题，很明显是无线键鼠干扰了无线路由器的正常通信，很可能是无线键鼠的工作频段与无线网络的频段太接近，干扰了无线信号。一般无线路由器或无线网卡能手动设置工作频段（信道），频段可以在无线网卡的驱动程序中设置；对于无线路由器，进入设置界面后，选择无线网络相关菜单，很快就能找到频段（信道）设置项，设置项一般有多个，可多试几次，看哪个效果最好。如果每个频段都试过，问题依旧，可能是无线键鼠套装的干扰太大，只有换一套无线键鼠套装了，推荐用品牌套装，不要用杂牌或山寨无线键鼠套装。

③ 故障现象：经常掉电。

分析处理：经常掉电对计算机是有影响的，在计算机正常运行时突然断电，无论是对硬盘还是对其他设备的伤害都是很大的。尤其是硬盘，如果经常在运转过程中突然断电，那么该硬盘很容易出现坏道，这也是计算机开机要自检的原因。建议购买一个UPS，这样对硬盘和其他配件都有好处。

> **技巧：**如果出现器件接触不良的情况，可将器件摘下，使用橡皮擦拭器件的接脚。在使用橡皮擦拭内存、板卡等的接脚时，应注意不要用手掌托着器件猛力擦拭，而应该将器件放平垫上书本、包装盒等物品上，适当用力擦拭。

9）操作系统故障举例

① 故障现象：在Windows下经常出现蓝屏故障。

分析处理：出现此类故障的表现方式多样，有时在Windows启动时出现，有时在Windows下运行一些软件时出现，出现此类故障一般是由于用户操作不当促使Windows系统损坏造成，此类现象具体表现在以安全模式引导时不能正常进入系统，出现蓝屏故障。

有时碎片太多也会引发此类故障。如若排除此项可能则有以下几种原因可能引发该故障。

内存原因。由于内存原因引发该故障的现象比较常见，出现此类故障一般是由于芯片质量不佳所造成，但有时通过修改CMOS设置中的延迟时间CAS（将其由3改为2）可以解决该问题，倘若不行则只有更换内存条。

主板原因。由于主板原因引发该故障的概率较内存稍低，一般由于主板原因出现此类故障后，计算机在蓝屏后一般不会死机，而且故障出现频繁，对此唯有更换主板。

CPU原因。由于CPU原因出现此类故障的现象比较少见，一般常见于cyrix的CPU上，对此可以降低CPU频率，看能否解决，如若不行，则只有更换。

② 故障现象：计算机在Windows启动系统时出现*.vxd或其他文件未找到，按任意键继续。

分析处理：此类故障一般是由于用户在卸载软件时未删除彻底或安装硬件时驱动程序安装不正确造成，对此，可以进入注册表管理程序，利用其查找功能，将提示未找到的文件，从注册表中删除后即可予以解决。

③ 故障现象：使用的计算机经常出现在屏保后死机的现象，因此常把做了一半的工作破

坏掉。

分析处理：从BIOS中把电源管理控制的项目完全关掉，让Windows自己进行电源管理，就可能避免冲突的产生。由于Windows的电源设置方案比较自由，通常情况下用Windows默认的电源管理即可。

④ 故障现象：计算机上有几个软件最近突然无法使用，想卸载它，但在“控制面板”的“添加/删除程序”中找不到该软件，“开始”菜单也没有，软件目录里的Uninstall文件也都找不到。前段时间，装了个磁盘清洁工具，不知是否与此有关。

分析处理：这种现象是经常发生的。一般来说，磁盘清洁软件不应该破坏反安装软件。至于“控制面板”中的“添加/删除程序”中的项目，都登录在注册表的“HKEY_LOCAL_MACHINE\SOFTWARE\Microsoft\Windows\CurrentVersion\Uninstall”子键中。如果注册表没有修改，这些项目就应该显示出来。如果找不到这些项，也可以按照下面步骤处理：

- 删除该软件所在的文件夹及其所有文件。
- 运行清理注册表类的工具软件，清除注册表中被删除软件留下的垃圾（通过“Uninstall”或者“控制面板”中的“添加/删除程序”来删除时，将自动清除注册表中的垃圾项，现在，只能手工处理了）。

⑤ 故障现象：Windows 7系统中，U盘退出后无法再次使用。

分析处理：在Windows 7中将U盘插入计算机，系统通常都能正确识别并使用，但是假如右击任务栏中U盘图标，选择退出U盘，然后再次插入U盘时，系统却无法识别了，为解决这个问题，可以重启系统，如果不想重启系统也可如下操作排除故障：进入Windows 7系统桌面，右击“计算机”图标，在弹出的快捷菜单中选择“属性”命令，在弹出的属性窗口中单击左上角的“设备管理器”，随之弹出“设备管理器”窗口，单击展开“通用串行总线控制”，出现很多排“USB Root Hub”设备列表，依次右击每个“USB Root Hub”，在弹出的快捷菜单中选择“禁用”命令，然后再启用之，以后无须重启即可再次使用U盘了。

⑥ 故障现象：按【Win+E】组合键打不开资源管理器。

分析处理：如果在Windows 7中安装了某些优化类软件（例如不支持Windows 7的优化软件），一些古怪的问题就会发生，常见的故障有按【Win+E】组合键打不开资源管理器。这是因为优化软件修改了Windows 7注册表中一些重要的项目，导致Windows 7调用该项目时数据异常而出错，因此在安装软件之前，一定要先检查该软件能否在Windows 7上使用，如果不能使用就不要安装，以免出现稀奇古怪的故障。解决办法是在Windows 7中选择“开始”|“运行”命令，输入regedit并按【Enter】键打开注册表，定位到 HKEY_CLASSES_ROOT\Folder\shell\explore\command，双击右边窗口中的DelegateExecute项（如果没有该项就新建一个，类型为字符串值），在弹出的对话框中输入{11dbb47c-a525-400b-9e80-a54615a090c0}作为该项数值，重新启动后故障即可排除。

⑦ 故障现象：安装完Windows 7后玩游戏不能全屏。

分析处理：在“运行”对话框输入regedit打开注册表，定位到HKEY_LOCAL_MACHINE\SYSTEM\ControlSet001\Control\GraphicsDrivers\Configuration，然后右击Configuration，在弹出的快捷菜单中选择“查找”命令，输入scaling，在右框内即可看到scaling，右击scaling，在弹出

的快捷菜单中选择“修改”命令，将数值改为3即可，原值为4。

⑧ 故障现象：Windows 7在联网后，在闲置时会出现网络掉线现象。

分析处理：由于Windows 7自身带有节能功能，在联网后长时间不用会自动断开网络。其解决办法就是：单击右下角的网络图标，打开网络和共享中心，依次选择“本地连接”|“属性”|“配置”|“电源管理”，取消选中“允许计算机关闭此设备以节约电源”复选框，或者在高级里面找到这个选项，然后禁用。

⑨ 故障现象：某些DVD光驱无法使用。某些DVD光驱因为与Windows 7不兼容，Windows 7无法识别它们。例如，在Windows 7桌面右击“计算机”图标，在弹出的快捷菜单中选择“属性”命令，在弹出的属性窗口中单击左侧的“设备管理器”，如果看到里面没有DVD项目，而是有一个黄色惊叹号，显示数据签名有问题或者提示“Windows不能验证此设备的数据签名……”等，这就说明DVD光驱无法识别了。

分析处理：按照微软解释，这是因为SATA驱动程序（Msahci.sys）自适应链接电源管理（ALPM）的新电源管理功能，由此导致某些DVD光驱的ALPM功能无法正常启用与执行，所以Windows 7无法识别和使用该光驱。微软目前还未推出解决该问题的补丁，建议使用bcdedit命令解决此类问题。方法是在Windows 7中指向“开始”|“所有程序”|“附件”|“命令提示符”命令并右击，在弹出的快捷菜单中选择“以管理员身份运行”命令，随之弹出命令提示符窗口，输入bcdedit命令并按【Enter】键即可。

技巧：为方便排除故障，建议在Windows 7桌面上右击“计算机”图标，在弹出的快捷菜单中选择“属性”命令，单击左侧的“高级系统设置”，在弹出的窗口中进入“高级”选项卡，然后单击“启动和故障恢复”下的“设置”，弹出一个窗口，选择“系统失败”下的“将事件写入系统日志”，这样以后每次系统故障都会被自动记录下来，日后一旦发生遇到故障，可通过Windows诊断软件查看记录，找到解决对策。

10）应用软件故障举例

① 故障现象：想在Word文档中插入一些数学公式，当选择“插入”|“对象”命令时，发现没有“公式编辑器”这一对象，如何添加？

分析处理：可以采取以下比较简单的方法添加“公式编辑器”这一新对象。启动Word，右击工具栏，选择“自定义”命令，打开“自定义”对话框，选择“命令”选项卡，在“类别”栏中选择“插入”选项后，在右边的“命令”中找到“公式编辑器”选项，按住左键将它拖到工具栏上，关闭对话框。再插入Office安装光盘，单击工具栏上的“公式编辑器”按钮，按提示操作完成这一新对象的安装，以后就可以像使用普通工具按钮一样使用“公式编辑器”按钮打开“公式编辑器”（也可以通过选择“插入”|“对象”命令来打开），向Word文档中插入需要的公式。

② 故障现象：安装一些软件（如Photoshop软件），在安装到一半时就会出现错误提示，内容为“安装程序检测出uninstallshield正在使用中，请关闭uninstallshield并重新启动程序。错误432”，但有的软件又可以正常安装，请问这是为什么？

分析处理：出现问题的原因一是installshield的另外一个进程正在使用，二是installshield

安装或者删除某程序后计算机没有重启。找到和installshield相关的程序或者其他一些调用installshield的安装程序，关掉它们，或者将计算机重新启动即可。

③ 故障现象：Windows 7中飞信无法启动。

分析处理：关闭飞信进程。如果启动后弹出错误提示框，单击“确定”按钮会始终循环弹出，必须通过任务管理器强制结束进程，然后进入系统安装分区下的“Windows\system32”文件夹中，复制“dwmapi.dll”到飞信的安装文件夹，覆盖原文件，最后重新登录飞信，就可以了。

11）办公外设故障举例

（1）针式打印机故障

① 故障现象：打印模糊或不均匀，打印字符的底部部分丢失。

分析处理：可能未正常安装色带盒。检查并正确安装色带盒。

② 故障现象：打印效果差，打印字符不清或缺针点。

分析处理：该故障是由打印头和打印字辊间距过大，打印头打印针被污物阻塞，色带质量差和人为使用不当造成断针等引起的。更换色带盒或正确设定“调节纸厚调节杆”；若有断针，更换打印针。

③ 故障现象：打印机字车运行困难，有时需用手推一下，有时开机时字车动一下即停，有时能正常打印，但声音听起来很沉重。

分析处理：一般来说，产生此故障的常见原因是字车与导轨之间太干涩，字车不能运行自如。导轨上太脏，字车轴套中有脏物，从而影响字车运行。将导轨擦干净，再加上高级钟表油或缝纫机油等润滑油，用手来回推车使其滑动自如。若这样仍不能排除故障，则应仔细检查轴和轴套间有无异物等，清除干净，并加一点润滑油即可。若字车移动正常，则可能是字车驱动电路故障，应送修。

（2）激光打印机故障

① 故障现象：打印机输出空白纸。

分析处理：可能是显影辊未吸到墨粉（显影辊的直流偏压未加上），也可能是感光鼓未接地，使负电荷无法向地释放，激光束不能在感光鼓上静电潜像。激光打印机的感光鼓不旋转，则不会有影像生成并传到纸上。断开打印机电源，取出墨粉盒，打开盒盖上的槽口，在感光鼓的非感光部位做个记号后重新装入机内。开机运行一会儿，再取出检查记号是否移动了，即可判断感光鼓是否工作正常。如果墨粉不能正常供给或激光束被挡住，也会出现打印空白纸的现象。因此，应检查墨粉是否用完、墨盒是否正确装入机内、密封胶带是否已被取掉或激光照射通道上是否有遮挡物。需要注意的是，检查时一定要将电源关闭，因为激光束可能会损坏操作者的眼睛。

② 故障现象：打印时字迹一边清晰而另一边不清晰。

分析处理：一般是硒鼓加粉后忘记把弹簧装回原位了。如果粉盒已加过三次墨粉，感光鼓老化也会出现这种现象。若是因为感光鼓老化，则更换新的硒鼓即可，否则把弹簧装上或更换新粉盒就可以了。

③ 故障现象：打印机卡纸或不能走纸。

分析处理：出现这种故障的原因有很多，例如纸张输出路径内有杂物、搓纸轮等部件转动失灵、传感器故障等。打开机盖，取下被卡的纸即可。但要注意，必须按进纸方向取纸，绝不可反方向转动任何旋钮。如果经常卡纸，就要检查进纸通道，清除输出路径的杂物，如果是搓纸轮磨损，就要更换搓纸轮了。此外，纸张质量不好（过薄、过厚、受潮），也会造成卡纸或不能取纸的故障。

④ 故障现象：出现沿纸张走向的白线。

分析处理：如果有字区域文字打印正常，且无字区域面积越来越大，通常为粉仓内的墨粉余量不足引起；如果有字区域文字打印浅淡，且白线不随打印数量发生明显变化，则通常是由于光路脏污所致。若是墨粉不足，应更换或补充墨粉，打印中可采取晃动硒鼓的方法，进行应急处理，一般还能继续打印几十页；如果是光路脏污，应拆机清洁光路。

（3）喷墨打印机故障

① 故障现象：打印机输出空白纸。

分析处理：大多由于喷嘴堵塞、墨盒没有墨水。应清洗喷头或更换墨盒。

② 故障现象：打印字符不全或字符不清晰。

分析处理：墨盒墨水用完、打印机长时间不用或受日光直射而导致喷嘴堵塞。如果是墨盒墨水用完，更换墨盒即可。如果墨盒墨水未用完，可以断定是喷嘴堵塞。此时，取下墨盒（对于墨盒喷嘴不是一体的打印机，需要取下喷嘴），把喷嘴放在温水中浸泡一会儿，注意一定不要把电路板部分浸在水中，否则后果不堪设想。

③ 故障现象：打印纸上重复出现污迹。

分析处理：由于墨盒或输墨管漏墨所致；当喷嘴性能不良时，喷出的墨水与剩余墨水不能很好断开而处于平衡状态，会出现漏墨现象。首先检查墨盒安装是否到位，如果排除此问题，建议送厂商指定维修站维修。

④ 故障现象：打印头移动受阻，停下长鸣或在原处震动。

分析处理：由于打印头导轨长时间滑动会变得干涩，打印头移动时就会受阻，到一定程度就会使打印停止，如不及时处理，严重时可以烧坏驱动电路。在打印机断电的状态下，在打印导轨上涂几滴润滑油，来回移动打印头，使其均匀分布。重新开机后，如果还有受阻现象，则有可能是驱动电路烧坏，需要拿到厂商指定维修站维修。

⑤ 故障现象：打印出现乱字符。

分析处理：出现打印乱码现象，大多是由于打印机和计算机连接的打印线缆老化、弯折所致。如果排除这些原因，那就是打印接口电路损坏或主控单片机损坏所致。一旦接口带电拔插产生瞬间高压，就很容易击穿接口芯片。若是打印线缆的问题，更换打印线缆即可。如果是打印接口电路损坏，就要送厂商维修站更换接口芯片了。

（4）扫描仪故障

① 故障现象：整幅图像只有一小部分被获取。

分析处理：没有正确设定扫描区域，只有矩形框内的区域才能被扫描获取。正确设定扫描区域，重新扫描。

② 故障现象：扫描出的整个图像变形或出现模糊。

分析处理：

- 扫描仪玻璃板脏污或反光镜条脏污；用软布擦拭玻璃板并清洁反光镜条。
- 扫描原稿文件未能始终平贴在文件台上；确保扫描原稿始终平贴在平台上。
- 确保扫描过程中不要移动文件。
- 扫描过程中扫描仪因放置不平而产生震动；注意把扫描仪放于平稳的表面上。
- 调节软件的曝光设置或Gamma设置。
- 若是并口扫描仪发生以上情况，也可能是传输电缆存在问题，建议更换高性能电缆。

练习与提高

1．叙述引起微机故障的常见原因。
2．简述微机故障处理的原则。
3．说出如何利用加电自检程序（POST）诊断微机故障。
4．简述微机硬件故障的诊断方法。
5．简述微机维修过程中的禁忌。
6．结合案例分析，学习独自分析、处理微机系统故障。

单元5 计算机网络技术基础

通常桌面办公环境都包含单机、网络、办公外设等几部分，家庭环境中的计算机、电视、Pad等设备，也不再各自孤立，而是网络环境中的活跃成员。本单元主要介绍网络基本知识、常见网络环境的配置，讲解小型办公网络和家庭拨号网络的设置方法、个人用路由器的安装配置等组网技术，掌握小型办公环境和家庭环境简单网络设置方法、文件共享、外设共享、FTP服务和常见问题的解决方法。

单元设计

<table>
<tr><td colspan="3">学习领域：微机组装与维护</td></tr>
<tr><td colspan="3">学习单元：计算机网络技术基础</td></tr>
<tr><td colspan="3">主要内容：实训14　网络基础知识　　　　实训15　网络应用配置技术</td></tr>
<tr><td colspan="3">学习目标：
1．知识目标
①学习网络基础知识，掌握网络环境设置方法、网络测试方法；②学习网络资源共享，理解资源共享的意义和方法；③学习常见网络类型，掌握小型办公网络和家庭网络常用设备及其功用；④能够掌握家庭用路由器的配置方法。
2．能力目标
①能够对网络参数进行查询、修改等操作；②熟练掌握共享文件、文件夹及打印机等操作方法；③熟练连接小型办公网络和家庭网络设备，设置拨号程序，正确连接网络；④能够熟练通过向导进行路由器配置，掌握一定的高级参数设置方法。
3．素质目标
①懂得怎么做，并思考怎么做能做得更好；②具有查阅资料、自我学习和举一反三的能力；③培养严谨的工作作风，团队互补合作的精神。</td></tr>
<tr><td>教 学 材 料</td><td>教 学 方 法</td><td>考核与评价</td></tr>
<tr><td>1．课程教材及教参
2．教学课件
3．实训用微机、网络设备等</td><td>1．演示示教法
2．实践操作法
3．小组讨论法
4．教学做一体，启发互动式教学</td><td>1．课堂考核为主
2．过程考核为重
3．知识目标评价
4．能力目标评价
5．素质目标评价</td></tr>
</table>

单元考核

<table>
<tr><td colspan="3">单元名称：</td><td colspan="4">时间：</td></tr>
<tr><td>姓名</td><td></td><td>班级</td><td></td><td>学号</td><td colspan="2"></td></tr>
<tr><td>序号</td><td colspan="3">评 价 内 容</td><td>分数</td><td>得分</td><td>备注</td></tr>
<tr><td>1</td><td rowspan="4">知识目标</td><td colspan="2">明白本单元的任务内容和目标</td><td>9</td><td></td><td></td></tr>
<tr><td>2</td><td colspan="2">学会所讲授的操作方法和手段</td><td>9</td><td></td><td></td></tr>
<tr><td>3</td><td colspan="2">交流讨论、触类旁通、自我完善</td><td>9</td><td></td><td></td></tr>
<tr><td>4</td><td colspan="2">应用所学知识指导、检查实践</td><td>9</td><td></td><td></td></tr>
<tr><td>5</td><td rowspan="5">能力目标</td><td colspan="2">理解网络的概念及其相关知识</td><td>9</td><td></td><td></td></tr>
<tr><td>6</td><td colspan="2">能够正确设置网络参数并进行修改</td><td>14</td><td></td><td></td></tr>
<tr><td>7</td><td colspan="2">掌握文件及外设共享操作</td><td>9</td><td></td><td></td></tr>
<tr><td>8</td><td colspan="2">能够熟练组建配置办公和家庭网络</td><td>14</td><td></td><td></td></tr>
<tr><td>9</td><td colspan="2">能够举一反三、灵活应用</td><td>9</td><td></td><td></td></tr>
<tr><td>10</td><td>素质目标</td><td colspan="2">在学习过程中表现出的积极性、主动性、参与程度和发挥的作用</td><td>9</td><td></td><td></td></tr>
<tr><td>11</td><td>完成时间</td><td>提前完成（　　）</td><td colspan="2">按时完成（　　）</td><td colspan="2">未按时完成（　　）</td></tr>
<tr><td rowspan="3">个人评价</td><td>好的方面</td><td colspan="5"></td></tr>
<tr><td>不满意的方面</td><td colspan="5"></td></tr>
<tr><td>需要完善的方面</td><td colspan="5"></td></tr>
<tr><td>同学评价</td><td colspan="6"></td></tr>
<tr><td>教师评价</td><td colspan="6"></td></tr>
</table>

实训14

网络基础知识

实训描述

学习网络基本知识，了解网络主要设备和网络传输介质，学习局域网技术、用途和分类。学习网络安全知识，掌握一定的网络安全技术和配置方法。学会如何配置网络信息，如何查询已有信息，以及如何确定网络正确连接的方法和手段。

实训分析

了解网络、学习网络、使用网络，是每一个大学生成长、发展的必需。本实训讲解网络基本知识，重点讲解小型办公网络环境和家庭网络环境下常见网络设备、材料的类型和用途，练习常用材料的制备方法。

实训资讯

前面学习了计算机的组装与维护技术，但是再强大的单机也不可能同网络集群相媲美，所以为了更好地发挥计算机性能，物尽其用，我们还需要将计算机连接到网络上。通过本实训的学习，可以了解网络的基本概念，以及常用网络设置，学会正确配置网络环境，使计算机能够正常快速连接网络，实现网络资源共享和传播。

1. 网络概述

1）网络的概念

网络又称NETWORK，是指在物理上或逻辑上，按一定拓扑结构连接在一起的多个节点和链路的集合。在计算机领域中，网络就是用物理链路将各个孤立的工作站或主机连接在一起，组成一个数据链路，从而能够达到资源共享和相互通信的目的。凡将地理位置不同，并具有独立功能的多个计算机系统通过通信设备和线路而连接起来，且以功能完善的网络软件（网络协议、信息交换方式及网络操作系统等）实现网络资源共享的系统，都可称为计算机网络。

2）网络的基本组成

一个计算机网络主要分成计算机系统、数据通信设备、网络软件及协议三大部分。

① 计算机系统：计算机系统是网络的基本模块，主要完成数据信息的收集、存储、处理和输出任务，并提供各种网络资源。计算机系统根据在网络中的用途可分为服务器和客户机。

② 数据通信设备：数据通信系统是连接网络基本模块的桥梁，它提供各种连接技术和信

息交换技术，主要由通信控制处理机、传输介质和网络互连设备等组成。

③ 网络软件与协议：网络软件是计算机网络中不可或缺的重要部分。网络软件一方面授权用户对网络资源的访问，帮助用户方便、安全地使用网络；另一方面管理和调度网络资源，提供网络通信和用户所需的各种网络服务。网络软件一般包括网络操作系统、网络协议、通信软件以及管理和服务软件等。

再有，从计算机网络的系统功能来看，主要完成两种功能，即网络通信和资源共享。把计算机网络中实现网络通信功能的设备及其软件的集合称为通信子网，而把网络中实现资源共享的设备和软件的集合称为资源子网。这样，一个计算机网络就可以分为资源子网和通信子网两大部分。

3）TCP/IP协议及其作用

在同一网络中，计算机之间需要按照统一的规则进行通信。在现有网络中这个统一规则就是TCP/IP协议。这一协议是能使连接到网上的所有计算机网络实现相互通信的一套规则，规定了计算机在因特网上进行通信时应当遵守的规则。任何厂家生产的计算机系统，只要遵守该协议就可以与因特网互联互通。需要我们了解和设置的只是该协议的一部分——IP地址。IP地址具有唯一性，通过不同的IP地址可以找到网络上的每台计算机。相反，每台需要连接网络的计算机也需要进行相应的IP地址设置。

但每台计算机仅有一个IP地址也是不能够正常连接网络的，还需要其他两个参数，即子网掩码和网关。子网掩码不能单独存在，它必须结合IP地址一起使用。子网掩码只有一个作用，就是将某个IP地址划分成网络地址和主机地址两部分。通过子网掩码的划分使网络产生了网段的概念。同一网段间的计算机相互访问是不需要网关的，但不同网段之间要进行访问，就需要通过网关的路由或地址转换功能，使得不同网段间计算机能够正常互相访问，所以网关就相当于是网段的大门。

通过以上的设置，我们的计算机就能够进行正常的网络连接了，但是不同工作站或主机的IP地址是不同的。对于普通用户来说，记忆不同的IP地址也是非常困难的。如何能够使用户方便快捷地记忆地址就成为一个难题。DNS的出现解决了这一难题。DNS是域名解析系统（Domain Name Service）的简称，该系统将IP地址同网络域名进行对应。这样用户只需要记住所需访问网络的域名即可。例如，保定职业技术学院的域名是www.bvtc.com.cn。

4）动态IP地址和静态IP地址

DHCP服务用来为用户自动分配IP地址、子网掩码、网关和DNS。由于每台计算机要连接网络都需要一个唯一的IP地址，如果用户数量大于IP地址的数量，是不是就不能保证每个用户的网络使用了呢？有了DHCP服务就可以解决这一问题。在网络中并不是所有用户要在同一时间连接网络，所以DHCP服务器可以根据用户的需要，为需要连接网络的用户提供IP地址，然而对于不需要连接网络的设备就可以暂时不提供。这样的网络IP分配方式称为动态IP地址分配，这种方法适合于网络供应商为小区用户提供。系统在安装完成之后也是默认使用动态网络设置的，这就是为什么个人用户的计算机不用进行IP地址设置的原因。然而，对于单位或公司的计算机，这样的IP地址分配方式就不能够满足要求，因为单位或公司的计算机会出现同时连接网络的可能。所以，要为每台计算机单独设置IP地址，这种网络分配方式称为静态IP

地址分配方式。

5）网络的类型

计算机网络分类的方法很多，按照计算机网络覆盖的地理范围来进行分类一般可分为局域网、城域网和广域网。各类计算机网络的特征参数如表14-1所示。

表14-1　各类计算机网络的特征参数

网络分类	缩　写	分布距离	计算机位于同一	传输速度范围
局域网	LAN	10 m	房间	4 Mbit/s~2 Gbit/s
		100 m	建筑物	
		1 km	校园	
城域网	MAN	10 km	城市	50 kbit/s~100 Mbit/s
广域网	WAN	100 km	国家	9.6 kbit/s~45 Mbit/s
因特网	Internet	1 000 km	全球	

从表14-1中可以看出，分布距离越长，传输速率越低。局域网的分布距离最短，传输速率最高。传输速率是计算机网络的关键因素，也是网络硬件技术的研究重点。由于距离上的巨大差异，局域网和广域网采用不同的传输方式和通信技术。

6）网络操作系统

网络操作系统是网络的心脏和灵魂，是向网络计算机提供服务的特殊的操作系统，它在计算机操作系统下工作，使计算机操作系统增加了网络操作系统所需要的能力。网络操作系统运行在称为“服务器”的计算机上，并由联网的计算机用户共享，这类用户称为“客户”。网络操作系统与一般操作系统的不同在于它们提供的服务有差别。一般地说，网络操作系统偏重于将与网络活动相关的特性加以优化，即经过网络来管理诸如共享数据文件、软件应用和外围设备之间的资源，而操作系统则偏重于优化用户与系统的接口以及在其上面运行的应用。因此，网络操作系统可以定义为通过整个网络管理资源的一种程序。

目前市场上得到广泛应用的网络操作系统有UNIX、Linux、NetWare和Windows Server 2012等，每个系统均有自身的特点。

2. 网络设备

通常，在小型办公环境和家庭环境中用到的网络设备主要有网卡、交换机、路由器、调制解调器等。

1）网卡

网卡（Network Interface Card）又称网络接口卡或者网络适配器，如图14-1所示，是每个需要连接网络的计算机必备设备。网卡为计算机提供了一个标准的网络接入端口，确保计算机连接网络端口的统一性。

网卡是链路层的网络组件，是网络中计算机和传输介质的接口。网卡需要实现计算机与网络传输介质之间的物理连接和电信号匹配，还涉及帧的发送与接收、帧的封装与拆封、介质访问控制、数据的编码与解码以及数据缓存的功能等。

网卡分类方法很多，按照接口总线方式可分为PCI接口、USB接口等；按照网络连接方式又可分为RJ-45接口网卡、光纤接口网卡、同轴电缆接口网卡或无线网卡等；按照带宽方式可分为10M网卡、100M网卡、10/100M自适应网卡和1000M网卡等。

2）交换机

交换机（Switch）是按照通信两端传输信息的需要，用人工或设备自动完成的方法，把要传输的信息送到符合要求的相应路由上的技术统称。交换机相当于一台特殊的计算机，如图14-2所示，它也是由软件和硬件两部分组成。软件部分主要是IOS操作系统，硬件主要包括CPU、端口和存储介质等。

图14-1　网卡

图14-2　交换机

交换机的主要功能包括物理编址、网络拓扑结构、错误校验、帧序列以及流量控制。目前一些高档交换机还具备一些新功能，如对VLAN（虚拟局域网）的支持等。

交换机按照传输模式可分为全双工、半双工、全双工/半双工自适应。交换机的全双工是指交换机在发送数据的同时也能够接收数据，两者同步进行，这好像我们平时打电话一样，说话的同时也能够听到对方的声音。交换机都支持全双工。全双工的好处在于迟延小，速度快。所谓半双工就是指一个时间段内只有一个动作发生，举个简单例子，一条窄窄的马路，同时只能有一辆车通过，当有两辆车对开，这种情况下就只能一辆先过，等到头儿后另一辆再开，这个例子就形象地说明了半双工的原理。早期的对讲机以及早期集线器等设备都是实行半双工的产品。随着技术的不断进步，半双工会逐渐退出历史舞台。

3）路由器

路由器（Router）是连接因特网中各局域网、广域网的设备，它会根据信道的情况自动选择和设定路由，以最佳路径，按前后顺序发送信号。路由器是互联网络的枢纽、“交通警察”。目前路由器已经广泛应用于各行各业，各种不同档次的产品已成为实现各种主干网内部连接、主干网间互联和主干网与因特网互联互通业务的主力军。路由和交换之间的主要区别就是交换发生在OSI参考模型第二层（数据链路层），而路由发生在第三层，即网络层。这一区别决定了路由和交换在移动信息的过程中需使用不同的控制信息，所以两者实现各自功能的方式是不同的。

路由器如图14-3所示，又称网关设备（Gateway），是用于连接多个逻辑上分开的网络，所谓逻辑网络是代表一个单独的网络或者一个子网。当数据从一个子网传输到另一个子网时，可通过路由器的路由功能来完成。因此，路由器具有判断网络地址和选择IP路径的功能，它能在多网络互联环境中建立灵活的连接，可用完全不同的数据分组和介质访问方法连接各种子网。路由器只接收源站或其他路由器的信息，属于网络层的一种互连设备。

无线路由器是带有无线覆盖功能的路由器，如图14-4所示，它主要应用于用户上网和无线覆盖。无线路由器可以看作一个转发器，将家中墙上接出的宽带网络信号通过天线转发给附近的无线网络设备（笔记本式计算机、支持Wi-Fi的手机等）。市场上流行的无线路由器一般都支持专线XDSL、Cable、动态XDSL、PPTP四种接入方式，它还具有其他一些网络管理的功能，如DHCP服务、NAT防火墙、MAC地址过滤等。

本书中介绍的也主要是这种家庭用路由器。

图14-3　路由器

图14-4　无线路由器

4）调制解调器

调制解调器如图14-5所示，其实是调制器与解调器的简称，也可称为Modem，根据Modem的谐音，亲昵地称之为“猫”。它的作用是模拟信号和数字信号的“翻译员”。电子信号分两种，一种是模拟信号，一种是数字信号。我们使用的电话线路传输的是模拟信号，而计算机之间传输的是数字信号。所以当想通过电话线把自己的计算机连入Internet时，就必须使用调制解调器来“翻译”两种不同的信号。连入Internet后，当计算机向Internet发送信息时，由于电话线传输的是模拟信号，所以必须要用调制解调器来把数字信号“翻译”成模拟信号，才能传送到Internet上，这个过程叫做“调制”。当计算机从Internet获取信息时，由于通过电话线从Internet传来的信息都是模拟信号，所以计算机想要看懂它们，还必须借助调制解调器这个“翻译”，这个过程叫做“解调”。总的来说就称为“调制解调”。

图14-5　调制解调器

3. 局域网技术

在较小的地理范围内，利用通信线路将多种数据设备连接起来，实现相互间的数据传输和资源共享的系统称为局域网（Local Area Network，LAN）。局域网作为一种重要的基础网络，在企业、机关、学校等各种单位和部门都得到广泛的应用。局域网还是建立互联网络的基础网络。

1）局域网的主要用途

① 共享打印机、扫描仪等外围设备。计算机要想充分发挥其功效和作用，需要连接一些外围设备，如打印机、扫描仪等。但是，由于这些设备使用并不频繁，造价也不低，所以可

以通过局域网络，将其设置为共享方式，允许其他网络计算机使用，这样既节约成本，又提高了设备的利用率。

② 通过公共数据库共享各类信息并进行处理。对于个人或公司用户，有些数据是需要多数人重复调用使用的，如果没有网络，就需要通过其他传输介质互相复制，这样既不方便也不安全。有了网络，就可以把数据存储在网络服务器上的数据库中，通过专门编写的应用程序，网络上的各个用户就能够在自己的计算机上轻松、便利地操作数据信息了。

③ 向用户提供诸如电子邮件之类的高级服务。网络为用户提供了一个信息传播与交流的重要渠道，可以通过一些高级服务重复利用该渠道，从而扩充了网络的使用范围和手段。在网络上可以轻松获取个人需要的信息，也能够将信息发布出去，还可以通过电子邮箱进行联系交流等操作。

2）局域网的传输介质

网络传输介质是在网络中信息传输的媒体，介质特性的不同对网络传输的质量和速度都有很大的影响。目前，局域网中使用的传输介质主要有双绞线、光纤和同轴电缆等。

① 双绞线：目前双绞线是局域网环境中最常用的有线传输介质，价格便宜，易于安装。本实训的实践操作环节，就是制作（5类）双绞线（直连线、交叉线）。

② 光纤：光纤（Fiber）是光导纤维的简称，是目前发展和应用最为迅速的信息传输介质，并将逐渐成为未来网络传输的首选介质。光纤具有传输速率高、传输衰减小、抗电磁干扰能力强、重量轻、韧性好等优点，但也存在价格昂贵、进行衔接和分支较困难等问题。

按照光纤传输的模式数量，可以将光纤的种类分为多模光纤和单模光纤。多模光纤用于小容量、短距离的系统。单模光纤用于主干、大容量、长距离的系统。

随着国家宽带升级计划的实施，光纤传输也逐渐进入到个人家庭网络中。如电信或网通的光纤入户行动，就是由单模单芯光纤入户，代替了原有的电话线网络，能够大大提升网络传输速率，使宽带带宽能够达到几兆、十几兆或几十兆的速度。

提示： 光纤由纯净的玻璃纤维经特殊工艺拉制成很细的、粗细均匀的玻璃丝，形成玻璃芯，在玻璃芯的外面包裹一层折射率较低的玻璃封套，再外面是一层薄的塑料外套，用来保护光纤。光纤通常被捆扎成束，外面有外壳保护。

③ 同轴电缆：同轴电缆是指有两个铜芯导体，而导体和屏蔽层又共用同一轴心的电缆。最常见的同轴电缆由绝缘材料隔离的铜线导体组成，在里层绝缘材料的外部是另一层环形导体及其绝缘体，然后整个电缆由聚氯乙烯材料的护套包住。

目前常用的同轴电缆有两类：50 Ω和75 Ω的同轴电缆。75 Ω同轴电缆常用于CATV网，故称为CATV电缆，传输带宽可达1 GHz，目前常用CATV电缆的传输带宽为750 MHz。50 Ω同轴电缆主要用于基带信号传输，传输带宽为1～20 MHz，总线型以太网就是使用50 Ω同轴电缆，在以太网中，50Ω细同轴电缆的最大传输距离为185 m，75 Ω粗同轴电缆可达1 000 m。现在最为常用的是数字电视传输信号线一般都为细同轴电缆，有些广电集团提供的网络连接也需要使用细同轴电缆。

3）局域网的分类

从不同角度观察，局域网有多种划分方法。

① 按网络传输介质划分，可分为双绞线网络、光纤网络和无线网络等。目前小型办公环境使用双绞线网络较多，而家庭环境则双绞线网络和无线网络并用。大型企业公司网络一般由光纤和双绞线网络组成。

② 按局域网基本工作原理划分，可分为共享媒体局域网（Hub）、交换局域网（Switch）和虚拟局域网（VLAN）三种。

③ 按局域网传输媒体类型划分，可分为有线局域网、无线局域网等。

4）局域网的特点

从功能的角度看，局域网具有以下特点：

① 共享传输信道，在局域网中，多个系统连接到一个共享的通信媒体上。

② 地理范围有限，用户个数有限，通常局域网仅为一个单位服务，只在一个相对独立的局部范围内联网，如一座楼或集中的一个区域内。一般来说平常的教学环境，小型办公环境和家庭网络环境都称之为局域网。

③ 传输速率高，局域网的数据传输速率一般为10 Mbit/s或100 Mbit/s，能支持计算机之间的高速通信，延时较低。一般局域网的数据传输速率就是传输介质的最大速率。

④ 误码率低，因为传输距离短，中间设备少，所以局域网传输误码率极低，几乎接近于零。

5）以太网

以太网（Ethernet）是由Xerox公司于1975年研制开发，并由Xerox、Intel和DEC公司联合开发出的基带局域网规范，是当今现有局域网采用的最通用的通信协议标准。后来经过不断技术改进，逐步提高了网络速度，现在使用较多的为百兆以太网、千兆以太网和万兆以太网。对于教学和个人的局域网用户，性价比较高的还是百兆以太网络。以太网络使用CSMA/CD（载波监听多路访问及冲突检测）技术，并以一定的速率运行在多种类型的电缆上。

以太网最大的优点是利用CSMA/CD技术，解决了网络介质的使用分配问题，使所有设备都有机会利用网络介质进行数据传输，提高网络介质利用效率。但是，随着网络设备数量的增加，所需交换数据量呈几何状态增长，分配给每个网络设备的使用时间急剧减少，所以以太网只适合于小型办公环境或家庭网络使用。以太网使用的网络设备主要以集线器（Hub）和双绞线为主，网络传输速度一般多为10/100M自适应。

6）交换式局域网

所谓交换式局域网是在网络中采用了交换设备，每台计算机将通过交换设备相互连接，交换设备可以自动记录局域网中的每台计算机的MAC目的地址，并将该信号直接发送到相应的目的端口。

交换式局域网的核心设备主要是交换机（Switch），其主要特点是：所有端口平时都不联通；当站点需要通信时，交换机才同时联通许多对的端口，使每一对相互通信的站点都能像独占通信信道那样，进行无冲突的数据传输，使每个站点能够独享信道速率；完成通信后就断开连接。因此，交换式网络技术是提高网络效率、减少拥塞的有效方案之一。这种网络环境主要应用于计算机机房、实训室等计算机类网络教学环境。其与普通以太网唯一不同的就是网络核心设备，所以只要将以太网的集线器换成交换机，就可以升级为交换式局域网络。

7）虚拟局域网

虚拟局域网（Virtual Local Area Network，VLAN）就是建立在交换技术上，通过网络管理软件构建的，可以跨越不同网段、不同网络的逻辑型网络。它能将局域网设备从逻辑上划分成多个网段，虽然同属一台交换机但是不同网段之间不能进行访问，做到了逻辑上的隔离，从而实现虚拟工作组的新兴数据交换技术。这一新兴技术主要应用于交换机和路由器中，主流应用还是在交换机之中。但又不是所有交换机都具有此功能，只有拥有VLAN协议的第三层路由交换机才具有此功能。如果是二层交换机还需要增加路由器配合使用，否则不同网段之间不能互相访问，然而普通交换机一般都不具备该功能。

虚拟局域网有很多优点，主要体现在控制网络广播风暴的影响范围，提高网络整体安全性以及简化网络管理等作用。虚拟局域网主要应用于需要多个网段隔离的小型网络，如不同办公室之间使用不同网段进行隔离等。不过该技术也逐渐应用于大中型网络和主干网络中，该技术也是未来网络的一种应用方向。

8）无线局域网

无线局域网络（Wireless Local Area Networks，WLAN）是指以采用与有线网络同样的工作方法，通过无线信号作为传输介质，把各种主机和设备连接起来的计算机网络。无线局域网是计算机网络与无线通信技术相结合的产物，是实现移动网络的关键技术之一。它既可以满足各类便携机的入网要求，也可以实现计算机局域网互联、远端接入等多种功能。在有线网络难以布线的场合，或者需要临时快速布网的小范围中，一般都会使用无线网络。但是，无线网络并不能取代有线局域网，它只是作为有线网络的一个补充。无线网络也不是百分百的完善，首先无线网络传输距离有限，同时连接的机器数量也不能过多，无线信号有时会因为距离或障碍物等原因信号强度不稳定，所以无线网络一般仅仅应用到单个房间或相邻房间中。家庭使用较为普遍的就是有线网络加无线网络的组合。一般用户接触最多的无线网络主要有无线路由器（主要用于发射信号）、带无线网卡的计算机和手机等，如笔记本式计算机、各种智能手机（主要用于接收信号）。

9）蓝牙技术

蓝牙是一种支持设备短距离通信（一般10 m内）的无线电技术。能在包括移动电话、PDA、无线耳机、笔记本式计算机等众多设备之间进行无线信息交换。利用蓝牙技术，能够有效地简化移动通信终端设备之间的通信，也能够成功地简化设备与Internet之间的通信，从而数据传输变得更加迅速高效，为无线通信拓宽道路。蓝牙技术采用分散式网络结构以及快跳频和短包技术，支持点对点及点对多点通信，工作在全球通用的2.4 GHz ISM（即工业、科学、医学）频段。其数据速率为1 Mbit/s。采用时分双工传输方案实现全双工传输。蓝牙技术是无线技术的一个分支，是对无线技术的一个补充。现在接触最多的是应用于手机上的蓝牙技术，如蓝牙耳机、手机之间利用蓝牙传输数据等。

4. 网络安全

随着网络技术的日益进步，网络在带给人们各种便利的同时，也产生了相应的安全隐患。大量个人或企业数据会由于各种原因被泄露、丢失、破坏，给个人和企业带来极大不便，甚至会产生严重的损失。随着网络的各种弊端日益显露，应运而生了网络安全的概念。

1）网络安全的概念

国际标准化组织（ISO）对网络安全的定义是：为数据处理系统建立和采用的技术和管理的安全保护，保护计算机硬件、软件和数据不因偶然和恶意的原因遭到破坏、更改和泄露，系统连续可靠正常地运行，网络服务不中断。简单地说，网络安全的目的是保证网络数据的三个特性：可用性、完整性和机密性。

从用户角度看，网络安全主要是保障个人数据或企业的信息在网络中的保密性、完整性和不可否认性，防止信息的泄露和破坏，防止信息资源的非授权访问。对于网络管理者来说，网络安全的主要任务是保障合法用户正常使用网络资源，避免病毒、拒绝服务、远程控制等安全威胁，及时发现安全漏洞，制止攻击行为等。可见，网络安全的内容是十分广泛的，不同的人群对其有不同的理解和要求。

2）网络安全的重要性

在信息社会中，信息具有和能源同等的价值，在某些时候甚至具有更高的价值。具有价值的信息必然存在安全性的问题，对于企业更是如此。例如，在竞争激烈的市场经济驱动下，每个企业对于原料配额、生产技术、经营决策等信息，在特定的地点和业务范围内都具有保密的要求，如果这些机密被泄露，不仅会给个人、企业，甚至也会给国家造成严重的经济损失。

网络安全主要从以下几个方面考虑。

① 网络系统的安全：网络操作系统的安全性是否存在网络安全漏洞，系统内部其他用户的安全威胁，通信协议软件的保密和安全性以及应用服务的安全性等。

② 局域网的安全：由于网络通信在局域网中主要以广播为主，所以相同局域网中的机器可以监听到网络上的传输数据包。

③ Internet互联安全：主要指的是非授权访问、冒充合法用户、破坏数据完整性、干扰系统正常运行等。

④ 数据安全：数据安全又分为本地数据安全和网络数据安全两类。本地数据安全主要指是否被人删除、修改或非法侵入系统等。网络数据安全主要指数据在传输过程中是否被窃听，网络存储空间数据是否被非法访问等。

3）常见的网络安全技术

自从出现网络安全问题以来，涌现出了大量的网络安全技术和应用，通过归纳总结主要体现在三个方面，防火墙技术、入侵检测技术和数据加密技术等。

（1）防火墙技术

防火墙是指设置在不同网络或网络安全域（公共网和企业内部网）之间的一系列部件的组合。它是不同网络（安全域）之间的唯一出入口，能够根据企业的安全政策控制（允许、拒绝、监测）出入网络的信息流，且本身具有很高的抗攻击能力，它是提供信息安全服务，实现网络和信息安全的基础设置。

分为软件防火墙和硬件防火墙两类，两类防火墙的价格不相同，硬件防火墙较之于软件防火墙较贵，中小型的企事业单位或个人使用软件防火墙就可以实现，但软件防火墙技术只能通过一定的规则来实现对非法用户访问的控制。防火墙的使用对于预防黑客的入侵有很好的效果，但并不是能够完全抵挡住病毒或是黑客的入侵，要实现对计算机更好的防护还需要其他一些保护措施。防火墙技术有一个缺陷就是只能抵御来自外部的网络安全问题对计算机的侵扰，而对于来自内部网络的安全问题是没有能力解决的。不过现在一些网络安全公司推出了单机版网络防护墙，在一定程度上弥补了防火墙的这一缺陷。常见的个人版防火墙软件有天网防火墙、瑞星防火墙等。

（2）入侵检测技术

入侵检测技术即是对计算机网络进行实时监控，计算机系统中本身就存在一些入侵特征的数据库，入侵检测技术通过利用软件或硬件对计算机网络上的数据流进行实时检测，一旦出现与入侵数据库中类似的迹象，就说明有被攻击的迹象，这时就应当立即对出现的问题进行解决，选择禁止启动项等反应动作，其他的反应动作还有切断网络，通过防火墙技术对其进行调整，将入侵的数据进行过滤删除。对计算机使用入侵检测技术可以在正常使用网络的情况下对计算机进行实时监控，从而提高计算机内部和外部抗攻击的能力，以及实施对错误操作的实时保护，更大限度地提高计算机的安全性能。

（3）数据加密技术

对数据进行加密可以有效地提高信息系统以及数据的安全及保密性，以防数据被窃取或是外泄，它实现的途径主要是对网络数据进行加密，主要表现在对数据传输、数据存储、数据的完整性以及加密钥匙的管理等4个方面。对于个人用户来说，对计算机实施数据加密技术可以有效地防止个人的信息，包括账户、密码等隐私信息被外人窃取或是无意泄露，可以有效地保护自己的隐私。而对于企事业单位来说，安装数据加密技术更是必要。企事业单位之间的竞争是非常激烈的，竞争的手段也是多种多样的，在竞争中恶意窃取竞争对手的机密的现象也是普遍存在的，因而加强企事业单位的保密技术非常重要，从而有效地防止企事业机密的泄露。

实训实施

1. 组网设备及材料的准备和安装

1）组网器材及工具的准备

① 组网所需器件。组网之前，需要准备好计算机、网卡、交换机和其他网络器件。表14-2所示是组建网络所需设备和器件列表。

网线制作

表14-2　组建网络所需的设备和器件设备和器件表

设备和器件名称	数　量
计算机	2台以上
RJ-45接口网卡	2块以上

续表

设备和器件名称	数　量
以太网交换机	1台以上
双绞线	若干
RJ-45水晶接头	若干

② 组网工具。除了需要准备组建以太网所需的设备和器件外，还需要准备必要的工具。最基本的工具包括制作网线的剥线或夹线钳及测试电缆连通性的电缆测试仪，如图14-6所示。

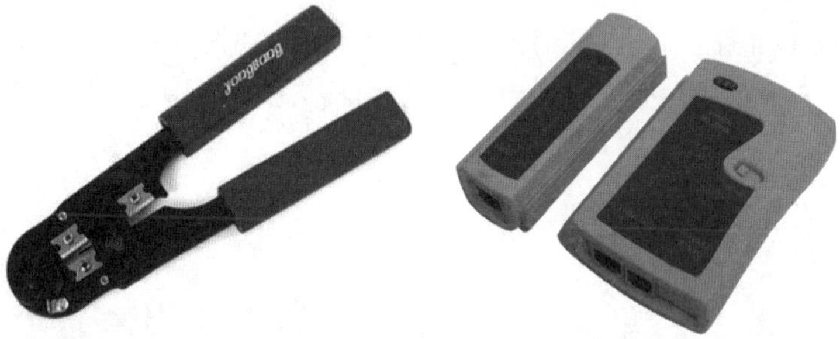

图14-6　基本组网工具

2）双绞线的制作

① 认识RJ-45连接器、网卡（RJ-45接口）和非屏蔽双绞线。

RJ-45连接器俗称水晶头，如图14-7所示，用于连接UTP。共有8个引脚，一般只使用了第1、2、3、6号引脚。各引脚的意义如下：引脚1接收（Rx+）；引脚2接收（Rx-）；引脚3接收（Tx+）；引脚6接收（Tx-）。

② 用剥线钳将双绞线外皮剥去，剥线的长度为1～2 cm，不宜过长或过短，如图14-8所示。

图14-7　水晶头

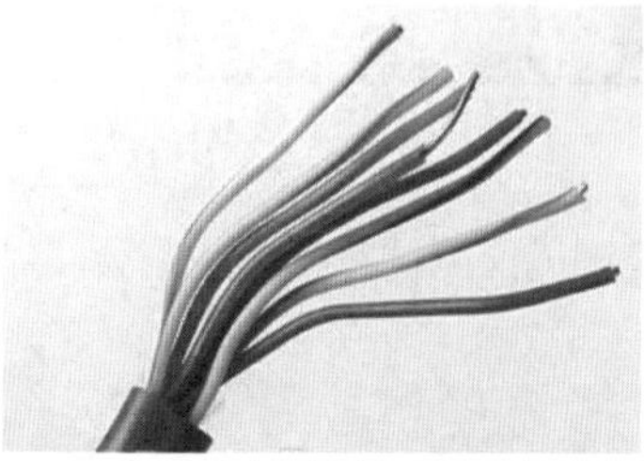

图14-8　无外皮网线

③ 将网线顺序排好，如图14-9所示（平行线线序为：白/橙、橙、白/绿、蓝、白/蓝、绿、白/棕、棕；交叉线线序将平行线线序的1、3和2、6号线对调即可），用剥线钳将线芯剪齐，保留线芯长度1.5 cm左右，如图14-10所示。

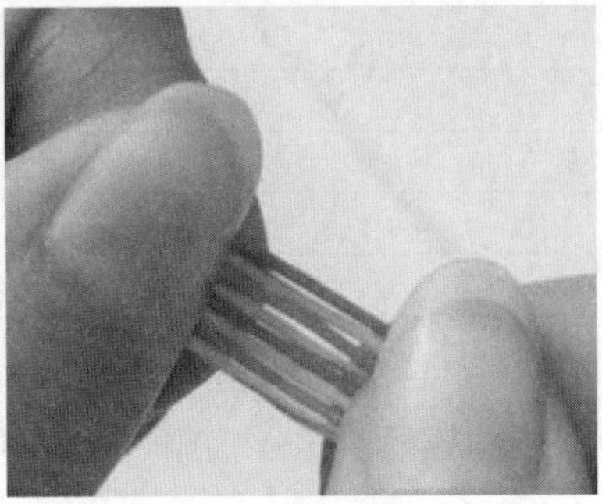

图14-9　排好线序

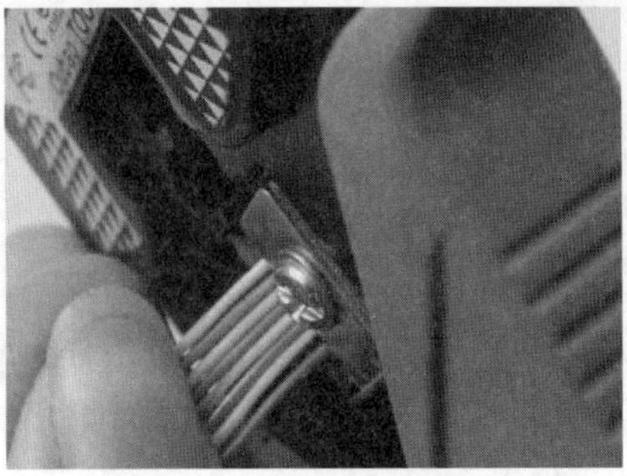

图14-10　剪齐线头

④ 水晶头的平面朝上，将线芯插入水晶头的线槽中，8根线都要顶到水晶头顶部，同时应将外皮也置入RJ-45接头内部，最后用压线钳将接头压紧，确定无松动现象，如图14-11所示。

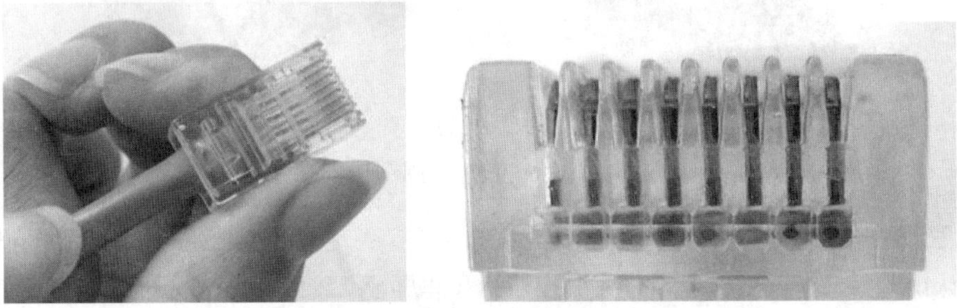

图14-11　将网线插入水晶头

⑤ 将另双绞线一端以同样方式制作水晶头，如果是交叉线需要重新排列线序，如图14-12所示。

图14-12　平行线序和交叉线序

⑥ 用网线测试仪测试每根网线是否正常连通，如图14-13所示。

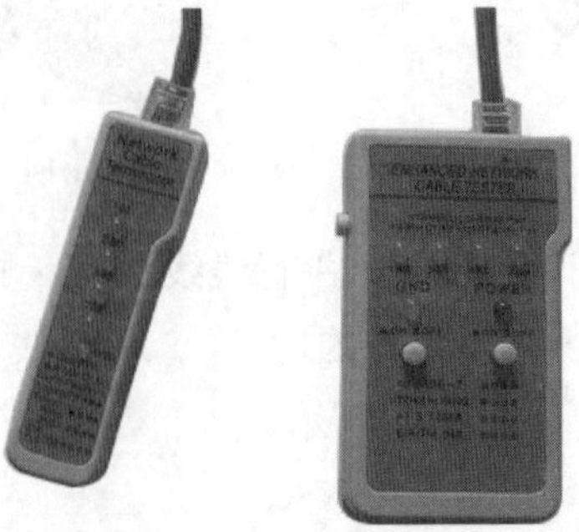

图14-13　测试网线

3）网卡的安装

网卡是计算机与网络的接口。将网卡安装到计算机中并能正常使用，需要做两件事。首先要进行网卡的物理安装；其次是对所安装的网卡进行设备驱动程序的安装和配置，如图14-14所示。硬件及驱动安装可参考以前内容。

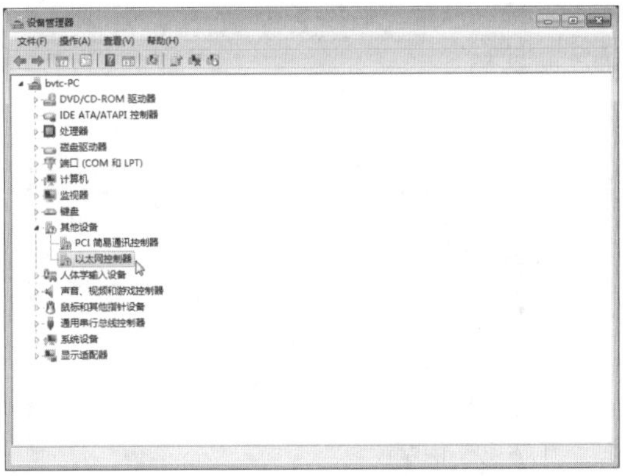

图14-14　安装网卡及驱动

2. 设置及查看网络基本配置

1）设置网络基本配置

① 从管理该网络的网络管理员处了解该网络的各种信息和设置内容，如IP、网关、子网掩码和DNS等信息。

② 选择“开始”|“控制面板”|“查看网络状态和任务”|“本地连接”命令，如图14-15所示，打开“本地连接 状态”对话框，选择“属性”命令。

设置及查看网络基本配置

③ 在弹出的“本地连接 属性”对话框中，可以看到连接网络所使用的网卡，如图14-16所示。

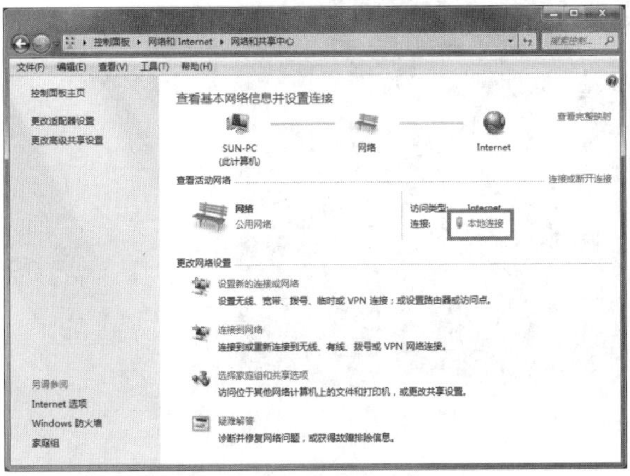

图14-15　打开本地连接

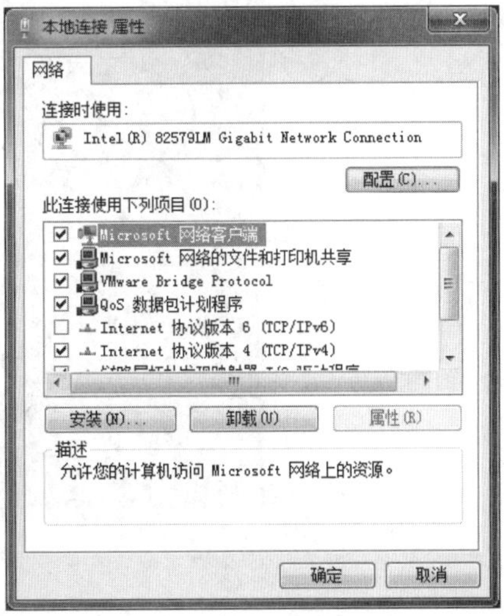

图14-16　“本地连接 属性”对话框

④ 在“此连接使用下列项目”列表框中，找到“Internet协议版本 4（TCP/IPv4）”选项

并选中。单击“属性”按钮后，在弹出的“Internet协议版本 4（TCP/IPv4）属性”对话框中选择“使用下面的IP地址”和“使用下面的DNS服务器地址”单选按钮，根据具体网络要求进行手动设置（设置参数由网络管理员提供），如图14-17所示。如果网络中有DHCP服务器，就可以选择“自动获得IP地址”和“自动获得DNS服务器地址”单选按钮，如图14-18所示。

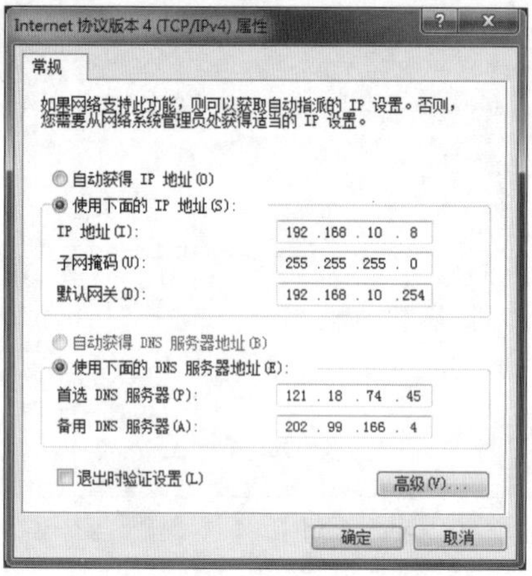

图14-17　静态IP地址

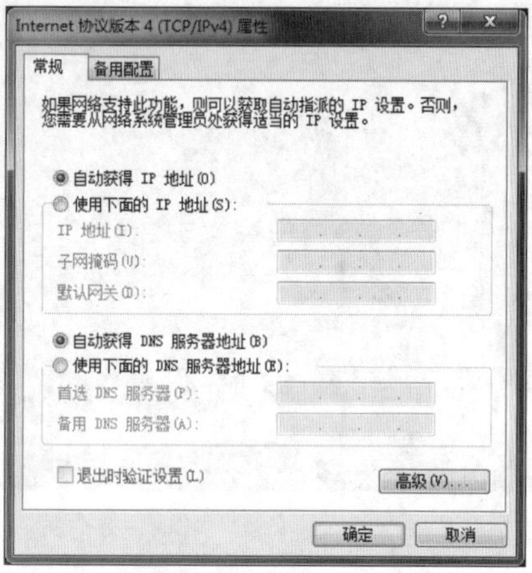

图14-18　动态IP地址

⑤ 根据具体情况进行设置完成之后，单击“确定”按钮。至此，计算机就完成了网络连接的基本设置操作。

2）查看网络基本配置

如果要进行网络连接设置的查看，除了使用以上方法外，还可以通过命令行的方法进行查看。

① 选择“开始”命令，在搜索栏中输入“cmd”并按【Enter】键，打开命令提示符界面，如图14-19所示。

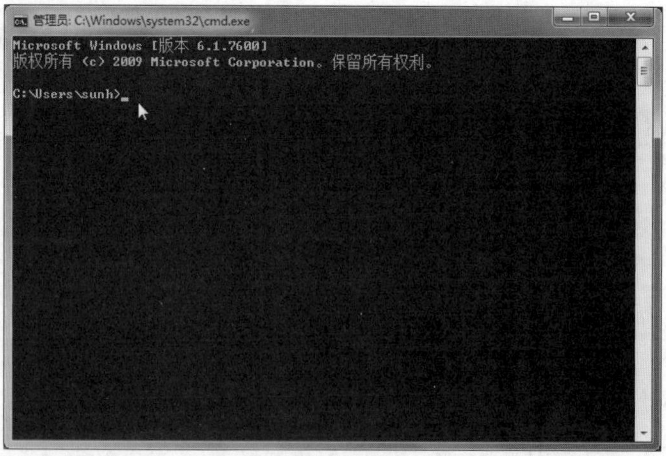

图14-19　命令提示符

② 在光标位置输入“ipconfig”命令并按【Enter】键，就可以查看本机网卡的IP地址、子网掩码、网关和DNS服务器地址等信息，如图14-20所示。

③ 经查看如果网络信息不正确，使用上面的方法重新配置修改即可。

图14-20　网络设置信息

练习与提高

1．简述网络基本概念和网络基本组成部分。

2．认识并区分各种网络设备。

3．简述局域网传输介质以及局域网的分类特点。

4．什么叫以太网、交换式局域网、虚拟局域网和无线网络？

5．简述网络安全的重要性以及常见的网络安全技术。

实训15

网络应用配置技术

实训描述

学习小型办公环境和家庭环境中网络设备的物理连接方法和设置方法，能够独立组建局域网络并进行连接设置和检测；理解网络共享和FTP的作用和功能，并能熟练设置安装调试；能够利用笔记本式计算机或手机正常连接无线网络。

实训分析

普通计算机网络用户使用的网络环境主要有小型办公网络环境和家庭网络环境。同学们可以结合本校实训室教学网络环境、笔记本式计算机和手机使用情况，以自身学习、生活对网络的需求为起点，学习本实训。

实训资讯

1. 虚拟拨号程序

所谓虚拟拨号是指用ADSL接入Internet时同样需要输入用户名与密码（与原有的Modem和ISDN接入相同），但ADSL连接的并不是具体的接入号码如16900，而是虚拟专网VPN的ADSL接入的IP地址。

在ADSL的数字线上进行拨号，不同于模拟电话线上用调制解调器的拨号，而采用专门的协议Point to Point Protocol over Ethernet（即常见的PPPoE协议），拨号后直接由验证服务器进行检验，用户需输入用户名与密码，检验通过后就建立起一条高速并且是“虚拟”的用户数字专线；并分配相应的动态IP地址。虚拟拨号用户需要通过一个用户账号和密码来验证身份，这个用户账号是用户申请时自己选择的，并且这个账号是作了限制的，只能用于ADSL虚拟拨号，不能用于普通Modem拨号。

2. 网络共享技术

网络共享就是以计算机等终端设备为载体，借助互联网这个面向公众的社会性组织，进行信息交流和资源共享，并允许他人共享自己的劳动果实。对于一般用户，接触最多的就是局域网内共享文件和共享打印机。

共享文件夹主要是为了方便进行网络文件的传输，实现用户通过网络访问、修改和删除文件或文件夹的操作。共享打印机等外设，主要是为了提高外设的利用效率，减少不必要的资金投入。

共享文件夹和打印机等操作在给人们带来便利的同时，也会产生一些负面影响。例如，某些网络型病毒也会自动扫描网络，通过共享文件夹进行传播，如果扫描到打印机就会自动运行打印程序，长时占用打印机打印无关内容，这样既影响打印机的正常使用，还会导致耗材的损耗。所以，如果要使用共享服务，就需要进行相应的网络安全设置，对单机和网络进行杀查病毒的操作。

3. FTP服务器

一般来说，用户联网的首要目的是实现信息共享，文件传输是信息共享非常重要的一个内容。早期通过Internet实现传输文件，并不是一件容易的事。Internet是一个非常复杂的计算机环境，有个人计算机、工作站、MAC、大型机等，这些计算机可能运行不同的操作系统，有运行UNIX的服务器，也有运行DOS、Windows的个人计算机和运行MacOS的苹果机等，而各种操作系统之间的文件交流，需要建立一个统一的文件传输协议，这就是FTP。基于不同的操作系统有不同的FTP应用程序，而所有这些应用程序都遵守同一种协议，这样用户就可以把自己的文件传送给别人，或者从其他的用户环境中获得文件。

与大多数Internet服务一样，FTP也是一个客户机/服务器系统。用户通过一个支持FTP协议的客户机程序，连接到在远程主机上的FTP服务器程序。用户通过客户机程序向服务器程序发出命令，服务器程序执行用户所发出的命令，并将执行的结果返回到客户机。例如，用户发出一条命令，要求服务器向用户传送某一个文件的一个副本，服务器会响应这条命令，将指定文件送至用户的机器上。客户机程序代表用户接收到这个文件，将其存放在用户目录中。

实训实施

1. 办公室网络环境设置

1）网络环境搭建

（1）器件准备

安装好网卡和操作系统的计算机、交换机和网线若干（交叉线和平行线），如图15-1所示。

图15-1 搭建网络环境所需设备材料

（2）交换机的连接

① 单一交换机结构：适合小型工作组规模的组网。典型的单一交换机一般可以支持2～24台计算机连网，如图15-2所示。

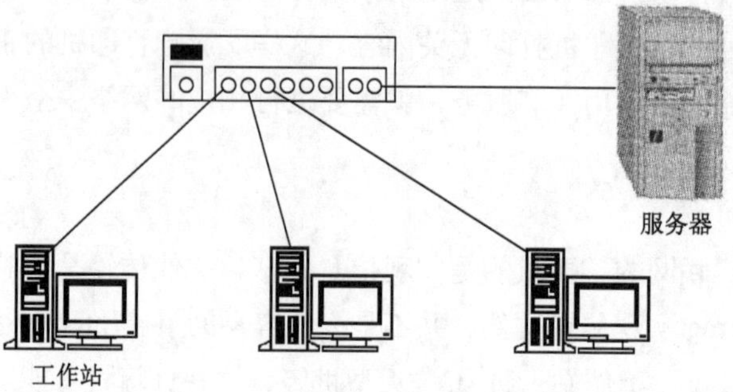

图15-2　单一交换机结构局域网

② 多交换机级联结构：可以构成规模较大以太网络。此结构可分为以下两种情况。

有级联端口的情况。有级联端口时交换机的级联方式如图15-3所示。

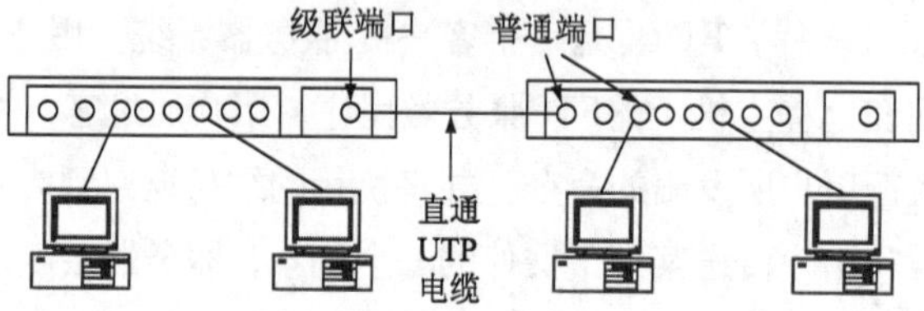

图15-3　利用直通UTP连接有级联端口的交换机

无级联端口或级联端口占用的情况。如果采用这种方式进行连接，一定要将级联所使用的交叉UTP电缆做好记号，以免与计算机接入交换机的直通UTP混淆，如图15-4所示。

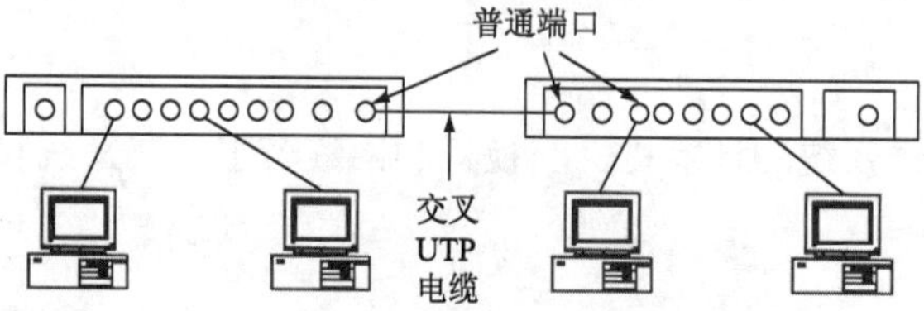

图15-4　利用交叉UTP连接交换机

多交换机进行级联时，一般可以采用平行级联和树形级联两种方式。平行级联方式如图15-3和图15-4所示，树形级联方式如图15-5所示。

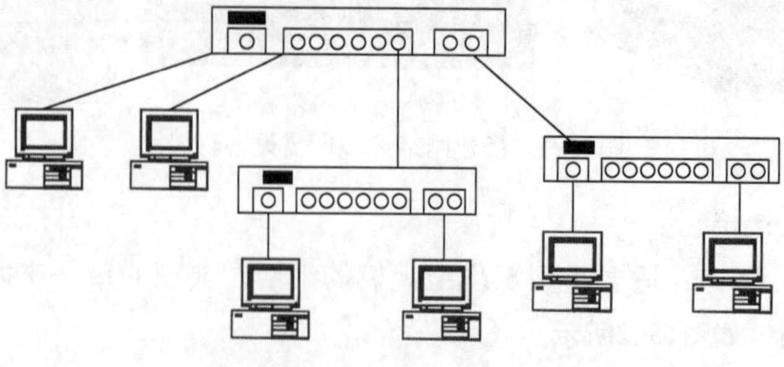

图15-5　树形机构的多交换机级联

（3）组建小型局域网络

① 安装网卡及其驱动程序（可参照以前学习内容）。

② 连接网线，将网线一头插入到交换机的RJ-45插槽中，一头插在网卡接头处，按此方法将多台计算机同交换机连接，如图15-6所示。

图15-6　网线接入交换机和计算机

③ 安装必要的网络协议（TCP/IP），并将计算机设置不同的IP和机器名。

这样就组建好了一个典型的办公用局域网络，如图15-7所示。如果计算机数量大于交换机端口数量，还可以通过级联多台交换机，以增加允许连接计算机的数量。

> **提示：** 局域网交换机数量不可以无限增加，机器数量由使用的IP地址段内地址数量所决定，不会超过253台。如果的确需要增加更多机器，可以利用VLAN技术划分多个网段，并利用路由器路由连接。

2）测试网络连接性

如果需要测试网络是否正确连接，可以使用ping命令来进行测试。

① 选择“开始”命令，在搜索栏中输入“cmd”并按【Enter】键，如图15-8所示。在弹出的窗口光标位置输入“ping　网关IP”（ping后有一个空格，网关IP为相应网络网关地址），如果显示“来自 192.168.10.254 的回复: 字节=32 时间=1ms TTL=64”，那么说明网络连接正常，如图15-9所示。如果显示“来自 192.168.100.54 的回复: TTL 传输中过期”，如图15-10所示，则说明网络设置不正确，网络不能正常连接。

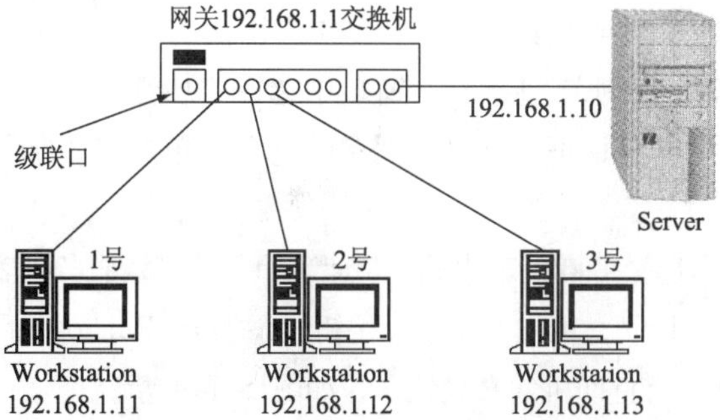

图15-7　交换式局域网组建参照图

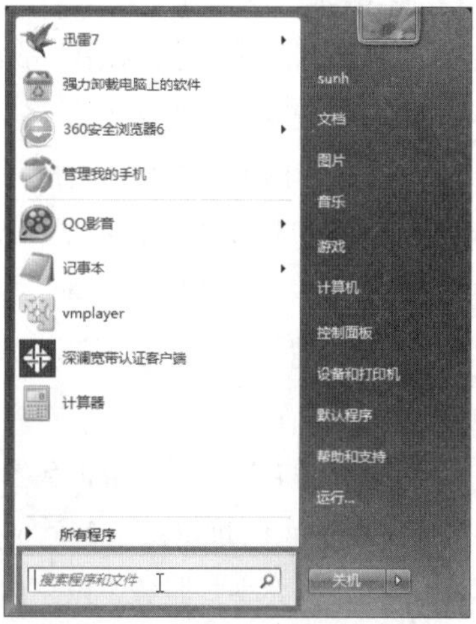

图15-8　输入CMD

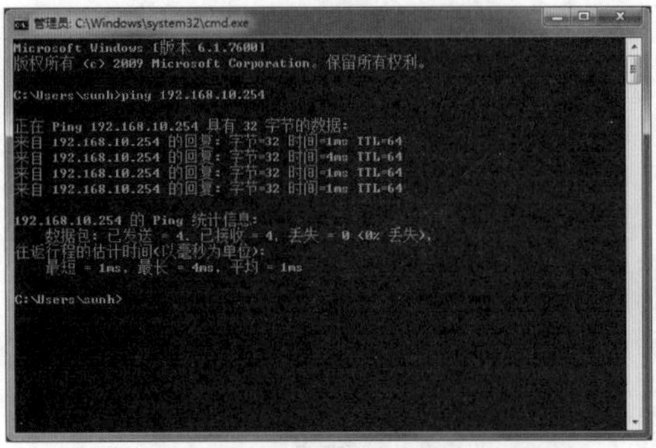

图15-9　网络连接正常

图15-10　网络连接超时

② 如果显示“PING: 传输失败。General failure”，如图15-11所示，那么说明网卡没有正确连接，主机不能正常调用网络设备。建议关机重新插拔网卡；如果是集成网卡，建议更换独立网卡。

③ 如果显示“一般故障”，如图15-12所示，则说明网络物理连接短路。请检查网线水晶头是否正常，网线同网卡或网络设备是否正常连接，建议重新插拔网线或重新制作水晶头。

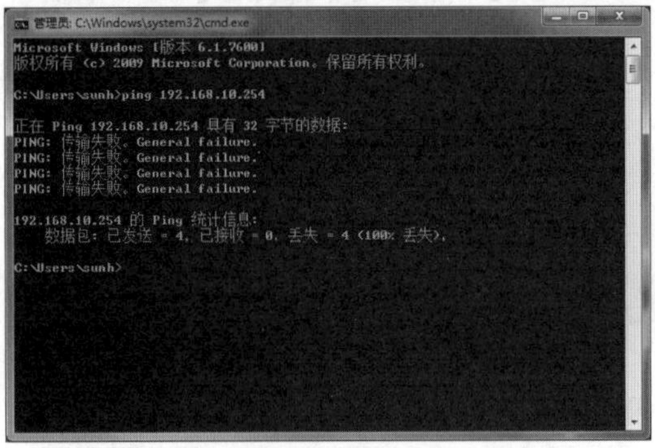

图15-11　网卡未正确设置或安装

图15-12　物理网络中断

3）设置网络共享

（1）添加网络共享组件

如果计算机正常连接网络，那么就可以设置文件及打印机共享了。设置网络共享首先要确定是否有网络共享协议，如果没有则需要安装。

设置共享

① 选择“开始”|“控制面板”|“网络和Internet”|“查看网络状态和任务”命令，在打开的“查看基本网络信息并设置连接”窗口中单击“本地连接”图标，如图15-13所示。在弹出的“本地连接状态”窗口中选择“属性”命令，单击“安装”按钮，弹出“选择网络功能类型”对话框，选择“服务”选项，单击“添加”按钮。

② 在弹出的“选择网络服务”对话框中选择厂商列表中的“Microsoft”，网络服务列表中的“File and Printer Sharing for Microsoft Networks”，单击“确定”按钮。添加上“Microsoft网络的文件和打印机共享”服务，就可以进行文件及打印机共享设置了，如图15-14所示。

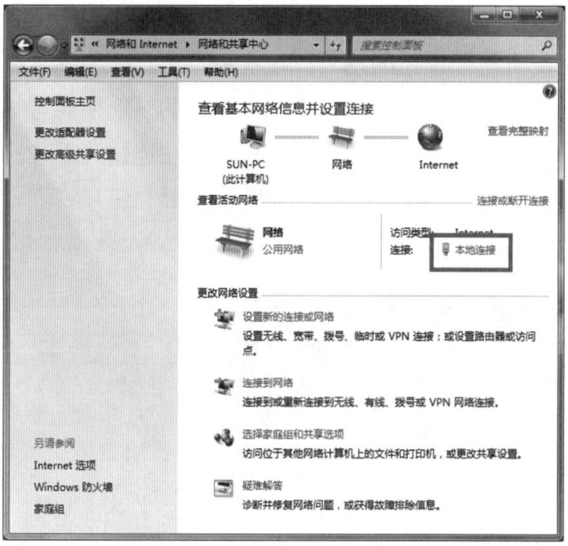

图15-13　查看基本网络信息

图15-14　添加网络文件共享

(2) 文件夹共享

① 开启临时用户。选择“开始”|“控制面板”|“用户账户和家庭安全”|“用户账户”|“管理其他账户”|“Guest”命令，在弹出的“您想启用来宾账户吗”对话框中，单击“启用”按钮。

连接共享的文件夹及打印机

② 设置共享文件夹是否启用密码保护。选择“开始”|“控制面板”|“选择家庭组和共享选项”命令，如图15-15所示。在弹出的“与运行Windows 7的其他家庭计算机共享”窗口中，选择“更改高级共享设置”命令。在弹出的“针对不同的网络配置文件更改共享选项”窗口中，找到“公用（当前配置文件）”下的“密码保护的共享”单选按钮，如果需要设置共享密码，则选择“启用密码保护共享”，否则选择“关闭密码保护共享”单选按钮，如图15-16所示。

图15-15　选择家庭组和共享选项

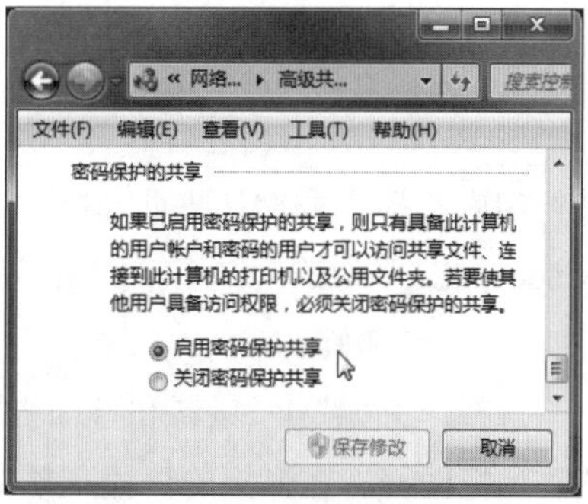

图15-16　设置密码保护共享

③ 确定所需共享文件夹的位置，然后右击该文件夹，在弹出的快捷菜单中选择“共享”|“特定用户”命令（提示：家庭组包括所有属于该组的用户，这些用户有只读和读写两种权限，用户也可以根据自己实际需求进行选择），如图15-17所示。在弹出的“选择要与其共享的用户”窗口中，通过下拉列表选择“Guest”用户（如果选择其他用户在连接共享时就需要输入相应的用户名称），单击“添加”按钮，添加后根据需要设置“Guest”用户权限，如图15-18所示。

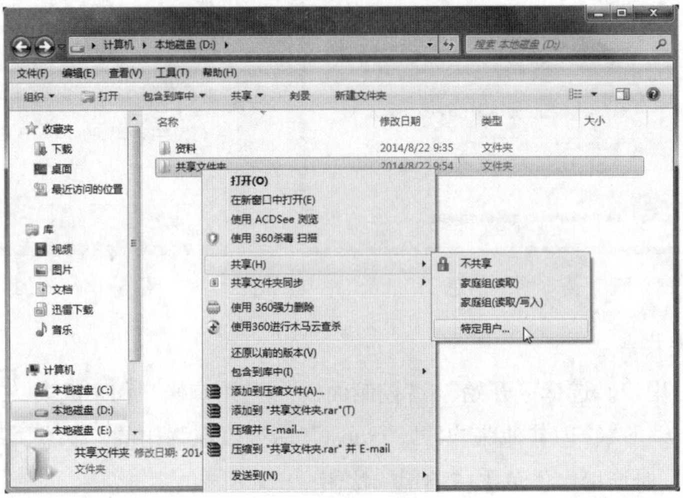

图15-17 选择共享的文件夹

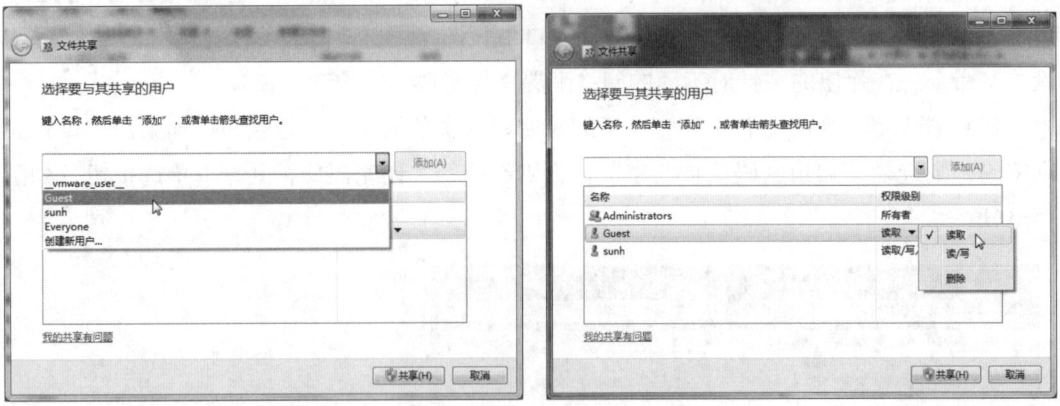

图15-18 选择要与其共享的用户并设置权限

④ 添加设置完成之后单击“共享”按钮，弹出“网络发现和文件共享”窗口，根据需要进行相应选择完成文件夹共享操作，如图15-19所示。（注：共享完成之后文件夹并没有像Windows XP类似的共享小手的图标，Windows 7下图标并无变化，如图15-20所示）

（3）打印机共享

选择“开始”|“设备和打印机”命令，在打开的“打印机和传真”窗口中右击所需共享的打印机图标，在弹出的快捷菜单中选择“打印机属性”命令，如图15-21所示。在弹出的打印机属性对话框中选择“共享”选项卡，选择“共享这台打印机”复选框，共享名称可以任

意设置，单击“确定”按钮，如图15-22所示，打印机共享设置完成。

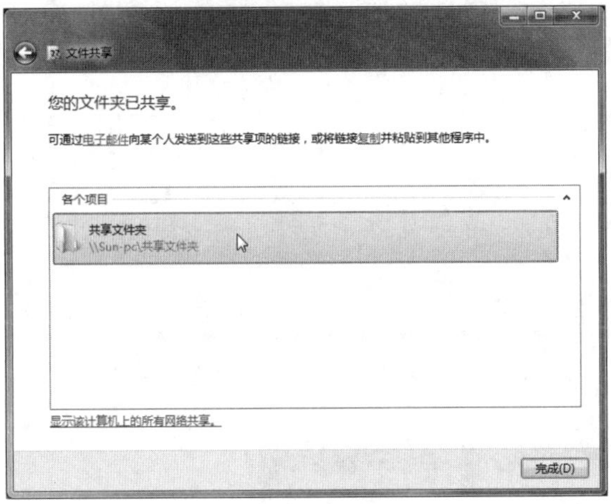

图15-19　完成共享

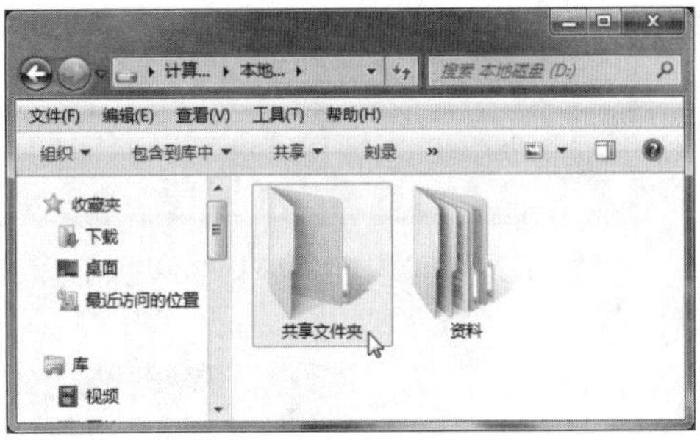

图15-20　共享文件夹

图15-21　选择共享打印机

图15-22　共享打印机

4）连接共享文件夹或打印机

如果要连接共享文件夹或打印机，可以选择“开始”命令，在搜索栏中，如图15-8所示，输入“\\IP地址（共享文件夹或打印机的IP地址）”并按【Enter】键。在弹出的窗口中就可以看到共享的文件夹和打印机，如图15-23所示。如果需要连接文件夹，直接双击打开即可，如图15-24所示。但是，如果将该窗口关闭后，再次打开共享文件夹，就还需要选择“开始”命令在搜索栏中输入“\\IP”重新连接。这样比较烦琐，如果长期连接共享文件夹，也可以右击共享文件夹，在弹出的快捷菜单中选择“映射网络驱动器”命令来连接，如图15-25所示。

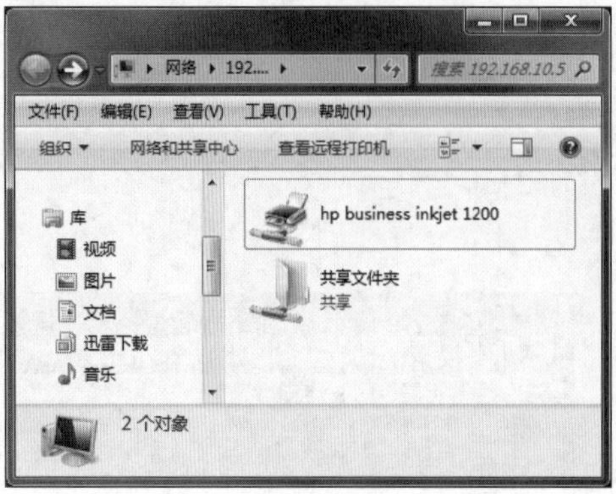

图15-23　网络上的共享文件夹及打印机

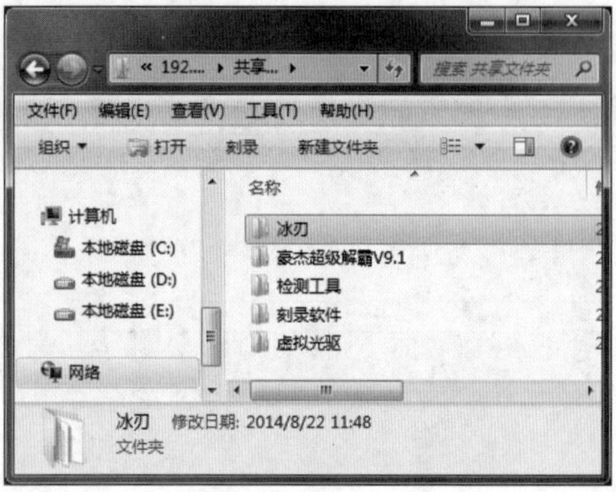

图15-24　打开共享文件夹

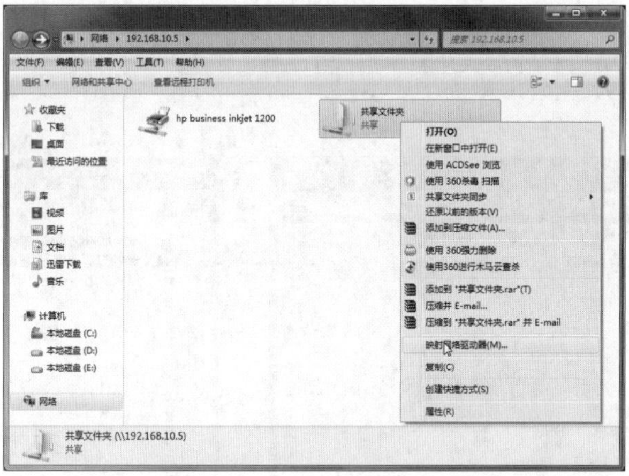

图15-25　映射网络驱动器

选择“映射网络驱动器”命令之后，弹出“映射网络驱动器”对话框，在“驱动器”一栏选择连接的文件夹指定成为的驱动器号，可以任意设置，还可以根据需要选择“登录时重新连接”选项。映射网络驱动器成功后，打开“计算机”窗口，就会发现增加了一个驱动器，访问该驱动器就相当于访问共享文件夹，如图15-26所示。如果不再使用网络映射驱动器，可以直接右击该网络映射驱动器，在弹出的快捷菜单中选择“断开”命令即可，如图15-27所示。

图15-26　增加了驱动器Z盘

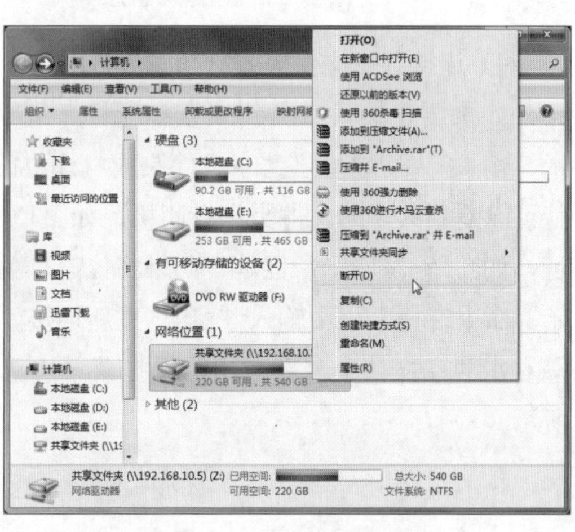

图15-27　断开网络驱动器

如果要连接网络打印机，可以在图15-23所示状态下双击打印机图标，或右击打印机图标并在弹出的快捷菜单中选择“连接”命令，弹出“连接到打印机”对话框，单击“是”按钮，即可连接打印机。也可通过添加网络打印机的方法进行添加。添加完成后在“设备和打印机”窗口中即可看到连接上的网络打印机，如图15-28所示。

图15-28　查看连接网络打印机

5）架设FTP服务器

在此以Ser-U软件为例，讲述搭建FTP服务器的方法。

> **提示：**课堂教学中使用Ser-U软件搭建FTP服务器，能够灵活发布课程教学资料、布置作业、收交作业，起到很好的辅助教学作用。

首先正确安装Ser-U软件（并注册），然后打开软件，如图15-29所示。在主界面单击“开始服务器”按钮，开始运行FTP服务器。

新搭建的FTP服务器虽然运行了，但是还不能给我们提供服务，还需要新建域和新建用户操作。

Serv-U的使用

（1）新建域

① 在运行的服务器主界面单击左面“域”按钮 域，右击右面空白区域，在弹出的快捷菜单中选择“新建域”命令，如图15-30所示。在弹出的“域IP地址”对话框中输入本机IP，或者通过下拉列表进行选择，单击“下一步”按钮。

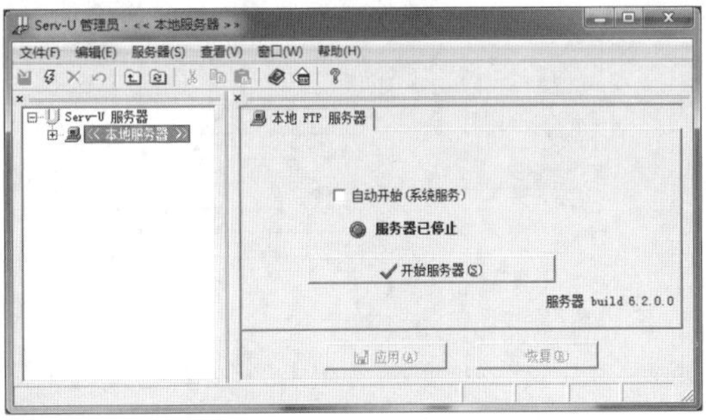

图15-29　Ser-U主界面

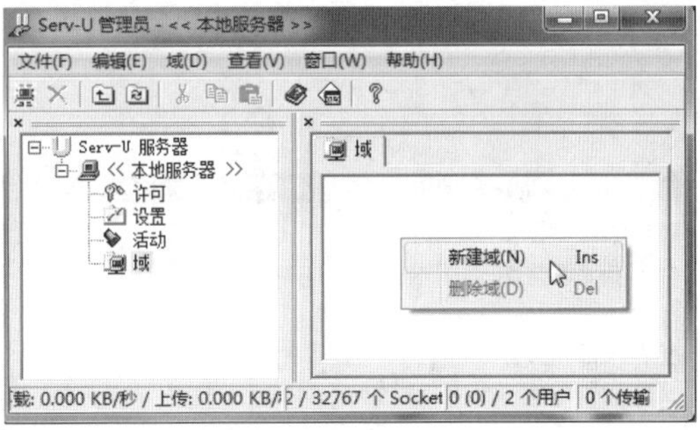

图15-30　新建域

② 在弹出的对话框中输入访问FTP的域名（域名可以任意设置），单击“下一步”按钮。

③ 弹出新建域端口号设置对话框，默认端口为21。只要不与其他服务端口冲突，就可以任意更改，但是更改端口号后，登录该FTP时在FTP地址后需要加注端口号，否则会按照默认端口21进行连接，从而会出现连接错误提示。

④ 设置完端口号后单击“下一步”按钮，根据需要设置“域类型”，然后单击“下一步”按钮，完成新建域操作，完成后如图15-31所示。

（2）新建用户

对FTP的操作是基于用户的操作，所以新建域后，还要在域中新建用户。

① 选中新建域下面的“用户”按钮，然后右击右面空白位置，在弹出的快捷菜单中选择“新建用户”命令，如图15-32所示。

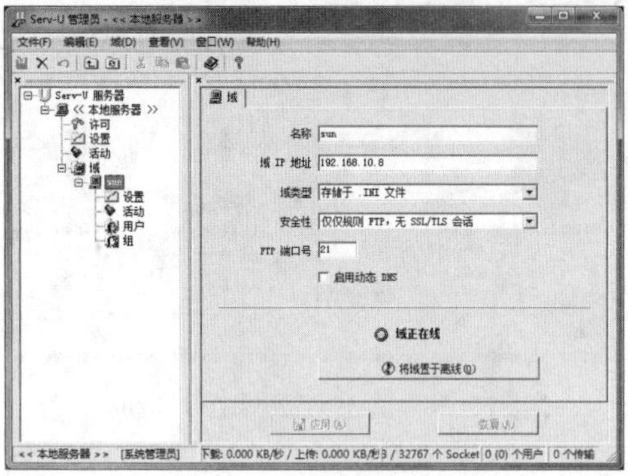

图15-31　完成新建域操作

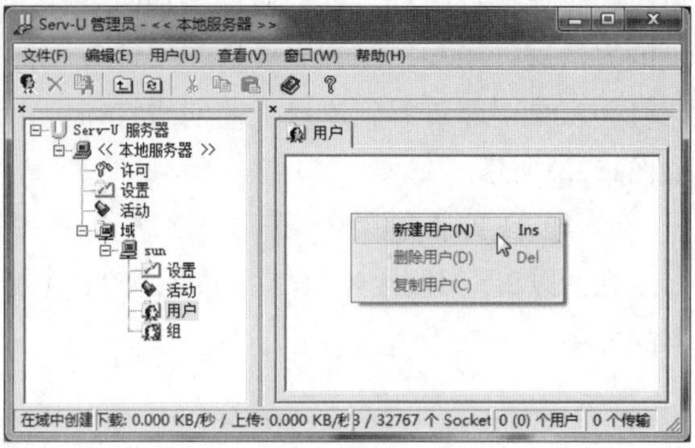

图15-32　新建用户

② 在弹出的新建用户对话框中首先设置用户名称，用户名称可以任意设置，如果想要匿名登录，用户名称应设置为anonymous，如图15-33所示，单击“下一步”按钮。如果不是匿名用户还需设置密码，单击“下一步”按钮设置用户访问目录（即为FTP主目录），单击“下一步”按钮。最后会提示用户是否锁定目录，如果不锁定目录，用户可以通过主目录继续向上访问，直到磁盘根目录，这样对系统安全性会带来非常大的隐患，所以建议选择“是”锁定目录，单击“完成”按钮，新建用户操作结束，如图15-34所示。此时其他用户就可以通过网络访问FTP了。

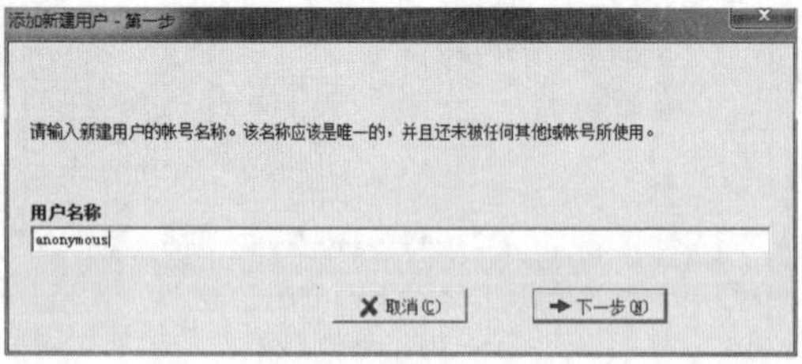

图15-33　用户名称

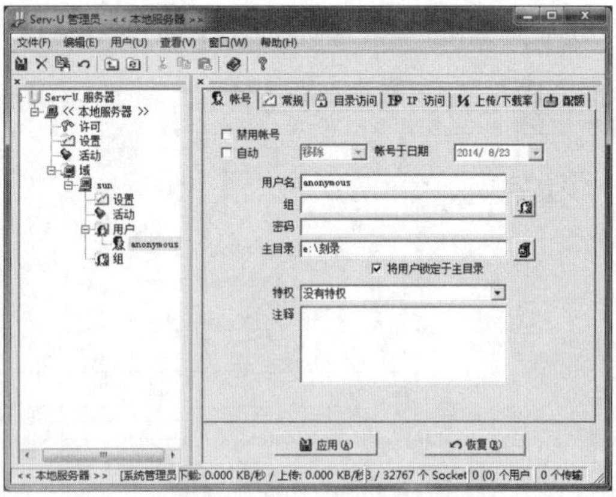

图15-34　完成新建用户操作

新建用户默认只有浏览下载权限，如果想要上传就需要增加权限，可以通过“目录访问”选项卡进行权限设置，设置完成后单击“应用”按钮即可，如图15-35所示。

如果想要停止FTP服务，可以回到Ser-U主界面，单击“停止服务器”按钮即可，如图15-36所示。

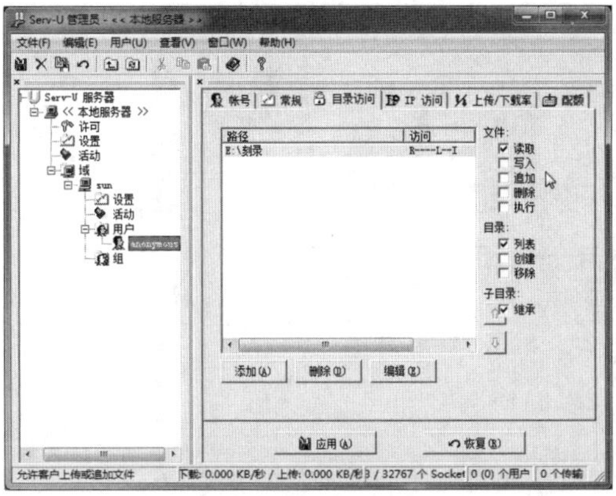

图15-35　设置用户权限

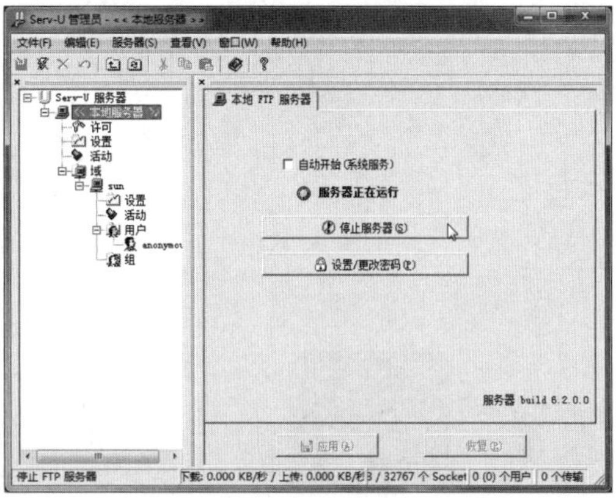

图15-36　停止FTP服务

2. 家庭网络环境设置

1）添加网络拨号程序

现在的个人网络用户，一般都是通过网通或者电信等网络运营商连接网络，绝大多数网络运营商需要客户进行拨号上网，但是在以前的学习内容中，没有涉及拨号程序的讲解。下面介绍网络拨号程序的设置方法。

① 选择“开始”|“控制面板”|“查看网络状态和任务”命令，在打开的“查看基本网络信息并设置连接”窗口中单击“设置新的连接或网络”按钮。

② 在弹出的“设置连接或网络”对话框中，选择“连接到Internet”，单击“下一步”按钮。

③ 在“连接到Internet”对话框中，单击“仍要设置新连接”按钮进入“您想如何连接”对话框，并单击“宽带（PPPoE）”按钮。

④ 进入“键入您的Internet服务提供商（ISP）提供的信息”对话框，需要输入网络供应商提供的拨号用账户名和密码，当然在此也可以不进行输入，在拨号时还会提示，到时再输入也可以。在连接名称处可随意输入宽带连接名称，之后单击“连接”按钮即可。

⑤ 设置完成计算机会自动进行拨号连接，如果之前没有输入用户名密码，可以单击“跳过”按钮，跳过该操作。

⑥ 设置完成之后，选择“开始”|“控制面板”|“查看网络状态和任务”命令，在打开的“查看基本网络信息并设置连接”窗口中单击“更改适配器设置”按钮。

⑦ 在弹出的网络连接窗口即可看见新建的“宽带连接”快捷方式，如图15-37所示。为方便起见，也可以将其拖动到桌面，生成快捷方式，如图15-38所示。

⑧ 双击拨号程序图标，弹出图15-39所示对话框，输入用户名和密码，单击“连接”按钮即可。到此计算机就能够正常连接Internet了。

图15-37　查看宽带拨号程序

图15-38　拨号程序图标

图15-39　拨号程序

2）路由器的设置

现如今个人网络用户一般都会有多个网络设备，但是网络供应商对每个账户仅仅提供一个网络接口。要解决这一矛盾就要用到网络路由器了。

（1）正确连接调制解调器、路由器和计算机

想要正确连接各种设备，首先要先认识调制解调器和路由器。调制解调器主要有三个接口（宽带接口即电话线接口、网线接口和电源接口）、一个开关和一个重启按键，如图15-40所示。路由器一般只有两类接口（即网线接口和电源接口）和一个重启按键，如图15-41所示。网线接口又分为WAN（广域网）和LAN（局域网）两种。

图15-40　调制解调器

家庭ADSL网络一定会有调制解调器和计算机，如果只有这两种设备，那么网络供应商提供的网络接口连接到调制解调器的ADSL接口上，调制解调器的网络接口连接到计算机网卡上，然后设备接通电源即可。但是，如果要连接路由器，就需要将路由器放到调制解调器和计算机之间，即调制解调器的网络接头连接到路由器的WAN接口，然后通过任意的LAN接口连接计算机即可，如图15-42所示。

提示：路由器的LAN接口作用地位相同，有多少个LAN接口，就最多能够连接多少个有线的网络设备。

图15-41　D-Link路由器

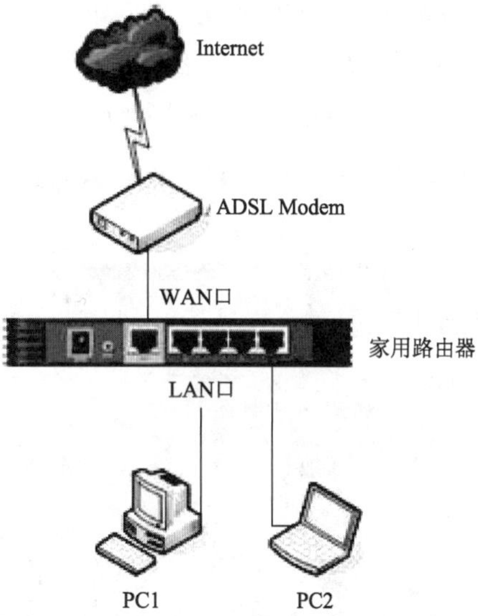

图15-42　网络设备连接示意图

（2）通过设置向导设置网络路由器

正确连接调制解调器、路由器和计算机之后，就可以进行路由器的配置工作，首先要通读路由器说明书，确定路由器登录地址、用户名和密码等信息。在此以D-Link无线路由器为例进行讲解。

① 打开浏览器，在浏览器地址栏中输入路由器的管理地址，打开路由器管理主界面，如图15-43所示。

② 在打开的D-Link路由器主界面，单击“设置向导”按钮，出现输入账户信息对话框，如图15-44所示。输入相应的用户名和密码，单击“确定”按钮出现设置向导主界面，主界面介绍了路由器设置步骤和相应的作用等，如图15-45所示，单击“下一步”按钮。

图15-43　路由器管理主界面

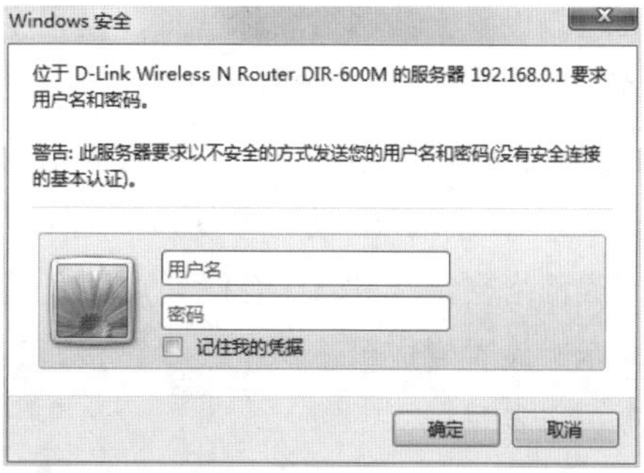

图15-44　输入管理账户信息

③ 如果是家庭ADSL用户，在上网方式选择界面，选择“宽带拨号”选项，并单击“下

一步”按钮进行上网方式的设置，如图15-46所示。在用户名和密码处，输入网络供应商提供的网络用户名和密码，服务名和服务器名如果知道可以设置，如果不知道也可以不用设置，这两项不影响网络连接，如图15-47所示。

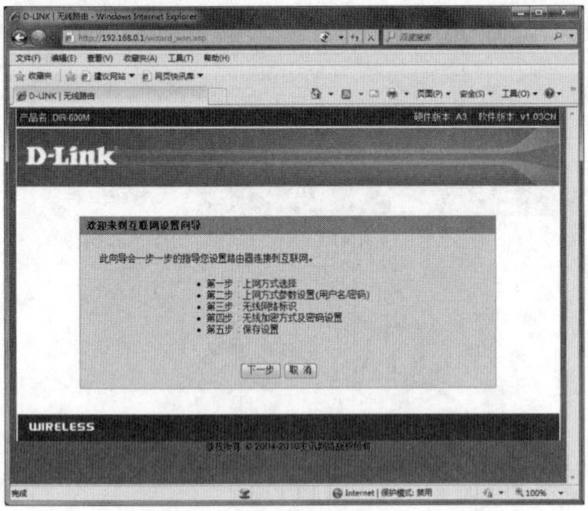

图15-45　设置向导主界面

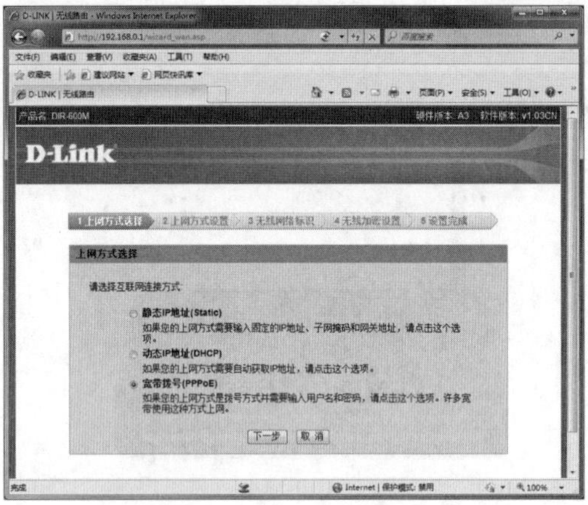

图15-46　上网方式选择

④ 如果用户上网方式为静态IP地址，那么在图15-46处，选择“静态IP地址”选项，并单击“下一步”按钮进行上网方式的设置。在上网方式设置界面，设置IP地址、子网掩码、网关地址和DNS地址等信息，完成后单击“下一步”按钮即可。

> **提示**：静态IP信息由网络提供商提供。

⑤ 如果用户上网方式为动态IP地址，那么在图15-46处，选择“动态IP地址”选项，并单击“下一步”按钮进行上网方式的设置。在上网方式设置界面，可以设置主机名称和MAC地址等信息，完成后单击“下一步”按钮即可。

> **提示**：一般不用更改MAC地址，如果网络指定连接MAC地址信息，可以使用“克隆PC机的MAC地址”功能，将路由器MAC地址克隆为定制计算机地址即可。

⑥ 完成上网方式设置后，如果路由器有无线功能，那就会出现无线网络设置界面。该界面可以设置无线网络名称信息，设置完成单击“下一步”按钮，进行“无线网络加密方式设置”界面。如图15-48所示。为了数据信息更加安全，一般都设置为WAP类加密方式（设置何种加密方式都不影响使用，只有数据连接安全级别强弱之分）。在此，我们选择“激活WAP PSK+WAP2 PSK自动（增强）”选项，该界面会出现需要输入“WAP共享密钥”提示，输入无线网络密钥（可以任意设置）。密钥位数为8～64位，如果密钥位数不符合要求，会有相应提示，设置完成单击“下一步”按钮。如果没有无线功能该步骤即可跳过，或者在设置上就没有该步骤。

⑦ 设置完成，提示是否保存设置，单击“保存设定”按钮。完成设置后，出现保存成功提示，单击“继续”按钮返回设置主界面。

到此路由器的基本设置完成，个人用户就可以使用路由器正确连接Internet了。

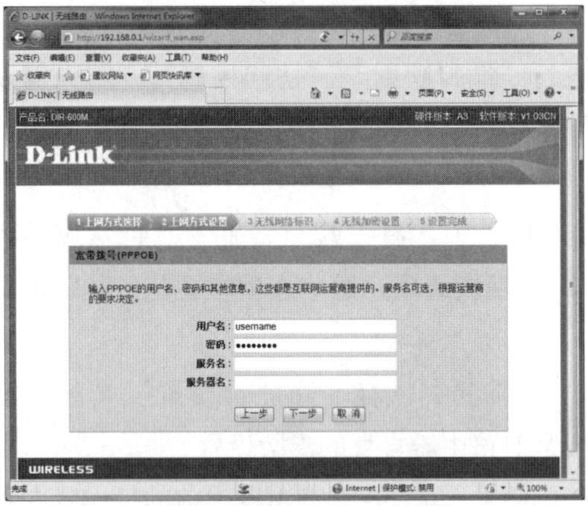

图15-47　设置拨号账户信息

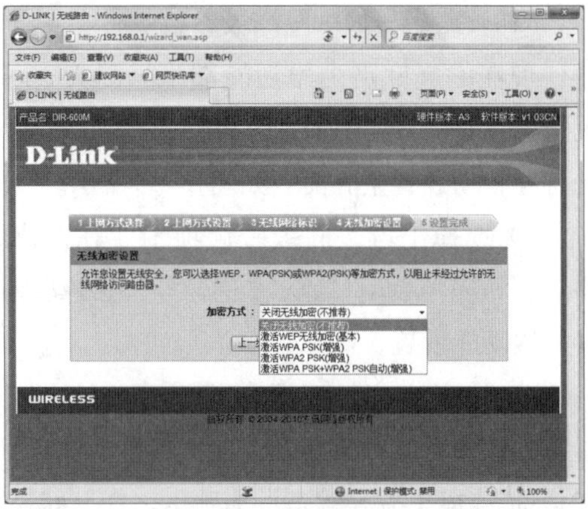

图15-48　无线加密方式

（3）通过手动设置方式进行路由器设置

除了使用设置向导来设置路由器参数的方法外，还可以通过手动设置的方式进行路由器的设置。下面就简单介绍一下手动设置方式。

① 在图15-43所示路由器管理主界面，单击“手动设置”按钮，进入手动设置主界面。如图15-49所示。在该界面可以根据实际情况设置“互联网连接类型”，例如设置为“静态IP”，然后输入相关地址信息，单击“保存设定”按钮即可，如图15-50所示。

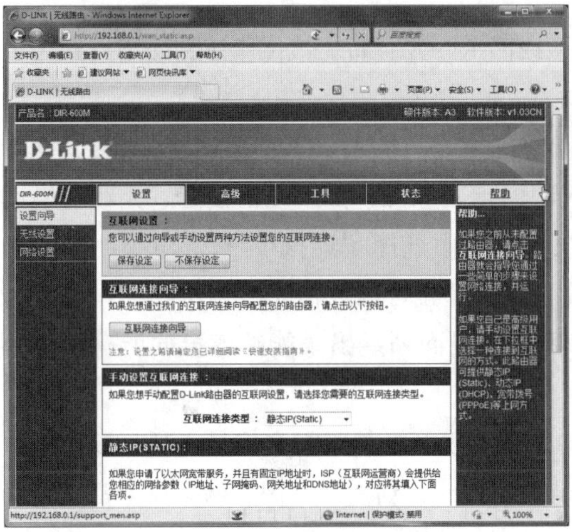

图15-49　手动设置主界面

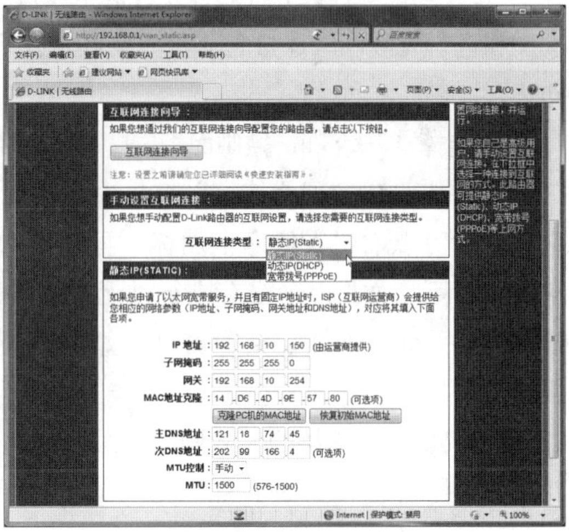

图15-50　设置互联类型

② 如果要进行无线设置，可以选择左边的“无线设置”选项卡，进行无线加密模式设置、无线加密密码设置等操作。

③ 在完成无线参数设置后，再选择网络左边的“网络设置”选项卡，对路由器IP地址、子网掩码和DHCP服务进行设置。最后单击“保存设定”按钮即可。

设置完成保存并重新启动路由器，手动设置方法完成，计算机可以通过路由连接Internet了。

提示：一般默认设置就可以使用，如果有特殊需要再更改设置。

（4）路由器的一些高级参数

现在的家庭路由器功能都十分强大，可以进行“端口映射”“访问控制”“防火墙设置”等各种操作，在此我们就不一一介绍各种功能，仅仅简单介绍一下各种功能的位置。首先打开手动设置主界面，如图15-49所示。

① 选择上方“高级”选项卡，在“高级”选项卡中，有“端口转发”“特殊应用程序”“访问控制”“家长控制”“无线高级设置”等功能选项。这些选项主要是一些路由器的扩展功能设置。

② 选择上方“工具”选项卡，在“工具”选项卡中，有“管理员设置”“时间设置”“软件更新”等功能选项。这些功能选项主要是对路由器自身的参数设置。

③ 选择上方“状态”选项卡，在“状态”选项卡中，可以查看路由器当前的工作状态和相关网络参数，也可以通过“状态”选项卡了解路由器工作是否正常。

④ 选择上方“帮助”选项卡，在“帮助”选项卡中，可以查看路由器设置配置说明，以及各种相关帮助文档。从而使我们更好地了解该款路由器的各种参数设置方法。

3）无线设备连接路由器

现如今自带无线网卡的设备越来越多，越来越普遍，所以通过无线网络进行网络连接，也是如今人们经常的操作。通过上面的讲述，我们掌握了无线路由器的配置方法，下面简单介绍一下其他设备通过无线路由器连接的方法和步骤。

（1）笔记本式计算机通过无线网卡连接

在进行无线网络连接之前首先要确定打开无线网卡，并且将无线网卡IP和DNS设置为自动获取状态。

① 选择“开始”|“控制面板”|“查看网络状态和任务”|“更改适配器设置”命令。

② 在打开的“网络连接”窗口中，找到无限网卡图标，如果以前设置过无线网络设置，此时可以右击无线网卡图标，再弹出的快捷菜单中选择“连接/断开”命令，进行连接操作即可。如果以前没有进行过无线网络设置，此时就可以双击无线网卡图标，屏幕右下角弹出“无线网络连接”窗口，如图15-51所示，里面列举出了能够连接的所有无线网络信号。

③ 双击需要连接的无限网络信号图标，如果该无线网络是未加密信号，则直接连接，并在任务栏上显示无线网络信号图示；如果是加密信号，则弹出“键入网络安全密钥”窗口，如图15-52所示。输入正确的密码后，单击“确定”按钮，开始连接无线网络。

④ 无线网络连接成功后，可以通过打开浏览器浏览网页的方法，来验证网络是否正确连接，如图15-53所示。

⑤ 如果不需要无线网络，可以单击右下角的无线网络图标，打开“无线网络连接”对话框，右击已经选中的无线网络连接，在弹出的快捷菜单中选择“断开”命令，如图15-54所示，即可断开网络连接。

图15-51　无限网络连接窗口

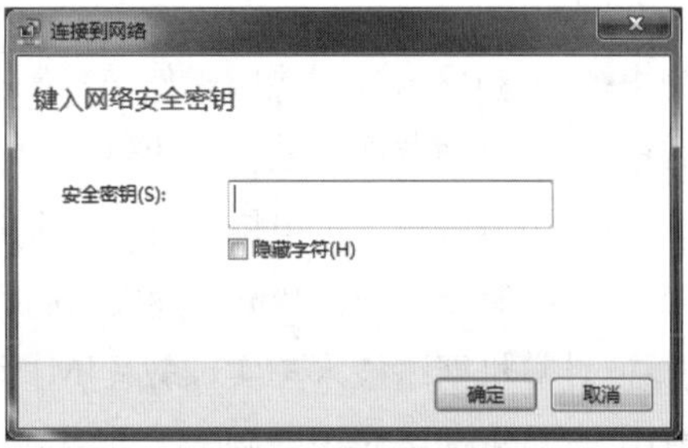

图15-52　输入密码

图15-53　浏览网络

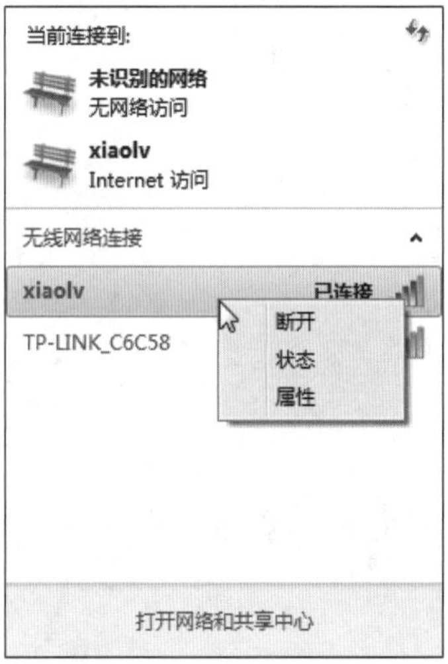

图15-54　断开无线网络

（2）其他设备连接无线路由器

除笔记本式计算机以外，还有许多其他提供无线连接的设备，如手机、掌上电脑等。这些设备都可以进行无线网络连接。在此以某款智能手机为例，简单介绍一下。

首先打开手机设置界面，打开Wi-Fi功能，然后点刷新，查找无线信号，并一一显示。在查找出的无线信号中选择可以连接的无线信号进行连接。如果无线信号是加密的，还需要输入无线密钥，密钥验证成功，即可正确连接，手机显示“已连接”。可以通过手机上网软件打开网页验证是否正常连接即可。

练习与提高

1．简述有无路由器的两种网络设备连接方法。

2．简述拨号程序的作用和设置过程。

3．练习路由器的设置方法，通过无线设备连接路由器。

4．体会试验路由器高级设置功能和作用。

参 考 文 献

[1] 北京动力时代资讯有限公司. 硬件技术工程师标准培训教程[M]. 北京：机械工业出版社，2004.

[2] 电脑报社. 电脑报增刊：热门硬件与数码应用方案集锦[M]. 重庆：重庆出版社，2003.

[3] 电脑报社. 电脑硬道理：装机圣手[M]. 重庆：电脑报电子音像出版社，2008.

[4] 电脑报社. 电脑硬道理：电脑医院[M]. 重庆：电脑报电子音像出版社，2008.

[5] 电脑报社. 电脑硬道理：Windows应用高手[M]. 重庆：电脑报电子音像出版社，2008.

[6] 裴有柱. 计算机网络技术与实训教程[M]. 北京：机械工业出版社，2010.

[7] 包海山. 计算机网络应用基础[M]. 北京：机械工业出版社，2009.

[8] 顾可民. 计算机网络技术[M]. 北京：机械工业出版社，2011.